普通高等教育"十三五"规划教材

大学物理实验

第 3 版

北京工商大学物理教研室　编著

机 械 工 业 出 版 社

本书是参照教育部高等学校物理基础课程教学指导分委员会编制的《理工科类大学物理实验课程教学基本要求》（2010 年版），借鉴国内外物理实验教学改革的成果，结合北京工商大学多年教学实践经验编写而成的。全书共 7 章，将基础性实验、综合性实验、设计性实验和研究性实验各设为一章，以便学生在完成一定数量的基础性实验和综合性实验后，能逐步学会独立进行实验设计和开展具有研究性内容的实验工作，从而培养学生的独立实验能力、分析与研究能力和创新能力。

本书为高等院校理工科类各专业和应用物理专业的基础物理实验教学用书，也可作为其他专业基础物理实验的教学参考书。

图书在版编目（CIP）数据

大学物理实验/北京工商大学物理教研室编著 . —3 版 . —北京：机械工业出版社，2019. 12（2025. 2 重印）

普通高等教育"十三五"规划教材

ISBN 978-7-111-64325-8

Ⅰ．①大…　Ⅱ．①北…　Ⅲ．①物理学-实验-高等学校-教材

Ⅳ．①O4-33

中国版本图书馆 CIP 数据核字（2019）第 267557 号

机械工业出版社（北京市百万庄大街 22 号　邮政编码 100037）

策划编辑：李永联　责任编辑：李永联　王　良

责任校对：刘志文　封面设计：马精明

责任印制：单爱军

北京虎彩文化传播有限公司印刷

2025 年 2 月第 3 版第 5 次印刷

184mm×260mm · 19.5 印张 · 484 千字

标准书号：ISBN 978-7-111-64325-8

定价：48.50 元

电话服务　　　　　　　　　网络服务

客服电话：010-88361066　机 工 官 网：www.cmpbook.com

　　　　　010-88379833　机 工 官 博：weibo.com/cmp1952

　　　　　010-68326294　金 书 网：www.golden-book.com

封底无防伪标均为盗版　机工教育服务网：www.cmpedu.com

前　言

　　本书是在北京工商大学物理教研室编写的《大学物理实验》（第2版）的基础上，参照教育部物理基础课程教学指导分委会制定的《理工科类大学物理实验课程教学基本要求》（2010年版）修订而成的。本书在修订过程中保持了原书的特色，把实验分为基础、综合、设计和研究四个层次。本次修订增加了"空气热机实验""偏振光的观测与研究""比旋光度的测定""液体变温黏度的测量""金属薄膜磁电阻特性实验""混沌原理及应用实验""电子荷质比的测定""磁滞回线的测量""巨磁电阻及应用""热泵热电综合实验""激光谐振腔的调节和激光输出功率的测量""激光纵模间隔和激光发散角的测量""PN结正向特性的研究""LED特性综合实验""液晶电光效应实验""光纤特性及传输实验""晶体声光调制实验""阿贝成像原理和空间滤波实验""空间调制假彩色编码实验""霍尔式传感器的电流激励特性与应用"共21个实验。改编了"物理实验常用仪器设备及其使用""物理实验的基本测量方法"两部分内容和"万用表、电烙铁、游标卡尺、千分尺的使用""物体转动惯量的测定""固体线胀系数的测量""空气比热容比的测定""利用等厚干涉测量透镜的曲率半径""分光计的调整和使用""用透射光栅测定光波波长""迈克尔孙干涉仪""弗兰克-赫兹实验""用光电效应测量普朗克常量""金属电子逸出功的测量""波尔共振实验""用伏安法测电阻""半导体光电特性的研究"共14个实验。"干涉测量系列实验的研究"从第7章调到了第6章。删除了原书的"热电偶的原理与应用""非良导体导热率的测量""用交流电桥测电阻"等5个实验。修订后的教材更加注重学生实践能力的提高和创新能力的培养。

　　参加本书编写的人员和具体分工为：李宝河编写绪论、第1章、实验4.10、实验4.11、实验5.8、实验7.1以及附录；朱耀辉编写第2章和第3章；何培松编写实验4.1、实验4.18和实验6.3；孔令宝编写实验4.12和实验4.15；徐登辉编写实验4.2、实验4.3和实验7.3；车兴来编写实验4.4、实验4.5、实验4.6和实验4.8；赵佳编写实验4.7、实验4.17、实验5.3和实验7.5；胡蓉编写实验4.9、实验4.13、实验4.14和实验7.4；息剑峰编写实验4.16、实验5.6、实验5.9和实验7.15；李笑编写实验5.1、实验7.6和实验7.7；刘剑编写实验5.2、实验5.4和实验5.7；陈晓白编写第6章引言、实验5.5、实验6.2和实验6.4；刘帅编写实验5.10、实验5.11、实验5.12和实验5.13；李熊编写前言、实验6.1、实验6.6、实验7.8、实验7.9、实验7.10、实验7.11、实验7.13和实验7.14；耿爱丛编写实验 6.5、实验 7.2 和实验 7.12。

　　本书由北京工商大学物理教研室编著。陈晓白教授、李宝河教授和徐登辉教授参加了对稿件的初审，徐登辉教授负责全书的统稿。

　　本书为高等学校理工科各专业的教材，也可供相关专业选用和社会读者阅读。

编　者

目　　录

前　言

绪　论 ·· 1

第1章　测量误差与实验数据处理 ····· 2

1.1　测量的基本概念 ···················· 2

1.2　测量不确定度的评定与表示 ····· 5

1.3　数据处理的基本方法 ············· 15

1.4　数据处理的工具——计算器和

计算机 ································ 18

第2章　物理实验常用仪器设备

及其使用 ·················· 24

2.1　长度测量器具 ···················· 24

2.2　质量测量仪器 ···················· 31

2.3　时间测量仪器 ···················· 32

2.4　温度测量仪器 ···················· 34

2.5　电磁学实验仪器 ·················· 36

2.6　普通物理实验室常用光源 ······· 53

2.7　气压计 ····························· 55

第3章　物理实验的基本测量方法 ····· 57

3.1　比较法 ····························· 57

3.2　平衡法 ····························· 57

3.3　放大法 ····························· 58

3.4　补偿法 ····························· 59

3.5　模拟法 ····························· 59

3.6　干涉法 ····························· 60

3.7　光谱法 ····························· 60

3.8　转换测量法 ························ 61

3.9　其他测量方法 ···················· 62

第4章　基础性实验 ···················· 63

实验4.1　万用表、电烙铁、游标卡尺、

千分尺的使用 ················ 63

实验4.2　物体密度的测量 ············· 65

实验4.3　金属弹性模量的测定 ········ 66

实验4.4　物体转动惯量的测定 ········ 69

实验4.5　固体线胀系数的测量 ········ 74

实验4.6　空气比热容比的测定 ········ 76

实验4.7　用直流电桥测电阻 ··········· 78

实验4.8　液体变温黏度的测量 ········ 85

实验4.9　用模拟法测绘静电场 ········ 89

实验4.10　用霍尔元件测磁场 ········· 94

实验4.11　示波器的使用 ·············· 99

实验4.12　利用等厚干涉测量透镜的曲

率半径 ······················ 110

实验4.13　分光计的调整和使用 ····· 113

实验4.14　用透射光栅测定光波波长 ··· 118

实验4.15　迈克尔孙干涉仪 ·········· 122

实验4.16　空气热机实验 ············· 126

实验4.17　偏振光的观测与研究 ····· 130

实验4.18　比旋光度的测定 ·········· 137

第5章　综合性实验 ·················· 140

实验5.1　弗兰克-赫兹实验 ·········· 140

实验5.2　用光电效应测普朗克常量 ··· 145

实验5.3　密立根油滴实验 ··········· 149

实验5.4　金属电子逸出功的测量 ····· 155

实验5.5　用超声波测量固体的弹性

模量 ························· 161

实验5.6　热泵热电综合实验 ········· 166

实验5.7　波尔共振实验 ············· 170

实验5.8　半导体热电特性综合实验 ··· 176

实验5.9　金属薄膜磁电阻特性实验 ··· 182

实验5.10　混沌原理及应用实验 ····· 186

实验5.11　电子荷质比的测定 ········ 191

实验5.12　磁滞回线的测量 ·········· 195

实验5.13　巨磁电阻及应用 ·········· 199

第6章　设计性实验 ·················· 206

引言 ································· 206

实验6.1　测量冰的熔解热 ··········· 211

实验6.2　滑线变阻器的分压特性研究 ··· 212

实验6.3　用伏安法测电阻 ··········· 213

实验 6.4　电表的改装与校准 …………… 214

实验 6.5　干涉测量系列实验的研究 ……… 215

实验 6.6　半导体光电特性的研究 ………… 222

第7章　研究性实验 ………………… 229

实验 7.1　用箔式应变片测试
应变梁的变形 ……………… 229

实验 7.2　塞曼效应实验 …………………… 231

实验 7.3　光栅光谱仪的原理及其应用 …… 237

实验 7.4　太阳电池伏安特性的研究 ……… 242

实验 7.5　光速的测定 ……………………… 244

实验 7.6　激光谐振腔的调节和激光输出
功率的测量 ………………… 248

实验 7.7　激光纵模间隔和激光发散角的
测量 ……………………… 253

实验 7.8　PN 结正向特性的研究 ………… 259

实验 7.9　LED 特性综合实验 ……………… 264

实验 7.10　液晶电光效应实验 …………… 269

实验 7.11　光纤特性及传输实验 ………… 274

实验 7.12　晶体声光调制实验 …………… 282

实验 7.13　阿贝成像原理和空间滤波
实验 ……………………… 290

实验 7.14　空间调制假彩色编码实验 …… 294

实验 7.15　霍尔式传感器的电流激励
特性与应用 ……………… 297

附录 ………………………………… 300

附录 A　国际单位制（SI）………………… 300

附录 B　物理实验中常用仪器的基本误差
允许极限（Δ 值）……………… 301

附录 C　物理实验报告标准格式 ………… 302

附录 D　在不同置信概率与自由度下
的 t 因子表 ………………… 305

参考文献 …………………………… 306

绪　论

1. 物理实验课的地位、作用和任务

物理学是研究物质的基本结构、基本运动形式、相互作用及其转化规律的学科，它的基本理论渗透在自然科学的各个领域，应用于生产领域的许多部门，是自然科学和工程技术的基础。物理学是一门实验科学，物理实验是科学实验的先驱，体现了大多数科学实验的共性，在实验思想、实验方法以及实验手段等方面是各学科科学实验的基础。

物理实验课是高等理工科院校对学生进行科学实验基本训练的必修基础课，是本科生接受系统实验方法和实验技能训练的开端。

物理实验的内容覆盖面广，具有丰富的实验思想、方法和手段。学习物理实验，对学生进行基本实验技能训练，是培养学生科学实验能力、提高科学素质的基础，同时可以培养学生实事求是的作风和创新意识。

本课程的具体任务是：

1）培养学生基本的科学实验技能，提高学生的基本素质，使学生初步掌握实验科学的思想和方法。培养学生的科学思维和创新意识，使学生掌握实验研究的基本方法，提高学生的分析能力和创新能力。

2）提高学生的科学素养，培养学生理论联系实际和实事求是的科学作风、认真严谨的科学态度、积极主动的探索精神、遵守纪律和团结协作以及爱护公共财产的优良品德。

2. 物理实验课的教学环节

（1）实验预习　认真阅读实验教材，对实验内容做全面了解。理解与实验有关的概念、原理及物理过程，明确实验目的，了解实验仪器的构造原理、操作规程、读数方法及注意事项，拟订实验步骤，设计数据记录表格等。在实验课前写好预习报告。

（2）实验过程　实验操作是整个实验教学中最重要的环节。按实验要求，独立进行仪器的安装和调整，认真做好实验的每一步，仔细观察各种实验现象，认真记录测量的数据。注意先观察后测量，通过实验学习和掌握实验的基本知识和方法，提高实验技能，学会提出问题、做出分析和判断。实验中要遵守各项规章制度，注意安全。

（3）实验报告　实验报告是对实验工作的全面总结，应做到用词确切、字迹整洁、数据完整、图表规范、结果明确。实验报告包括以下内容：

1）实验名称、实验目的。

2）所用仪器设备的型号、规格、参数等。

3）简要的实验原理，包括基本公式、必要的电路图、光路图。

4）实验内容及简要步骤。

5）实验数据记录表格。原始数据在教师审核、签字后有效，必须将原始数据附在实验报告中。

6）数据处理，包括利用各种方法如列表法、作图法、逐差法或最小二乘法处理实验数据，计算实验结果及计算测量不确定度。最后要给出实验结论。

7）分析讨论，包括对实验误差的分析、实验方法的改进与建议、实验后的体会等。

实验报告的标准格式请参考附录 C。

第 1 章　测量误差与实验数据处理

1.1　测量的基本概念

1.1.1　测量和误差

　　测量是物理实验的基础。所谓测量就是确定被测量的量值的一组操作。通过测量所得到的被测量的值称为测量结果。任何一个测量结果都由数值和单位两部分组成，单位用来确定被测量的特性，没有单位的测量结果是没有物理意义的。

　　在国际单位制（SI 制）中，米（m）、千克（kg）、秒（s）、安培（A）、开尔文（K）、摩尔（mol）、坎德拉（cd）为基本单位，其他物理量的单位均由基本单位导出。我国制定了以 SI 制为基础的《中华人民共和国法定计量单位》，并已于 1991 年 1 月 1 日开始执行，废除其他各种非法定计量单位。测量结果必须选用我国法定的计量单位。

　　测量一般分为**直接测量**和**间接测量**。直接由仪器仪表的指示器读出被测量值的测量称为直接测量，如用游标卡尺测量物体的长度。利用直接测量的结果，根据被测量与直接测量的关系求出被测量的值，这类测量称为间接测量。例如：测量铜圆柱体的密度，先直接测量圆柱体的质量 m、直径 d 和高 h，然后根据公式 $\rho = \dfrac{4m}{\pi d^2 h}$ 计算出铜的密度。

　　一个量的真实大小称为真值，测量的目的是为了获得被测量的真值，但由于测量方法不够完善、测量仪器不够精密、环境条件不够稳定、实验人员技术水平不够熟练等原因，使得测量不可能获得被测量的真值，只能得到与真值有一定差异的近似值。测量误差就是测量值与被测量真值之差。

　　误差自始至终存在于一切实验过程中，任何测量结果都有误差。测量误差的大小反映了测量结果的准确度。

　　测量误差可用**绝对误差**表示，也可用**相对误差**表示。

$$绝对误差 = 测量结果 - 真值$$

$$相对误差 = （绝对误差 \div 真值） \times 100\%$$

按误差性质，一般测量误差又分为系统误差和随机误差。

1. 系统误差

　　在相同条件下，对同一物理量进行多次测量时，误差的大小和符号保持不变，或在条件变化下时，误差按一定规律变化，这类误差称为系统误差。相同条件包括：相同的测量程序、相同的观测者、在相同条件下使用相同的测量仪器、在相同地点、在短期内重复测量等。系统误差等于多次测量的平均值减去被测量的真值。设被测量的真值为 $x_\text{真}$，多次测量的算术平均值为 $\bar{x}$，每次测量结果为 x_i，则系统误差

$$\delta_\text{系统} = \bar{x} - x_\text{真}$$

按对系统误差掌握的程度可分为**已定系统误差**和**未定系统误差**。如外径千分尺的零点读数为已定系统误差，而电压表的基本误差允许极限为未定系统误差。按系统误差出现的规律分为**定值系统误差**和**变值系统误差**。定值系统误差的符号和绝对值保持不变，如外径千分尺的零点读数、伏安法测电阻的方法误差等。变值系统误差的符号和绝对值按一定规律变化。

产生系统误差的原因：

1）仪器误差：仪器制造上的缺陷、仪器未经校准、没有按规定条件使用等产生的误差。如仪器标尺分度不均匀、仪器零点未校准等。

2）理论误差：测量所依据的实验理论、实验方法及实验条件不合要求而引起的误差。如用伏-安法测电阻时电表内阻的影响。

3）观测误差：观测者生理或心理特点所导致的误差，如标尺读数习惯偏左或偏右等。

4）环境误差：在测量过程中，由于温度、湿度、气压、振动、电源电压和电磁场等外界条件按一定规律变化所产生的误差。

对系统误差要进行正确的分析，尽量消除已知的系统误差，提高测量结果的可靠程度。而测量不确定度的评定，是在对已知的系统误差进行修定后进行的。

2. 随机误差

在同一条件下，多次测量同一物理量，误差的大小和符号以不可预定的方式变化，称这类误差为**随机误差**（或偶然误差）。随机误差等于测量结果减去多次测量的平均值，即随机误差

$$\delta_{随机} = x_i - \bar{x}$$

随机误差一般由影响量的随机时空变化所引起，这种随机效应导致重复观测中的分散性。

产生随机误差的原因：

1）仪器误差：测量仪器准确度的起伏产生的误差。

2）人员误差：观测者感觉器官的灵敏度无规律的微小变化引起的误差。

3）环境误差：温度、湿度、气压及电磁场等外界条件的起伏产生的误差。

4）被测量本身的起伏和不稳定性。

随机误差就个体而言是不确定的，但其总体服从一定的统计规律。可以通过多次重复测量求平均值的方法来尽量减小随机误差对测量结果的影响。

不论是系统误差还是随机误差，都无法完全消除，可以通过误差分析，选择合理的实验方法，改进实验措施，选择合适的实验仪器等来减小误差。

1.1.2 有效数字

有人用米尺（分度值为1mm）测量某长度，分别读出8.26cm、8.27cm、8.28cm，前两位是从米尺刻度直接读出来的，是**可靠数字**，第三位是由观测者估计出来的，它是有误差的，称为**存疑数字**。尽管估读结果因人而异，但它是有效的。测量结果中可靠的几位数字加上一到两位有误差的数字称为**有效数字**。计量学上所给出的数字从第一位非零数字起后面的所有数字均为有效数字。如上述测量结果为3位有效数字。测量结果的有效数字位数的多少与被测量的大小有关，与所用仪器的准确度有关，还与所用的测量方法有关。有效数字与所采用的单位、小数点位置、数值所附乘的10的幂无关。如将测量结果表示为0.0826m、8.26cm、82.6mm，有

效数字都为 3 位。在中间计算过程中，原则上应保证不丢失有效数字。

1. 数值修约规则

一般采用"四舍五入"的原则，但当要舍弃的尾数只有一个 5 或 5 后面都是 0 的情况下应对尾数采用"四舍六入五凑偶"的原则进行处理。例如将 8.2949cm、8.285cm、8.2750cm 保留三位有效数字，数字修约后分别为 8.29cm、8.28cm、8.28cm。

2. 有效数字的运算规则

1）几个数做加减运算时，运算结果的有效数字位数以参加运算的各数中最大的存疑数的位置为准取齐。如 2.34mm + 102mm = 104mm；32.5V + 0.75V = 33.2V。

2）几个数做乘除运算时，运算结果的有效数字位数与参加运算的各数中有效数字位数最少者相同。例如：在测量电桥的灵敏度时，$R = 990.8\Omega$，$\Delta n = 5.6$mm，$\Delta R = 2.3\Omega$，则灵敏度 $S = \dfrac{\Delta n}{\Delta R / R} = \dfrac{5.6}{2.3/990.8}$mm $= 2.4 \times 10^3$mm。

3）数 x 的平方根的有效数字位数与 x 的相同。如 $\sqrt{0.002} = 0.04$。

4）函数运算，如对某数取对数 $\lg x$、指数 e^x、10^x 等运算时，运算结果的有效数字一般需要通过微分公式先求出误差，再由误差所在位确定有效数字的最后一位。

例 1.1-1 确定 $\lg 1.983$ 的有效数字。

【解】 由于 $d(\lg x) = d(\ln x \cdot \lg e) = 0.43 \dfrac{dx}{x} = 0.43 \dfrac{0.001}{1.983} = 0.0002$

所以，$\lg 1.983 = 0.2973$

例 1.1-2 确定 $e^{2.78}$ 的有效数字。

【解】 由于 $d(e^x) = e^x dx = e^{2.78} \times 0.01 = 0.2$

所以，$e^{2.78} = 16.1$

例 1.1-3 确定 $\sin 22°38'$ 的有效数字。

【解】 由于 $d(\sin x) = \cos x \, dx = \cos 22°38' \times \dfrac{1}{60} \times \dfrac{\pi}{180} = 3 \times 10^{-4}$

所以，$\sin 22°38' = 0.3848$

5）一般认为，公式中常数系数的有效数字位数为无穷多。

为了防止中间计算过程损失有效数字，在上面的有效数字运算规则下可以多取一位有效数字。

1.1.3 正态分布

随机误差就个体而言是不确定的，但总体服从一定的统计分布，因此可以用统计的方法来估计随机误差对测量结果的不确定度的影响。随机误差的分布可以有正态分布、学生分布（t）分布、矩形分布等。正态分布为连续随机变量的一种概率分布，是随机误差的一种重要分布。对于连续随机变量 x，正态分布的概率密度函数为

$$f(x) = \frac{1}{\sqrt{2\pi}\,\sigma} e^{-\frac{1}{2}\left(\frac{x-\mu}{\sigma}\right)^2}$$

式中，σ 为测量次数 $n \to \infty$ 时的标准差；μ 为 x 的期望值。

用随机误差 δ 代替变量 x，用 δ 的期望值 0 代替方程中的 μ，当测量次数 n 足够大时，用标准差 s 代替 σ，方程可简化为

$$f(\delta) = \frac{1}{\sqrt{2\pi}\,s}e^{-\frac{\delta^2}{2s^2}}$$

（1.1-1）

服从正态分布的随机误差概率密度分布曲线如图 1.1-1 所示，标准差越大，随机误差的分布范围越宽，测量结果的分散性越大；反之，标准差越小，随机误差分布在 0 值附近很小的范围内，测量结果的分散程度小。

通过积分计算得

$$\int_{-s}^{s} f(\delta)\,\mathrm{d}\delta = 0.6827$$

$$\int_{-2s}^{2s} f(\delta)\,\mathrm{d}\delta = 0.9545$$

$$\int_{-3s}^{3s} f(\delta)\,\mathrm{d}\delta = 0.9973$$

$$\int_{-\infty}^{\infty} f(\delta)\,\mathrm{d}\delta = 1$$

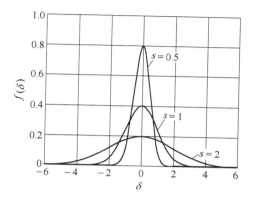

图 1.1-1　不同 s 值的正态分布曲线图

标准差与随机误差具有完全不同的性质，不能混为一谈。标准差不是测量列中任何一个测量结果的随机误差，也不是误差范围，它表示测量列中任一个测量结果的随机误差有约 68.3% 的可能性在 $(-s, s)$ 区间内。

服从正态分布的随机误差有以下几个特征：

1）单峰性——绝对值小的误差出现的概率比绝对值大的误差出现的概率大。

2）有界性——绝对值很大的误差出现的概率近乎零。

3）对称性——绝对值相等的正误差和负误差出现的概率相等。

4）抵偿性——误差的算术平均值随着测量次数的增加而趋于零。

1.2　测量不确定度的评定与表示

测量条件的不完善及人们的认识不足，使被测量的值不能被确切测定，测量值以一定的概率分布落在某个区域内。所以，必须对测量结果的质量给出定量的说明，以确定测量结果的可靠程度。

对测量结果的误差估计有多种方法，常用的有**最大误差法**、**标准偏差法**和**不确定度法**。不同领域往往选用不同的误差处理方法，最大误差法常用于工程技术，在科技文件中常用标准偏差。表征被测量值分散性的参数是测量不确定度，有时称为测量结果的不确定度，简称不确定度。利用不确定度对测量结果的质量进行定量评定，可以反映对测量结果的不可信程度或对测量结果有效性的怀疑程度。

一切测量结果都不可避免地具有不确定度，正确表述测量不确定度具有重要的意义。测量不确定度的定量表示是计量学的一个较新的概念，它的应用具有广泛性和普遍性。测量不

确定度表示方法的统一是国际贸易和技术交流中所不可缺少的，它可使各国进行的测量和得到的结果进行相互比对，取得相互承认和共识。我国根据国际《测量不确定度表示指南》（Guide to the Expression of Uncertainty in Measurement，GUM）的原则，在 2017 年制定了《测量不确定度评定与表示》国家标准（中华人民共和国国家标准 GB/T 27418—2017）。本书采用此规范处理测量数据，给出测量结果的不确定度评定。

1.2.1　测量不确定度

测量不确定度是与测量结果相关联的参数，表征合理地赋予被测量测量值的分散性。此参数可以是标准差（标准不确定度）或其倍数（扩展不确定度），或说明置信水准区间的半宽度。例如：U_{95} 表示测量结果落在$(-U_{95}, U_{95})$，区间的概率为 95%。不确定度恒为正值。

测量不确定度的分类：

测量不确定度根据其数值评定方法的不同分为 A 类不确定度和 B 类不确定度。用统计方法评定的不确定度为 **A 类不确定度**（用 u_A 表示）；用非统计方法评定的不确定度为 **B 类不确定度**（用 u_B 表示）。

使用中，根据表示的方式不同，测量不确定度有三种不同术语：

（1）标准不确定度　以标准差表示的测量不确定度。

（2）合成标准不确定度　将标准不确定度的 A 类分量和 B 类分量按照一定的规则合成起来得到的总标准不确定度。对于间接测量，当测量结果是由若干个其他量的值求得时，应首先得到各个直接测量量的合成标准不确定度，然后利用间接测量的传播律求得间接测量结果的合成标准不确定度。

（3）扩展不确定度　规定测量结果区间的量，可期望该区间包含了合理赋予的被测量的值分布的大部分。扩展不确定度等于合成不确定度的 k 倍，k 称为包含因子。

不论是标准不确定度还是扩展不确定度，均可用它们的相对大小表示：

$$相对标准不确定度 = （标准不确定度 \div 被测物理量之值）\times 100\%$$

1.2.2　测量不确定度的来源

测量不确定度的可能来源主要表现在以下几个方面：

1）被测量的定义不完整。例如，定义被测量是一根标称值为 1m 长的钢棒的长度。如果要求测到微米量级，该被测量的定义就不够完整，因为被测的钢棒受温度和压力的影响已经比较明显，而这些条件没有在定义中说明，由于定义的不完整使测量结果引入温度和压力影响的不确定度。

2）被测量定义值的实现不理想，即在测量时没有完全在被测量定义所规定的条件下进行，由此必然引起测量结果的不确定度。

3）被测量的样本可能不完全代表定义的被测量，即在抽样测量时，如果选取的样本不能完全代表所定义的被测量，会引起测量结果的不确定度。

4）对环境条件的影响认识不足或环境条件不完善。

5）测量人员对模拟式仪器的读数产生偏差。

6）测量仪器的分辨力或鉴别力不够。

7）测量标准（包括标准装置、标准器具、实物量具和标准物质）给定值的不确定度。

测量通常是将被测量与测量标准的给定值进行比较而实现的，因此，标准器的不确定度将直接引入测量结果中。如用天平测质量时，测得的质量的不确定度中包括了砝码的不确定度。

8）在数据处理时所引用的常数及其他参数的不确定度。

9）测量方法、测量系统和测量程序引起的不确定度。例如被测量的表达式的近似程度、自动测试程序的迭代程度等引起的不确定度。

10）被测量的各种随机影响，使测量时重复观测值随机变化。

测量过程中的随机效应及系统效应均会导致测量不确定度，数据处理中的修约也会导致不确定度。这些是从产生不确定度的原因上所做的分类，与评定方法上所做的 A、B 类不确定度的分类之间不存在任何联系。

1.2.3　测量不确定度与测量误差的区别

误差与不确定度是两个不同的概念，不能混淆或误用。按照误差的定义，对同一被测量，不论其测量程序、条件如何，相同测量结果的误差相同，不同测量结果的误差肯定不相等。但是，在重复条件下，不同测量结果可有相同的不确定度；由于测量条件不同，相同的测量结果可能有不同的不确定度。例如：第一次用分度值为 0.05g 的物理天平，测量得到某铜块的质量为 45.20g，第二次用分度值为 0.02g 的物理天平测得该铜块的质量仍为 45.20g，假定铜块的真实质量为 45.19g，则两次测量的误差均为 0.01g，但这两次测量的结果显然具有不同的不确定度。

测量误差是客观存在的，由于无法获得被测量的真值，所以测量误差的真实大小也无法知道。测量不确定度是人们对被测量认识不足的程度，是可以定量评定的量。测量不确定度中不包括已确定的修正值和异常值。例如，某力的未修正结果为 1000.00N，用高一级标准装置校准得到该力值的修正值为 2.30N，由于标准装置的校准不准引起的修正值的不确定度为 0.01N。若其他因素引起的不确定度可以忽略，则该力的修正结果为 1002.30N，其不确定度为 0.01N，修正值本身不包括在不确定度之内。在测量中，由于粗心大意、仪器的使用不当、突然故障或突然的环境条件变化（如突然冲击或振动、电源电压突变等）等都会产生异常的测量值，经判别确为异常的数据应剔除，不应包括在测量值内，因此，不确定度的评定中不应包括异常值。

1.2.4　直接测量结果的不确定度评定

对已认识到的可定系统误差，必须先对测量结果进行系统误差修正，对多次测量出现的明显偏离正常值的异常测量数据，应预先剔除，然后再进行测量结果的不确定度评定。

1. 多次测量量的 A 类不确定度

在进行多次重复测量后，利用计算器或计算机软件（Excel、Origin 等）算出测量列的平均值和测量列的实验标准差。

设在相同条件下对某物理量 x 做了 n 次独立测量，得到测量列

$$x_1, x_2, \cdots, x_n$$

测量列的算术平均值

$$\bar{x} = \frac{1}{n}(x_1 + x_2 + \cdots + x_n) = \frac{1}{n}\sum_{i=1}^{n} x_i$$

通常以独立观测所得的测量列的平均值 $\bar{x}$ 作为测量结果，测量列的实验标准差

$$s = \sqrt{\frac{\sum_{i=1}^{n}(x_i - \bar{x})^2}{n-1}} \tag{1.2-1}$$

式（1.2-1）又称为**贝塞尔公式**，计算器或统计表格软件中一般都有计算 s 的功能。s 表示测量列中任一次测量结果的标准差。

平均值的实验标准差为

$$s(\bar{x}) = \frac{s}{\sqrt{n}} = \sqrt{\frac{\sum_{i=1}^{n}(x_i - \bar{x})^2}{n(n-1)}}$$

当用 $\bar{x}$ 作为测量结果时，利用统计分析的方法（A 类评定方法）给出的标准不确定度为

$$u_{\mathrm{A}}(\bar{x}) = s(\bar{x}) = \frac{s}{\sqrt{n}} = \sqrt{\frac{\sum_{i=1}^{n}(x_i - \bar{x})^2}{n(n-1)}}$$

2. 仪器基本误差允许极限引起的 B 类不确定度

测量工具或仪器的基本误差允许极限 Δ 是未定系统误差，必须进行记录。可通过查阅相应仪器的说明书或国家标准得到 Δ。物理实验常用仪器的基本误差允许极限在本书的附录 B 中列出。

仪器的基本误差允许极限 Δ 表示：任意一次测量结果 x_i 落在 $x_i - \Delta$ 至 $x_i + \Delta$ 的概率为 100%，并且当测量结果满足矩形分布（均匀分布）时，B 类评定方法确定的标准不确定度

$$u_{\mathrm{B}}(x) = \frac{\Delta}{\sqrt{3}}$$

在无其他信息情况下，本书采用这种方法给出不确定度的 B 类评定。当我们对仪器厂家给出的信息了解得更多时，应采用更为准确的方法计算 B 类不确定度。更加详尽准确的计算方法参考相应国家规范（GB/T 27418—2017）。

合成标准不确定度为

$$u_{\mathrm{C}} = \sqrt{[u_{\mathrm{A}}(\bar{x})]^2 + [u_{\mathrm{B}}(x)]^2}$$

测量结果表示为

$$x \pm u_{\mathrm{C}}$$

注意：u_{C} 并不表示误差或误差范围。当 x 的分布为正态分布，同时有效自由度 ν_{eff}（其定义见后）可以估计不太小时，u_{C} 表示测量结果落在 $(x - u_{\mathrm{C}}, x + u_{\mathrm{C}})$ 区间的概率为 2/3。由于时间所限，物理实验课一般要求学生重复测量 5~6 次，不满足 ν_{eff} 不太小的条件，所以一般我们不用标准不确定度表示一定概率的置信区间，只是用它表示测量结果的分散性，给出测量结果的一种评价方式。

标准差及标准不确定度最多取 2 位有效数字。本书约定，测量结果的合成标准不确定度只取一位有效数字，测量结果的最佳估计值应修约到合成标准不确定度所在的那一位。相对

标准不确定度一般取 2 位有效数字。

为了得到一个较高置信概率区间的量，在合成标准不确定度确定后，乘以包含因子 k，结果即为扩展不确定度，即

$$U = ku_C$$

可以期望在 $x - U$ 至 $x + U$ 的区间内包含测量结果可能值的较大部分。k 值一般取 2 ~ 3，在大多数情况下 $k = 2$，当取其他值时，应说明其来源。当 x 呈正态分布，同时有效自由度 ν_{eff} 可以估计不太小时，$U = 2u_C$，约是置信概率近似为 95% 的区间的半宽。当测量结果的分布不是正态分布时，不能用 $k = 2 \sim 3$ 来计算 U。较准确地计算扩展不确定度，需要用到等效自由度和 t 分布的概念。

自由度 ν：重复（或组合）测量时计算实验标准偏差所用的独立残差个数。n 个值 y_i 的残差 $v_i = y_i - \bar{y}$ 中有 $n - 1$ 个独立，自由度为 $\nu = n - 1$。自由度反映相应实验标准差的可靠程度，用于在评定扩展不确定度 U_P 时计算包含因子 k_P。

t 分布（或称学生分布）：指连续随机变量 t 的概率分布。t 分布的概率密度函数为

$$p(t, \nu) = \frac{1}{\sqrt{\pi \nu}} \frac{\Gamma\left[\dfrac{\nu + 1}{2}\right]}{\Gamma\left[\dfrac{\nu}{2}\right]} \left[1 + \frac{t^2}{\nu}\right]^{-(\nu + 1)/2}$$

其中 Γ 为伽马函数，当自由度 $\nu \to \infty$ 时，t 分布趋于正态分布。

有效自由度 ν_{eff}：有效自由度指对于任意分布的相对估计方差的自由度的等效参数，对于估计近似 t 分布时，有效自由度由韦尔其——萨特恩韦特公式给出。计算 t 分布下 t 因子所需的等效参量。

$$\nu_{eff} = \frac{u_C^4}{\left[\dfrac{u_A^4}{\nu_A} + \sum_j \dfrac{u_{jB}^4}{\nu_{jB}}\right]}$$

其中，$\nu_A = n - 1$，ν_B 约定取为 20（在误差落在 $\pm U_B$ 内的概率很高，当 U_B 对应的误差分布未知时，$u_B = \dfrac{U_B}{\sqrt{3}}$ 的对应的自由度 ν_B 一般取 20）。

对于扩展不确定度 U_P，其中 P 为置信概率，如 $P = 95$，表示测量结果 x 落在 $(x - U_P, x + U_P)$ 内的概率为 95%，则

$$U_P = k_p u_C$$

其中，

$$k_P = t_P(\nu_{eff})$$

根据等效自由度 ν_{eff} 的值，通过查表（见附录 D）可获得 $t_P(\nu_{eff})$ 的值，从而可以计算 U_P。由于扩展不确定度 U_P 的计算较复杂，本书大部分实验测量结果只采用合成标准不确定度进行评定。

例 1.2-1　用分度值为 0.01mm、零点读数 $d_0 = 0.006$mm 的外径千分尺测某钢球直径 6 次，其读数分别为 12.014mm、12.012mm、12.013mm、12.015mm、12.011mm、12.014mm，计算标准不确定度，并写出测量结果。

【解】 钢球直径的平均值

$$\bar{d} = \frac{1}{n} = \sum_{i=1}^{6} d_i$$

$$= \frac{12.014\,\text{mm} + 12.012\,\text{mm} + 12.013\,\text{mm} + 12.015\,\text{mm} + 12.011\,\text{mm} + 12.014\,\text{mm}}{6} = 12.013\,\text{mm}$$

测量结果的修正值为 $d = \bar{d} - d_0 = 12.013\,\text{mm} - 0.006\,\text{mm} = 12.007\,\text{mm}$

标准不确定度 A 类分量 $\quad u_A(\bar{d}) = s_{\bar{d}} = \dfrac{s_d}{\sqrt{n}} = \sqrt{\dfrac{\sum\limits_{i=1}^{n} (d_i - \bar{d})^2}{n(n-1)}} = 0.0006\,\text{mm}$

分度值为 0.01mm 的外径千分尺的基本误差允许极限 $\Delta = 0.004\,\text{mm}$，所以

标准不确定度 B 类分量 $\quad u_B(d) = \dfrac{\Delta}{\sqrt{3}} = \dfrac{0.004\,\text{mm}}{\sqrt{3}} = 0.0023\,\text{mm}$

合成标准不确定度 $\quad u_C(d) = \sqrt{u_A^2(\bar{d}) + u_B^2(d)} = 0.002\,\text{mm}$

测量结果为 $\quad d \pm u_C(d) = (12.007 \pm 0.002)\,\text{mm}$

若用扩展不确定度评定测量结果，则进行如下的计算：

$$\nu_A = n - 1 = 5, \nu_B = 20$$

则，

$$\nu_{\text{eff}} = \frac{u_C^4}{\left(\dfrac{u_A^4}{\nu_A} + \sum\limits_j \dfrac{u_{jB}^4}{\nu_{jB}}\right)} = \frac{0.002^4}{\left(\dfrac{0.0006^4}{5} + \dfrac{0.0023^4}{20}\right)} = 22$$

通过查表（附录 D），

$$t_{95}(\nu = 22) = 2.1$$

所以

$$U_{95} = t_{95} u_C = 2.1 \times 0.002\,\text{mm} = 0.005\,\text{mm}$$

测量结果的完整表述为

$$d = (12.007 \pm 0.005)\,\text{mm}$$

式中，正负号后的值为扩展不确定度 $U_{95} = k_{95} u_C$，而合成标准不确定度 $u_C(d) = 0.002\,\text{mm}$，自由度 $\nu = 22$，包含因子 $k_p = t_{95}(22) = 2.1$，从而具有约 95% 概率的置信区间。

为了尽量减少由于数字修约带来的计算误差，中间过程中各个标准不确定度的值需保留 2 个或 2 个以上的有效数字。

有的量不能重复测量或无须重复测量，只测量了一次，我们称为单次测量。单次测量不能用统计的方法给出不确定度 A 类分量。因此，单次测量的合成不确定度只能用不确定度的 B 类分量来表示。单次测量的不确定度置信概率小于多次测量的。

例 1.2-2 用分度值为 0.02mm 的游标卡尺单次测得金属圆柱的直径 $d = 23.24\,\text{mm}$，计算标准不确定度，并正确表示测量结果。

【解】 单次测量的标准不确定度

$$u_C(d) = u_B(d) = \frac{\Delta}{\sqrt{3}} = \frac{0.02\,\text{mm}}{\sqrt{3}} = 0.01\,\text{mm}$$

测量结果为

$$d \pm u_C(d) = (23.24 \pm 0.01)\,\text{mm}$$

1.2.5　间接测量结果的不确定度评定

设间接测量结果 Y 与若干相互独立的直接测量结果 x_i（$i = 1, 2, \cdots, n$）的函数关系为

$$Y = f(x_1, x_2, \cdots, x_n) \tag{1.2-2}$$

各直接测量结果的合成标准不确定度分别为

$$u_C(x_1), u_C(x_2), \cdots, u_C(x_n) \tag{1.2-3}$$

间接测量结果的合成标准不确定度

$$u_C(y) = \sqrt{\sum_{i=1}^{n} \left[\frac{\partial f}{\partial x_i} \right]^2 u_C^2(x_i)} \tag{1.2-4}$$

上式称为不确定度传播律，其中 $c_i = \dfrac{\partial f}{\partial x_i}$ 称为灵敏系数，即

$$u_C(y) = \sqrt{\sum_{i=1}^{n} c_i^2 u_C^2(x_i)} \tag{1.2-5}$$

灵敏系数可以通过实验来确定，即通过变化第 i 个 x，而保持其他量不变，测定 y 的变化量，从而确定 c_i。

在 x_i 彼此独立的条件下，若函数 f 的形式为

$$y = f(x_1, x_2, \cdots, x_n) = c x_1^{p_1} x_2^{p_2} \cdots x_n^{p_n}$$

由式（1.2-4）知，相对不确定度传播公式为

$$\frac{u_C(y)}{y} = \sqrt{\sum_{i=1}^{n} \left[\frac{p_i u_C(x_i)}{x_i} \right]^2} \quad (y \neq 0, x_i \neq 0) \tag{1.2-6}$$

式中，p_i 为直接测量量 x_i 的幂指数。故 $u_C(y) = \dfrac{u_C(y)}{y} y$。对这种情况，先计算相对不确定度，再求不确定度较方便。表 1.2-1 列出了常用间接测量的不确定度传播公式。

表 1.2-1　常用函数的标准不确定度传播公式

函数表达式	标准不确定度 $u_C(y)$	相对标准不确定度 $\dfrac{u_C(y)}{y}$
$y = x_1 \pm x_2$	$\sqrt{u_C^2(x_1) + u_C^2(x_2)}$	$\sqrt{\dfrac{u_C^2(x_1) + u_C^2(x_2)}{(x_1 \pm x_2)^2}}$
$y = x_1 x_2$	$\sqrt{x_2^2 u_C^2(x_1) + x_1^2 u_C^2(x_2)}$	$\sqrt{\left[\dfrac{u_C(x_1)}{x_1}\right]^2 + \left[\dfrac{u_C(x_2)}{x_2}\right]^2}$
$y = \dfrac{x_1}{x_2}$	$\sqrt{\dfrac{u_C^2(x_1)}{x_2^2} + \dfrac{x_1^2 u_C^2(x_2)}{x_2^4}}$	$\sqrt{\left[\dfrac{u_C(x_1)}{x_1}\right]^2 + \left[\dfrac{u_C(x_2)}{x_2}\right]^2}$
$y = kx$ （k 为常数）	$k u_C(x)$	$\dfrac{u_C(x)}{x}$

（续）

函数表达式	标准不确定度 $u_C(y)$	相对标准不确定度 $\dfrac{u_C(y)}{y}$
$y = x^n$ （n 为常数）	$nx^{n-1}u_C(x)$	$n\dfrac{u_C(x)}{x}$
$y = \ln x$	$\dfrac{u_C(x)}{x}$	$\dfrac{u_C(x)}{x\ln x}$
$y = \cos x$	$\lvert \sin x \rvert u_C(x)$	$\lvert \tan x \rvert u_C(x)$
$y = \sin x$	$\lvert \cos x \rvert u_C(x)$	$\lvert \operatorname{arctan} x \rvert u_C(x)$
$y = \dfrac{x_1^k x_2^m}{x_3^n}$ （k, m, n 为常数）	标准不确定度 $u_C(y)$	
	$u_C(y) = \sqrt{\left[\dfrac{kx_1^{k-1}x_2^m}{x_3^n}\right]^2 u_C^2(x_1) + \left[\dfrac{mx_1^k x_2^{m-1}}{x_3^n}\right]^2 u_C^2(x_2) + \left[\dfrac{nx_1^k x_2^m}{x_3^{n+1}}\right]^2 u_C^2(x_3)}$	
$y = \dfrac{x_1^k x_2^m}{x_3^n}$ （k, m, n 为常数）	相对标准不确定度 $\dfrac{u_C(y)}{y}$	
	$\dfrac{u_C(y)}{y} = \sqrt{\left[\dfrac{ku_C(x_1)}{x_1}\right]^2 + \left[\dfrac{mu_C(x_2)}{x_2}\right]^2 + \left[\dfrac{nu_C(x_3)}{x_3}\right]^2}$	

例 1.2-3　求函数关系 $\rho = \dfrac{m}{m - m_1}\rho_0$ 的标准不确定度传递公式。

【解】　利用式（1.2-4）计算，先求灵敏系数

$$\frac{\partial \rho}{\partial m} = \frac{-m_1}{(m - m_1)^2}\rho_0 ; \quad \frac{\partial \rho}{\partial m_1} = \frac{m}{(m - m_1)^2}\rho_0 ; \quad \frac{\partial \rho}{\partial \rho_0} = \frac{m}{m - m_1}$$

则标准不确定度为

$$u_C(\rho) = \sqrt{\left[\frac{m_1}{(m - m_1)^2}\rho_0\right]^2 u_C^2(m) + \left[\frac{m}{(m - m_1)^2}\rho_0\right]^2 u_C^2(m_1) + \left[\frac{m}{m - m_1}\right]^2 u_C^2(\rho_0)}$$

例 1.2-4　用分度值为 0.05g 的物理天平测得某圆柱体的质量 $m = 55.38$g，用分度值为 0.02mm 的卡尺重复十次测量高 h 的结果分别为 39.92mm、39.90mm、39.94mm、39.98mm、39.88mm、39.86mm、39.84mm、39.96mm、39.86mm、39.82mm，用分度值为 0.01mm 的外径千分尺重复十次测量直径 d 的结果分别为 14.920mm、14.929mm、14.924mm、14.927mm、14.925mm、14.926mm、14.920mm、14.922mm、14.928mm、14.923mm，卡尺的零点读数 $h_0 = 0.00$mm，外径千分尺的零点读数 $d_0 = -0.004$mm。求圆柱体的密度。

【解】　先求直接测量量的测量结果和标准不确定度。

（1）质量：　$u_C(m) = u_A(m) = \dfrac{\Delta}{\sqrt{3}} = \dfrac{0.05\text{g}}{\sqrt{3}} = 0.03\text{g}$

　　　　测量结果　$m \pm u_C(m) = (55.38 \pm 0.03)\text{g}$

（2）高：　　$\overline{h} = \dfrac{\sum h_i}{n} = 39.90\text{mm}$

测量结果的修正值　　$h = \overline{h} - h_0 = 39.90 \text{mm}$

标准不确定度 A 类分量　　$u_A(\overline{h}) = s_{\overline{h}} = \dfrac{s_h}{\sqrt{n}} = 0.02 \text{mm}$

标准不确定度 B 类分量　　$u_B(h) = \dfrac{\Delta}{\sqrt{3}} = \dfrac{0.02}{\sqrt{3}} = 0.01 \text{mm}$

合成标准不确定度　　　　$u_C(h) = \sqrt{u_A^2(\overline{h}) + u_B^2(h)} = 0.02 \text{mm}$

测量结果　　$h \pm u_C(h) = (39.90 \pm 0.02) \text{mm}$

（3）直径：　　$\overline{d} = \dfrac{\sum d_i}{n} = 14.924 \text{mm}$

测量结果的修正值　　$d = \overline{d} - d_0 = 14.928 \text{mm}$

标准不确定度 A 类分量　　$u_A(\overline{d}) = s_{\overline{d}} = \dfrac{s_d}{\sqrt{n}} = 0.001 \text{mm}$

标准不确定度 B 类分量　　$u_B(d) = \dfrac{\Delta}{\sqrt{3}} = \dfrac{0.004 \text{mm}}{\sqrt{3}} = 0.002 \text{mm}$

合成标准不确定度　　$u_C(d) = \sqrt{u_A^2(\overline{d}) + u_B^2(d)} = 0.002 \text{mm}$

测量结果　　$d \pm u_C(d) = (14.928 \pm 0.002) \text{mm}$

（4）密度：　　$\rho = \dfrac{4m}{\pi d^2 h} = 7.930 \text{g/cm}^3$

利用式（1.2-6）计算相对不确定度：

$$\frac{u_C(\rho)}{\rho} = \sqrt{\left[\frac{1 \times u_C(m)}{m}\right]^2 + \left[\frac{-2 \times u_C(d)}{d}\right]^2 + \left[\frac{-1 \times u_C(h)}{h}\right]^2} = 0.078\%$$

$$u_C(\rho) = \rho \frac{u_C(\rho)}{\rho} = 0.006 \text{g/cm}^3$$

$$\rho \pm u_C(\rho) = (7.930 \pm 0.006) \text{g/cm}^3$$

例 1.2-5　用米尺测得单摆的绳长 $l \pm u_C(l) = (96.10 \pm 0.05) \text{cm}$，用游标卡尺测得摆球的直径 $d \pm u_C(d) = (2.574 \pm 0.002) \text{cm}$，用秒表测得 100 个周期的时间 $t \pm u_C(t) = (198.0 \pm 0.2) \text{s}$，求重力加速度。

【解】　$L = l + \dfrac{d}{2} = 96.10 \text{cm} + \dfrac{2.574}{2} \text{cm} = 97.39 \text{cm}$

$$u_C(L) = \sqrt{u_C^2(l) + \left[\frac{u_C(d)}{2}\right]^2} = 0.05 \text{cm}$$

$$L \pm u_C(L) = (97.39 \pm 0.05) \text{cm}$$

$$T = \frac{t}{n} = \frac{198.0 \text{s}}{100} = 1.980 \text{s}$$

$$u_C(T) = \frac{u_C(t)}{n} = 0.002 \text{s}$$

$$T \pm u_C(T) = (1.980 \pm 0.002) \text{s}$$

$$g = 4\pi^2 \frac{L}{T^2} = 980.7\,\mathrm{cm/s^2}$$

$$\frac{u_C(g)}{g} = \sqrt{\left[\frac{u_C(L)}{L}\right]^2 + \left[\frac{2u_C(T)}{T}\right]^2} = \sqrt{\left(\frac{0.05}{97.39}\right)^2 + \left(\frac{2 \times 0.002}{1.98}\right)^2} = 0.21\%$$

$$g \pm u_C(g) = (981 \pm 2)\,\mathrm{cm/s^2}$$

1.2.6　不确定度分析的任务和不确定度均分原理

1. 不确定度分析的任务

通过对不确定度的分析研究，完成以下任务：

1）尽量减小测量结果的不确定度，提高测量结果的可靠程度。

2）获得在一定测量条件下被测量的最佳值。

3）定量计算测量结果的不确定度。

2. 不确定度的分析对实验工作的指导作用

分析改进实验的措施就是通过不确定度分析，得到各种不确定度的分量，找到各分量的来源，采取适当措施，减小测量误差，减小总合成不确定度，以达到提高测量准确度的目的。

计算分析的一般程序是：

1）判断和分析系统误差：对各直接测量量的已定系统误差进行修正，找出未定系统误差的极限范围。

2）求各直接测量量的最佳值和标准差：多次测量以测量结果的算术平均值为最佳值，单次测量就用测量值作为最佳值。

3）剔除测量结果中的异常值，通常根据"$3s$ 原则"来判断测量结果中的异常值，即与平均值之差大于 $3s$ 的数据为异常值。剔除异常值之后应重新计算平均值及相应的标准差。

4）计算直接测量量的各类不确定度分量，合成得到合成不确定度，并计算出相对不确定度。

5）利用不确定度"传播律"公式，计算间接测量的不确定度。并分析各直接测量量的不确定度对间接测量结果的不确定度的贡献大小。若某个直接测量量的相对不确定度远高于其他直接测量量的相对不确定度，则这个直接测量结果的不确定度是整个间接测量不确定度的主要来源。在改进实验措施时，应主要针对那些对实验结果影响大的直接测量量。

当人们接受一项测量任务时，要根据对测量不确定度的要求设计实验方案，选择仪器和实验环境。例如测量重力加速度，如果测量不确定度要求小于 1%，我们采用单摆法就可以了，如果采用更加精密的仪器来测量，一是没有必要，二也增加了测量成本。因此，不确定度的分析对实验工作具有重要的指导意义。

3. 不确定度均分原理

不确定度分析可以指导我们正确选择仪器的准确度。选择仪器准确度的原则是下面要讲的不确定度均分原理。根据测量任务对测量结果的准确度要求，利用不确定度均分原理，选择合适的仪器。

在间接测量中，每个直接测量量的不确定度都会对最终结果的不确定度有贡献。已知各测量量之间的函数关系 $y = f(x_1, x_2, \cdots, x_n)$，利用不确定度"传播律"公式

$$u_{\mathrm{C}}(y) = \sqrt{\sum_{i=1}^{n}\left[\frac{\partial f}{\partial x_i}\right]^2 u_{\mathrm{C}}^2(x_i)}$$

将测量结果的总不确定度均匀分配到各个分量中，即

$$\left[\frac{\partial f}{\partial x_1}u_{\mathrm{C}}(x_1)\right]^2 = \left[\frac{\partial f}{\partial x_2}u_{\mathrm{C}}(x_2)\right]^2 = \cdots = \left[\frac{\partial f}{\partial x_n}u_{\mathrm{C}}(x_n)\right]^2 = \frac{u_{\mathrm{C}}^2(y)}{n}$$

或

$$\left[\frac{1}{y}\frac{\partial f}{\partial x_1}u_{\mathrm{C}}(x_1)\right]^2 = \left[\frac{1}{y}\frac{\partial f}{\partial x_2}u_{\mathrm{C}}(x_2)\right]^2 = \cdots = \left[\frac{1}{y}\frac{\partial f}{\partial x_n}u_{\mathrm{C}}(x_n)\right]^2 = \frac{1}{n}\left[\frac{u_{\mathrm{C}}(y)}{y}\right]^2$$

这就是不确定度均分原理。利用这种方法可以根据测量任务对总不确定度的要求，计算出各直接测量量的不确定度，由此帮助我们选择仪器和测量方法。对测量结果影响较大的量应采用精度较高的仪器，而对测量结果影响不大的量，就不必追求过高精度的仪器。

测量不确定度均分原理是一种较好的不确定度分配方法，但对不同测量来讲，不一定都合理，因为有些物理量进行精密测量比较容易，而有些物理量要进行精密测量却很难实现。因此，在实验设计时，应根据现有仪器情况、实验条件及技术水平等因素来考虑不确定度的合理分配。对那些难以精密测量的物理量分配较大的不确定度，对那些比较容易精密测量的物理量分配较小的不确定度。

例 1.2-6　测量某圆柱体的密度。已知被测量的估计值为：直径 $d \approx 1.5\mathrm{cm}$，高 $h \approx 3\mathrm{cm}$，质量 $m \approx 55\mathrm{g}$。若要求 $\dfrac{u_{\mathrm{C}}(\rho)}{\rho} \leqslant 0.1\%$，试确定仪器的规格。

【解】　$\rho = \dfrac{4m}{\pi d^2 h}$

$$\frac{u_{\mathrm{C}}(\rho)}{\rho} = \sqrt{\left[\frac{u_{\mathrm{C}}(m)}{m}\right]^2 + \left[\frac{2u_{\mathrm{C}}(d)}{d}\right]^2 + \left[\frac{u_{\mathrm{C}}(h)}{h}\right]^2}$$

按误差等分配原则

$$\frac{u_{\mathrm{C}}(m)}{m} = \frac{2u_{\mathrm{C}}(d)}{d} = \frac{u_{\mathrm{C}}(h)}{h} = \frac{u_{\mathrm{C}}(\rho)}{\rho}\frac{1}{\sqrt{3}} \leqslant \frac{0.001}{\sqrt{3}} = 0.058\%$$

$$\Delta_m = u_{\mathrm{C}}(m)\sqrt{3} \leqslant 0.058\% \times 55 \times \sqrt{3}\,\mathrm{g} = 0.045\mathrm{g}$$

$$\Delta_d = u_{\mathrm{C}}(d)\sqrt{3} \leqslant 0.058\% \times 1.5 \times (\sqrt{3}/2)\,\mathrm{cm} = 0.00075\mathrm{cm}$$

$$\Delta_h = u_{\mathrm{C}}(h)\sqrt{3} \leqslant 0.058\% \times 3 \times \sqrt{3}\,\mathrm{cm} = 0.0030\mathrm{cm}$$

选用分度值为 0.02g 的天平测质量，选用分度值为 0.01mm 的外径千分尺测直径，选用分度值为 0.02mm 的卡尺测高，即可满足要求。

1.3　数据处理的基本方法

通过测量获得的大量原始数据，必须进行数据处理，才能从中得到正确的结论或供他人来应用这些数据。数据处理包括记录、整理、计算、作图、分析等工作。下面简单介绍物理实验中常用的列表法、作图法、逐差法、最小二乘法等数据处理方法，并简单介绍计算机在

数据处理中的应用。

1.3.1　列表法

列表法是记录和显示测量数据的重要方法。

（1）列表法的优点　数据整齐明了，容易进行数据间比较，可以初步分析变量间的关系。

（2）列表的要求　表格要尽量简明，写清楚表的名称、表中所列物理量的符号及单位。如果有必要，应在表格外标注仪器设备、实验人员、实验时间、实验条件、必要的说明、有关的参数等。表格的形式可以是多种多样的。

1.3.2　作图法

作图法是把实验数据间的关系用几何图形表示出来，用图形直观、形象、简明地反映数据之间的变化规律和函数关系。除手工绘图外，也可以用计算机软件绘图，并利用软件的拟合功能求解物理量。利用实验曲线深入研究物理量之间的关系及特性、验证物理定律、寻求经验公式、进行物理量的求值等。

手工绘图的规则：

（1）选坐标纸　手工绘图必须选用坐标纸，坐标纸可根据具体情况选用直角坐标纸、半对数坐标纸和全对数坐标纸等。

（2）画坐标轴　一般用横轴代表自变量，纵轴代表因变量，并在坐标轴末端或中间的侧边标明物理量的符号及单位。根据实验数据的分布范围确定坐标轴的起始点（原点）与终值，起始点不一定从零开始。

（3）定坐标轴的分度值　坐标轴分度值选取的原则是不丢失测量数据的有效数字。测量数据中的可靠数字在图中应是可靠的，存疑数字在图中是可以估计的，即坐标纸上的最小格应与仪器的分度值相当。分度值选取应便于读数和标数据点，并能使图线大体充满全图。

在坐标轴上每隔10或20小格等间距地标出各坐标分度所代表的整数数值。

（4）标数据点　实验点可以用"＋""×""△""▽""○"等符号标出。符号的大小应与测量数据的不确定度相适应，一般情况下约 $1\sim 2\mathrm{mm}$。

（5）描绘实验曲线　用直尺或曲线板，把实验点连成直线或光滑曲线。连线时应尽量使图线紧贴所有数据点，但图线本身不一定通过所有数据点，应使不在图线上的数据点均匀分布在曲线的两侧。

特殊情况下需要折线图，如改装电表的校准曲线，只需连接数据点。

（6）写出图名　一般将因变量写在前面，自变量写在后面，中间用"－"连结。在图名下方注明实验条件和必要的说明。如果一张图里有多条曲线，应在图中用不同线型或不同符号将不同曲线区别开，在图中或图名下方注明符号或线型对应的曲线名称。图 1.3-1 给出的作图示例为光电管的伏-安特性曲线。

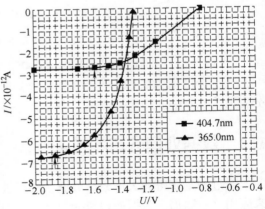

图 1.3-1　光电管伏-安特性曲线

1.3.3 逐差法

如果两个物理量之间满足线性关系 $y = kx + b$，而且自变量 x 等间距变化，则可以采用逐差法处理实验数据。逐差法的特点是充分利用多次测量的实验数据，起到减小测量误差的作用。

逐差法的计算程序如下：

1）将测量数据列表。

2）将因变量按测量先后次序分成两组

$$y_1, y_2, \cdots, y_n$$

$$y_{n+1}, y_{n+2}, \cdots, y_{2n}$$

3）将对应项相减

$$\Delta y_1 = y_{n+1} - y_1$$
$$\Delta y_2 = y_{n+2} - y_2$$
$$\vdots$$
$$\Delta y_n = y_{2n} - y_n$$

4）求差值的平均值

$$\overline{\Delta y} = \frac{y_{n+1} - y_1 + y_{n+2} - y_2 + \cdots + y_{2n} - y_n}{n}$$

$$= \frac{\Delta y_1 + \Delta y_2 + \cdots + \Delta y_n}{n}$$

1.3.4 最小二乘法

若两个变量之间满足线性关系，且 x 的测量误差远小于 y 的测量误差，由实验等精度测得一组数据 $x_i, y_i (i = 1, 2, \cdots, n)$，则可以用最小二乘法拟合得到最佳直线 $y = Bx + A$。最小二乘法是一种线性回归方法，拟合系数 B 和 A 分别称为回归系数和回归常数。最小二乘法的优点是更加客观准确，同一组数据拟合出的直线是唯一的，克服了用作图法拟合直线的人为不确定性。

根据最小二乘原理，最佳拟合直线应使得测量值 y_i 与拟合直线上相应各估计值 y（在同一 x_i 处）之间的偏差的平方和最小，即

$$\delta = \sum \left[y_i - y(x_i) \right]^2 最小$$

将直线方程 $y = Bx + A$ 代入，得

$$\delta = \sum \left[y_i - (Bx_i + A) \right]^2 最小$$

所以 B 和 A 应是下列方程的解：

$$\begin{cases} \dfrac{\partial \delta}{\partial B} = -2 \sum \left[(y_i - Bx_i - A) x_i \right] = 0 \\ \dfrac{\partial \delta}{\partial A} = -2 \sum (y_i - Bx_i - A) = 0 \end{cases}$$

如果测量的数据为 n 组，则回归系数 B 和回归常数 A 应满足以下方程：

$$
\begin{cases}
nA + \sum_{i=1}^{n} x_i B = \sum_{i=1}^{n} y_i \\
\sum_{i=1}^{n} x_i A + \sum_{i=1}^{n} x_i^2 B = \sum_{i=1}^{n} x_i y_i
\end{cases}
$$

令 $\bar{x} = \dfrac{1}{n} \sum_{i=1}^{n} x_i$, $\quad \bar{y} = \dfrac{1}{n} \sum_{i=1}^{n} y_i$, $\quad \overline{x^2} = \dfrac{1}{n} \sum_{i=1}^{n} x_i^2$, $\quad \overline{xy} = \dfrac{1}{n} \sum_{i=1}^{n} x_i y_i$, 则

$$
B = \frac{n \sum_{i=1}^{n} x_i y_i - \sum_{i=1}^{n} x_i \sum_{i=1}^{n} y_i}{n \sum_{i=1}^{n} x_i^2 - \left(\sum_{i=1}^{n} x_i \right)^2} = \frac{\overline{xy} - \bar{x} \cdot \bar{y}}{\overline{x^2} - \bar{x}^2}
$$

$$
A = \frac{\sum_{i=1}^{n} y_i - B \sum_{i=1}^{n} x_i}{n} = \bar{y} - B\bar{x}
$$

各参量的不确定度可以这样估算:

$$
u(y) = \sqrt{\frac{\sum \left[y_i - (A + Bx_i) \right]^2}{n - 2}}
$$

$$
u(B) = \sqrt{\frac{1}{n (\overline{x^2} - \bar{x}^2)}} u(y)
$$

$$
u(A) = \sqrt{\overline{x^2}} \, u(B) = \sqrt{\frac{\overline{x^2}}{n (\overline{x^2} - \bar{x}^2)}} u(y)
$$

常用相关系数 r 表示两变量之间线性关联的紧密程度。

$$
r = \frac{n \sum_{i=1}^{n} x_i y_i - \sum_{i=1}^{n} x_i \sum_{i=1}^{n} y_i}{\sqrt{\left[n \sum_{i=1}^{n} x_i^2 - \left(\sum_{i=1}^{n} x_i \right)^2 \right] \left[n \sum_{i=1}^{n} y_i^2 - \left(\sum_{i=1}^{n} y_i \right)^2 \right]}}
$$

r 的取值在 (0, 1) 范围内, r 接近 1, 实验数据用线性拟合比较合适; r 接近 0, 实验数据不能用线性拟合。对于非线性关系的实验数据, 也可以通过曲线改直的方法, 进行合适的变量代换, 然后再利用最小二乘法来求解物理量或求得经验公式。在利用最小二乘法处理数据时, 同样要注意异常数据的剔除。

1.4 数据处理的工具——计算器和计算机

电子计算器具有计算迅速、准确、操作简便、功耗低、携带方便等优点, 在物理实验中可以利用四则运算、统计计算和回归计算等功能处理数据。计算机的功能就更加强大了, 可以应用现成的软件, 也可以自编程序来处理数据。

1.4.1 用计算器求 $\bar{x}$、$s(x)$、$s(\bar{x})$ 和进行回归计算

不同型号的计算器计算实验列标准差所用的符号不尽相同。主要有 s 和 σ_{n-1} 两种, 它们

的定义是等价的。怎样使用计算器的统计功能，需要阅读计算器的说明书。

一般的程序是首先进入统计状态，然后将实验数据输入到计算器中，再利用"$\boxed{\bar{x}}$"键调用测量列的平均值，用"$\boxed{s}$"键调用测量列的标准差，然后再利用公式 $u_A = s(\bar{x}) = \dfrac{s(x)}{\sqrt{n}}$ 来计算 A 类标准不确定度。注意：每计算完一组数据，要清除内存后才能再计算下一组数据。

许多计算器都有回归计算功能，可以很方便地求出回归系数和回归常数。具体使用方法参考计算器的说明书。

1.4.2　利用计算机软件进行数据处理

Excel 是一个功能较强的电子表格软件，可以帮助我们进行数据处理、计算分析、产生图表。下面简单介绍利用其处理实验数据的方法。

1. Excel 的启动

2. 工作薄、工作表、单元格、区域

一个 Excel 文件称为一个工作薄，一个工作薄有若干个工作表，默认的工作表标识为 Sheet1、Sheet2、Sheet3。用鼠标右键单击可以更改工作表的名称。

工作表行与列交叉的小方格是单元格。用单元格所对应的列与行的字母和数字表示 Excel 单元格。如第 B 列第 7 行所对应的单元格为 B7。单击一个单元格可以使它变为当前活动单元格，是输入数据、公式的地方。

表格中的矩形块为表格区域，可以利用鼠标选取，调用区域可以用区域的左上角和右下角的单元格坐标来表示。如：B3：E5 表示一个如图 1.4-1 中线框所示的区域。

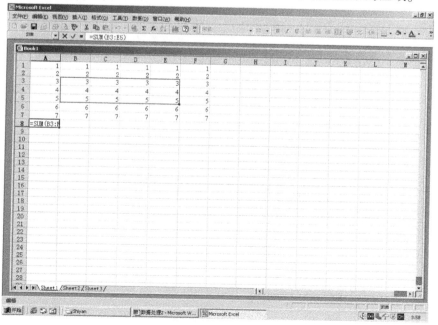

图 1.4-1　Excel 软件工件视窗界面（选中区域）

3. 工作表中内容的输入

输入内容为文本、数字、公式、函数等。文本和数字的输入比较简单，输入函数或公式时注意函数的参数写法，另外还要输入"＝"以区别于文本输入。

可直接用键盘输入文本和数字，也可以由其他软件编辑的数据文件或数据采集卡采集的数据文件导入。

输入公式时要首先单击将要在其中输入公式的单元格，键入"＝"号，直接键入公式的表达式即可。

例如，若要计算 A 列和 B 列的乘积，可以在 C 列第一行输入"＝A1＊B1"然后按"Enter"键确认即可。也可以直接利用图标插入求和、求平均等函数。

Excel 软件中内置了大量函数。函数是一些预定义的公式，它们使用一些特定的数值（称为参数）按特定的顺序或结构进行计算。例如，SUM 函数对单元格或单元格区域进行加法运算，PMT 函数在给定的利率、贷款期限和本金数额基础上计算偿还额。函数的结构以函数名称开始，后面是左圆括号、以逗号分隔的参数和右圆括号。如果函数以公式的形式出现，请在函数名称前面键入等号（＝）。

常用的函数如表 1.4-1 所示。

表 1.4-1 常 用 函 数

调用名称	参数	功能
＝SUM(B1:B3)	表格区域	返回区域内所有单元格之和
＝AVERAGE(B1:B3)	表格区域	返回区域内所有单元格的平均值
＝MAX(B1:B3)	表格区域	返回最大值
＝MIN(B1:B3)	表格区域	返回最小值
＝STDEV(B1:B6)	表格区域	返回区域内单元格数据的实验标准差
SLOPE(A1:A5, B1:B5)	Y 数组和 X 数组	返回经过给定数据点的线性回归拟合线方程的斜率
INTERCEPT(A1:A5, B1:B5)	Y 数组和 X 数组	返回经过给定数据点的线性回归拟合线方程的截距
TINV(0.95, 6)	概率值和自由度	返回给定自由度和双尾概率的学生分布(t 分布)的区间点
FORECAST(3.28, A1:A5, B1:B5)	一个数字与 Y 数组和 X 数组	通过一条线性回归拟合线返回一个预测值
INT(B2)	某个单元格数字	将数值向下取整为一个最接近的整数
ROUND(B2, 2)	某个单元格数字和小数位数	按指定位数对数值进行"四舍五入"
ROUNDDOWN(B2, 2)	某个单元格数字和小数位数	向下舍入数字
ROUNDUP(B2, 2)	某个单元格数字和小数位数	向上舍入数字
MINVERSE(B2:D4)	数组矩阵	返回数组矩阵的逆
MMULT(B2:D4, E2:G4)	两个数组矩阵	返回两数组矩阵的乘积
SIN(B2), COS(B2), TAN(B2), SQRT(B2), LN(B2), LOG10(B2), EXP(B2), DEGREES(B2), RASIANS(B2), PI 等数学函数	某个单元格数字	返回函数值

4. 图表功能

可以利用 Excel 的图表功能进行实验数据处理的作图、拟合直线、拟合曲线、拟合方程等。创建图表的具体操作步骤如下：

（1）可以在工作表上创建图表，或将图表作为工作表的嵌入对象使用。要创建图表，就必须先在工作表中为图表输入数据，然后再选择数据并使用"图表向导"来逐步完成选择图表类型和其他各种图表选项的过程。

（2）单击工具栏中"图表向导"按钮，便进入"图表向导—4 步骤之 1"的对话框，选出希望的图表类型，如 XY 散点图。再单击"下一步"，按程序的提示向下进行即可。最后单击"完成"即可得到图表。

（3）选中图表，并单击图表主菜单，单击添加趋势线命令。

（4）单击类型标签，选择线性等类型中的一个。

（5）单击选项标签，选中显示公式就可得到拟合直线方程。

例如：

= C5 + E6 表示 C5、E6 两个单元格之和。

= SUM（B1：B5）表示 B1 ~ B5 五个单元格之和。

= SIN（A3）表示 A3 单元格的正弦。

例如，图 1.4-2 所示利用 Excel 制作的图表，显示了伏安法测电阻的数据及伏-安特性曲线，并利用程序自动进行了最小二乘法拟合，得到电阻为 995Ω，相关系数的平方为 0.9975。

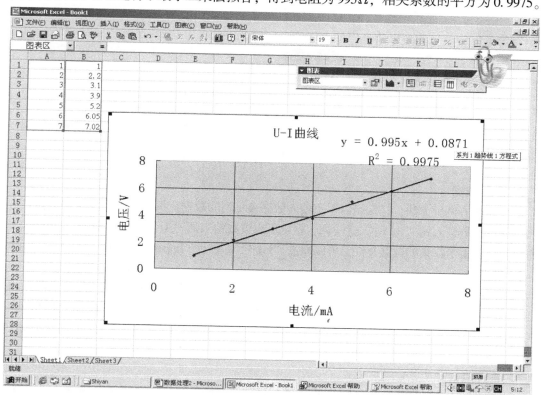

图 1.4-2　Excel 软件工作视窗界面（制作图表）

1.4.3 利用 Origin 软件进行数据处理

Origin 软件是一个功能强大的数据处理和作图软件，广泛应用于科学实验的数据处理、分析和科研论文中撰写。下面以 Origin7 为例，简单介绍此软件最基本的用法。

1. 启动软件

软件启动后的界面如图 1.4-3 所示。其中窗口中央为一个空的数据表。默认的数据表为两列，如果需要可以自行增加数据表的列数。

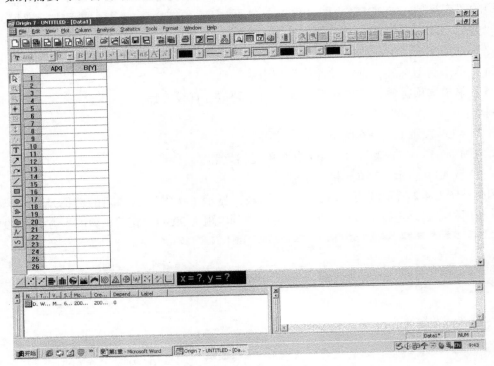

图 1.4-3　Origin7 软件工作视窗界面（启动）

2. 导入数据

导入数据有两种方法，一是可以手工输入数据表每列的数据，例如伏安法测电阻的数据，可以将电流表读数输入到"B(Y)"这一列，将电压表读数输入到"A(X)"这一列。二是如果有录入或计算机采集卡收集的数据文件，可以通过"File"菜单中"Import"选项直接导入。

3. 绘图

数据输入完成后，选中输入的数据列，通过"Plot"菜单中"Scatter"选项，可以将数据点绘制在 X-Y 方式的图上。图的样式还可以根据需要进行各种修改，如输入图的名称、轴的名称和单位、改变文字和数字的大小、改变图框的粗细、改变刻度范围及中间分刻度的多少等，如图 1.4-4 所示。

4. 曲线拟合

以上面绘制的 U-I 图为例，只需通过"Analysis"菜单中"Fit Linear"选项，可以实现直线 $Y = AX + B$ 的拟合。如图 1.4-5 所示，同时在另一个窗口给出了 A、B 的值及 A、

B、Y 的实验标准偏差和相关系数。

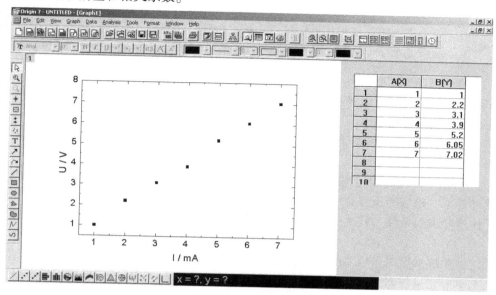

图 1.4-4　Origin7 软件工作视窗界面（绘图）

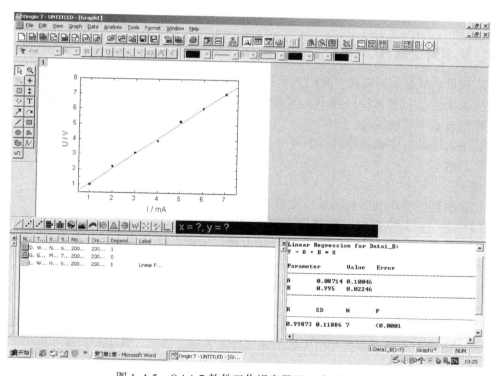

图 1.4-5　Origin7 软件工作视窗界面（直线拟合）

以上所列举的是 Origin7 的一些最简单的用法。当然，Origin7 的功能远不止这些，通过 Origin7 专业书籍、软件的使用手册或者"Help"文件可以获得更详细的介绍。

第 2 章 物理实验常用仪器设备及其使用

物理实验仪器的种类很多，包括力、热、声、光、电等各种类型。要做好物理实验，必须学会正确使用仪器设备。

1）合理选择仪器：根据测量精度、范围和准确度等级要求，合理选择仪器的量程、准确度级别、规格和型号。

2）正确使用仪器：由于各种仪器对温度、湿度、大气压力、放置方式、电源电压和频率以及外界电、磁场等条件有一定要求，且在特定条件下检定出厂，所以首先应满足仪器能正常工作所要求的条件。其次，应按仪器说明书规定的操作步骤、使用范围和注意事项使用仪器。

总之，熟练掌握测量仪器的原理、技术性能和使用方法是十分必要的。本章介绍物理实验中最基本的测量仪器。

2.1　长度测量器具

2.1.1　基本测量器具

长度测量是最基本的测量，除用图形和数字显示的仪器外，大多数测量仪器所测量结果都要转化为长度（包括弧长）显示。因而能正确测量长度，快捷准确地读出各种分度尺是实验工作的最基本的技能之一。

实验中常用的长度测量器具有米尺（钢直尺、钢卷尺）、游标卡尺、千分尺、读数显微镜和测微目镜等。

1. 米尺

米尺在物理实验中是用来测量长度的最基本仪器，在准确度要求不高的场合，可以使用木制或塑料米尺。实验室中一般使用比较准确的钢直尺和钢卷尺；它们的分度值为 1mm，测量时常可估读到 0.1mm。为了避免米尺端面磨损引起的零位误差，一般不使用米尺的端面作为测量起点，而是选择米尺上的某一刻度作为起点。测量时应把米尺的刻度面与待测物体贴紧（处在同一平面内），以尽量减小读数视差引起的测量误差。

实际上，在使用钢直尺和钢卷尺测量长度（或距离）时，常常由于尺的纹线与被测长度的起点和终点对准（瞄准）条件不好、尺与被测长度倾斜以及视差等原因而引起的测量不确定度，要比尺本身示值误差引入的不确定度更大些。因而，常需要根据实际情况合理估计测量结果的不确定度。

米尺使用要点：

1）米尺刻度线应尽量紧贴被测物体，读数时，视线应垂直刻度，并在毫米以下估读一位。

2）考虑到米尺刻度不均匀，可以由不同起点进行多次测量，取其平均值。

3）选择米尺上某一整数刻线作为测量起点，可以消除端面带来的误差。

2. 游标卡尺

为了克服钢直尺测量时与工件比齐和小数位估读的困难，人们设计了游标卡尺。其尺身仍是钢制毫米分度尺，并在尺身上附加一个能够滑动的有刻度的游标，可使尺身测量的精度提高 10～20 倍。游标有直游标和弯游标，用直游标测读长度，用弯游标测弧长度或角度。简述原理如下：

游标是可以沿着尺身滑动的小尺，其中均匀地刻有 m 个小分度。图 2.1-1a 中 $m = 10$，图 2.1-1b 中 $m = 50$，m 个分度的总长与尺身上（$m-1$）个分度的总长相等。

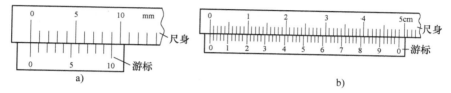

图 2.1-1　游标刻度与尺身刻度的关系

若令 x 表示游标上每分度的长，y 表示尺身上的每分度的长，则有

$$mx = (m-1)y$$

$$x = y - y/m$$

即游标的每一分度与尺身的每一分度的长度之差是

$$\Delta A = y - x = y/m \tag{2.1-1}$$

此量就叫做游标卡尺的精度。这个量决定了游标卡尺本身的最大误差。

现在介绍用游标卡尺来测量长度的方法。设 l 是待测的一段长度，如图 2.1-2 所示，使它的起端和尺身的零点重合，这时该段的末端若位于第 k 和第 $k+1$ 刻度之间，则可写成

$$l = ky + \Delta l$$

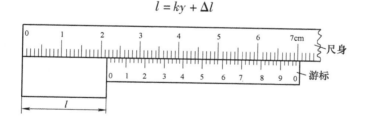

图 2.1-2　游标卡尺读数方法

此处 Δl 是尺身第 k 分度内暂时还未决定的部分。移动游标至 l 的末端，即使游标的零点和该段末端重合，因为游标的分度与尺身的分度并不相等，故总可以在游标上找到这样的一个（设为第 n 个）刻度，它与尺身上的某一刻度（第 $k+n$ 个刻度）最接近或重合，如图 2.1-2 中 $n = 24$。所以有 $\Delta l = ny - nx = n(y-x) = n\Delta A$，因而总长度为

$$l = ky + n\Delta A$$

根据式（2.1-1）有

$$l = ky + n\frac{y}{m} \tag{2.1-2}$$

式（2.1-2）表示用游标卡尺来测量一线段长度时，它等于尺身上整数分度的读数 ky 加上游标尺精度 y/m 与 n 的乘积。其中 n 是游标上与尺身某一刻度重合的刻度数。在图 2.1-2 中，$m=50$，$n=24$，$y=1$mm，$k=21$，$l=(21+0.48)$mm $=21.48$mm。

　　一般的游标卡尺如图 2.1-3 所示。它除了用来测量一般的长度外，还可以用来测量圆筒的内径、外径以及深度。测外径时用图 2.1-3 中 A、B 两个钳；测内径时用 A′、B′ 两个钳；测深度时用尾部 C 的突出部分。三种情形的读数方法是一样的。

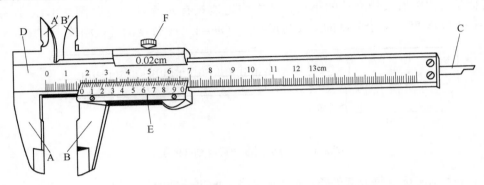

图 2.1-3　游标卡尺

　　在游标卡尺上所用的游标是直游标。在物理实验仪器中还常见另一种弯游标，在分光计、糖量计以及有些电学测量仪器上都有应用。弯游标和直游标原理基本相同，它是一个沿着弧尺（刻度盘）的同心弯游标，弯游标可以用来精确测量角度。比如分光计上安装了弯游标，为 30 格，其弧长等于尺身上的 29 格的长度；尺身每一格长度为半度，于是弯游标的精度为半度的 1/30，也就是 1′；读角度时弯游标上第几条线重合便是几分。特别要注意在读整刻度时不要忘了观察是否有整个半度需要记入。

3. 千分尺

　　千分尺又叫螺旋测微器，它是比游标卡尺更精密的长度测量仪器。这种量具的种类很多，按用途分为外径千分尺、内径千分尺和深度千分尺等。此外，在不少测量仪器中也利用这种螺旋测微装置作为仪器的读数机构，如读数显微镜、测微目镜等。

　　下面以外径千分尺（见图 2.1-4）为例介绍这类螺旋测微装置的工作原理和读数方法。外径千分尺主要由一根螺距为 0.5mm 的测微螺杆和固定套管组成。测微螺杆、微分筒和测力装置是连接在一起的，当微分筒相对于固定套管转过一周时，测微螺杆前进或后退 0.5mm。微分筒有 50 个分度，当微分筒转过一个分度时，测微螺杆前进或后退0.01mm。在固定套管上刻有毫米刻线和半毫米刻线。

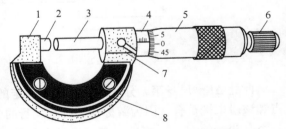

图 2.1-4　外径千分尺

1—尺架　2—测砧　3—测微螺杆　4—固定套管　5—微分筒
6—测力装置　7—锁紧装置　8—绝热装置

　　使用外径千分尺时应注意如下事项。

　　1）测量前先检查零点读数。当测微螺杆和测砧并合时，微分筒的边缘对到尺身的"0"

刻度线且微分筒圆周上的"0"线也正好对准基准线，则零点读数为 0.000mm。如果未对准则应记下零点读数。顺刻度方向读出的零点读数记为正值，逆刻度方向读出的零点读数记为负值。图 2.1-5 是两个零点读数的例子。测量值为测量读数值减去零点读数值。

2）外径千分尺尺身分度值为 0.5mm，所以在读数时要特别注意半毫米刻度线是否露出来。在图 2.1-6 中，图 a 的读数为 4.180mm，而图 b 的读数为 4.685mm，图 c 的读数为 1.976mm。

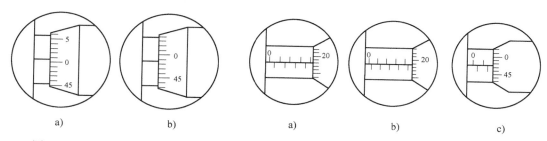

图 2.1-5　外径千分尺零点读数
a）零点读数为 +0.005mm　b）零点读数为 -0.013mm

图 2.1-6　千分尺读数方法

3）不论是读取零点读数还是夹持物体测量时，都不准直接旋转微分筒，必须利用测力装置带动微分筒旋转，测力装置中的棘轮装置可以保证夹紧力不会过大。否则，不仅测量不准，还会夹坏待测物或损坏千分尺的精密螺旋。

4）外径千分尺使用完毕后，在测微螺杆和测砧之间要留有一定的间隙，以免螺杆受热膨胀，而损坏千分尺。

实验室通常使用量程为 0～25mm 的一级千分尺，分度值为 0.01mm，示值误差为 0.004mm。

4. 读数显微镜

读数显微镜又叫测量显微镜或工具显微镜。它是将显微镜和螺旋测微装置组合起来，用来测量微小距离或微小距离变化的精密仪器。其优点是可以实现非接触测量，如毛细管的内径、狭缝、干涉条纹的宽度等。读数显微镜的型号很多，这里以 JCD-Ⅱ型为例，其量程为 50mm，最小分度值为 0.01mm。图 2.1-7 为读数显微镜的外形图。

在图 2.1-7 中，目镜 1 用锁紧圈 2 和锁紧螺钉 3 固紧于镜筒内，物镜 6 用螺纹扣拧入镜筒内，镜筒可用调焦手轮调节，使其上下移动而调焦。测量架上的方轴 13 可插入接头轴 14 的十字孔中，接头轴可在底座 11 内旋转、升降。弹簧压片 7 插入底座孔中，用来固定待测件。反光镜 10 可用旋转手轮 9 转动。

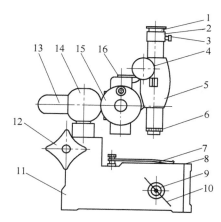

图 2.1-7　JCD 型读数显微镜外形图

1—目镜　2—锁紧圈　3—锁紧螺钉　4—调焦手轮　5—镜筒支架　6—物镜　7—弹簧压片　8—台面玻璃　9—旋转手轮　10—反光镜　11—底座　12—旋手　13—方轴　14—接头轴　15—测微鼓轮　16—标尺

显微镜与测微螺杆上的螺母套管相联，旋转测微鼓轮 15，就转动了测微螺杆，从而带动显微镜左右移动。测微螺杆的螺距为1mm，测微鼓轮圆周上刻有100个分格，分度值为0.01mm。读数方法类似于千分尺，毫米以上的读数从标尺16上读取，毫米以下的读数从测微鼓轮上读取。如图2.1-8所示，标尺读数为29mm，测微鼓轮读数为0.726mm，最后读数为29.726mm。

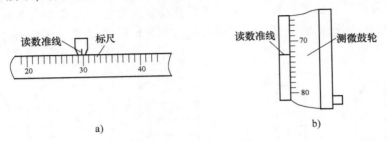

图2.1-8 读数显微镜读数装置

a) 标尺读数29mm b) 测微鼓轮读数0.726mm

由于螺纹配合存在间隙，所以螺杆（由测微鼓轮带动）由正转到反转时必有空转，反之亦然。这种空转会造成读数误差，故测量过程中必须避免空回，应使测微鼓轮始终朝同一方向旋转时读数。

读数显微镜使用方法：

1）利用工作台下面附有的反光镜，使显微镜有明亮的视场。

2）调节目镜：调节目镜，看清叉丝，调节叉丝方向，使其中的横丝平行于读数标尺，亦即平行于镜筒移动方向。

3）调节物镜：先从外部观察，降低物镜使待测物处于物镜下方中心，并尽量与物镜靠近。然后通过目镜观察，并通过调焦手轮4使镜筒缓慢升高，直至待测物清晰地成像于叉丝平面。

4）消除视差：当眼睛上下或左右少许移动时，叉丝和待测物的像之间不应有相对移动，否则表示存在视差，说明它们不在同一平面内。此时，要反复调节目镜和物镜，直至视差消除。

5）读数：先让叉丝对准待测物上一点（或一条线），记下读数，注意这个读数反映的只是该点的坐标。转动测微鼓轮，使叉丝对准另一个点，记下读数，这两点间的距离就是两次读数之间的差值。读数时一定要防止空回。

说明：做牛顿环实验时，由于用反射光的效果优于用透射光，故在物镜下方装有45°反射镜，此时不要再用上述第1）条，不要让反光镜反射的光射入镜筒。

测量显微镜的构造和工作原理与读数显微镜基本相同，但它的载物台除了能作横向移动外，还能作纵向移动以及转动。纵向移动的装置和读数方法与千分尺相同，转动的角度可通过读盘上的刻度（和游标）读出。

5. 测微目镜

测微目镜通常作为光学精密计量仪器的附件。例如，读数显微镜、各种测长仪、测微平行光管等仪器上，都会装有测微目镜。它也可以单独使用，其特点是测量范围小，而仪器误差极限值比较小。

测微目镜种类很多，这里主要介绍有螺旋测微装置的MCU—15型测微目镜，其量程为8mm，最小分度0.01mm，图2.1-9为其结构图。目镜焦平面上的一块固定分划板上有9条刻线，形成 8 格，刻线间距 1mm，如图 2.1-10a 所示。在其前方有一可移动的活动分划板，它可随着鼓轮的转动而左右移动。活动分划板上刻有斜向交叉的十字叉丝及双线读数标记，如图 2.1-10b 所示。鼓轮每转一圈，活动分划板移动 1mm，鼓轮上有 100 等分的刻线，每格相当于 0.01mm。毫米以上的读数在固定分划板上读出，图 2.1-10c 所示为 3mm。毫米以下读数在鼓轮上读出，图 2.1-10c 所示为 0.437mm，总读数为 3.437mm。

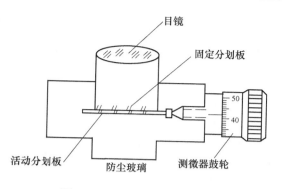

图 2.1-9　测微目镜原理结构图

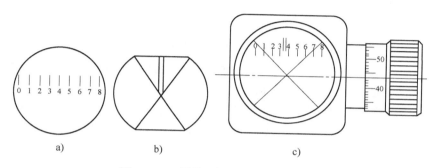

图 2.1-10　测微目镜分划板与读数法
a）固定分划板　b）活动分划板　c）测微目镜读数方法

6. 千分表

千分表外形如图 2.1-11 所示。当测量杆向上或向下移动 0.1mm 时，长指针转动一周，短指针转过一格即 0.1mm。刻度圈上圆周分为 100 等份，因此，长指针转动一个分度相当于测量杆移动 0.001mm，此即为千分表的分度值。千分表的读数由两部分组成，即短指针读数加上长指针读数，其中前一项读数是准确的，后一项读数要估读一位。

使用千分表时应注意：

1）测量前必须把千分表固定在可靠的表架上并夹牢。

2）为了保证测量精度，千分表测量杆必须与待测件表面垂直，否则会产生误差。

3）测量时可用手轻轻提起测量杆上端，把待测件移至测量头下。注意，不准把待测件强行推入测量头下，更不准用待测件撞击测量头，以免影响测量精度和撞坏千分表。为了保持一定的起始测量力，测量头与待测件接触时，测量杆应有 0.3~0.5mm 的压缩量。

4）为了保证千分表的灵敏度，测量杆上不

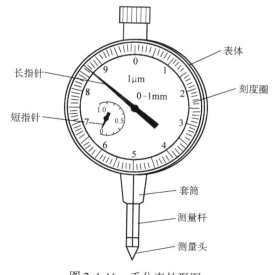

图 2.1-11　千分表外形图

要加油，以免油污进入表内。

2.1.2 光学测量装置

光学测量装置大致可以分为两大部分；一部分是光杠杆和自准直望远镜等组成的系统（或显微镜系统），另一部分是利用光的干涉或衍射现象组成的测量系统。

1. 光杠杆测量装置

该装置用来测量物体微小伸长量的变化，如固体膨胀系数的测定、弹性模量的测定、微弱电流的测定等。该系统由望远镜、米尺、反射镜等构成，又可称为光杠杆放大系统。

2. 光学比较仪

该装置由自准直望远镜和正切杠杆机构组成，例如 12J 型立式光学比较仪，示值在 $\pm 1000\mu m$ 范围内，误差为 $\pm 0.25\mu m$。

3. 阿贝比长仪

该仪器的测长原理是通过被测长度与光学放大的标尺刻度进行比较，从而确定出被测长度。测量系统由一个配置刻度尺、两台显微镜以及放置被测物的可移动的工作台组成。

4. 利用光的干涉和衍射现象测量长度

用光的干涉和衍射的原理及方法测量物体长度或者直径的类型很多，例如劈尖干涉测量直径；用迈克尔逊干涉仪测量光的波长及薄膜厚度；用光的衍射现象测量细丝直径等。

2.1.3 激光测距仪（光电测量装置类型）

激光测距仪的基本原理是利用光在待测距离上往返传播的时间换算出距离，方程为

$$L = \frac{1}{2}ct$$

式中，L 为待测距离；c 为光速；t 为光在待测距离上往返的时间。

采用不同的激光光源组成的测距仪种类很多，按测程区分，大致可以分为三类：

（1）短程激光测距仪　该激光测距仪测程一般在 5km 以内，适用于工程方面的测量。

（2）中长程激光测距仪　中长程激光测距仪测程一般在 5km 到几十千米，适用于通信、遥感等方面的距离测量。

（3）远程激光测距仪　远程激光测距仪测程一般在几十千米以上，适用于航空、航天等方面测量。例如，用于测量导弹、人造卫星、月球等空间目标的距离。

按照检测时间的不同方法，激光测距又可分为脉冲激光测距和相位激光测距。

（1）脉冲激光测距　脉冲激光测距利用激光测距仪向待测目标发射一个光脉冲，经待测目标反射后，其目标反射的信号进入激光测距仪接受系统，以测得其发射和接受光脉冲的时差，即光脉冲在待测距离上往返传播的时间。脉冲法测距仪的测量误差一般在米的量级，广泛用于工程的测量。另外，对月球、人造卫星、远程火箭的跟踪测距都用脉冲激光测距。

（2）相位激光测距　相位激光测距通过测量连续调制光波在待测距离上往返传播所发生的相位移 φ，以代替测定时间 t，从而求得光波所走的距离 L。其测距方程为

$$L = \frac{1}{2}c\left(\frac{\varphi}{2\pi f}\right)$$

式中，f 为调制波的频率。这种方法测量误差一般在厘米量级，因而在大地控制测量和工程

测量中得到了广泛的应用。

2.2　质量测量仪器

质量是描述物体本身固有性质的物理量，物体质量的测定是科研及实验中的一个重要的物理基本测定。称衡物体质量的仪器种类很多，但大多数测量仪器都是以杠杆定律为基础设计的。例如，目前常用的仪器类型有双盘式天平、置换式天平、扭力天平、电子天平等。一般测量小质量可用扭力天平，其测量灵敏度较高，能在整个测量范围内保持着线性关系。该天平的称量范围为 $0.02 \sim 0.1g$，读数分度值为 $10^{-7} \sim 10^{-8}g$。将现代电子技术用于天平上的电子天平，最大称衡量为 1000g，其读数精度也可以达到 0.01g。

天平的性能参数：

1）最大称量：天平的最大称量是天平允许称衡的最大质量。使用天平时，被称物体的质量必须小于天平的最大称量，否则会使横梁产生形变，并使刀口磨损。

2）分度值：天平的分度值是指天平指针偏离平衡位置一格需在称盘上添加的砝码质量，它的单位为 mg/格。分度值的倒数称为天平的灵敏度。上下调节在指针上的重心螺钉，可以改变天平的灵敏度。重心越高，灵敏度越高。天平的分度值及灵敏度与天平的负载状态有关。

3）精度：天平的精度级别按其名义分度值（即感量）和最大负载（即最大允许称量值）之比共分为 10 级，如表 2.2-1 所示。

表 2.2-1　天平的精度级别

精度级别	1	2	3	4	5	6	7	8	9	10
$\dfrac{名义分度值}{最大负载}$	1×10^{-7}	2×10^{-7}	5×10^{-7}	1×10^{-6}	2×10^{-6}	5×10^{-6}	1×10^{-5}	2×10^{-5}	5×10^{-5}	1×10^{-4}

实验室常用的天平分为物理天平、精密天平和分析天平三种。下面介绍物理天平。

物理天平的结构如图 2.2-1 所示。天平横梁上有三个刀口，中间刀口置于立柱顶端的玛瑙刀垫上，作为横梁的支点。两侧刀口各悬挂一个称盘，横梁下面固定一个指针，用来判断天平是否平衡。开关旋钮可以使横梁上升或下降，横梁下降时，支架就会把它托住，避免刀口磨损。横梁两端的平衡调节螺母是天平空载时调平衡用的。横梁上有游码标尺，用于放置游码，游码向右移动，相当于在右称盘加一个小砝码，其质量数可从游码标尺上读出。底板上的两个水平螺钉用于调节天平中柱铅直。托架用于放置被测物体。

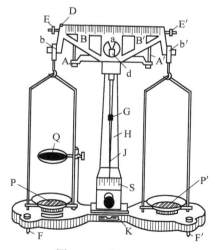

图 2.2-1　物理天平

A、A′—托承　B、B′—横梁　D—游码　E、E′—平衡螺母　a—中间刀口　b、b′—两端刀口　d—刀承　F、F′—底脚螺钉　G—重心螺钉　H—立柱　J—读数指针　K—制动旋钮　S—标尺　P、P′—秤盘　Q—托架

物理天平使用要点：

1）调水平：转动底板上的两个底脚螺钉，

使水准器的气泡处于中心位置。注意：气泡在哪边，说明哪边高。

2）调零点：将游码移到零刻线处，支起横梁，观察天平是否平衡。如果指针偏向某一边，调节平衡螺母，使指针在标牌中线左右作等幅摆动。

3）称衡：被测物体放在左称盘中，砝码放在右称盘中，进行称衡。当天平平衡时，则有

$$物体的质量 = 砝码的质量 + 游码的读数$$

4）为了保护刀口，取放物体、取放砝码、移动游码以及调节平衡螺母等操作均需在天平制动情况下进行。

5）取放砝码一定要用镊子。

2.3　时间测量仪器

时间是重要的基本物理量之一，许多物理量的测量都归结为时间的测量。它是一种能用周期性的物理现象来观察和测量的物理量，对周期性信号（谐振器和振荡器）的频率测量与时间测量是等价的。时间的测量在现代科技、工农业、国防等领域以及物理实验中有着重要的地位。例如，计量技术、激光测距、测速、制导、卫星的发射或接收等方面都离不开时间的测量。物理实验中刚体转动惯量的测定、单摆周期的测定、物体运动的速度和加速度的测定、示波器实验等都离不开时间的测量。

常用的计时仪器有秒表（机械式或电子式）、数字毫秒计、原子钟等。下面简要介绍几种测量时间的仪器。

2.3.1　秒表

秒表有各种规格，它们的构造和使用方法略有不同。一般的秒表有两个针，长针是秒针，每转一圈是30s；短针是分针。表盘上的数字分别是秒和分的数值，如图2.3-1所示。这种秒表的分度值是0.1s，还有一圈表示60s、10s、3s的秒表。

秒表上端有柄头，用于旋紧发条和控制秒表的走动和停止。使用前先上发条，但不宜上得过紧，以免发条受损。测量时用手握住秒表，将柄头至于大拇指的关节下，并预先用平稳的力将其稍稍压住，当计时开始时，突然用力将其按下，秒表便开始走动。当需要秒表停止时，可依同上方法再按一下。第三次再按时，秒针和分针都弹回零点。也有一些秒表用不同的柄头或键钮分别控制走动、停止和回复。

图2.3-1　机械秒表

秒表的使用要点：

1）秒针的跳动量与表盘的分度值相对应，故使用秒表时，不存在分度值以下的估计值。当秒针指在两刻度线之间时，可按"四舍六入五凑偶"的原则读数。

2）检查零点是否准确为零，如不指零，应记下读数，并对测量结果进行修正。

3）使用前上紧发条，但不要过紧，以免发条断裂。

4）如果秒表走时不准，可用数字毫秒计作标准计时器来校准，测出校准系数

$$C = t_{标准}/t_{秒表}$$

5）秒表的起动和停止各有 0.1s 的误差，因此，可取 $\Delta t_{估} = 0.2s$。

6）避免摔跌、撞击、进入磁场、暴晒、浸水。避免在潮湿、含有腐蚀性介质的环境中使用与保存。后盖不要随便拧开。

2.3.2　电子秒表

电子秒表是一种比较精密的电子计时仪器，其机芯全部由电子元件组成，利用石英振荡频率作为时间基准，经过分频、计数、译码、驱动，最后由液晶显示器显示所测量的时间。常用 6 位液晶显示器显示，电源常为钮扣式电池。电子秒表兼有连续计时和测量时间间隔的功能，和机械秒表一样，一般可取 $\Delta t_{估} = \pm 0.2s$。

电子秒表面板上分别显示 "min" "s" "1/100s"，如图 2.3-2 所示。使用前先按按钮 S_3，使秒表复零。使用时，按下按钮 S_1 即开始计时，再按一次按钮 S_1 即停止计时，这时面板上显示数为所测时间，图 2.3-2 所示面板上显示的时间为 23min59.29s。

图 2.3-2　数字式电子秒表

2.3.3　数字毫秒计

数字毫秒计的基本原理是利用一个频率高的石英晶体作时间信号发生器，不断地产生标准的时基信号，并通过光电传感器和一系列电子元件所组成的控制电路来控制时基信号进行计时，并在数码管中显示被测定的时间间隔。毫秒计可用于手控计时，也可利用光电探测器自动计时。

JSJ-3A 型数字毫秒计（见图 2.3-3）以 10kHz 石英晶体振荡器输出的方波脉冲信号的周期作为标准时间单位，即 0.1ms。开始计时和停止计时的控制信号由光电元件或电键产生。脉冲信号从开始计时到停止计时的时间间隔内推动计数器计数。计数器所显示的脉冲个数就是以标准时间为单位的被测时间。"光控" 分 A 和 B 两种功能。可根据具体情况选用。A 档记录遮光时间即光敏二极管的光被遮挡的时间。B 档记录两遮光信号的时间间隔，即遮挡一下光敏管的光照计数器开始计数，再遮挡一下计数器便停止计时，两次遮光信号的时间间隔由数码管显示出来。用 "机控" 时将双线插头插入 "机控" 插座。当双线插头的两根导线接通时开始计时，断开时停止计时。

图 2.3-3　JSJ-3A 型数字毫秒计

"自动复位"和"手动复位"指数码管显示的数字恢复为零方式。利用"自动复位"时，数字显示时间的长短可由"复位延时"电位器进行调节。

"时基选择"开关按测量需要选择，有 0.1ms、1ms、10ms 各档。

2.3.4 原子钟

显示时间或者频率准确度最高的是原子钟。目前，铯原子钟的准确度已达 10^{-14}s 数量级，我国长波授时台用的氢原子钟稳定度已接近 10^{-15}/h，相当于 300 万年才差 1s，国内商品化的铷原子钟的计时长期稳定度已达 10^{-11}/月。原子钟的工作原理是利用微观的分子或原子能级之间的跃迁，产生高准确度和高稳定的周期振荡，输出一定的参考频率，控制石英晶体振荡器，使它锁定在一定频率上。由受控的石英晶体振荡器输出的高稳定频率信号再经放大、分频、门控制电路等到数显电路，显示时间或频率。

2.4 温度测量仪器

温度测量是热力学重要的基本测量之一，许多物质的特征参数与温度有着密切的关系，因此在科学研究和工农业生产中对温度的控制和测量显得特别重要。

测量温度的仪器种类很多，如液体温度计、气体温度计、声学温度计、噪声温度计、磁温度计、穆斯堡尔效应温度计等。测量方法也很多，如热电法测温、电阻法测温、辐射法测温以及目前正在研究的利用激光干涉法测温等。

液体温度计是一种常用的测温仪器，结构简单，价格低廉，使用方便，但其测量准确度不太高，一般测量范围在 $-30 \sim 300℃$；气体温度计测温范围广，准确度高，若用氦（He）做工作气体，在 20K 下，其准确度可达 $0.01 \sim 0.1$K，但使用起来不太方便；电阻温度计常用于测量低温，其测量准确度高，常用的有锗和碳温度计，其测量范围在 $1 \sim 20$K；杆式铂电阻温度计，其测量范围在 $90 \sim 903$K 等。另外，近些年来开发了由康铜敏感元件、超导材料等制成的温度计。热电法测温目前应用比较普遍，其测量准确度和灵敏度都较高，且又能直接把温度量转换成电学量，尤其适用于自动控制和自动测量。热电偶采用两种不同的金属材料，其测温范围可从 73K 到几千开（K），如铜-康铜热电偶，其测温范围为 $73 \sim 623$K。铂-铑热电偶的测温范围为 $273 \sim 1873$K，在 2000K 以上进行温度测量可采用钨-钨铼热电偶等。下面简要介绍几种常用的测温仪器，读者如需进一步了解可查阅有关文献手册。

2.4.1 玻璃液体温度计

常用的感温液体材料有水银、酒精、甲苯、煤油等，其中以水银应用范围最广。水银作为感温材料有许多优点：不浸润玻璃、膨胀系数变化很小、测温范围广等。

玻璃水银温度计可分为标准用、实验室用和工业用三种。标准用玻璃水银温度计组总测温范围为 $30 \sim 300℃$，最小分度可做到 $0.05℃$；实验室用玻璃水银温度计组总测温范围也为 $-30 \sim 300℃$，分度值为 $0.1℃$ 和 $0.2℃$；工业用玻璃水银温度计测温范围分 $0 \sim 50℃$、$0 \sim 100℃$、$0 \sim 150℃$ 等多种，分度值一般为 $1℃$，物理实验中也常使用这种温度计，读数时一般应估读一位。

2.4.2 热电偶温度计

1. 结构原理

热电偶亦称温差电偶，是由 A、B 两种不同成分的金属或合金彼此紧密接触形成一个闭合回路而组成，如图 2.4-1 所示。当两个接点处于不同的温度 t 和 t_0 时，在回路中就有直流电动势产生，该电动势称为温差电动势或热电动势。它的大小与组成热电偶的两种金属（或合金）的材料、热端温度 t 和冷端温度 t_0 这三个因素有关。（$t - t_0$）越大，温差电动势也越大。测量时把冷端放在冰水混合物中，即使 $t_0 = 0℃$，热端放在待测处，用电势差计测出电动势，查电动势-温度表，可得待测温度。

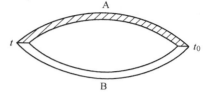

图 2.4-1 热电偶示意图

2. 使用方法

（1）热电偶的校准 通常用比较法或定点法对热电偶进行校准。比较法是将待校热电偶的热端与标准温度计同时直接插入恒温槽的恒温区内，改变槽内介质的温度，每隔一定温度观测一次它们的示值，直接用比较方法对热电偶进行校准；定点法是利用某些纯物质相平衡时温度唯一确定的特点（如水的沸点等），测出热电偶在这些固定点的电动势，然后根据温差电动势的表达式

$$\varepsilon = a(t - t_0) + b(t - t_0)^2 + c(t - t_0)^3 \tag{2.4-1}$$

解出各常数 a、b、c 之值，然后就能确定温差电动势与温度之间的函数关系。在要求不高时，可用式（2.4-1）的一级近似式

$$\varepsilon = a(t - t_0) \tag{2.4-2}$$

确定 ε 和 t 之间的函数关系。

（2）测量温差电动势的仪器 通常需用电位差计测量温差电动势。在某些要求不太高的场合，也可用毫伏表进行测量。

3. 几种常用的热电偶

热电偶种类繁多，具有测温范围宽广（$-272 \sim 3000℃$）、结构简单、体积小、响应快、灵敏度高等优点。常见的热电偶有 300 多种，标准化的热电偶有七种，其型号、成分、使用温区见表 2.4-1。

表 2.4-1 标准化热电偶的型号、成分和使用温区

类型代号	材料	使用温区/℃
T	铜-康铜	$-200 \sim 350$
E	镍铬-康铜	$-250 \sim 1000$
J	铁-康铜	$0 \sim 750$
K	镍铬-镍铝	$70 \sim 1100$
S	铂—10%铑-铂	$0 \sim 1600$
R	铂—13%铑-铂	$0 \sim 1600$
B	铂—30%铑-铂—6%铑	$500 \sim 1700$

2.4.3 电阻温度计

利用纯金属、合金或半导体的电阻随温度而变化这一特征来测温的温度计称为电阻温度

计。目前，大量使用的电阻温度计的感温元件有铂、铜、镍、铑铁、锗、碳和热敏电阻等。

热敏电阻的温度系数比金属材料大得多，所以提高了测温的灵敏度，同时由于热敏电阻的体积小，探头可以做得很小，热容量也很小，使测量精度提高，测量时间缩短，因此其应用越来越广泛，但它的稳定性较差。

2.5 电磁学实验仪器

电磁测量是现代科技中应用很广的一种实验方法和实验技术。电磁学实验的任务主要是学习一些基本电磁测量方法和电磁学仪器的使用方法，加深认识和理解有关的电磁学基本规律。

电磁学实验离不开电源和各种电测仪表。常用的基本仪器包括电源、电表、电阻等。因此，必须了解常用基本仪器的原理和性能，掌握仪器的使用方法和要领。本节对常用基本电磁学仪器的结构、原理、性能及使用注意事项进行简要介绍。

2.5.1 电源

电源是把其他形式的能量转变为电能的装置。电源分为交流电源和直流电源两种。物理实验室的实验台常配有市电 220V 插座、交流电源和直流电源，电源输出电压的大小由电源总控制台控制，实验台电源面板示意图如图 2.5-1 所示。

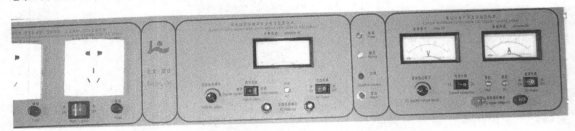

图 2.5-1 物理实验室实验台电源面板示意图

1. 直流电源

目前实验室主要使用的直流电源有：晶体管直流稳压电源、铅蓄电池和干电池。

（1）晶体管直流稳压电源 晶体管直流稳压电源是将交流电转变为直流电的装置。这种电源电压稳定性好，输出电压基本上不随交流电源电压的波动和负载电流的变化而起伏，而且内阻小、功率较大、使用方便。有些还有过载保护装置，在偶尔短时过载的情况下，电源停止对外输出，直到外电路恢复正常后重新开始工作。实验室常用的晶体管直流稳压电源面板如图 2.5-2 所示，输出电压的大小由仪器面板控制，其输出电压一般连续可调，最大允许输出电压为 30V，最大允许输出电流为 3A。电源的接线柱上标有正、负极和接地，正极表示电流流出的方向，负极表示电流流入的方向。注意：使用时切勿超过最大允许输出电压和电流，切勿将接地端误认为电源负极而连接。晶体管直流稳压电源的主要技术指标为

图 2.5-2 直流稳压电源面板图

1）输出电压，即最大额定输出电压称为输出电压。

2）输出电流，即允许输出的最大额定电流称为输出电流。

（2）铅蓄电池　电动势每单瓶为 2V，实验室常用蓄电池的额定电流为几个安培，容量为几十安培小时。

（3）干电池　它是将化学能转变为电能的化学电池，使用在小功率、稳定度要求不高的场合。干电池是很方便的直流电源。实验室常用的干电池的电动势一般为 1.5V，额定放电电流为 300mA。使用时，工作电流应小于额定放电电流。也可采用多节串联使用。干电池使用后，由于化学材料逐渐消耗，电动势不断下降，内阻不断上升，最后由于内阻很大，不能提供电流，电池即告报废。常用干电池的有关数据见表 2.5-1。

表 2.5-1　常用干电池的有关数据

型　　号	容量/A·h	额定电流/mA
1	2	<300
2	0.5	100
3	0.2	50

2. 交流电源

一般发电厂和变电所供给的是交流电源。常用交流电源有两种：一种是单相电压 220V、频率为 50Hz，多用于照明和一般电器；另一种是三相电压 380V、频率为 50Hz，多用于机械的动力用电。如果需要低于或高于 220V 的交流电压，则需要用变压器把它降低或升高。为了防止电压的波动，实验室常用交流稳压器来获得较稳定的交流电压。交流仪表的读数一般指有效值，交流 220V 就是指有效值，其峰值为 $\sqrt{2} \times 220V \approx 310V$。

3. 调压变压器

用调压变压器可获得连续可调的交流电压。其主要技术指标有容量（用 kV 表示）和最大允许电流。调压变压器如图 2.5-3 所示。从①、④两接线柱输入 220V 交流电压，转动手柄 A 从②、③两接线柱可输出 0~250V 连续可调的交流电压。

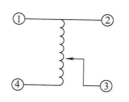
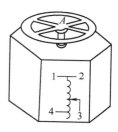

图 2.5-3　调压变压器

4. 电源使用注意事项

1）严禁电源短路，否则，电源将急剧发热而损坏。

2）使用电流不得超过电源的额定电流。根据负载选择输出电压和输出电流合适的电源。

3）使用直流电源时，注意正、负极不能接错，电流从正极流出，经过外电路由负极流入。

4）接线时，应断开电源开关，电压调节旋钮调至零位置，使输出电压值最小。

2.5.2　磁电系电表

在电磁学实验中经常涉及到电量的测量，用于测量各种电参数的仪表统称为电工仪表，它们能用于测量电流、电阻、功率、相位和频率等。

（1）电表的分类　电表种类繁多，分类方法各异。常用的有以下几种分类方法：

1）按结构原理：主要分为磁电系、电磁系、电动系、整流系、感应系、热电系、静电系和电子系。大学物理实验中常用的是磁电系仪表。

2）按单位和名称：主要分为电流表（包括安培表、毫安表、微安表）、电压表（包括伏特表、毫伏表）、欧姆表、兆欧表、万用表、功率表、频率表、功率因数表等。

3）按使用方法：分为安装式和便携式，前者准确度等级通常在 1.0 以下，后者通常在 0.5 以上。

4）按工作电流：分为直流电表、交流电表和交直流两用电表。

（2）电表表盘上的符号　电表的表盘上用数字或符号标有该表的准确度等级、仪表的类型、使用条件及其他参数，它们表示该仪表的各项基本特征。我国电气仪表面板上的符号如表 2.5-2 所示，详细内容可参阅国家标准 GB/T 7676.1 ~ GB/T 7676.9—1998《电测量指示仪表通用技术条件》。

表 2.5-2　电表表盘上的若干符号

⊓	磁电系仪表	⊓▷|	整流系仪表
⌐ (→)	水平放置	⊥ (↑)	垂直放置
☆2 (⌁2kV)	2kV 绝缘试验	Ⅱ	二级防外磁场
2.5	量程百分数表示的等级	(2.5)	指示值百分数表示的等级
∨2.5	标度尺长百分数表示的等级	△B	B 组仪表，−20 ~ +50℃ 工作

1. 磁电系仪表

磁电系仪表是应用最广泛的一类仪表，它可以直接测量直流电流和电压，如果加上变换器也可以测量交流电流和电压，当采用特殊结构时，还可以构成灵敏度极高的检流计。

磁电系仪表的结构如图 2.5-4 所示。

磁电系仪表是利用永久磁铁的磁场和载流线圈相互作用的原理制成的。仪表的测量机构包含固定部分和活动部分。磁电系仪表的磁路系统是固定的，它是由永久磁铁 1，在其两个极上连接两个带有圆柱形孔腔的"极掌" 2，和孔腔中央固定着的小圆柱形铁心 3 等部分构成，这种结构使磁感应线集中于孔腔之中并呈均匀的辐射状，如图 2.5-5 所示。活动部分则包括活动（通电）线圈和指示器（如指针和转轴等）。

通电线圈匀称地放置在磁场中，并可绕软铁心轴线自由地转动，在垂直于圆柱轴线的两个线圈边的中点各连接一个半轴，借以

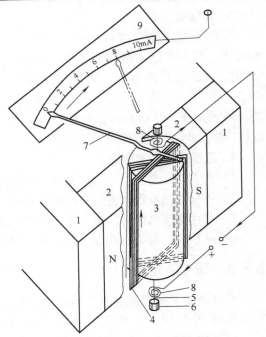

图 2.5-4　磁电系仪表结构示意图
1—永久磁铁　2—极掌　3—圆柱形软铁心　4—动圈
5—半轴　6—轴承　7—指针　8—游丝　9—刻度盘

把线圈支撑在轴承里，轴上装有指针，线圈偏角的大小由指针在刻度盘上的方位示出。

当线圈通以恒定电流 I 后，它将在磁场 $\boldsymbol{B}$ 中受到一个力矩，从图 2.5-5 可以清楚地看到，由于线圈所在的磁场呈均匀辐射状（沿半径方向），故线圈不论转到任何方位其所受力矩 M_I 的大小均由下式决定：

$$M_I = Fa = 2BNIab = BNSI \qquad (2.5-1)$$

式中，a 为线圈宽度的一半；b 为线圈边长；N 为线圈匝数；S 为线圈面积。

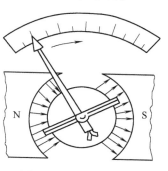

图 2.5-5　磁电系测量
机构气隙中的磁场

线圈在此力矩作用下发生偏转，假如只有转动力矩的作用则不论电流大小如何，指针会一直偏转下去，直到标度盘边缘受阻后才会停止。为了使偏转大小和被测电流的大小相对应，就需要有一个反作用力矩与转矩相平衡，为此在线圈的两半轴上各连接一个螺旋形游丝 8（见图 2.5-4），它一方面产生反抗力矩，同时又兼作把电流引入线圈的引线。因此，当线圈通以电流时，它不仅受到电磁力矩 M_I 的作用，而且同时又受到游丝的反作用力矩 M_D 的作用。

$$M_D = -D\alpha \qquad (2.5-2)$$

式中，D 是弹性系数；α 是线圈转过的角度，负号表示力矩和转动方向相反。

当线圈转到一定角度时，二力矩相平衡

$$M_I + M_D = 0$$
$$BNSI = D\alpha$$
$$\alpha = \frac{BNSI}{D} = S_I I \qquad (2.5-3)$$

式中，$S_I = \dfrac{BNS}{D}$ 为磁电系测量机构的灵敏度，电表制定后，B、S、D、N 均为定值，S_I 为常量。

由式（2.5-3）可以看出，磁电系仪表可用于测量电流以及与电流有关的物理量，因为线圈的偏转角 α 与通过线圈的电流 I 成正比，所以标度尺上的刻度是均匀的。

为了使指针式仪表起始位置在零位，还设有一个"调零器"，如图 2.5-6 所示。调零器 5 的一端与游丝 3 相连，如果仪表起始时不在零位，可用螺钉旋具轻轻调节露在表壳外面的"调零器"的螺杆 6，使指针处在零刻度位置。

磁电系测量机构（亦称表头）所能通过的电流是很微小的。测量范围一般在几十微安到几十毫安之间，如果需要测量较大的电流，必须扩大量程。

磁电系仪表的结构和工作原理决定了磁电系仪表准确度高（可以达到 0.1 级甚至更高）、灵敏度高、仪表消耗的功率小、刻度均匀。但其过载能力低，直接测量的只能是直流电，结构比较复杂，成本较高。

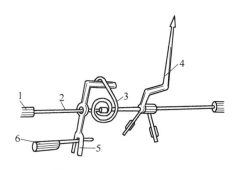

图 2.5-6　调零器结构图
1—宝石轴承　2—轴　3—游丝　4—指针
5—调零器　6—"调零器"螺杆

2. 电流测量仪表

常见电流测量仪表有直流电流表、交流电流表、检流计等。

（1）直流电流表 由于磁电系电表只能用来测量微小电流和电压，或检查电路中有无电流，不能作为测量使用。要想作为测量电流的仪表，必须对其进行改装，即在表头两端并联一个分流电阻，分流电阻越小电流表的量程就越大，如图2.5-7所示。

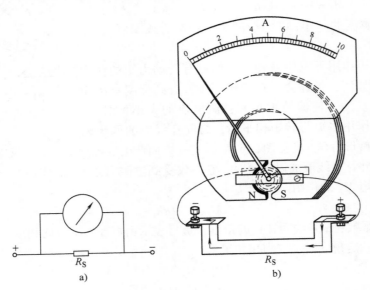

图 2.5-7 直流电流表

a）安培表电路图 b）安培表结构示意图

电流表按其所测电流大小可分为微安表、毫安表、安培表。直流电流表的接线柱都注明了正负极，"＋"端应接在线路中的高电势，"－"端则接在线路的低电势。对于多量程的电流表，有的公共端钮用"＊"表示负端。若加上整流器，则可构成交流电流表。电流表的内阻愈小，则电路由于接入电表带来的系统误差就愈小。

主要规格：

1）量程：指测量的上限与下限的差值，即测量范围，如 $0 \sim 100mA$，$0 \sim 5A$，$-50 \sim +50\mu A$。有多量程的电流表。

2）内阻：内阻越小量程越大，一般安培计内阻在 0.1Ω 以下，毫安表一般为几欧姆至一两百欧姆，微安表一般为几百欧姆至一两千欧姆。

（2）直流检流计 检流计是用来检验电路中有无电流通过的仪表，主要有指针式和复射式两种。目前，指针式常用 AC5 型系列，复射式常用 AC15 型系列。下面简要介绍这两种检流计。

指针式（如 AC5 型）检流计属于磁电系结构，它采用刀形指针和反射镜相配合的读数装置。其特征是指针零点位于刻度盘的中央，便于检出不同方向的微小直流电，可用作示零器。检流计允许通过的电流很小，一般为 $10^{-6}A$，内阻约几欧至几百欧，故只能作为电桥、电势差计的指零仪器。在使用时要串联一个保护电阻以免过流损坏。

AC5 型直流指针式检流计的主要技术参数见表 2.5-3。

表 2.5-3　AC5 型直流指针式检流计的主要技术参数

参　数	检流计型号			
	AC5/1	AC5/2	AC5/3	AC5/4
内阻/Ω	<20	<50	<250	<1200
外临界电阻/Ω	<150	<500	<3000	<14000
分度值/(A/div)	$<5 \times 10^{-6}$	$<2 \times 10^{-6}$	$<7 \times 10^{-7}$	$<4 \times 10^{-7}$
临界阻尼时间/s	2.5			

AC5 型直流指针式检流计面板如图 2.5-8 所示。

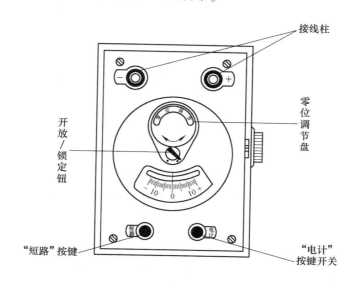

图 2.5-8　AC5 型直流指针式检流计面板图

【面板介绍】

1)"＋、－"接线端钮。接线柱接入被测电流。

2)零位调节旋钮。用于调节指针的机械零点。

3)"电计"按钮。按下"电计"按钮开关时,检流计与外电路接通。使用过程中需要短时间将检流计与外电路接通,只要将"电计"按下即可。若需长时间接通,则可将"电计"按钮锁住。

4)"短路"按钮。若使用过程中指针不停地摆动,按下"短路"按钮,指针便会立即停止摆动。

5)开放/锁定钮。面板上标有红、白圆点的锁扣。当锁扣指向红色圆点时,指针即被制动。只有当锁扣放松或转到白点时才能调零位调节旋钮和正常工作。

【使用要点】

1)把锁扣扳向"白点",调节"零点调节"旋钮,使指针指零。电流计不用、搬动或改变电路时,应将锁扣扳向"红点"。

2)检流计只允许通过微小电流,实验时应采取保护措施,防止损坏检流计。

3）使用完毕，应松开"电计"和"短路"旋钮。

直流复射式检流计可分为墙式和便携式两种，图2.5-9是AC15/4型直流复射式检流计，其数量级可达 $10^{-5} \sim 10^{-10}$ A。

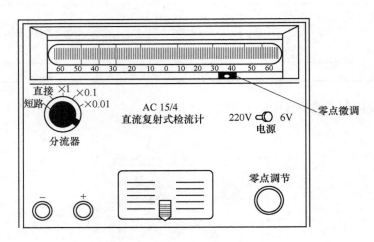

图 2.5-9　AC15/4 型检流计面板图

AC15 型直流复射式检流计的主要技术参数见表 2.5-4。

表 2.5-4　AC15 型直流复射式检流计的主要技术参数

参数	检流计型号					
	AC15/1	AC15/2	AC15/3	AC15/4	AC15/5	AC15/6
内阻/Ω	1.5×10^3	500	≤ 100	50	30	50	500
外临界电阻/Ω	100×10^3	10×10^3	1×10^3	500	40	500	10×10^3
分度值/(A/div)	3×10^{-10}	$1.5 \times 3 \times 10^{-9}$				
临界阻尼时间/s	4					

【面板介绍】

1）＋、－接线柱。接入被测电流。

2）零点调节。用于光标零点粗调，顺时针方向，光标向左移；逆时针方向，光标向右移。

3）标盘活动调零器。直接拨动标盘，可进行光标零点细调。

4）分流器开关。×0.01 档灵敏度最低，×0.1 档，×1 档灵敏度相对提高。"短路"档止住光标摆动。

5）电源选择开关。当 220V 电源插座接上 220V 电压时，电源开关置于 220V 处，电源接通；当 6V 电源插座接上 6V 直流电源时，电源开关置于 6V 处，电源接通。

【使用要点】

1）轻拿轻放以防止悬丝振断。在搬运、改变电路或停止使用时，应将分流器开关旋至"短路"档。

2）检查电源开关所在位置与所用电压是否一致。特别注意勿将 220V 电源和 6V 电源搞错。

3）经常检查光标零点。

4）力争使电流计工作在临界阻尼状态。例如，当 $R_外 \approx R_c$ 时，可选用"直接"档；当

$R_外 \geqslant R_c$ 时，可选用 "×1" 档。

5）不允许有过载电流通过检流计。

① 用检流计测电流时，为防止过大电流通过检流计，测量时，应从灵敏度最低档开始。

② 用检流计作指零器时，应串联大阻值（约 $10^6 \Omega$）的保护电阻，当电路接近平衡时，将保护电阻逐渐减至为零。

③ 不允许用万用表、欧姆表测量检流计的内阻。

3. 电压测量仪表

实验中常用电压表来测量电压，电压表分为直流电压表和交流电压表。电压表按其所测电压大小可分为毫伏表、伏特表、千伏表。下面主要介绍直流电压表。

通过分压的方式可以将电流表改装成电压表。直流电压表由小量程直流电流表串联一个电阻构成，串联不同的电阻构成不同量程的电压表，如图 2.5-10 所示。将电压表与待测电路两端并联可测量电路两端的电压。使用时电压表要并接在线路上。对于直流电压表，一定要将 "＋" 端接在电路中的高电势的一端，"－" 端则接在电势低的一端。若配上整流器则可构成交流电压表。电压表的内阻愈大，对电路带来的系统误差就愈小。

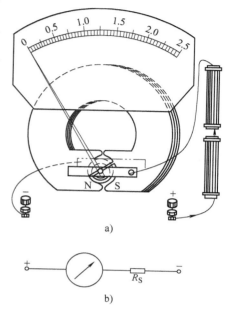

a)

b)

图 2.5-10　直流电压表
a）伏特表结构示意图　b）伏特表电路图

【主要规格】

1）量程：指针满度时的电压值。有多量程的电压表。

2）内阻：电压表的内阻越大，对被测对象的影响就越小。电压表各量程的内阻与相应电压量程之比为一常量，它在电压表标度盘上标明，单位为 Ω/V，它是电压表的重要参量。

4. 仪表的正确使用与合理选用

1）直流电表只能在直流电路中使用，电流表应串联在电路中，电压表应并联在电路中。注意电表的正、负极不能接反。

2）满足仪表正常工作条件。要调好机械零点，按仪表规定的工作位置方式安放，如水平放置或垂直放置。环境温度要满足仪表工作的温度要求。

3）读数时视线要垂直于表盘，避免视差。有指针反射镜的仪表，读数时应使刻度线、指针和指针在反射镜中的像成一线。在指针与镜中的像重合时读数，以减少由于视差引入的误差。

4）按被测量值的大小选择合适量程电表。在一般测量中，应使指针偏转在标度盘的 2/3 以上。

5）按被测量的误差要求合理选择仪表的准确度级别。在保证满足误差要求的前提下，不必追求更高准确度仪表。

6）根据被测对象电阻的大小来正确选择仪表。电压表的内阻越大，内阻造成的测量误差越小；电流表的内阻越小，内阻造成的测量误差就越小。

5. 仪表的误差和不确定度

（1）电表的误差来源　用任何仪表测量都会有误差，即仪表的指示值和实际值之间有一定差异。根据误差产生的原因可分为以下二种：

1）基本误差（又称固有误差）：电表在规定的条件下进行测量时所具有的误差，它是电表本身缺陷带来的，是由于结构上不完善而造成的。例如，轴承的摩擦、磁场不均匀、刻度不准确等原因引起的误差。

2）附加误差：由于偏离正常工作条件或在某一影响因素作用下，对电表指示值的影响而引起的误差。附加误差是一个因素引起的示值变化，而不是二个或二个以上因素引起变化的总和，因此在附加误差前常冠以产生误差因素的名称。如温度的变化、外界磁场的作用等的影响。

（2）电表误差的表示形式　电表的绝对误差即电表的指示值与被测量的真值之差，电表的相对误差是绝对误差与被测量的真值之比，两者均随选用不同的量程档而有所改变，都不能准确反映电表的精度，因此引入最大引用误差。

最大引用误差：电表某量程上的最大绝对误差 Δ_{max} 与该量程 N_m 之比，用百分数表示

$$E_{max} = \frac{\Delta_{max}}{N_m} \times 100\% \qquad (2.5\text{-}4)$$

国家标准规定，对单向标尺电表以最大引用误差表示电表的基本误差。电表标尺工作部分所有分度值的误差不允许超过最大绝对误差 Δ_{max}，因此 Δ_{max} 又称电表的最大允许误差（仪器误差限）。

（3）电表的准确度等级　根据国家标准电表的准确度分为 11 个等级，电表出厂时一般已将它标在标度盘上。设电表的等级为 a_n，它与最大引用误差的关系是

$$a_n \geqslant \frac{\Delta_{max}}{N_m} \times 100\% \qquad (2.5\text{-}5)$$

（4）电表测量值的不确定度　电表按国家标准根据准确度大小划分为等级，其仪器误差极限可通过准确度等级给出

$$\Delta_{仪} = \pm N_m \times a_n\% \qquad (2.5\text{-}6)$$

式中，N_m 为电表的量程；a_n 为电表的准确度等级。

在基础物理实验中，把仪器误差极限引入的不确定度分量简化地看成标准不确定度的 B 类分量，它不是高斯分布，也不是均匀分布，但比较接近均匀分布。因此我们规定：单次测量时，电测量值的不确定度为

$$u_{仪} = \frac{\Delta_{仪}}{\sqrt{3}} \qquad (2.5\text{-}7)$$

此时，电表测量值的相对不确定度可表示为

$$E = \frac{u_{仪}}{X_i} \times 100\% \qquad (2.5\text{-}8)$$

式中，X_i 为计量值。

由式（2.5-8）可见，测量值愈接近满量程时，E 愈小。因此，在使用电表时，应选择合适的量程，使测量值接近满量程，一般在满量程的 $\frac{2}{3}$ 以上。

（5）指针式电表读数的有效数字　根据不确定度决定有效数字是正确决定有效数字的基本依据。

例如，量程为 100mA、0.5 级的电流表共分 100 格，电表的示值为 88.6mA。因为由电流表的基本误差引入的电流的标准不确定度是 B 类评定，因此可先由电表的准确度等级与量程求出电表的仪器误差极限

$$\Delta_{仪} = 100\text{mA} \times 0.5\% = 0.5\text{mA}$$

则

$$u_{仪} = \frac{\Delta_{仪}}{\sqrt{3}} = 0.3\text{mA}$$

故单次测量结果为

$$I = (88.6 \pm 0.3)\text{mA}$$

测量的相对不确定度为

$$E = \frac{u_{仪}}{X_i} \times 100\% = \frac{0.3}{88.6} \times 100\% = 0.3\%$$

对于需要做进一步运算的读数，可在最小分度间再估读一位，估读值根据仪器的分辨率和实验者的判断能力估读到最小分度的 $\frac{1}{10} \sim \frac{1}{2}$。

（6）数字电表的读数与表示方法　数字电表具有准确度高、灵敏度高、测量速度快等优点。数字电表读数的有效位数为数字式仪表的显示值。

数字电压表的允许基本误差 Δ 表示为

$$\Delta = \pm(a\% U_x + b\% U_m) \qquad (2.5\text{-}9)$$

式中，U_x 为测量指示值；U_m 为测量上限值；a 为与示值有关的系数；b 为与满度值有关的系数。

例：PZ954 $\frac{1}{2}$ 直流数字电压表 200mV 档，准确度等级为 0.05，允许基本误差

$$\Delta = \pm(0.04\% U_x + 0.01\% U_m)$$

2.5.3　万用电表

万用电表是实验室常用的一种仪表，可用来测量交、直流电压和电流、电阻，还可用以检查电路和排除电路故障。

万用电表主要由磁电系测量机构（亦称表头）和转换开关控制的测量电路组成，它是根据改装电表的原理，将一个表头分别连接各种测量电路而改成多量程的电流表、电压表和欧姆表，既能测量直流又能测量交流的复合表，如图 2.5-11 所示。它们合用一个表头，表盘上有相应于不同测量量的标度尺。表头用以指示被测量的数值，测量线路的作用是将各种被测量转换到适合表头测量的直流微小电流，转换开关实现对不同测量线路的选择，以适应各种测量的要求。电表的表盘上按表的功能有各种不同的刻度，以指示相应的值，如：电流值、电压值（有交、直流之分）及电阻值等。对于某一

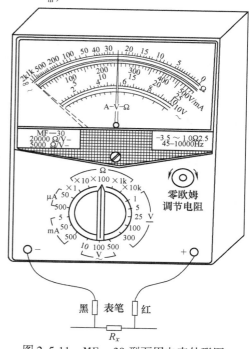

图 2.5-11　MF—30 型万用电表外形图

测量内容一般分成大小不同的几档，测量电阻时每档标明不同的倍率。每档标明的是它相应的量程，即使用该档测量时所允许的最大值。下面介绍欧姆表的简单原理。

欧姆表测量电阻的简单原理如图 2.5-12 所示。表头、干电池、可变电阻 R_0 及待测电阻 R_x 串联构成回路，电流 I 通过表头使指针偏转，有

$$I = \frac{E}{R_g + R_0 + R_x} \tag{2.5-10}$$

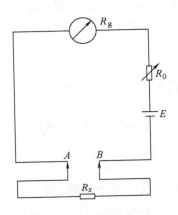

在电池电压一定的条件下，指针偏转和回路的总电阻成反比，可见表头的指针位置与被测电阻的大小一一对应，如果表头的标度尺按电阻刻度，就可以直接用指针指示的刻度值表示电阻值，电阻越小，指针的偏转越大，当 R_x 为无穷大时（即表笔 a、b 两端开路），则 $I = 0$，表头指针为零，因此欧姆表的标尺刻度与电流表、电压表的标尺刻度方向相反。由于工作电流 I 与被测电阻 R_x 不成正比关系，所以欧姆表标度尺的分度是不均匀的，如图 2.5-11 所示。

图 2.5-12　欧姆表基本原理图

由于电池的电动势会逐渐下降，将造成较大的测量误差，故这种结构形式的欧姆表都设有"零欧姆"调整电路，使用时必须将表笔两端短路（$R_x = 0$），调节"零欧姆"旋钮，使指针指向满度，即指针指向 0Ω 处。每当改变欧姆表的量程后，都必须重新调节"零欧姆"旋钮。

使用万用表时应注意以下几点：

1）首先要搞清待测物理量，切勿用电流档、欧姆档测量电压。

2）正确选择量程。如果无法估计被测量的大小，应当选择量程最大的一档，以防仪表过载，若偏转过小，则将量程变小，直至选择偏转角尽量大而未超满偏的量程。

3）测量电路中的电阻时，应将被测电路的电源切断。

4）用万用电表测量电阻时，应在测量前先校正电阻档的零点，在换量程后也需重新调零，否则读数不正确。

5）万用电表用毕，应将旋钮调到交流电压最大档或调到空档（有的万用表旋钮调至空档"。"处），以免下次使用时不慎损坏电表，特别注意不要放在欧姆各档，以免表笔两端短路，致使电池长时间通电。

用万用电表检查电路故障：检查电路的故障，就是找出故障的原因。首先应检查电路设计图是否错误，其次检查电路是否有接错、漏接和多接的情况。有时电路接线正确，但电路还存在故障，如电表或元件损坏而导致断路或短路，又如导线断路或焊接点假焊、电键的接触不良均会造成断路。这些故障往往无法从外观发现，排除这些故障往往要借助于仪器进行检查，通常是用万用表。

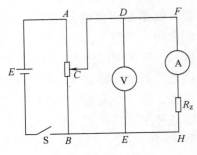

图 2.5-13　分压电路

1）电压检查法：在通电情况下，常采用逐点测试电压的方法寻找故障，例如，图 2.5-13 的分压电路，当接通电路时电压表、电流表均无指示。

用万用电表的电压档进行测量检查（注意万用电表的电压量程应大于或等于电源电压），先检查电源电压是否正常，然后测量 AB 两端电压。若电压正常，则移动滑动头 C，观察分压电压 DE 两端是否变化，若无变化再量 CB 间电压。若正常则故障一定在 CD 之间，可能 CD 间导线内部断开，或 C、D 两端接触不良。若 CD 之间更换完好的导线后，电压表指示正常，但安培表仍无指示，则故障一定在 DFH 的支路里，该支路导线至少有一处断开或接触不良，或安培表已损坏，负载本身断路。只要有其中一个原因均会引起安培表无指示，故从电压的异常情况就可以找到故障的原因和位置。

这种方法的优点是在有源的电路中带电测量，检查运行状态下的电路问题，简便快捷。

2）电阻检查法：它要求在切断电源后不带电的情况下检查，并且待测部分无其他分路，对电路各个元件、导线逐个进行检查测量，这种方法对检查各个元件、导线等的质量好坏、查明故障原因和位置是十分有用的。

2.5.4　电阻

为了改变电路中的电流和电压或作为特定电路的组成部分，在电路中经常需要接入各种大小不同阻值的电阻。电阻的种类很多，下面介绍常用的几种。

1. 滑线变阻器

在电磁测量中经常借助于滑线变阻器来调节电路的电压与电流。其实物如图 2.5-14 所示。

滑线变阻器的结构如图 2.5-15a 所示。它是把电阻丝（如铜镍丝）密绕在绝缘瓷管上，两端分别与接线柱 A、B 相连。AB 之间的电阻为总电阻。电阻丝上涂有绝缘物，使圈与圈之间互相绝缘。瓷管上方装有一根与磁管平行的金属杆，金属杆一端（或两端）与接线柱 C 相连，杆上还套有滑动头，它紧压在电阻丝上。滑动头与线圈接触处的绝缘物已被刮掉，滑动头移动时始终和瓷管上的电阻丝接触，当滑动头沿金属杆滑动时，就可以改变 AC（或 BC）之间的电阻值。滑线变阻器的符号如图 2.5-15b 所示。

图 2.5-14　滑线变阻器实物

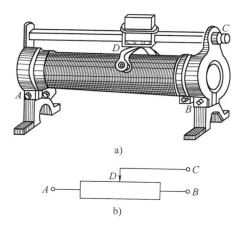

a)

b)

图 2.5-15　滑线变阻器示意图

【技术规格】

（1）全电阻　接线柱 A、B 之间电阻丝的电阻值。

（2）额定电流　变阻器允许通过的最大电流。

【使用要点】

（1）**限流接法**　用滑线变阻器改变电流的接法如图 2.5-16 所示，即将变阻器中的一个固定头 A（或 B）与滑动头 C 串联在电路中。改变滑动头 C 的位置，就改变了 A（或 B）、C 之间的电阻，也就改变了电路中的总电阻，从而改变了电路中的电流。必须注意：为了保证安全，在接通电源之前，应使滑动头处在回路电流最小位置。

（2）**分压接法**　用滑线变阻器改变电压的接法如图 2.5-17 所示，即将变阻器的两个固定端 A、B 分别与电源的两极相连，用滑动头 C 和任一固定端 B（或 A）将电压导出，由于电流通过变阻器的全部电阻丝，故 A、B 之间任意两点都有电势差。当滑动头 C 向 A 移动时，CB 间的电压 U_{CB} 增大，而 AC 间的电压 U_{AC} 减小。可见，改变滑动头 C 的位置，就改变了 C、B（或 A、C）之间的电压。注意：为了保证安全，在接通电源之前，应使滑动头处于分压最小位置。

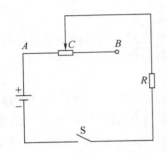

图 2.5-16　用滑线变阻器改变电流

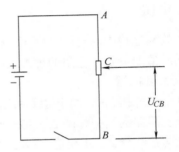

图 2.5-17　用滑线变阻器改变电压

2. 电位器

小型的变阻器又称电位器，其原理与滑线变阻器相似，外形如图 2.5-18 所示。A、B 为固定端，C 为滑动端。电位器的额定功率很小，只有零点几瓦至数瓦。电位器根据使用的材料不同，又分为用电阻丝绕制成的线绕电位器和用碳质薄膜制成的碳膜电位器，前者阻值较小，后者阻值较大，可达千欧（$\mathrm{k\Omega}$）到兆欧（$\mathrm{M\Omega}$）。电位器的规格、型号种类很多，在电子线路中有着广泛的应用。使用时切勿超过它的额定功率，否则容易烧毁。

3. 电阻箱

实验室用得较多的是旋转式电阻箱，它是由许多高稳定的锰铜丝绕成电阻按十进位分别通过波段电键连接而成的，其实物如图 2.5-19 所示。

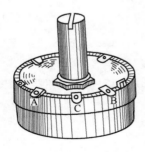

图 2.5-18　电位器

图 2.5-19　电阻箱

旋转式电阻箱的面板如图 2.5-20 所示。它是由若干个准确的固定电阻，按照一定的组合方式接在特殊的换向开关上而构成的。其内部电路如图 2.5-21 所示，每档电阻由 9 个相同的电阻串联而成，准确度等级为 0.1 级，物理实验室常用的 ZX21 型电阻箱就是这种结构。电阻箱面板上有四个接线柱和六个旋钮。每个旋钮的边缘都标有 0，1，2，3，…、等数。旋钮下面的面板上刻有 ×0.1、×1、×10、…、×10000 等字样，称为倍率。

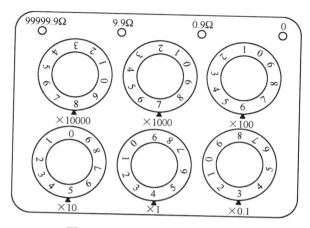

图 2.5-20　ZX21 型旋转式电阻箱

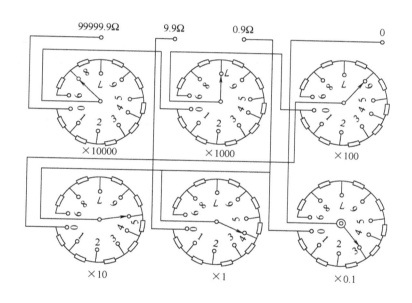

图 2.5-21　ZX21 型电阻箱内部结构

电阻箱读数为各档示值与其倍率乘积之和。当旋钮上的某个数字对准所示的倍率时，用倍率乘以该旋钮上的数字，即为相应的电阻。例如，在图 2.5-20 中，电阻箱面板上每个旋钮所对应的电阻分别为 $3 \times 0.1\Omega$、$4 \times 1\Omega$、$5 \times 10\Omega$、$6 \times 100\Omega$、$7 \times 1000\Omega$、$8 \times 10000\Omega$，总电阻为 $3 \times 0.1\Omega + 4 \times 1\Omega + 5 \times 10\Omega + 6 \times 100\Omega + 7 \times 1000\Omega + 8 \times 10000\Omega = 87654.3\Omega$。四个接线柱上分别标有 0，$0.9\Omega$，$9.9\Omega$，$99999.9\Omega$ 等字样，表示 0 与 0.9Ω 两接线柱的阻值调节范围为 $0.1 \sim 9 \times 0.1\Omega$；0 与 9.9Ω 两接线柱的阻值调节范围为 $0.1 \sim 9 \times (0.1 + 1)\Omega$；0 与 99999.9 两接线柱的阻值调节范围为 $0.1 \sim 9 \times (0.1 + 1 + 10 + 100 + 1000 + 10000)\Omega$。在使用时，如只需要 $0.1 \sim 9 \times 0.1\Omega$ 或 9.9Ω 的阻值变化，则将导线接到 "0" 和 "0.9" 或 "9.9" Ω

两接线柱。这种接法可以避免电阻箱其余部分的接触电阻和导线电阻对低电阻带来不可忽略的误差。电阻箱各档电阻允许通过的电流是不同的，现在以 ZX21 型旋转式电阻箱为例，列表 2.5-5。

表 2.5-5 ZX21 型旋转式电阻箱各档额定电流

旋转倍率	×10000	×1000	×100	×10	×1	×0.1
额定电流/A	0.005	0.0158	0.05	0.158	0.5	1.58

与直读式仪表相似，根据误差大小电阻箱分为若干等级。按原机械工业部的电工标准（D）36-61，将测量用电阻箱的准确度分为 0.02、0.05、0.1、0.2 和 0.5 级。电阻箱的仪器误差极限通常用下面公式计算

绝对误差
$$\Delta_{R仪} = (Ra + bm)\%$$

式中，a 为电阻箱的准确度等级；R 为电阻箱示值；b 为与准确度等级有关的系数（等级为 0.1 时一般取 0.2）；m 为所使用的电阻箱的旋钮数。

上述电阻箱如果用在交流电路中，只有在低频（不超过 1kHz）下才能用作"纯电阻"，所以也称为直流电阻箱。

它的额定功率为 0.25W，故各档以 1 为首位的电阻额定功率为 0.25W，取以 2 为首位的电阻时，电阻箱的额定功率为 (0.25×2)W。当几档联用时，额定电流按最大档计算，根据

$$I = \sqrt{\frac{P}{R}} \tag{2.5-11}$$

可算出电阻箱所能承受的最大电流值，各档最大允许电流如表 2.5-5 所示。

例如，6539Ω 电阻最大允许通过的电流，应以 ×1000 档来计算：

$$I = \sqrt{\frac{P}{R}} = \sqrt{\frac{0.25 \times 2}{2000}} A = 0.0158A$$

电阻箱的误差主要包括电阻箱的基本误差和零电阻误差两个部分。零电阻值包括电阻箱本身的接线、焊接、接触等产生的电阻值。为了减少零电阻引起的误差，ZX21 型电阻箱增加了低电阻 B 接线柱。它与 $R×0.1$ 盘相连，AB 端的最大电阻值为 0.9Ω，同理，在 $R×1$ 盘抽头设置了 C 接线柱，AC 端的最大电阻值为 9.9Ω；D 端钮就是六个电阻挡相互串联起来后的输出端，AD 端的最大电阻值为 99999.9Ω。

电阻箱的准确度 $a\%$ 各档不同，均标在铭牌上，其允许基本误差 ΔR 为
$$\Delta R = R \times a\%$$

其中 R 为电阻箱读数。

4. 固定电阻

阻值不能调节的电阻器叫作固定电阻。这种电阻体积小，造价低，应用广泛。一般分为碳膜电阻、线绕电阻等类型。每个电阻都注明了阻值的大小和允许通过的电流（或功率）。如图 2.5-22 所示，是将参数直接写在电阻上的金属膜电阻。

使用电阻时应注意以下几点：

图 2.5-22 固定电阻的标称值

1）每个电阻都有其允许通过的最大电流，使用时切勿超过此限制。

2）滑线变阻器限流时，实验前应将其（有效）电阻放在最大位置，分压时应放在最小位置。

3）滑线变阻器作限流器或分压器用时，要注意其阻值与负载的配比关系。

2.5.5　电磁学实验中常用的标准器

1. 标准电池

标准电池是实验室常用的电动势标准器，在正确使用的情况下，这种电池的电动势极度稳定，电动势与温度的关系可以准确地掌握，不产生化学副反应，几乎没有极化作用，并且它的内阻在相当大的程度上不随时间而变化。

标准电池有国际标准电池（又称饱和标准电池）和非饱和标准电池两种。

（1）饱和标准电池　它的结构如图 2.5-23 所示，电池的主体是一个密闭的 H 形玻璃容器，在它的两个下端各封入一个白金电极。正极是汞（Hg），汞上面是硫酸汞（$HgSO_4$）和碎的硫酸镉晶体（$CdSO_4 + 8/3H_2O$）所混成的糊状物，再上面是硫酸镉晶体，晶体上面是硫酸镉的饱和溶液，作电解液。电池的负极是镉汞合金，镉汞合金上面是硫酸镉晶体，再上面是硫酸镉饱和水溶液，容器的连接部分充满电解液。由于在电池内有硫酸镉的晶体存在，因此，在任何温度下硫酸镉溶液总是饱和的，电池容器在上端封口。国际标准电池的内阻在 $500 \sim 1000\Omega$ 范围内。

电池的电动势在 $0 \sim 40℃$ 范围内可按下式进行修正：

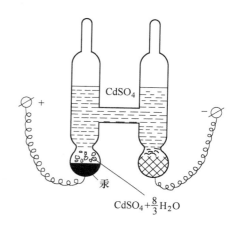

图 2.5-23　标准电池结构

$$E_t = E_{20} - E'$$

$$\{E'\}_V = \{39.9 \times [(t)_℃ - 20] + 0.94 \times [(t)_℃ - 20]^2 - 0.009 \times [(t)_℃ - 20]^3\} \times 10^{-6}$$

式中，E_t 为温度为 t（摄氏温度）时的电动势，E_{20} 是温度为 $20℃$ 时的电动势，$\{E'\}_V$ 表示 E' 以 V 为单位时的数值，$(t)_℃$ 表示 t 以 ℃ 为单位时的数值。

（2）非饱和标准电池　其结构与饱和标准电池基本相同，只是电池内没有硫酸镉晶体。在温度高于 $4℃$ 时，用作电解液的硫酸镉溶液不饱和。由于电流作用，电解液浓度要发生变化，因此这种电池的稳定性比饱和标准电池电动势的稳定性要低得多。但也有它的优点：内阻较小（不大于 600Ω），温度系数很小。在 $10 \sim 40℃$ 范围内，每变化 $1℃$ 非饱和标准电池电动势的变化不超过 $15\mu V$，故一般应用时可以不作温度修正。饱和标准电池的温度系数要比非饱和电池大四倍。

标准电池按其准确度和稳定性可以分为 Ⅰ 、Ⅱ 、Ⅲ 三级，表 2.5-6 列出了标准电池在 $20℃$ 时允许的电动势值、准确度和随时间变化的允许值。

表 2.5-6　标准电池的技术特性

类别	稳定度级别	E_{20}/V	1min 内，最大允许流过的电流/μA	在 1a（年）中电动势的允许变化/μV	温度/℃		内阻值不大于/Ω	
					保证准确度	可使用于	新的	使用中的
饱和式	0.0002	1.0185900～1.0186800	0.1	2	19～21	15～20	700	
	0.0005	1.0185900～1.0186800	0.1	5	18～22	10～30	700	
	0.001	1.018590～1.018680	0.1	10	15～25	5～35	700	2000
	0.005	1.01855～1.01868	1	50	10～30	0～40	700	2000
	0.01	1.01855～1.01868	1	100	5～40	0～40	700	3000
非饱和式	0.005	1.01880～1.01930	1	50	15～25	10～30	500	
	0.01	1.01880～1.01930	1	100	10～30	5～40	500	3000
	0.02	1.0186～1.0196	10	200	5～40	0～50	500	3000

2. 标准电阻

标准电阻用锰铜线或锰铜条制成。锰铜是铜（84%）镍（4%）和锰（12%）的合金，电阻温度系数（$\alpha \approx 0.0001/℃$）很小。标准电阻一套有 9 个，阻值分别为 10^{-3}～$10^5\Omega$。表 2.5-7 列出了标准电阻的技术特性。

表 2.5-7　标准电阻的技术特性

准确度等级	0.005	0.01	0.02	0.05
电阻标称值/Ω	10^{-3}～10^5	10^{-3}～10^6	10^{-4}～10^7	10^{-4}～10^8
保证准确度的温度/℃	19～21	18～22	17～23	17～23
使用温度/℃	15～25	10～30	5～35	5～35
额定功率/W	0.1	0.1（或 0.3）	0.1（或 1）	1（或 3）
最大允许功率/W	0.3	1（或 3）	0.3（或 3）	10（或 30）

低值标准电阻为了减少接线电阻和接触电阻设有 4 个端钮，cc 为电流端钮，pp 为电压端钮。使用标准电阻时，应注意小于环境温度且温度变化较小。

3. 标准电容器

标准电容器的准确度等级有 0.01、0.02、0.05、0.1 和 0.2 五级。电容箱的等级较低，有 0.05、0.1、0.2、0.5 和 1 五级。BR8 型标准云母电容器技术特性见表 2.5-8。

表 2.5-8　BR8 型标准云母电容器的技术特性

型　　号	BR8-1	BR8-2	BR8-3	BR8-4
额定值/μF	0.001	0.01	0.1	1
准确度（%）	±0.5	±0.2	±0.2	±0.2
损耗角正切值/℃	$<2.5 \times 10^{-3}$	$<5 \times 10^{-3}$	$<1 \times 10^{-3}$	$<1 \times 10^{-3}$
温度系数	$<2 \times 10^{-4}$			
工作条件	额定 50V，最大 250V；频率 400～10000Hz			

使用标准电容器时应注意：

1）标准电容器一般有三个端钮，即两个测量电极（常记为 "1"、"2"）和一个绝缘的屏蔽外壳端钮（常记为"0"）。一般使用时，屏蔽外壳端钮和一测量电极相接。

2）应考虑周围强电场对电容值的影响。

4. 标准电感箱

标准电感箱分标准自感器和标准互感器两大类。每类又分为定值和可变两种形式。准确度等级分为 0.01、0.02、0.05、0.1 和 0.2 五种。

BH3 型标准互感器额定值有 1、0.1、0.01、0.001 四种；准确度等级有 0.2～0.5 等。BG6 型标准自感线圈的技术特性见表 2.5-9。

表 2.5-9　BG6 型标准自感线圈的技术特性

额定值/H	1	0.1	0.01	0.001	0.0001
直流电阻/Ω	<200	<20	<3	<1	<0.5
频率范围/Hz	950～1050	50～1500	50～3500	50～10000	50～10000
基本误差（%）	<±0.1				

2.5.6　各种开关

开关又称为电键，有多种形式，用来接通或断开电源、选择电流回路或改变电流、电压的方向。实验室常用的有单刀单掷开关、按键开关、单刀双掷开关、双刀双掷开关、保护开关组及反向开关。另外，还有光电式开关等。表 2.5-10 列举了常见电器元件和各种开关的图形符号。

表 2.5-10　电器元件和各种开关的图形符号

名　称	符　号	名　称	符　号
变阻器（可调电阻）	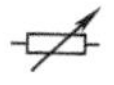	可变电容器	
电容器的一般符号		电感线圈	
互感线圈	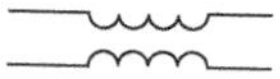	单刀双掷开关	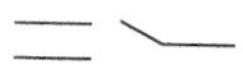
二极管	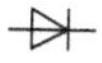	双刀双掷开关	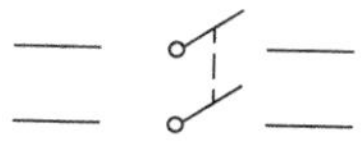
晶体管（P-N-P 型）	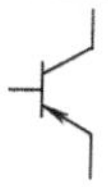	反向开关	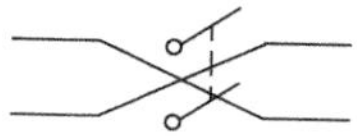
单刀单掷开关		保护开关组	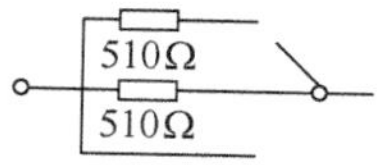 510Ω 510Ω
按键开关	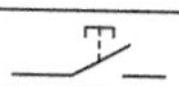		

2.6　普通物理实验室常用光源

1. 白炽灯

白炽灯是以热辐射形式发射光量的电光源。它以高熔点的钨丝为发光体，通电后温度约 2500K，达到白炽发光。玻璃泡内抽成真空，充进惰性气体，以减少钨的蒸发。这种灯的光谱是连续光谱。白炽灯可做白光源和一般照明使用。使用低压灯泡应特别注意是否与电源电压相适应，避免误接电压较高的电插座造成损坏事故。

2. 汞灯

汞灯是一种气体放电光源。常用的低压汞灯，其玻璃管胆内的汞蒸气压很低（约几十到几百帕之间），发光效率不高，是小强度的弧光放电光源，可用它产生汞元素的特征光谱线。GP20 型低压汞灯的电源电压为 220V，工作电压 20V，工作电流 1.3A。

高压汞灯也是常用的光源，它的管胆内汞蒸气气压较高（有几个大气压），发光效率也较高，是中高强度的弧光放电灯。该灯用于需要较强光源的实验，加上适当的滤光片可以得到一定波长的单色光。GGQ50 型仪器高压汞灯额定电压 220V，功率 50W，工作电压（95 ± 15）V，工作电流 0.62A，稳定时间 10min。

汞灯工作时必须串接适当的镇流器，否则会烧断灯丝。为了保护眼睛，不要直接注视强光源。正常工作的灯泡如遇临时断电或电压有较大波动而熄灭，必须等待灯泡逐步冷却，汞蒸气降到适当压强之后才可以重新起动。

3. 钠灯

钠光谱在可见光范围内有 589.59nm 和 588.99nm 两条波长很接近的特强光谱线，实验室通常取其平均值，以 589.3nm（D 线）的波长直接作为近似单色光使用。此时其他的弱谱线实际上被忽略。低压钠灯与低压汞灯的工作原理相类似。充有金属钠和辅助气体的玻璃泡是用抗钠玻璃吹制的，通电后先是氖放电呈现红光，待钠滴受热蒸发产生低压蒸气，很快取代氖气放电，经过几分钟以后发光稳定，射出强烈黄光。

4. 光谱管（辉光放电管）

这是一种主要用于光谱实验的光源，大多数在两个装有金属电极的玻璃泡之间连接一段细玻璃管，内充极纯的气体。两极间加高电压，管内气体因辉光放电发出具有该种气体特征光谱成分的光辐射。它发光稳定，谱线宽度小，可用于光谱分析实验作波长标准参考。使用时把霓虹灯变压器的输出端接在放电管的两个电极上。因各元素光谱管起辉电压不同，所以在霓虹灯变压器的输入端接一个调压器，调节电压到管子稳定发光为止。光谱管只能配接霓虹灯变压器或专用的漏磁变压器，不可接普通变压器，否则会被烧毁。光谱管工作电压一般在几百到几千伏之间，必须注意人身安全。每次换接光谱管之前，必须先拔下 220V 插头，以免触电。还要注意，升压不可过高，因为过高的电压会使光谱管寿命缩短，还会增加不需要的杂线干扰。

5. 氦-氖激光器

氦-氖激光器是受激辐射光源，其外形结构如图 2.6-1 所示。它与霓虹灯的一个重要不同之处是以适当的混合气体造成受激原子暂时居留的亚稳态，使原子在各能级上集居数的分

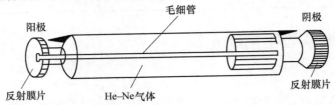

图 2.6-1 He-Ne 激光器外形结构图

布反常，高能级上的原子数目大大多于低能级上的原子数目，受激辐射占据优势，又在毛细管两端的反射镜形成的谐振腔内得到反馈放大，形成笔直的强光。与其他光源相比，它具有极好的单色性、高度的相干性和很强的方向性。因为光量高度集中加之光振荡放大所以亮度也非常高。

常用的全内腔小功率氦氖激光器输出功率 $1 \sim 2\text{mW}$，管长约 250mm，用直流高压激励和工作，筒状电极为阴极，最佳工作电流 $4 \sim 5\text{mA}$，出射的红光波长为 632.8nm。

激光器使用注意事项：

1）按线路接线，严禁正、负极接错，严禁空载。严格控制工作电流范围，点燃后应立即调节到最佳工作电流（即激光输出较强、较稳定的工作电流），通常约为 $5 \sim 6\text{mA}$。

2）激光管是两端由多层介质膜片组成的光学谐振腔，必须保持清洁，防止灰尘、油污，严禁用手触摸。

3）使用中不要用手触摸接线头，以防电击。由于激光电源一般都有大电容，即使电源已切断，高压也会维持相当长时间。因此，电源切断后也不能用手触摸接线头。必要时，可将电源的输出端短接，让电容放电。

4）激光束能量很集中，不能用眼睛直接观察，否则会造成人眼视网膜永久损伤。

2.7　气压计

1. 结构原理

福庭式气压计是一种常用的水银气压计，其结构如图 2.7-1 所示。一根长约 80cm 的玻璃管一端封口，灌满水银后垂直地倒插入水银杯内，当有标准大气压作用在杯内水银面上时，管内水银柱将会下降到距杯内水银面 76cm 的高度。当气压变化时，水银柱的高度也随之改变，这就是水银气压计的测量原理。利用玻璃管旁设置的标尺及游标可测量水银柱的高度。米尺的下端连接着一个象牙针，其针尖是水银柱高度的零起点。

2. 操作和读数方法

1）将气压计调整到与水平面垂直。

2）记录温度计（常附装在气压计的套管面上）上的温度 t。

3）调节玻璃管中水银柱高度的零起点。利用底部水银面调节钮升降水银杯，使杯中水银面恰好与象牙针的尖端接触（利用水银面反射的象牙针倒影判断）。

注意：当玻璃管中水银上升时，它的凸面格外凸出；反之，当其下降时，它就凸得不很显著。为使凸面有正常形状，可用手指在保护管上端靠近水银面外轻轻地弹一下，使水银震动，就能使凸面自由地形成。

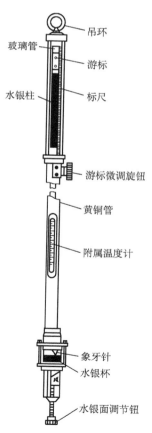

图 2.7-1　福庭式水银气压计

4）调整游标微调器手柄，使游标零刻线与玻璃管中水银柱凸面刚好相切（观察时，视线应始终保持水平并随着游标上下移动）。

5）读取尺身与游标的示值，所得读数之和即为所测大气压 p_1，读数要精确到 0.1hPa。（其中：$1hPa = 10^2 Pa$）

6）旋下槽底调节旋钮降低水银面，使水银面下降至距象牙针尖 2～3mm。

3. 气压计示值的修正

1）温度修正：由于水银密度随温度升高而变小以及标尺受热膨胀等因素的影响，需将上述气压计示值 p_1 修正到相当于 0℃时的数值。一般以 0℃时水银密度和黄铜标尺长度为准，而水银体膨胀系数 $\alpha = 1.82 \times 10^{-4}/℃$，随温度升高将使读数增大；黄铜的线胀系数 $\beta = 1.9 \times 10^{-5}/℃$，它将使读数减小。经温度修正后，大气压为 $p = p_1(1 - 0.000163t)$。式中，t 为附属温度计示值。

2）重力加速度修正：国际上在用水银气压计测定大气压强时，是以纬度 45°的海平面上的重力加速度 $g_0 = 980.665cm/s^2$ 为准的。由于各地区纬度不同，海拔高度不同，重力加速度的值也就不同，这就会使同样高度的水银柱具有不同的压强，所以要作重力修正（包括纬度修正和高度修正）。经此项修正后，实际大气压为

$$p = p_1(1 - 2.65 \times 10^{-3}\cos 2\varphi - 3.15 \times 10^{-7}h)$$

式中，φ 为测量点的纬度；h 为该点的海拔高度，单位为 m。

3）仪器差修正：由于毛细管作用而导致水银面降低，以及象牙针尖位置与标尺零点不一致等原因，故需作仪器差修正。此项修正一般定期与标准气压计相比较后作为仪器常数给出。

第 3 章　物理实验的基本测量方法

物理实验的基本内容是物理测量。物理测量是以实验理论为基础，以实验技术、实验装置为主要手段进行科学研究，取得所需结果的方法。物理测量的内容极为广泛，它包括对力学量、热学量、振动和波的参量、电磁学参量和光学参量等的测量。正是由于物理测量的范围广泛，决定了物理测量不仅仅在与物理有关的科学研究和生产领域，几乎在任何理工科、医学等学科的科学研究、实际生产中都离不开物理测量。另外，许多物理量之间存在各种各样定量的函数关系，在测量某个物理量有困难时，可以考虑测量与它有定量关系的另一个参量，然后通过数学运算即可得知该物理量的量值，这种方法被称为转换测量。转换测量是经常用到的。一般说来，只有时间、质量、温度、电流等少数物理量可以有相应的仪器进行直接测量，大多数物理量都没有可直接读数的仪器直接用于测量。因此，掌握各种间接的测量方法是十分必要的。在科学研究中，转换测量方法的设计是科研能力的体现。

在纷繁的物理测量门类中，测量方法存在一些共性，可以归纳出若干种基本的测量方法。掌握这些测量方法就可以在各种测量中达到思路开阔，方法灵活，为攻克科研中的各种测量难题提供非常实用的技术。可见，掌握物理测量的基本方法具有十分普遍的意义。

3.1　比较法

比较法分为直接比较和间接比较两种。

直接比较非常常见，直接比较是将被测量与同类物理量的标准量具直接进行比较。比如，测量一个物体的长度就是用它与米尺进行比较；同样，测量物体的质量是与天平的砝码质量进行比较；测量光栅衍射某一波长谱线的衍射角，则是通过衍射光线与带有游标的刻度盘上的刻度进行比较。

间接比较是利用物理量之间的函数关系制成相应的仪器来简化测量的过程。例如，电流表在工作时是利用通电线圈在磁场中受到电磁力矩与游丝的扭力矩平衡时，电流的大小与电表指针的偏转量之间有一定的对应关系而制成的。因此，可以用电流表指针的偏转量间接地比较出电路中的电流值。

直流单臂电桥测电阻的基本原理也是比较法。当电桥平衡时，待测未知电阻两端的电势差与用作比较的标准电阻两端的电势差是相同的，通过简单的数学运算即可得知电阻的值。

电势差计也是利用比较法将被测电压与标准电池提供的标准电压进行比较实现电压测量的。

在测量振动系统的频率时，可以通过共振的方法将它的频率与已知的频率相比较来确定这个未知频率。还可以转换成电学量，通过在示波器上显示李萨如图形进行频率的测量。因此，比较测量法是应用得最广泛的测量方法之一。

3.2　平衡法

在一定的条件下，一些物理量可以达到平衡。在物理实验中运用平衡法的情况有以下

3 种。

1. 力学平衡

力学平衡是最简单、最直观的平衡。天平就是典型的利用力学平衡原理制作的仪器。

2. 电学平衡

电学平衡是指电流、电压等电学量的平衡。例如，直流单臂电桥达到平衡时检流计中将没有电流通过，这时桥路中电阻的阻值之间有简单的比例关系，利用这一关系可以很方便地测量出未知电阻的阻值。电学平衡在精密测量中有广泛的应用。例如在计量工作中，直接复现电流单位的"安培天平"和实现电压单位定义的"电压天平"都是力学平衡与电学平衡综合应用的精密仪器，它们的不确定度可达 1×10^{-5}。

3. 稳定测量

在物理测量中，如果系统的各项参量保持不变，就可以说此系统处于稳定状态。当一个系统处于稳态时，测量其各个参量变得相对容易。稳态也是物理过程达到的某种平衡，因此也属于平衡法具体应用的范畴。例如，在"不良导体热导率的测定"实验中，只有当系统处于稳定状态后才能认定导热速率与散热速率相等，这正是稳态法测量热导率的基本条件。

3.3　放大法

在物理量的测量中，许多待测量属于微小量。比如：微小长度、微弱电流、微弱电信号等，采用常规的测量方法往往无法测出结果。即使测出了结果，由于测量精度低而失去意义。这时需要将被测量放大后再测量，这种方法称为放大法。例如，用拉伸法测量金属丝的弹性模量时，就是通过光杠杆将伸长量放大进行测量的。放大法也包括由于被测量过大而必须先行缩小再进行测量的情况。通常，放大法可分为以下几种：

1. 累计放大

测量一张纸的厚度很难测准确，可以考虑叠放 100 张同样的纸然后测量它们总的厚度，再除以 100，即可得到每张纸的平均厚度。这一原理虽然简单，但有很大的推广价值。比如，用秒表测量单摆的周期，通常是测量单摆摆动 50 或 100 个周期的总时间。从误差的角度看，如果所用机械秒表的仪器误差为 0.1 s，设单摆的周期约为 1.0 s，则测量单个周期的相对误差为

$$E = \frac{0.1}{1.0} = 10\%$$

若累计测量 100 个周期的时间间隔，则相对误差变为

$$E = \frac{0.1}{100} = 0.1\%$$

同样道理，在光学干涉实验中，测量相邻干涉条纹间的距离时，由于间距太小，为了减少测量的相对误差，需要挑选若干数量的干涉条纹，测量它们的总间距，然后得到相邻干涉条纹之间的距离，从而提高测量的精度。

2. 机械放大

通过机械原理和装置也可以对某些物理量进行放大。例如，测量长度的游标卡尺、外径千分尺就分别是利用游标原理、丝杠鼓轮机械螺旋等将读数放大，使读数更加精确。又如，

测量压力用的弹性压力计，当压力变化时，弹性体发生伸长、位移等形变，通过机械放大装置可以直接传动指示仪表进行读数。

3. 光学放大

由于人的视力有限和操作上的困难，应用一般测长仪器常常无法直接测量很小的长度，这时常使用显微镜将被测物体放大后再进行测量。此外，当被测物体相距较远时，可先用望远镜得到被测物体的像，再进行测量。这种利用光学原理的测量方式属于非接触测量。由于它具有不破坏物体原始状态的特点，与接触测量方法相比具有明显的优点。光杠杆镜尺法就是一种典型的利用光学放大测量微小长度的方法。

4. 电磁放大

许多物理量都可以转换成电信号，而这些电信号却常常十分微弱。这就需要先让这些微弱的电信号经过电子电路放大后再进行测量。这在非电量的电测量中几乎成为科技人员的惯用方法。

3.4　补偿法

采用一个可以调节的能量装置，用以对实验中某部分能量的损失或能量变换进行弥补，使得实验条件得以满足或接近理想条件，称为补偿法。例如，某人想用电压表测量一只电池的电动势。当他将电压表接在电池两电极时，实际上电压表开通了一个电流的支路。由于电压表内电阻的存在，电压表的示值并非电池的电动势，而是路端电压。为了精确地测出电池的电动势，应当把用于测量的电压表改换成一个电压可调的电源，用这个电源串接一只灵敏电流计再接到待测电池的两个电极上。调节可调电源的电压值，使灵敏电流计显示"0"。这表明待测电池并未输出电流，它的电压与此时可调电源的电压相一致。读出可调电源的电压值就是该电池的电动势。这种方法是典型的电压补偿法。电势差计就是利用电压补偿法制成的测量仪器。

除了电压补偿外，还有电流补偿法。在与热有关的实验中，温度补偿法可以弥补因某些物理量（比如电阻）随温度的变化而对测试状态带来的影响；在光学实验中，用光程补偿法可弥补光路中光程的不对称性。迈克尔逊干涉仪中的补偿板就是为了弥补两条光路的光程不对称而设计的。

补偿法还可以修正系统误差。在某些测量中往往存在某些不合理因素而导致的系统误差，但又无法排除。这时，可以考虑制造另一种因素去补偿这种不合理因素的影响，使它消失或减弱，从而大大减少由此造成的系统误差。例如，用补偿法测量电动势时，电路中是没有电流的，这就避免了因电路中引入了电表测量而造成的系统误差。

3.5　模拟法

模拟法是一种间接的测量方法。这种方法不直接研究某个物理现象本身，而是用与该物理现象相似的模型进行研究。采用模拟法的基本条件是模拟量与被模拟量必须是等效的或相似的。模拟法用途很广，许多难以测量或无法测量的物理量可以通过模拟法进行测量。在工程设计中也常采用模拟试验的方法进行研究。

模拟法可分为物理模拟和数学模拟。物理模拟是保持同一物理本质的模拟。比如光弹性实验可以模拟工件内部所受应力的分布情况；高速空气流动的"风洞"可以模拟飞机在大气中的飞行。在静电场的研究中，对于有一定对称性的形状规则的带电体的电场分布，一般可以用解析法求出。在实际中，场源的电极常常是不对称、不规则的带电体。例如，电子显像管、电子显微镜、电子加速器内部的聚焦电场等，都无法直接用解析法求解。这时，模拟法就显得至关重要。

数学模拟又称类比法。如果一个物理过程所遵循的规律可以用某种数学模型描述，那么运用类比法就可以得到这个物理过程的解。例如，力学共振与电学共振虽然完全不同，但它们都有相同的二阶微分方程。通过类比就可以绕过复杂的数学过程直接得到它们的解。

3.6 干涉法

在上述放大法中，用光杠杆和外径千分尺测量长度能达到 10^{-6} m 的精度。如果测量更加微小的长度或长度变化，就需要用光的干涉法，它可以使测量的精度达到光波长的量级。

光的干涉法是以光的干涉为基础的。由光的波动理论知道，利用分波阵面或分振幅的方法都可以把一束光分成两束相干光，它们经过不同的光程后再相遇，可获得干涉图形。这一干涉图形的形状、位置、条纹间距等取决于各相干光束在各点的光程差、光波的光谱分布和光源的大小等。因此，使用一定的干涉装置得到的干涉图形仅是一个中间信息。通过对干涉图形的分析和计算，可以确定光程差的变化、几何路程的变化或折射率的变化等。利用这个原理，设计了多种高精度的计量干涉仪，可以用来测量光波的波长，精确测定微小长度、厚度的变化以及微小角度或它们的微小变化，检验工件表面的平面度、球面度、粗糙度，测定媒质的折射率等。此外，光的衍射同样可以用在物理测量中，比如，一个金属横梁在外力的作用下发生微小弯曲。这个弯曲量就可以通过光的衍射来测量。其方法是，在横梁中央的表面平行安装两个边缘平直的铁块，使它们之间有一个微小缝隙。用一束激光照射这个缝隙，在缝隙后面的屏上比较横梁受力前后衍射条纹的变化情况就可以确定横梁的形变量。由于此测量利用了单缝衍射原理，所以可以把这种测量方法叫做衍射法。

3.7 光谱法

三棱镜可以通过折射使一束白光按波长展开，形成从红光到紫光的可见光谱。这种利用分光元件把复色光分解成单色光的过程叫做分光或色散，而不同波长的光线按一定规律分开排列则称为光谱。在实验室中，常用的分光元件或装置除了三棱镜外，还常用衍射光栅、法布里-珀罗标准具等。它们各有一定的分光原理，各具特色。三棱镜的色散很明显，光谱也不重叠，使用灵活方便。光栅可按单色光的波长形成亮而细的线状光谱。这种线状光谱非常有利于对光谱的定量分析与测量。法布里-珀罗标准具适用于作光谱精细结构的研究。

利用各种分光元件、入射光系统（准直透镜）及记录系统（照相透镜和探测器等）可构成各种形式的光谱仪和摄谱仪。比如单色仪、光栅光谱仪和棱镜摄谱仪等。

各种元素发出的光线有特定的光谱，因此，光谱法广泛用于光谱分析、晶体结构分析、全息技术等。近年来，光谱法在现代光学技术及光学信息处理方面也有重要的应用。

3.8　转换测量法

数以百计的物理效应把各种物理量联系起来，并且在不同的物理量之间建立了定量的函数关系。所以，要测量某一物理量，常常可以转换成通过测量另一个物理量来实现。随着科学技术的发展，物理实验方法对各个学科的渗透也越来越广泛，而物理实验技术本身也不断地向高精度、宽量程、快速测量、遥感和自动化测量的方向发展，转换测量方法更加突显其重要性和实际的意义。

概括地讲，转换测量法可以把不可测量的量转换成可以测量的量，把不易测准的量转换成可测准的量。转换测量法可分为参量转换测量法和传感器转换测量法。

1. 参量转换测量法

参量转换测量法是利用各种参量的变换及其变化的定量函数关系进行测量的方法。这种测量方法几乎贯穿于所有物理实验中。例如，利用测量单摆的周期 T，可以测得重力加速度 $g\left(g = 4\pi^2 \dfrac{l}{T^2}\right)$。在光栅光谱实验中，测出某一单色光的衍射角 φ 就可以测定光栅常数 d 或光波的波长 $\lambda\,(d\sin\varphi = k\lambda)$ 等。

2. 传感器转换测量法

传感器转换测量法又称为能量转换测量法。传感器的作用与人的感觉器官类似，它可以将各种被测信号（包括物理、化学、生物等量）转换为可测量的电信号，也可以将非光学量转换为光学量进行测量。由于传感器能把一种形式的能量转换成为另一种形式的能量，所以常称之为"换能器"。

传感器的种类很多，大体上可分为声、光、电、热、力、磁、光纤、湿、生物等9大类。随着信息时代的到来，传感器的事业将有更大的发展。

一切现代化仪器设备几乎都离不开传感器。测量时常常需要利用转换测量法进行测量。例如，电阻温度计就是一种利用对温度敏感的热敏电阻材料制成的温度测量仪器。就金属材料的热敏电阻而言，温度每升高 $1℃$，其内阻就增加 $0.4\% \sim 0.6\%$。因此，只要对其电阻进行测量，就可以得到相应的温度值。电阻温度计属于热电传感器。类似地，还有磁电传感器、压电传感器、光电传感器等。这些传感器可以将压力、流速、转速等转换成电学量进行测量。

光纤是20世纪后半期的一项重大发明。它与激光器、半导体光探测器等构成的光电子技术，在通信领域获得广泛应用。同时，光纤也在其他领域获得开发与应用。光纤传感器是一种很有前途的新型传感器。光纤传感器是将被测对象的状态转换成光信号来进行检测的光学传感器。按照结构，光纤传感器大致可分为两类：一类是利用光纤与光波本身特性受被测对象影响而发生变化制成的传感器，称为传感光纤型光纤传感器，它可以利用各种物理效应检测压力、振动、温度、速度、角速度等；另一类是在光纤端头装上其他传感元件，利用光纤传输光信号，称为传输光纤型光纤传感器。它利用液晶、半导体晶体、光弹性元件、电子电路等作光转换元件，可以检测温度、压力、振动、位移、电流、磁场、电压等。目前，实用化的光纤传感器还不多，多数光纤传感器还处于研究之中。

3.9　其他测量方法

　　在物理实验中，除了上述测量方法外，还有许多其他方法。例如，用交换法（对置法）来消除天平悬臂长度不一致的系统误差；对于测角度的仪器，由于转轴偏心而引起的周期性系统误差，可采用每经过半个周期进行偶数次测量的半周期偶数测量法；在灵敏电流计研究中，改变方向使光标左右分别偏转相同的格数，测量值取两次的平均值，以减小电流计零点调节和内部磁场不均匀造成的误差。这种方法称为异号法，它可以使误差出现两次且符号相反，取其平均值来消除系统误差的影响。

　　另外，随着计算机科学的发展，计算机控制、数据采集和处理这一现代化测试方法引进物理实验，用微型计算机做实验终端，通过接口电路、传感器和实验仪器共同完成物理量的测量。计算机的应用还使得仿真实验成为现实。仿真实验可以利用计算机设计与开发虚拟的实验仪器，建立虚拟的实验环境。在虚拟的实验环境中，利用鼠标和键盘操作虚拟的实验仪器，模拟真实的实验过程。这对于物理实验的现代化，以及进行更复杂、更有难度的物理实验将具有更大的意义。

第4章 基础性实验

实验4.1 万用表、电烙铁、游标卡尺、千分尺的使用

【实验目的】

（1）初步了解万用表的档位，学会用数字万用表判断二极管的正、负极。

（2）学会使用电烙铁，并按简单电路图搭建电路。

（3）学习游标卡尺、千分尺的测量原理和使用方法，掌握一般仪器的读数规则。

【实验仪器】

万用表、电烙铁、游标卡尺、千分尺、二极管、电阻、圆柱体、塑料片等。

【实验原理】

游标卡尺和千分尺的工作原理及其读数方法见本书第2章第2.1节，万用表和电烙铁的使用参看仪器说明书。

【实验内容】

1. 万用表、电烙铁的使用

1）用万用表测量所给电阻的阻值，确定二极管的正、负极。

2）按给定电路图搭建电路并焊接，要求焊点光滑。

3）检查电路是否正确。

4）接通电源，观察三个二极管是否正常发光。

5）实验完毕，整理好工具箱。

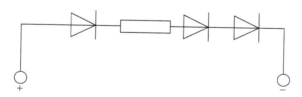

图4.1-1 焊接电路图

2. 游标卡尺、千分尺的使用

1）用游标卡尺测量空心圆柱体的外径（或内径、深、高）各5次。

2）用千分尺测量金属片、塑料片的厚度各5次。

【数据处理】

1. 测量空心圆柱体的外径

1）将测量数据填入表4.1-1，并计算各测量值的平均值及合成标准不确定度。

游标卡尺的分度值 $\delta =$ _____ mm，零点读数 $D_0 =$ _____ mm

游标卡尺的仪器误差 $\Delta_{仪} =$ _____ mm

表 4.1-1

项　　目	次　数					平均值	合成标准不确定度
	1	2	3	4	5		
外径 D/mm							

标准不确定度 A 类分量 $u_A(\overline{D})$ = _____ mm

标准不确定度 B 类分量 $u_B(D)$ = _____ mm

合成标准不确定度 $u_C(D) = \sqrt{u_A^2(\overline{D}) + u_B^2(D)}$ = _____ mm

2）测量值的修正 $D = \overline{D} - D_0$ = _____ mm

3）测量结果 $D \pm u_C(D)$ = _____ mm

2. 测量金属片、塑料片的厚度

1）将测量数据填入表 4.1-2，并计算各测量值的平均值及合成标准不确定度。

千分尺的分度值 = _____ mm，零点读数：H_0 = _____ mm

千分尺的仪器误差 $\Delta_仪$ = _____ mm

表 4.1-2

被　测　量	次　数					平均值	合成标准不确定度
	1	2	3	4	5		
金属片厚度 H/mm							
塑料片厚度 L/mm							

标准不确定度 A 类分量 $u_A(\overline{H})$ = _____ mm，$u_A(\overline{L})$ = _____ mm

标准不确定度 B 类分量 $u_B(H)$ = _____ mm，$u_B(L)$ = _____ mm

合成标准不确定度 $u_C(H) = \sqrt{u_A^2(\overline{H}) + u_B^2(H)}$ = _____ mm

$$u_C(L) = \sqrt{u_A^2(\overline{L}) + u_B^2(L)} = \underline{\quad\quad} \text{ mm}$$

2）测量值的修正 $H = \overline{H} - H_0$ = _____ mm，$L = \overline{L} - L_0$ = _____ mm

3）测量结果 $H \pm u_C(H)$ = _____ mm，$L \pm u_C(L)$ = _____ mm

【思考题】

1. 确定游标卡尺的分度值需要知道尺身的_____和游标的_____，分度值的一般计算公式为_____。

2. 游标卡尺的读数方法是：从游标零刻线左边的_____刻线读出_____，从与尺身某刻线对齐的_____刻线读出毫米以下的小数部分，两者相加就得到测量值。

3. 千分尺的读数方法是：先以微分筒的棱边作为读数准线，从固定套筒上读出_____，再以固定套筒的_____作为读数准线，从微分筒上读出_____，还要估读到_____的1/10。

【注意事项】

1. 不使用电烙铁时，要将电烙铁放在烙铁架上，以免烫伤其他物品；注意电线不可搭在烙铁头上，以防烫坏绝缘层而发生事故；要防止电烙铁烧坏仪器设备、桌面等实验设施。

2. 使用完万用表，要关闭其电源。

3. 焊接时，焊接时间不宜过长，以免烧坏元件和电路板。

实验 4.2 物体密度的测量

【实验目的】

（1）学会正确使用物理天平。

（2）测定规则物体的密度。

【实验仪器】

游标卡尺、外径千分尺、物理天平、待测圆柱体。

【实验原理】

直径为 d、高为 h、质量为 m 的圆柱体体积是

$$V = \frac{1}{4}\pi d^2 h \tag{4.2-1}$$

圆柱体密度定义为

$$\rho = \frac{m}{V} = \frac{4m}{\pi d^2 h} \tag{4.2-2}$$

实验中利用长度测量仪器直接测量圆柱体的直径 d、高 h，用物理天平称出其质量 m 代入式（4.2-2），便可求出圆柱体的密度。

【实验内容】

1. 调整物理天平

（1）调底座水平：旋转底脚螺钉，使水平仪的气泡位于中心。

（2）调零点：将游码移至横梁的左端，转动"开关旋钮"支起横梁，观察指针是否指在标牌中间，调节平衡螺母，使指针指向标牌中央。

（3）称衡：将被称物体放于左秤盘，砝码放于右秤盘，进行秤衡。

2. 测量规则物体的密度

（1）用天平称铜圆柱体的质量 m，测一次，记下天平的分度值。

（2）分别用外径千分尺和游标卡尺测量铜圆柱体的直径 d 和高 h，重复 5 次。

【数据处理】

天平的分度值 = _____ g，仪器误差 $\Delta_{m仪}$ = _____ g

游标卡尺的分度值 = _____ mm，零点读数 h_0 = _____ mm

仪器误差 $\Delta_{h仪}$ = _____ mm

外径千分尺的分度值 = _____ mm，零点读数 d_0 = _____ mm

仪器误差 $\Delta_{d仪}$ = _____ mm

（1）将数据填入表 4.2-1，计算标准不确定度，写出测量结果。

表　4.2-1

次　数	项　目		
	d/mm	h/mm	m/g
1			
2			
3			
4			
5			
平均值			
合成标准不确定度 u_C			

（2）计算圆柱体的密度及其标准不确定度，写出测量结果。

【思考题】

（1）物理天平是称衡物体质量的仪器，主要技术规格有：1）＿＿＿＿＿＿＿＿；2）＿＿＿＿＿＿；3）＿＿＿＿＿＿。

（2）在天平上取放物体、取放砝码、移动游码以及调节平衡螺母等都必须＿＿＿＿＿方向转动制动旋钮，将天平的横梁放下，只有在判断天平平衡时，才能＿＿＿＿＿转动制动旋钮，支起横梁。

（3）一台合格的天平，无论如何调节平衡螺母，天平不能平衡，可能原因有：1）＿＿＿＿＿；2）＿＿＿＿＿＿；3）＿＿＿＿＿＿。

实验4.3　金属弹性模量的测定

在生产和科学研究中常常根据不同的使用条件而选择不同力学性质的材料。弹性模量是描述固体材料抵抗形变能力的重要物理量，是选用机械构件材料的重要依据，是工程技术中常用的参数。测量弹性模量的方法有拉伸法、振动法、梁的弯曲法、内耗法等，本实验利用拉伸法测量金属丝的弹性模量。

【实验目的】

（1）学习用拉伸法测量金属丝弹性模量的方法。

（2）学会用逐差法处理实验数据。

【实验仪器】

弹性模量测量仪、外径千分尺、米尺、砝码等。

【仪器介绍】

弹性模量测量仪主要由弹性模量仪主体、显微镜组、CCD 摄像头组和监视器组合而成，并且还包括外径千分尺、米尺等，如图 4.3-1 所示。

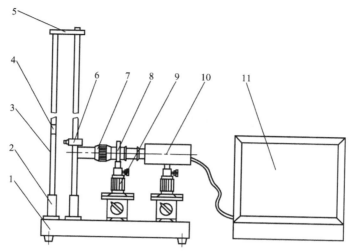

图 4.3-1　弹性模量测量仪结构示意图

1—底座　2—支柱　3—立柱　4—连接杆　5—支架　6—固定支架　7—显微镜
8—显微镜支架　9—二维底座　10—CCD 摄像头　11—监视器

1. 弹性模量仪主体

弹性模量仪的主体包括钢丝固定组、砝码组、支撑架和底盘组。钢丝固定组采用专用夹具固定钢丝，便于安装和拆卸，且钢丝的形变量小。砝码组所采用的砝码是经标定的 M1 级增托砝码，精度较高。底板组采用不锈钢表面，外表美观且不易生锈。

2. 显微镜组

由显微镜和固定显微镜的支架组成，支架下方的磁力底座能吸附在工作台面上，保证显微镜能够牢牢地固定于工作台面上。显微镜的镜头可以来回伸缩，这样可以得到清晰的物体的像。显微镜的支架可作二维调整，且可连续细微调节。

3. CCD 摄像头组

采用 420 线/mm 的黑白摄像头和固定支架，支架下方为磁力底座，能吸附在工作台面上，防止因意外碰撞而改变光路。CCD 摄像头支架可上下、前后调整。上下调整包括粗调和细调两种功能。

4. 监视器组

采用 14in（英寸）的黑白监视器。在实验时可在监视器上清晰地看到钢丝的伸长。

【实验原理】

在外力作用下物体要发生形变，当形变较小时，外力撤除后物体的形变随之消失，物体完全恢复到原状，称这样的形变为弹性形变。若形变超过了一定限度，外力撤除后物体不能完全恢复原状，仍有剩余形变，就称为塑性形变。当外力进一步增大到某一值时，物体会突然发生很大的形变，该点称为屈服点。在达到屈服点后，材料可能发生断裂。

设长为 L、横截面积为 S 的均匀直金属丝，在沿长度方向的外力 F 作用下伸长了 ΔL。

金属丝的相对伸长 $\Delta L/L$ 称为应变，金属丝单位横截面积所受的力 F/S 称为应力，在弹性形变限度内满足胡克定律，应力与应变成正比，即

$$\frac{F}{S} = E \cdot \frac{\Delta L}{L} \tag{4.3-1}$$

式中，比例系数 E 称为弹性模量，它表征材料的性质。弹性模量仅与材料本身的结构、化学成分及其加工制造方法有关，其大小标志材料的刚性。

在样品横截面积 S 上施加作用力 F，并测出该力引起的应变 $\Delta L/L$，即可利用式（4.3-1）计算出材料的弹性模量

$$E = \frac{4FL}{\pi d^2 \Delta L} \tag{4.3-2}$$

在实验中用砝码提供拉伸钢丝的力，同时用显微镜和 CCD 成像系统来检测钢丝的伸长量，进而通过式（4.3-2）来计算弹性模量的大小。

【实验内容】

测量金属丝的弹性模量：

（1）将钢丝托架下放，在砝码托上加上一个 0.2kg 的砝码，使钢丝处于拉直状态。

（2）调节 WYM-1 型 CCD 弹性模量测定仪的底脚螺钉，使悬挂砝码的金属杆穿过托架中心孔的正中央，当杆不和孔周围发生接触时，可判断此时底座水平、钢丝铅直。

（3）将 CCD 摄像头与监视器连接好，打开监视器和 CCD 摄像头电源，调节监视器的对比度和灰度旋钮，确保在监视器内看到 CCD 摄像头所拍摄的图像清晰。

（4）将测微目镜固定在磁力底座上，使测微目镜的物镜一端距离划有十字的小圆玻璃 0.5cm 左右，通过磁力底座和支架精细地调节测微目镜的高低和前后，使测微目镜光轴与小圆玻璃上的十字划线的中心等高，且使测微目镜光轴垂直小圆玻璃表面。调好后，将磁力底座锁紧，以防止意外碰撞使显微镜的位置发生变化。调节目镜，直至用眼睛可以看到清晰的标尺像，然后调节目镜套筒的前后距离，直至用眼睛可以看到清晰的十字像为止。如果划有十字的小圆玻璃没有面向测微目镜，则可轻轻转动一下塑料套筒，使其面向目镜。

（5）将 CCD 摄像头放置在磁力底座上，其摄像头上已经安装了调焦镜头，通过磁力底座和支架精细地调节 CCD 摄像头的高低和前后，使其尽量贴近测微目镜，并与测微目镜共轴。

（6）调节 CCD 摄像头前的调焦镜头和监视器的调节旋钮，直到监视器中能看到清晰的钢丝像为止。

（7）试加几个砝码，估计一下满负荷时标尺读数是否够用（也可用计算法算出），调好后取下砝码。

（8）加减砝码。调节完成后，砝码托上剩余一个砝码，读出第一个标尺读数，然后逐个加砝码，每加一个砝码，记录一次标尺的位置，增加砝码到 6 个后（连第一个砝码共 6 个），依次减砝码，每减一个砝码，记下相应的标尺位置。

（9）在砝码托上留下一个砝码时，用米尺测出钢丝的原长 L（两夹头之间的部分）（测一次）。

（10）将所有砝码取下，并将钢丝托架上升，使钢丝自然弯曲不受外力。

（11）在钢丝上选不同部位及方向（尽量避免两个端点附近的位置），用外径千分尺测

出钢丝的直径（测五次）。

【注意事项】

（1）实验系统调好后，一旦开始测量，就不能对系统任一部分进行调整，否则，所有数据要重新测量。

（2）加减砝码时，要轻拿轻放，让砝码开口均匀地朝向各个方向，使重心落在金属丝所在的铅垂线上。

（3）注意保护显微镜和 CCD 摄像头的镜头，不能用手触碰镜面。

（4）测量钢丝直径时，注意不要将钢丝硬性弯折，如果钢丝严重生锈和弯曲变形，则必须更换钢丝。

（5）实验完成后将砝码取下，将钢丝托架上升，使钢丝自然弯曲不受外力，防止钢丝长时间受力而疲劳伸长。

【数据处理】

（1）用逐差法处理标尺读数，并计算标准不确定度，写出测量结果。

序号	砝码/kg	标尺读数/mm			$\Delta L_j = (L_{i+3} - L_i)$ /mm	$\overline{\Delta L}$ /mm
		增加砝码 L_+	减少砝码 L_-	平均 $\overline{L}_i = \dfrac{L_+ + L_-}{2}$		
1	0.200					
2	0.400					
3	0.600					
4	0.800					
5	1.000					
6	1.200					

（2）自拟表格，记录金属丝直径 d、金属丝长度 L，并计算各量的标准不确定度。

（3）计算弹性模量及其标准不确定度。

【思考题】

（1）为什么用逐差法处理标尺读数？

（2）如何调节光路使标尺的成像能清晰地显示在监视器上？

实验 4.4 物体转动惯量的测定

转动惯量是物体转动惯性大小的量度，它不仅与物体的质量有关，而且还与质量分布（形状、大小、密度分布等）和转轴位置有关。对于几何形状规则、质量分布均匀的物体可以通过数学计算求出其绕定轴转动的转动惯量。但是对于大多数形状复杂的物体很难通过数学计算求出其转动惯量，通常要用实验的方法测定。实验测定物体转动惯量的方法有多种，如：动力法、扭摆法和复摆法。

【实验目的】

（1）用扭摆仪测定几种不同形状物体的转动惯量并与理论值进行比较。

（2）研究物体转动惯量与其质量分布的关系。

【实验仪器】

扭摆转动惯量测试仪、游标卡尺、金属载物圆盘、实心塑料圆柱体、金属圆筒、实心球体、细金属杆及金属滑块、电子天平。

【仪器介绍】

扭摆转动惯量测试仪的构造如图4.4-1所示，它是由主机和光电传感器两部分组成。在扭摆仪的垂直轴上装有一个薄片状的螺旋弹簧，用以产生恢复力矩。在轴的上方可以装上各种待测物体。垂直轴与支座之间装有轴承，以降低摩擦力矩。水平仪的作用是调整仪器平衡。

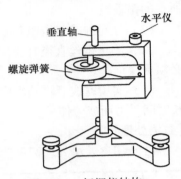

图 4.4-1　扭摆仪结构

本实验利用定数计时功能测定扭摆周期。光电探头由红外发射管和红外接收管组成，将光信号转换为脉冲信号，送入主机工作。仪器调整方法如下：

（1）调节光电传感器在固定支架上的高度，使被测物体上的挡光杆能自由往返地通过光电门，再将光电传感器的信号传输线插入主机输入端。

（2）开启主机电源，仪器面板上的摆动指示灯亮，参量指示为"P_1——第一次测量"，本仪器设定重复测量的最多次数为5次，即（P_1，P_2，…，P_5）。数据显示为"— — — — —"。

（3）按"执行"键，数据显示为"000.0"，表示仪器已处于等待状态，此时，当被测物体上的挡光杆通过光电门时，仪器开始连续计时，一直测到仪器所设定的周期数时（本机设定的周期数为10）自动停止计时，显示器显示累计时间，同时仪器自行计算周期 C_1 并储存起来，以供查询和作多次测量求平均值，至此，P_1 测量完毕。

（4）按"执行"键，"P_1"变为"P_2"，数据显示又回到"000.0"，仪器处于第二次待测状态。通过"查询"键，可知每次测量的周期及它们的平均值 C_A。

重新设定周期数的方法：

转动惯量仪设定的扭摆周期数为10，如果临时更改，可按以下步骤进行：

（1）按"置数"键参量显示"$n =$"，数据显示"10"。

（2）按"上调"键，周期数依次加1，按"下调"键，周期数依次减1，周期数能在 1～20 范围内任意设定，再按"置数"键确认，显示"F1 end"或"F2 end"。

（3）必须指出，上述周期的更改不具备记忆功能，一旦切断电源或按"复位"键，便又恢复到原来设置的周期数10。

【实验原理】

将装在垂直轴上的物体在水平面内转过 θ 角度后，在弹簧恢复力矩的作用下，物体开始绕垂直轴作往复扭转运动。根据胡克定律，弹簧受扭转而产生的恢复力矩 M 与所转过的角度成正比，即

$$M = -K\theta$$

式中，K 为弹簧的扭转常数，决定于弹簧本身性质。根据转动定律

$$M = J\beta \tag{4.4-1}$$

式中　J 为物体的转动惯量。忽略轴承的摩擦力矩，物体转动的角加速度为

$$\beta = \frac{\mathrm{d}^2\theta}{\mathrm{d}t^2} = \frac{M}{J} = -\frac{K}{J}\theta$$

令

$$\omega^2 = \frac{K}{J}$$

有

$$\frac{\mathrm{d}^2\theta}{\mathrm{d}t^2} = -\omega^2\theta \tag{4.4-2}$$

方程（4.4-2）表明扭转运动具有简谐振动的特征。简谐振动的周期为

$$T = \frac{2\pi}{\omega} = 2\pi\sqrt{\frac{J}{K}}$$

则

$$J = \frac{K}{4\pi^2}T^2 \tag{4.4-3}$$

式（4.4-3）给出了用实验测定转动惯量的方法。测得摆动周期 T 后，只要知道转动惯量 J 就可求出扭转常数 K，或知道 K 即可求出转动惯量 J。

弹簧的扭转常数 K 可以用下述方法测量。设金属载物圆盘绕垂直转轴的转动惯量为 J_0，测出其摆动周期 T_0。某一规则物体对其质心轴的转动惯量理论值为 J_1，将该物体置于圆盘中并使其质心轴与垂直转轴重合，测出复合体的摆动周期 T_1，由式（4.4-3）可知

$$T_0^2 = \frac{4\pi^2}{K}J_0 \tag{4.4-4}$$

$$T_1^2 = \frac{4\pi^2}{K}(J_0 + J_1) \tag{4.4-5}$$

由式（4.4-4）和式（4.4-5）即可求出扭转常数

$$K = 4\pi^2\frac{J_1}{T_1^2 - T_0^2} \tag{4.4-6}$$

实验中，某一物体可选用质量为 m_1、外径为 D_1 的圆柱体，其对质心轴的转动惯量理论值为

$$J_1 = \frac{1}{8}m_1 D_1^2 \tag{4.4-7}$$

根据刚体转动惯量的平行轴定理：质量为 m 的刚体，对通过其质心轴的转动惯量为 J_c，则对与其质心轴平行且距离为 x 的转轴的转动惯量为

$$J_x = J_c + mx^2 \tag{4.4-8}$$

将套有两个圆柱形金属滑块的细金属杆装在扭摆的垂直轴上，如图4.4-2所示。对称地改变两个金属滑块质心到垂直转轴的距离，根据式（4.4-8），刚体对垂直转轴的转动惯量为

$$J = J_4 + 2(J_c + m_0 x^2) \tag{4.4-9}$$

式中，J_4 为细金属杆对垂直轴的转动惯量；J_c 为圆柱形金属滑块对通过其与垂直轴平行的质心轴的转动惯量；m_0 为滑块的质量；x 为滑块质心到转轴的垂直距离。

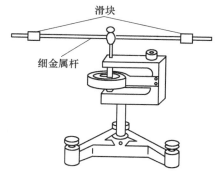

滑块

细金属杆

图4.4-2 测量转动惯量的扭摆装置图

将式（4.4-9）代入式（4.4-3），有

$$T^2 = \frac{4\pi^2(J_4 + 2J_c)}{K} + \frac{8\pi^2 m_0}{K}x^2$$

上式表明 T^2 与 x^2 成线性关系。

【实验内容】

（1）熟悉扭摆转动惯量测试仪的结构，掌握其使用方法。

1）调整扭摆仪基座底部螺钉，使水准仪中气泡居中。

2）调节光电传感器在固定支架上的高度，使被测物体上的挡光杆能自由往返地通过光电门，再将光电传感器的信号传输线插入主机输入端，使其能正常工作。

（2）测定扭摆弹簧的扭转常数。

1）用电子台秤、游标卡尺分别测出待测物体的质量及必要的几何尺寸（数据填入表4.4-1中）。

2）根据式（4.4-7）计算出实心塑料圆柱体的转动惯量 J_1。

3）在扭摆仪的垂直转轴上装上转动惯量为 J_0 的金属载物圆盘，调节光探头的位置使载物盘上挡光杆处于其缺口中央，多次测量10个摆动周期所需的时间 $10T_0$。然后，在载物圆盘上放置质量为 m_1、直径为 D_1、转动惯量为 J_1 的实心塑料圆柱体。再测量10个周期所需的时间 $10T_1$，并由式（4.4-6）求出扭转常数 K 的值。

（3）测量不同物体的转动惯量。

1）用金属圆筒代替实心塑料圆柱体，多次测量摆动 $10T_2$ 所需的时间，计算金属圆筒的转动惯量 J_2，并与理论值进行比较。

2）取下载物圆盘，装上实心球体，多次测量摆动 $10T_3$ 所需的时间，计算球体的转动惯量 J_3，并与理论值进行比较。（在计算球体转动惯量时，应扣除支座的转动惯量 $J_{支座}$）。

3）将细金属杆穿过夹具且使其质心置于垂直转轴上，多次测量细金属杆摆动 $10T_4$ 所需的时间，计算细杆的转动惯量 J_4，并与理论值进行比较。（在计算细金属杆的转动惯量时，应扣除夹具的转动惯量 $J_{夹具}$）

（4）研究系统的转动惯量与质量分布的关系。

将两个圆柱形金属滑块对称地安装在金属杆上，滑块可以固定在金属杆上已刻好的槽口内，相邻槽口的距离为5.0cm。使滑块质心与垂直转轴的距离 x 分别为5.0cm、10.0cm、15.0cm、20.0cm、25.0cm，测出对应于不同距离时的摆动周期（数据填入表4.4-2中）。

1）计算出相应的转动惯量并与理论值进行比较。

2）分析实验数据，并讨论系统的转动惯量与质量分布的关系。

【注意事项】

（1）拧紧固定待测物与垂直轴的螺钉。

（2）由于弹簧的扭转常数 K 与摆角 θ 有关，在测量摆动周期 T 时，摆角不宜过小或过大，一般在90℃左右，弹簧的扭转常数 K 基本保持不变，同时摆幅也不宜过大。

（3）挡光杆不要和光探头相碰，光探头不能放在强光下。

【数据处理】

将测量数据填入表4.4-1中。

表 4.4-1 各待测物体测量数据记录表

塑料球支座转动惯量实验值 $J_{支座} = 0.187 \times 10^{-5} \, \text{kg} \cdot \text{m}^2$

金属细杆夹具转动惯量实验值 $J_{夹具} = 0.321 \times 10^{-5} \, \text{kg} \cdot \text{m}^2$

物体名称	质量/kg	几何尺寸/10^{-2}m	周期/s		转动惯量理论值/kg·m²	实验值/kg·m²	百分差 $E_0 = \dfrac{|J' - J|}{J'} \times 100\%$
金属载物盘			$10T_0$			$J_0 = \dfrac{J_1' \, \overline{T}_0^2}{\overline{T}_1^2 - \overline{T}_0^2}$	
			$\overline{T}_0$				
塑料圆柱		D_1	$10T_1$		$J_1' = \dfrac{1}{8} m D_1^2$	$J_1 = \dfrac{K \, \overline{T}_1^2}{4\pi^2} - J_0$	
			$\overline{T}_1$				
金属圆筒		$D_{外}$	$10T_2$		$J_2' = \dfrac{1}{8} m (D_{外}^2 + D_{内}^2)$	$J_2 = \dfrac{K \, \overline{T}_2^2}{4\pi^2} - J_0$	
		$D_{内}$	$\overline{T}_2$				
塑料球		$D_{直}$	$10T_3$		$J_3' = \dfrac{1}{10} m D_{直}^2$	$J_3 = \dfrac{K}{4\pi^2} \overline{T}_3^2 - J_{支座}$	
			$\overline{T}_3$				
金属细杆		l	$10T_4$		$J_4' = \dfrac{1}{12} m l^2$	$J_4 = \dfrac{K}{4\pi^2} \overline{T}_4^2 - J_{夹具}$	
			$\overline{T}_4$				

表中：

$$K = 4\pi^2 \frac{J_1'}{\overline{T}_1^2 - \overline{T}_0^2} = \underline{\hspace{3cm}} \, \text{N} \cdot \text{m}$$

表 4.4-2 金属滑块在不同位置的数据记录表

两滑块对通过其与垂直轴平行的质心轴的转动惯量理论值：$J_5' = 0.753 \times 10^{-4} \, \text{kg} \cdot \text{m}^2$

转动惯量测试仪：$\Delta_{仪} = 0.001 \text{s}$

$X/(10^{-2}\text{m})$	5.00	10.00	15.00	20.00	25.00
摆动周期 $10T/\text{s}$					

（续）

$X/(10^{-2}\text{m})$	5.00	10.00	15.00	20.00	25.00
$\overline{T}/\text{s}$					
转动惯量实验值/kg·m² $J = \dfrac{K}{4\pi^2}\overline{T}^2 - J_{夹具}$					
转动惯量理论值/kg·m² $J' = J'_4 + J'_5 + 2m_0 x^2$					
百分差 $E_0 = \dfrac{\lvert J' - J\rvert}{J'} \times 100\%$					

实验 4.5　固体线胀系数的测量

绝大多数物质具有热胀冷缩的特性，在一维情况下，固体受热后长度的增加称为线膨胀。在相同条件下，不同材料的固体，其线膨胀的程度各不相同，我们引入线胀系数来表征物质的膨胀特性。线胀系数是物质的基本物理参数之一，在道路、桥梁、建筑等工程设计，精密仪器仪表设计，材料的焊接、加工等各种领域，都必须对物质的胀特性予以充分的考虑。利用本实验提供的固体线胀系数测量仪和温控仪，能对固体的线胀系数予以准确地测量。

【实验目的】

（1）掌握固体材料线胀系数的测量原理和方法

（2）学习 PID 调节的原理。

（3）学习用最小二乘法处理实验数据

【实验仪器】

金属线胀实验仪、ZKY-PID 温控实验仪、千分表。

【实验原理】

设在温度为 t_0 时固体的长度为 L_0，在温度为 t_1 时固体的长度为 L_1。实验指出，当温度变化范围不大时，固体的伸长量 $\Delta L = L_1 - L_0$ 与温度变化量 $\Delta t = t_1 - t_0$ 及固体的长度 L_0 成正比，即：

$$\Delta L = \alpha L_0 \Delta t \qquad (4.5\text{-}1)$$

上式中的比例系数 α 称为固体的线胀系数，由上式知：

$$\alpha = \frac{\Delta L}{L_0 \times \Delta t} \qquad (4.5\text{-}2)$$

可以将 α 理解为当温度升高 1℃时，固体增加的长度与原长度之比。多数金属的线胀系数为（0.8～2.5）×10⁻⁵℃⁻¹。

线胀系数是与温度有关的物理量。当 Δt 很小时，由式（4.5-2）测得的 α 称为固体在温度为 t_0 时的微分线胀系数。当 Δt 是一个不太大的变化区间时，我们近似认为 α 是不变的，由式（4.5-2）测得的 α 称为固体在 $t_1 - t_0$ 温度范围内的线胀系数。

由式（4.5-2）知，在 L_0 已知的情况下，固体线胀系数的测量实际归结为温度变化量 Δt 与相应的长度变化量 ΔL 的测量，由于 α 数值较小，在 Δt 不大的情况下，ΔL 也很小，因此，准确的 Δt 及 ΔL 是保证测量成功的关键。

【仪器介绍】

1. 金属线胀实验仪

仪器外形如图 4.5-1 所示。空心金属棒的一端用螺钉联接在固定端，滑动端装有轴承，空心金属棒可在此方向自由伸长。通过流过空心金属棒的水加热空心金属棒，空心金属棒的膨胀量用千分表测量。支架都用隔热材料制作。

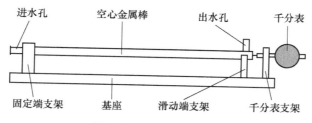

图 4.5-1　金属线胀实验仪

2. 开放式 PID 温控实验仪

相关内容参见本教材 4.8 节内容，这里不再赘述。

3. 千分表

千分表是用于精密测量位移量的量具，它利用齿条 – 齿轮传动机构将线位移转变为角位移，由表针的角度改变量读出线位移量。大表针转动 1 圈（小表针转动 1 格），代表线位移 0.2mm，最小分度值为 0.001mm。

【实验内容】

1. 检查仪器面板前的水位管，将水箱中的水量加到适当值。严禁在水位指示低于水位下限的情况下开启电源。

2. 调整千分表

为保证千分表与试件充分接触，可于实验开始前调整千分表与试件的触点，使其有一定的读数，如 150μm。

3. 熟悉温控实验仪的调节和使用，控制待测液体的温度

打开仪器开关，水泵应该开始运转，此时触摸仪器出水口的软管应有微微的颤动。显示屏显示操作菜单，可选择工作方式，输入序号及室温，设定温度。使用◀▶键选择项目，如第一屏的"进行实验""察看数据"，第二屏的"序号""室温"等。▲▼键设置参数，按确认键进入下一屏，按启控键开始升温，按停控键（与启控同一键）停止。按返回键返回上一屏。

进入测量界面后，屏幕上方的数据栏从左至右依次显示序号，设定温度 R，初始温度 T_0，当前温度 T，当前功率 P，调节时间 t 等参数。图形区以横坐标代表时间，纵坐标代表温度（功率），并可用▲▼键改变温度坐标值。仪器每隔 15s 采集 1 次温度及加热功率值，并将采得的数据标示在图上。温度达到设定值并保持 2min，温度波动小于 0.1℃，仪器自动判定达到平衡，并在图形区右边显示过渡时间 ts，动态偏差 σ，静态偏差 e。此时方可读取

千分表示数和当前温度值。

4. 测量线胀系数

实验开始前检查空心金属棒是否固定良好，千分表安装位置是否合适。一旦开始升温及读数，避免再触动实验仪。为保证实验安全，温控仪最高设置温度为60℃。若决定测量 n 个温度点，则每次升温范围为 $\Delta t = (60 - 室温)/n$。为减小系统误差，将第1次温度达到平衡时的温度及千分表读数分别作为 t_0、L_0。温度的设定值每次提高 Δt，温度在新的设定值达到平衡后，记录当前温度及千分表读数于表4.5-1中。

表 4.5-1　数据记录表

次数	0	1	2	3	4	5	6	7	8
设定温度/℃									
温度/℃	$t_0 =$								
千分表读数	$L_0 =$								
$\Delta t_i = t_i - t_0$									
$\Delta L_i = L_i - L_0$									

5. 根据 $\Delta L = \alpha L_0 \Delta t$，由表4.5-1数据，用线性回归法或作图法求出 ΔL_i-Δt_i 直线的斜率 K，则可求出固体线胀系数 $\alpha = \dfrac{K}{L_0}$。（已知固体样品为纯铜，在25℃时的线胀系数 $\alpha = 1.66 \times 10^5 ℃^{-1}$，其长度 $L_0 = 500\text{mm}$）

【注意事项】

（1）通电前，应保证水位指示在水位上限；若水位指示低于水位下限，严禁开启电源，必须先用漏斗加水。

（2）建议使用软水，避免产生水垢。

（3）安装时根据机壳背板示意图正确连线。

（4）仪器内部的加热棒长期浸泡在水里，可能会锈蚀，建议每三年更换一次。

（5）为保证使用安全，三芯电源线须可靠接地。

实验 4.6　空气比热容比的测定

【实验目的】

（1）学习一种测量空气比热容比的方法。

（2）通过对空气比热容比的测定，加深对热力学过程中状态变化的理解。

【实验仪器】

FD—NCD型空气比热容比测定仪、稳压电源。

【仪器介绍】

本实验采用的仪器为FD—NCD型空气比热容比测定仪。测量装置如图4.6-1所示。它由压力传感器、温度传感器（AD590）、两只数字电压表、大玻璃瓶、打气球和导线等组成。测量时需另外配备稳压电源。

压力传感器及数字电压表用于测量容器内的压强，该装置的灵敏度为20mV/kPa，它显示的是容器内气体的压强与容器外大气压强的差值。温度传感器为线性测量元件，它的灵敏度为 $1.00\mu A/℃$，环境大气压可以用实验室提供的气压计测量。

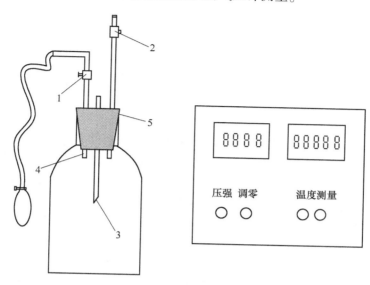

图 4.6-1　FD—NCD 型空气比热容比测定仪及其面板图

1—充气阀　2—放气阀　3—温度传感器（AD590）　4—压力传感器　5—胶粘剂

【实验原理】

气体的比定压热容 $C_{p,m}$ 与比定容热容 C_V 之比 $\gamma = \dfrac{C_{p,m}}{C_{V,m}}$ 叫做该气体的摩尔热容比，也称比热容比。在绝热过程中，它是一个很重要的参量。本实验采用绝热膨胀法测量空气的比热容比。实验中，用带有进气阀和放气阀的大玻璃瓶作为储气瓶。先用打气球通过进气阀向储气瓶内充气，待瓶内气体达到平衡状态后，打开放气阀放出部分气体。由于放气过程进行得很快，可以近似看作绝热过程，放气后立即关闭放气阀。将保留在瓶内的气体作为研究对象或称为热学系统。实验中，将该热学系统看作理想气体，它经历 3 个热力学过程：等温压缩过程、绝热膨胀过程和等容吸热过程。涉及 4 个状态：初态、状态Ⅰ、状态Ⅱ和状态Ⅲ。我们感兴趣的是后两个过程，这两个过程涉及的 3 个状态参量列表 4.6-1 中。

表　4.6-1

	压强 p	体积 V	温度 T
状态Ⅰ	p_1	V_1	T_0
状态Ⅱ	p_0	V_2	T_1
状态Ⅲ	p_2	V_2	T_0

注：表中的 p_0 为环境大气压，由气压计读出，T_0 为环境的温度，V_2 为储气瓶的容积。

对我们的研究对象而言，由状态Ⅰ到状态Ⅱ是绝热过程。由绝热过程方程得

$$p_1 V_1^{\gamma} = p_0 V_2^{\gamma} \tag{4.6-1}$$

状态 I 和状态 III 的温度均为 T_0。由理想气体的状态方程得

$$p_1 V_1 = p_2 V_2 \tag{4.6-2}$$

合并式（4.6-1）和式（4.6-2），消去 V_1、V_2 得

$$\gamma = \frac{\ln p_1 - \ln p_0}{\ln p_1 - \ln p_2} = \frac{\ln p_1 / p_0}{\ln p_1 / p_2} \tag{4.6-3}$$

由式（4.6-3）可以看出，只要测得 p_0、p_1 和 p_2 就可求出空气的比热容比，即 γ 值。

【实验内容】

（1）开启仪器的电源，预热 20min 左右。

（2）打开放气阀，然后再关闭它。调节压强调零旋钮使指示压强的数字电压表指示 000.0mV。记下指示温度的数字电压表的读数（用 mV 表示温度即可，不必换算成温度值）。

（3）打开充气阀，手动充气十几下，使指示压强的数字电压表示值为 150.0 ~ 170.0mV，然后关闭充气阀。这时，注意观察两只数字电压表。等两只数字电压表的读数都稳定后，分别记下它们的读数 p_1'（该状态的压强与环境压强的差值）和 T_1'（该状态的温度与环境温度的差值）。

（4）打开放气阀，听到放气嘶嘶声刚一结束，立即关闭放气阀。这时，瓶内空气开始进入等容吸热过程。观察指示压强与温度的两只数字电压表，等数值稳定后，分别记下它们的读数 p_2' 和 T_2'。注意稳定后的 T_2' 与 T_1' 应非常接近。

（5）以上测量进行 4 次。

（6）在实验室提供的气压计上读出实验室环境的大气压值 p_0。

【注意事项】

（1）在打气时，不可使瓶内的气压过大，因此只能打气十几下。

（2）打开放气阀后再重新关闭时一定要及时，即嘶嘶声停止的一刹那关闭。

【数据处理】

（1）数据表（数据填入表4.6-2）

表 4.6-2

	p_0/kPa	与 p_1' 相当的电压/mV	与 T_1' 相当的电压/mV	与 p_2' 相当的电压/mV	与 T_2' 相当的电压/mV
1					
2					
3					
4					

（2）利用 20mV 相当于 1kPa 的关系，将以上 p_1' 和 p_2' 换算成以 Pa 为单位的气压值。

（3）用 $p_1 = p_0 + p_1'$ 和 $p_2 = p_0 + p_2'$ 求出 p_1 和 p_2。

（4）用式（4.6-3）求出 4 次测量的 γ 值。

实验4.7　用直流电桥测电阻

测量电阻的方法很多，主要是伏安法和电桥法。伏安法不仅存在因电表精度不高带来的

误差，而且由于电表本身有内阻，不可避免地存在方法误差。电桥法本质是比较法，它是在平衡条件下将待测电阻与标准电阻进行比较，从而确定待测电阻的大小。电桥分为直流电桥和交流电桥两大类，直流电桥又分为单臂电桥和双臂电桥。单臂电桥也称为惠斯通电桥，主要用于测量中值电阻（$10 \sim 10^5 \Omega$），双臂电桥也称为开尔文电桥，适用于测量低值电阻（$10^{-6} \sim 10\Omega$）。电桥法具有灵敏度高、测量准确和使用方便等特点，已被广泛地应用于电工技术和非电量电测中。

4.7.1　单臂电桥测电阻

【实验目的】

（1）掌握用单臂电桥测电阻的原理和方法。

（2）初步研究电桥的灵敏度。

【实验仪器】

电源、检流计、电阻箱、滑线变阻器、开关、箱式单臂电桥、待测电阻。

【仪器介绍】

图 4.7-1 是 AC5 型直流指针式电流计的面板图。锁扣拨向"白点"时，检流计处于工作状态，倒向"红点"表示锁住；"零点调节"用于调节指针机械零点；按下"电计"，检流计与外电路接通；按下"短路"，指针迅速停止摆动。

图 4.7-2 是 QJ23a 型箱式单臂电桥的面板示意图。倍率盘所示数字相当于比例系数 $k = R_1/R_2$。四个刻度盘所示读数之和即为 R_3。将内外接电源转换开关扳向"内接"，表示使用仪器内部电源；内外接指零仪转换开关扳向"内接"，表示使用仪器内部检流计指示平衡。电键 B 相当于图 4.7-3 中开关 S_1。测量时，先按"电源"按钮 B，再按"检流计"开关 G。若检流计指针向"＋"偏转，应增加比较臂 R_3 的数值；指针若向"—"偏转，则应减小 R_3 的数值。

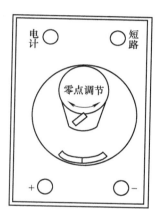

图 4.7-1　电流计面板图

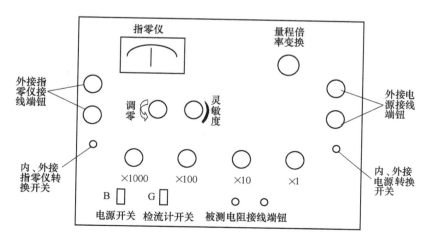

图 4.7-2　QJ23a 型箱式单臂电桥面板示意图

QJ23a 型电桥基本误差允许极限 Δ 为

量程倍率	Δ/Ω
×1	$\pm(0.1\%R_x + 1)$
×0.1	$\pm(0.1\%R_x + 0.1)$
×0.01	$\pm(0.2\%R_x + 0.02)$

【实验原理】

单臂电桥的基本线路如图 4.7-3 所示。四个电阻 R_1、R_2、R_3、R_x 连成一个四边形 $ABCD$，在对角线 AC 上接电源 E，在对角线 BD 上接检流计 G。接入检流计（平衡指示）的对角线称为"桥"，四个电阻称为"桥臂"。一般情况下，桥路上有电流通过检流计，检流计指针有偏转。若适当调节电阻值，如改变 R_3 的大小，可使 B、D 两点的电位相等，此时流过检流计 G 的电流 $I_g = 0$，称为电桥平衡。当电桥平衡时，$V_B = V_D$，由欧姆定律得

$$\begin{cases} I_1 R_1 = I_2 R_2 \\ I_1 R_x = I_2 R_3 \end{cases}$$

所以

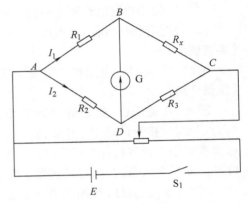

图 4.7-3　单臂电桥原理图

$$R_x = \frac{R_1}{R_2}R_3 = kR_3 \qquad (4.7\text{-}1)$$

式（4.7-1）即为电桥的平衡条件。通常取 R_1、R_2、R_3 为标准电阻，R_1/R_2 称为倍率，R_3 为比较臂。选择合适的倍率，改变 R_3 使电桥达到平衡，利用式（4.7-1）可求得待测电阻 R_x。

式（4.7-1）表明，电桥是在平衡条件下将待测电阻与标准电阻进行比较来测量电阻的仪器，对电源的稳定性要求不高，测量的精度取决于标准电阻的精度。一般说来，标准电阻的制造可以达到很高的精度，所以电桥法测量电阻的精度可以很高。

检流计指针是否偏转可判断电桥是否平衡。检流计的灵敏度是有限的，实验中所用的张丝式检流计的指针偏转 1 格所对应的电流大约是 10^{-6} A。当通过检流计的电流小于 10^{-7} A（即 0.1 格）时，人眼是很难觉察的。假设电桥在比例系数 $k = 1$ 时调到了平衡，则有 $R_x = R_3$，这时若把 R_3 改变一微小量 ΔR_3（一般改变电阻箱的最小位），电桥失去平衡，从而有电流流过检流计。但如果 I_g 小到使检流计觉察不出来，试验者仍会认为电桥是平衡的，得到 $R_x = R_3 + \Delta R_3$。ΔR_3 就是由于检流计的灵敏度不高而带来的误差。为此，引入电桥灵敏度 S 的概念，S 定义为

$$S = \frac{\Delta n}{\Delta R_x/R_x} = \frac{\Delta n}{\Delta R_3/R_3} \qquad (4.7\text{-}2)$$

其中 Δn 表示 R_3 有相对改变量 $\Delta R_3/R_3$ 时引起的检流计的偏转格数（一般只允许偏转 1 格左右）。如相对改变量为 1%，则相对灵敏度 $S = 100$ 格。可见 S 值越大，电桥越灵敏，对电桥平衡的判断越准确。通常人眼可察觉出检流计指针 0.2 格的偏转，所以判断电桥平衡不准所带来的误差为

$$(\Delta R_x)_S = \frac{0.2 R_x}{S} \tag{4.7-3}$$

理论和实验都表明，电桥的灵敏度与电源电压成正比，与检流计本身的灵敏度成正比，与四个桥臂电阻的搭配、检流计内阻、限流电阻、电源内阻有关。所以电桥的灵敏度并非定值，需随上述因素的变动而作具体的测定。

【实验内容】

1. 用自组单臂电桥测电阻

1）如图 4.7-3 连接线路，R_1、R_2、R_3 用六旋钮标准电阻箱。

2）根据待测电阻的标称值，选择合适的比例臂系数 K，使比较臂 R_3 的有效数字位数多。

3）调节 R_3，使电桥达到平衡，在表 4.7-1 中记下 R_1、R_2、R_3 的阻值。

4）改变 R_3 的阻值到 R_3'，测量检流计指针偏转格数 Δn，将数据记入表 4.7-1 中。

2. 用 QJ23 型箱式直流单臂电桥测电阻

将待测电阻接到被测电阻接线端钮，操作步骤和方法详见盒盖上的使用说明。注意比例臂的选择标准是使四个比较臂读数盘都有读数。被测电阻阻值可用下式计算：

被测电阻值 R_x = 测量盘读数之和 × 量程倍率

将测量数据填入表 4.7-2 中。

【注意事项】

用自组电桥测电阻时，请注意以下几点：

1）比例臂阻值不能太小，以免电桥未平衡时有较大电流流过而损坏检流计。一般 $R_1 > 100\Omega$，$R_2 > 100\Omega$。

2）滑线变阻器的分压电阻初始值要低，在电桥基本平衡后再逐渐增大。

3）在不知道电桥是否平衡时，不要长时间按下检流计开关，以免因电桥严重不平衡造成检流计指针打弯。测量过程中"电计""短路"要采用点触式，以保护检流计；测量结束，"电计""短路"旋钮全要松开。

【数据处理】

1. 用自组电桥测电阻及相应灵敏度

表 4.7-1　自组电桥测电阻数据表

待测电阻	R_1/Ω	R_2/Ω	R_3/Ω	R_x/Ω	$u_C(R_x)/\Omega$	$R_x \pm u_C(R_x)/\Omega$	R_3'/Ω	$\Delta n/\text{div}$	S/div
R_{x1}									
R_{x2}									
R_{x3}									

按要求计算 R_x 及不确定度，并计算电桥的灵敏度。

2. 按要求处理箱式电桥测电阻数据

表 4.7-2　箱式电桥测电阻数据表

待测电阻	k	R_3/Ω	R_x/Ω	$u_C(R_x)/\Omega$	$R_x + u_C(R_x)/\Omega$
R_{x1}					
R_{x2}					
R_{x3}					

【思考题】

（1）单臂电桥平衡时，若将电源和检流计互换位置，电桥是否仍平衡？平衡条件是否改变？

（2）用单臂电桥测电阻时，应如何正确使用电源开关和检流计开关？如何根据检流计指针的偏转方向来调节 R_3，很快找到平衡点？

（3）选择电桥倍率的原则是什么？

4.7.2 开尔文电桥测金属导体的电阻率

【实验目的】

（1）掌握用开尔文电桥测低电阻的原理。

（2）了解惠斯通电桥和开尔文电桥的关系与区别。

（3）掌握用自组开尔文电桥、箱式开尔文电桥测金属导体电阻的方法。

（4）测量金属导体的电阻率。

【实验仪器】

QJ42 型直流开尔文电桥、四端接法的黄铜棒、四端接法的铁棒、粗铜线、外径千分尺、钢直尺、检流计、电阻箱、滑线变阻器、电键、标准电阻、导线。

【仪器介绍】

图 4.7-4 所示为低值电阻的四端钮接法，AB 两点之间为被测电阻 R_x，AP_1 和 BP_2 为电位端引线，AC_1 和 BC_2 为电流端引线。接线前，应清洁被测金属棒表面。连接用的导线应该短而粗，各接头必须干净、接牢，避免接触不良。

图 4.7-5 所示是 QJ42 型开尔文电桥面板示意图，使用方法详见说明书。

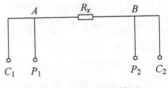

图 4.7-4 四端钮接法

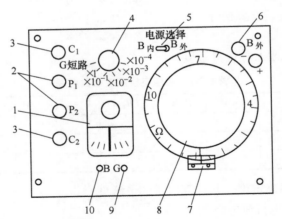

图 4.7-5 QJ42 型开尔文电桥面板示意图

1—检流计 2—电位端接线柱 3—电流端接线柱 4—倍率开关 5—电源选择开关 6—外接电源
7—标尺 8—读数盘 9—检流计按钮 10—电源按钮

【实验原理】

用惠斯通电桥测电阻时，由于被测电阻和各臂的电阻都比较大，可以不考虑附加电阻

（各桥臂之间的连线电阻和各接线端钮的接触电阻）对测量结果的影响，附加电阻约为 $10^{-2}\Omega$ 量级。但在测量低电阻（如电动机的电枢绕组、分流器电阻等都在 1Ω 以下）时，就不能忽略其影响了。

图 4.7-6 所示为惠斯通电桥原理图，电桥平衡时有：$R_x = \dfrac{R_1}{R_2}R_0$

由图 4.7-6 可见，桥式电路有 12 根导线和 A、B、C、D 四个接点，其中由 A、C 点到电源和由 B、D 点到检流计的导线电阻可分别计入电源和检流计的内阻，对测量结果没有影响，但桥臂的 8 根导线和 4 个接点的电阻会影响测量结果。

在电桥中，比例臂 R_1、R_2 可用较高的电阻，因此，和这两个电阻相连的四根导线（由 A 到 R_1、C 到 R_2 和由 D 到 R_1、R_2）的电阻不会对测量结果带来多大影响，可略去不计。因待测电阻 R_x 是一低值电阻，比较臂 R_0 也应该是低电阻，由此和 R_0、R_x 相连的导线及接触电阻就会影响到测量结果。也就是说，若如图 4.7-6 连接，测得的电阻值是待测电阻 R_x 与附加电阻（导线电阻和接触点电阻）r_1、r_2 的总和，如图 4.7-7 所示。图 4.7-7 的接法称为二端钮接法。

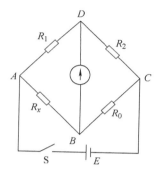

图 4.7-6　惠斯通电桥原理图

为消除附加电阻对低阻值测量的影响，需要对电路进行改进。

首先考察由 A 点到 R_x 的导线。为消除其导线电阻的影响，可将这根导线尽量缩短，最好缩

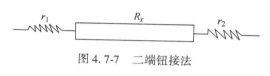

图 4.7-7　二端钮接法

短为零，即让 A 点直接接在 R_x 的一端，则导线电阻得以消除。

再来消除节点 A 的接触电阻。如图 4.7-8 所示，把从电源和 R_1 来的两根导线分开，分别接在 R_x 左端的外侧和内侧两点上，则连接点 A_1 的接触电阻计入到电源内阻中，连接点 A_2 的接触电阻计入到 R_1 中，这样就完全消除了 A 点接触电阻对测量结果的影响。

同样的办法也可完全消除节点 C 的附加电阻对测量结果的影响，即把 C 点分成 C_1、C_2 两个连接点，分别接在电阻 R_0 右侧的外侧和内侧两点上，亦见图 4.7-8。A 点和 C 点的接法称为四端钮接法。

但图 4.7-6 中节点 B 的接触电阻和由 B 到 R_x 和由 B 到 R_0 的导线电阻却不能并入低电阻 R_0、R_x 中，解决的办法是在图 4.7-8 线路中增加两个阻值较高的电阻 R_3、R_4，且将 B 点移至跟 R_3、R_4 及检流计相连，构成一个六臂电

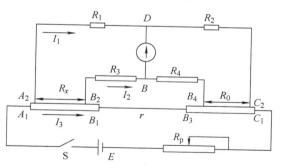

图 4.7-8　开尔文电桥电路图

桥，通常称之为双臂电桥（或开尔文电桥）。令 R_3、R_4 的阻值大于 10Ω，就可消除 B 点的附加电阻，只剩下与 R_x 和 R_0 相连的附加电阻了。同样，再把与 R_x 和 R_0 相连的两个接触点各自分开，分成 B_1、B_2 和 B_3、B_4 四个点，使 B_2、B_4 的接触电阻并入 R_3、R_4 中，将 B_1、B_3 用粗导线相连，并设 B_1、B_3 间连线电阻和接触电阻的总和为 r。

下面证明：适当调节 R_1、R_2、R_3、R_4 和 R_0 的阻值，就可以消去附加电阻 r 的影响。调节电桥的平衡过程，就是调整电阻 R_1、R_2、R_3、R_4 和 R_0 的阻值，使检流计中的 I_g 等于零的过程。

当电桥平衡时，检流计中的电流 $I_g = 0$，则有：①通过电阻 R_1、R_2 的电流相等，图中以 I_1 表示；②通过电阻 R_3、R_4 的电流相等，以 I_2 表示；③通过电阻 R_x 和 R_0 的电流相等，以 I_3 表示。因 B、D 两点的电位相等，故有

$$I_1 R_1 = I_3 R_x + I_2 R_3$$
$$I_1 R_2 = I_3 R_0 + I_2 R_4$$
$$I_2 (R_3 + R_4) = (I_3 - I_2) r$$

解方程组得

$$R_x = \frac{R_1}{R_2} R_0 + \frac{r R_4}{R_3 + R_4 + r} \left(\frac{R_1}{R_2} - \frac{R_3}{R_4} \right) \qquad (4.7\text{-}4)$$

如果 $\dfrac{R_1}{R_2} = \dfrac{R_3}{R_4}$ 或 $R_1 = R_3$，$R_2 = R_4$，则式（4.7-4）中第二项为零，待测电阻 R_x 为

$$R_x = \frac{R_1}{R_2} R_0 = M R_0 \qquad (4.7\text{-}5)$$

这样，开尔文电桥的平衡条件和惠斯通电桥的平衡条件在形式上是一样的，即消除了 r 对测量结果的影响。式中 M 也称倍率。

为了保证在使用电桥的过程中始终满足 $\dfrac{R_1}{R_2} = \dfrac{R_3}{R_4}$ 这个条件，通常将开尔文电桥做成一种特殊的结构，即采用双轴同步变阻器组，两变阻器组中的各对应电阻的阻值相同，调节时同步变化。另外 B_1、B_3 之间的连线使用粗导线。

如果被测电阻是一段粗细均匀的金属导体，利用开尔文电桥精确测出其阻值 R_x 后，再测出其长度 l 和直径 d，利用下式可求得该金属材料的电阻率：

$$\rho = R \frac{\pi d^2}{4l} \qquad (4.7\text{-}6)$$

【实验内容】

1. 用箱式直流开尔文电桥测一段金属导体的电阻率

（1）将被测电阻按四端钮接法接入 QJ42 型箱式直流开尔文电桥。

（2）测量金属导体的电阻值。

$$被测电阻 R_x = 倍率 \times 读数盘示值$$

（3）用外径千分尺测圆柱形导体的直径 d，在不同地方测 3 次，取平均值。

（4）如图 4.7-4 所示，用钢直尺测量 P_1、P_2 间导体的长度 l。

（5）将测量值填入自拟数据表中。

（6）利用式（4.7-6）计算待测电阻的电阻率。

2. 用自组开尔文电桥测量金属导体的电阻

（1）参照图 4.7-8 组装一双臂电桥。用四只电阻箱分别充作 R_1、R_2、R_3、R_4，用一个数值合适的低值标准电阻作为 R_0。注意在电源支路中加入一限流电阻 R_p。

（2）开始测量之前，可先使 R_1、R_2、R_3、R_4 取同一数值，同时 R_p 置较大阻值状态，

这样容易调节电桥的平衡。

（3）接通电源和闭合开关，根据检流计的偏转，改变$\frac{R_1}{R_2}$之值并同步调节$\frac{R_3}{R_4}$，保持$\frac{R_1}{R_2} = \frac{R_3}{R_4}$，使电桥达到平衡。每次调节时，要先断开电源开关 S，同步调节 R_1、R_2、R_3、R_4 的比例关系且确认无误后，再闭合 S。

（4）粗调平衡后，减小 R_p 再细调平衡。由式（4.7-5）计算 R_x。

【注意事项】

（1）R_0、R_x 都采用四端钮接法：标准电阻上的电流端钮为较粗的两接线柱，电压端钮为较细的两接线柱。待测电阻上的外侧接线柱为电流端钮，内侧接线柱为电压端钮。待测电阻 R_x 是指两电压端钮之间的一段金属棒所具有的电阻。

（2）连接线路前，先用万用表检测导线是否导通。

（3）接线前，应清洁被测金属棒表面，连接用的导线应短而粗，各接头必须干净、接牢，避免接触不良。

（4）比例臂电阻取值较大时，可能检测不到电流，但不能证明桥路已平衡，可适当减小比例臂电阻或更换标准电阻。

【数据处理】

（1）利用式（4.7-6）计算导体的电阻率 ρ。

（2）计算导体电阻率的不确定度 $u_C(\rho)$。

【思考题】

（1）双电桥平衡的条件是什么？

（2）四端电阻的电流端和电压端是如何区分的？

（3）用图 4.7-8 所示的开尔文电桥测量电阻时，如果被测低值电阻的两个电压端引线电阻较大（例如被测电阻远离开尔文电桥，所用引线过细和过长），对测量的准确度有无影响？

实验 4.8　液体变温黏度的测量

稳定流动的液体中，流速不同的各层液体间存在着沿接触面切向的摩擦力，这种液体内部的摩擦力称为内摩擦力或黏滞力，液体的这一性质称为黏滞性。黏滞力的大小与接触面面积以及接触面处的速度梯度成正比，比例系数 η 称为黏度（或黏滞系数），它表征液体黏滞性的强弱。液体的黏滞性对温度的依从关系极为密切，尤其是油类液体，温度升高时黏滞性减小。例如，对于蓖麻油，当温度从 18℃升高到 40℃时，黏滞系数几乎减为原值的四分之一。

对液体黏滞性的研究在流体力学、化学化工、医疗、水利等领域都有广泛的应用，例如在用管道输送液体时要根据输送液体的流量、压力差、输送距离及液体黏度，设计输送管道的口径。测量液体黏度可用落球法、毛细管法、转筒法等方法，其中落球法适用于测量黏度较高的液体。

【实验目的】

（1）加深对液体黏滞力的认识。

（2）掌握用落球法测定不同温度下蓖麻油的黏度的原理和方法。

（3）了解 PID 温度控制的原理。

【实验仪器】

落球法变温黏度实验仪、ZKY-PID 温控实验仪、PC396 停表、钢球若干。

【实验原理】

1. 落球法测定液体的黏度

小球在静止液体中下落时，受到 3 个铅直方向的力，即重力、浮力和黏滞阻力。如果液体可以看成在各方向上都是无限广阔的，黏性很大，小球直径很小并且速度 不大，小球下落时液体不产生涡流，则根据斯托克斯定律，小球受到的黏滞阻力为

$$F = 3\pi\eta vd \tag{4.8-1}$$

式中，η 为液体的黏度；d 为小球的直径；v 为小球的速度。在国际单位制中，η 的单位是 Pa·s（帕斯卡秒）。

小球刚开始下落时，速度很小，阻力不大，小球加速下落，随着速度的增加，黏滞力也加大，直到达到三力平衡后，小球以恒定速度 v_0（收尾速度）匀速下落，由平衡条件得

$$\frac{1}{6}\rho\pi d^3 g = \frac{1}{6}\rho_0\pi d^3 g + 3\pi\eta v_0 d \tag{4.8-2}$$

式中，ρ 为小球密度；ρ_0 为液体密度。由式（4.8-2）可解出黏度 η 的表达式：

$$\eta = \frac{(\rho - \rho_0)gd^2}{18v_0} \tag{4.8-3}$$

本实验中，小球在直径为 D 的玻璃管中下落，液体在各方向无限广阔的条件不满足，此时黏滞阻力的表达式可加修正系数 $(1 + 2.4d/D)$，而式（4.8-3）可修正为

$$\eta = \frac{(\rho - \rho_0)gd^2}{18v_0(1 + 2.4d/D)} \tag{4.8-4}$$

实验中，只要测得式（4.8-4）中右边各量的值，便可求出液体的黏度。

2. 液体温度的控制——PID 调节器

本实验测定蓖麻油在不同温度下的黏度，所以精确地控制液体的温度是至关重要的。在本实验的温控系统中，调节器采用 PID 调节器。所谓 PID 调节器，是指具有比例（proportional）-积分（integral）-微分（differential）控制规律的调节器。PID 调节是自动控制系统中应用最为广泛的一种调节规律，在自动控制系统中，调节器是系统的大脑和指挥中心，原理可用图 4.8-1 说明。

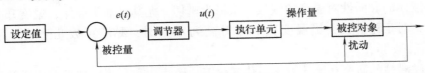

图 4.8-1　控制过程框图

由于扰动的作用，被控量偏离设定值，产生偏差，即偏差 $e(t) =$ 设定值 – 被控量，偏差 $e(t)$ 作为输入信号进入调节器，调节器依据 $e(t)$ 及一定的调节规律输出调节信号 $u(t)$，执

行单元按 $u(t)$ 输出操作量至被控对象，使被控量逼近直至最后等于设定值。调节器是自动控制系统的指挥机构。本实验的温控系统中，执行单元是由晶闸管控制加热电流的加热器，操作量是加热功率，被控对象是水箱中的水，被控量是水的温度。

PID 调节器是按偏差的比例（P）、积分（I）和微分（D）通过线性组合构成控制量，对被控对象进行调节控制，其控制规律可表示为

$$u(t) = K_P \left[e(t) + \frac{1}{T_I} \int_0^t e(t) \, \mathrm{d}t + T_D \frac{\mathrm{d}e(t)}{\mathrm{d}t} \right] \tag{4.8-5}$$

式（4.8-5）中第一项为比例调节，K_P 为比例系数。比例调节项输出值与偏差成正比，偏差一旦产生，调节器立即产生调节作用，以减小偏差。从减小偏差的角度出发，应该增加 K_P，但是增加 K_P 通常导致系统的稳定性下降，过大的 K_P 往往使系统产生激烈的振荡和不稳定。因此，在设计时必须合理的优化和选择 K_P。

第二项为积分调节，T_I 为积分时间常数。积分调节项输出值与偏差对时间的积分成正比，只要系统存在偏差，积分调节作用就不断积累，输出调节量以消除偏差。所以积分调节项的作用主要是消除静态偏差，提高系统的无差度。

第三项为微分调节，T_D 为微分时间常数。比例调节项和积分调节项都是出现了偏差才进行调节，而微分调节项则针对偏差信号的变化速率来进行调节，并能在偏差信号变得太大之前，在系统中引入一个有效的早期修正信号，从而加快系统的动作速度，减少调节时间，避免出现大的偏差。

PID 温度控制系统在调节过程中，温度随时间的一般变化关系如图 4.8-2 所示。由图 4.8-2 可见，系统在达到设定值后一般并不能立即稳定在设定值，而是超过设定值后，经一定的过渡时间才重新稳定。产生超调的原因可从系统的热惯性、传感器滞后和控制器特性等方面予以说明。系统在升温过程中，加热器温度总是高于被控对象温度，在达到设定值后，即使减小或切断加热功率，加热器存储的热量在一定时间内仍然会使系统升温。降温有类似的反向过程，这称之为系统的热惯性。传感器滞后是指由于温度传感器本身热传导特性或是由于传感器安装位置的原因，使传感器测量到的温度比系统实际的温度在时间上滞后，系统达到设定值后控制器无法立即做出反应，产生超调。PID 温度控制系统的效果可由图 4.8-2 中的三个重要参数，即动态偏差、静态偏差和过渡时间来衡量。被调量的动态偏差和静态偏差越小，过渡时间越短，控制效果越好。对于实际的控制系统，必须依据系统特性合理调节 PID 参数，才能取得好的控制效果。本实验中只把 PID 温控仪作为实验工具使用，不调节 PID 参数组合，保持仪器设定的初始值即可。

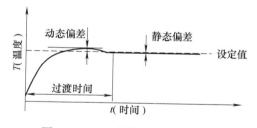

图 4.8-2 PID 调节系统过渡过程

【仪器介绍】

1. 落球法变温黏度测量仪

变温黏度仪的外形如图 4.8-3 所示。待测液体装在细长的样品管中，能使液体温度较快地与加热水温达到平衡，样品管壁上有刻度线，便于测量小球下落的距离。样品管外的加热水套连接到温控仪，通过热循环水加热样品。底座下有调节螺钉，用于调节样品管的铅直。

2. 开放式 PID 温控实验仪

温控实验仪面板如图 4.8-4 所示。温控实验仪包含水箱、水泵、加热器、控制及显示电路等部分。温控试验仪内置微处理器，带有液晶显示屏，具有操作菜单化、能显示温控过程的温度变化曲线和功率变化曲线及温度和功率的实时值、能存储温度及功率变化曲线、控制精度高等特点。

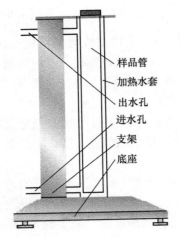

图 4.8-3   变温黏度仪

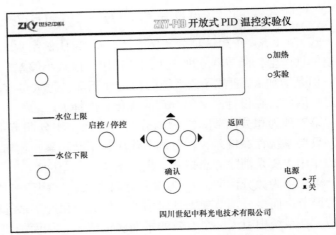

图 4.8-4   温控实验仪面板

开机前，需检查仪器的水位管，将水箱水加到适当水位。开机后，水泵开始运转，显示屏显示操作菜单，可选择工作方式，输入序号及室温，设定温度及 PID 参数。使用◀▶键选择项目，▲▼键设置参数，按确认键进入下一屏，按返回键返回上一屏。

进入测量界面后，屏幕上方的数据栏从左至右依次显示序号、设定温度、初始温度、当前温度、当前功率、调节时间等参数。图形区以横坐标代表时间，纵坐标代表温度（以及功率），并可用▲▼键改变温度坐标值。仪器每隔 15s 采集一次温度及加热功率值，并将采得的数据标示在图上。温度达到设定值并保持 2min 内温度波动小于 $0.1℃$，仪器自动判定达到平衡，并在图形区右边显示过渡时间 ts、动态偏差 σ 以及静态偏差 e。一次实验完成后，再按"启控/停控"和返回键，显示屏回到参数设置屏，可重新设置实验参数。仪器自动将屏幕按设定的序号存储（共可存储 10 幅），以供必要时查看、分析和比较。

3. PC396 停表

PC396 计时器具有多种功能。其左键是模式键，按动左键，当显示屏上方的"SUN""FRI""SAT"闪烁时，即进入停表功能。此时按右下键开始计时，计时过程中再按右下键停止计时。按右上键清零，准备进行下一次测量。

【实验内容】

1. 检查温控实验仪面板前的水位管，将水箱中的水加到适当值。严禁在水位指示低于水位下限的情况下开启电源。若水箱排空后第 1 次加水，应该用软管从出水孔将水经水泵加入水箱，以便排出水泵内的空气，避免水泵空转（无循环水流出）或发出嗡鸣声。

2. 熟悉温控实验仪的调节和使用，控制待测液体的温度。当温控仪温度达到设定值后（图形区右边显示过渡时间 ts，动态偏差 σ，静态偏差 e），观察显示屏上当前温度值是否发生变化，使样品管中的待测液体温度与加热水温完全一致。本实验中，温控仪温度达到设定值后再等约 10min，使样品管中的待测液体温度与加热水温完全一致，才能测液体黏度。

3. 测定小球在液体中下落速度并计算黏度。

用挖油勺盛住小球沿样品管中心轻轻放入液体，观察小球是否一直沿中心下落，若样品管倾斜，应调节至铅直。测量过程中，尽量避免对液体的扰动。判断小球匀速下降区，确定其计时起止点。液体上下端面应留有足够的余量，以保证准确计时。本实验推荐选择 5 ~ 20cm 区域。当液体温度为 30℃、35℃、40℃、45℃、50℃时，分别用停表测量小球落经一段距离的时间 t，并计算小球速度 v_0，用式（4.8-4）计算黏度 η，记入表 4.8-1 中。

4. 计算温度为 30℃、35℃、40℃时黏度测量值与标准值的百分误差。

5. 在坐标纸上作出黏度的温度特性曲线，并得出实验结论。

【注意事项】

（1）通电前，应保证水位指示在水位上限；若水位指示低于水位下限，严禁开启电源，必须先用漏斗加水。

（2）建议使用软水，避免产生水垢。

（3）安装时根据机壳背板示意图正确连线。

（4）仪器内部的加热棒长期浸泡在水里，可能会锈蚀，建议每三年更换一次。

（5）为保证使用安全，三芯电源线须可靠接地。

表 4.8-1　蓖麻油黏度的测量表

$\rho = 7.8 \times 10^3 \mathrm{kg/m^3}$，$\rho_0 = 0.95 \times 10^3 \mathrm{kg/m^3}$，$D = 2.0 \times 10^{-2} \mathrm{m}$，$d = 1.0 \times 10^{-3} \mathrm{m}$

温度/ ℃	时间/s						速度/ (m/s)	η/(Pa·s)	* η/(Pa·s) 标准值
	1	2	3	4	5	平均			
30									0.451
35									0.312
40									0.231
45									
50									

实验 4.9　用模拟法测绘静电场

在科学研究和工业设计中，常有一些物理量很难直接测定，这时可采用间接测量方法。模拟法是指不直接研究物理现象本身，而用与这些物理现象或过程相似的模型来替代研究的一种方法。

本实验用稳恒电流场来模拟静电场的分布。

【实验目的】

（1）学会用模拟法测量静电场的分布。

（2）了解用稳恒电流场来模拟静电场的理论依据和基本实验条件。

（3）加深对电场强度及电动势概念的理解。

【实验仪器】

FB407 型静电场描绘实验仪。

【仪器介绍】

本实验用 FB407 型静电场描绘实验仪来测量电流场中各点的电动势。描绘仪可调电源、高阻抗输入数字电压表、电极板、探针等组成，如图4.9-1所示。

（1）电极板 电极板是通过将不同形状的金属电极固定在导电玻璃板上制成。导电玻璃是通过在普通玻璃上镀覆一层厚度均匀的导电薄膜制成。电极与导电玻璃之间采用低电阻导电橡胶以保证电极与导电玻璃之间具有良好的电接触。电极板的一侧装有 2 个电压输入插座，可分别与电源的两极相连。导电玻璃的反面有方格坐标，可用于正确记录等势线的坐标点。

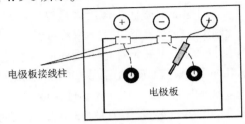

图4.9-1 静电场描绘仪面板图

（2）探针 为保证探针与导电玻璃之间的良好电接触，在表针测试端头部套有一导电橡胶头，实验时应保证探针与玻璃有良好的软接触，同时应避免重压，否则容易造成导电橡胶头破裂。

（3）描绘仪电源 描绘仪电源可提供 $0 \sim 10V$ 连续可调的稳定电压，数字表头显示电压值。实验时将电源电压输出连接到电极板的电压输入端。探针连接到测试表头输入端，当给电极加电压后，将探针在导电玻璃表面移动，测试电压表就会显示对应坐标点的电动势值。测等势线时，先设定一个电动势值（如1V、2V），右手握住探针在导电玻璃表面平稳移动，记录相同电动势的坐标点并在方格纸上记录之，连接相应的等电动势点就形成等势线。取不同的电动势设定值，按以上操作步骤，则可得到不同电动势值的等势线。根据等势线与电场线正交的原理，即可由等势线得到相应电场线的分布图。

【实验原理】

1. 用电流场来模拟静电场

稳恒电流场和静电场具有相似的性质，它们都是有源场和保守场，都遵守拉普拉斯方程。因此，可以用稳恒电流场来模拟静电场。

对静电场，在无源区域内，电场强度 E 满足积分关系

$$\oint_S E \cdot dS = 0, \quad \oint_L E \cdot dL = 0$$

对稳恒电流场，在无源区域内电流密度矢量 J 满足积分关系

$$\oint_S J \cdot dS = 0, \quad \oint_L J \cdot dL = 0$$

可见，E 和 J 在各自区域内满足同样的数学规律。

在充满均匀电导率 σ 的空间，电流密度 J 与电场强度 E 成正比，即

$$J = \sigma E$$

在各向同性的均匀电介质中，电位移矢量 D 与电场强度 E 成正比，即

$$D = \varepsilon E$$

其中，ε 为电介质的介电常数。

2. 长同轴圆柱面电荷的电场

长同轴圆柱面电荷产生的静电场如图4.9-2所示，设内圆柱半径为 r_A，电动势为 U_1，外

圆柱半径为 r_B，且接地，带等值异号电荷，其间静电场的等势面为同轴圆柱面，所以等势线必为一些围绕中心轴的圆环，而电场线为径向直线，如图 4.9-2b 所示。

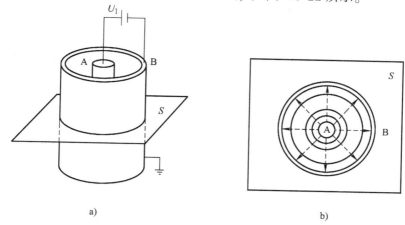

a)   b)

图 4.9-2 长同轴圆柱面的电场

a) 电极连接 b) 截面电力线分布

设内外柱面单位长所带电荷量为 $+\lambda$ 和 $-\lambda$，由高斯定理可知柱面间的电场强度为

$$E = \frac{\lambda}{2\pi\varepsilon r} \qquad (r_A < r < r_B) \tag{4.9-1}$$

两柱面间距轴线为 r 的点与柱面 B 的电动势差为

$$U(r) = \int_r^{r_B} E\,\mathrm{d}r = \frac{\lambda}{2\pi\varepsilon}\int_r^{r_B}\frac{1}{r}\,\mathrm{d}r = \frac{\lambda}{2\pi\varepsilon}\ln\frac{r_B}{r}$$

柱面 A 与柱面 B 间的电动势差为

$$U_1 = \int_{r_A}^{r_B} E\,\mathrm{d}r = \frac{\lambda}{2\pi\varepsilon}\ln\frac{r_B}{r_A}$$

由上两式得

$$U(r) = \frac{U_1\ln\dfrac{r_B}{r}}{\ln\dfrac{r_B}{r_A}} \tag{4.9-2}$$

可见 $U(r)$ 与 $\ln r$ 呈线性关系，而相对电动势 $U(r)/U_1$ 则仅是坐标 r 的函数，等势面为一系列同轴圆柱面，如图 4.9-5 所示。

3. 两无限长平行带电直圆柱的电场

设两圆柱体半径均为 a，中心轴线间距为 l，电极 A 的电动势为 U_1，电极 B 接地，电荷均匀分布在柱体表面。

任取一个垂直平面 S，如图 4.9-3 所示。

在 O_1 与 O_2 的连线上某点 P 的电动势，如图 4.9-4 所示。

$$U(r) = \int_r^{l-a} E\,\mathrm{d}r = \frac{\lambda}{2\pi\varepsilon}\int_r^{l-a}\left(\frac{1}{r} + \frac{1}{l-r}\right)\mathrm{d}r = \frac{\lambda}{2\pi\varepsilon}\ln\frac{(l-a)(l-r)}{ar} \tag{4.9-3}$$

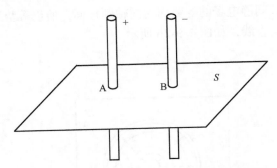

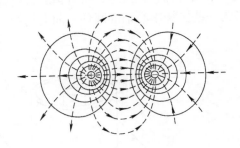

图 4.9-3 长平行导线的电场

当 $r = a$ 时

$$U(r) = U_1 = \frac{\lambda}{2\pi\varepsilon}\ln\left(\frac{l-a}{a}\right)^2$$

所以

$$\frac{\lambda}{2\pi\varepsilon} = \frac{U_1}{2\ln\left(\frac{l-a}{a}\right)}$$

代入式(4.9-3)得

$$U(r) = \frac{U_1\ln\dfrac{(l-a)(l-r)}{ar}}{2\ln\dfrac{(l-a)}{a}} \qquad (4.9\text{-}4)$$

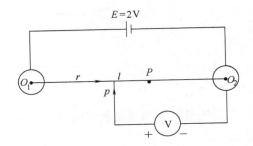

图 4.9-4 测量原理图

式中，r 为点 P 距 O_1 的距离；O_1 与 O_2 相距 l；$U_1 = U_{O_1} - U_{O_2}$。

两根无限长平行带电直圆柱产生的空间等势面为一系列圆筒面（见图 4.9-6）。

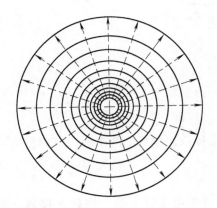

图 4.9-5 长同轴柱面电荷的电场
和电动势分布（截面）

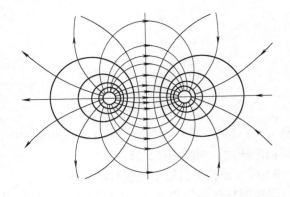

图 4.9-6 两无限长平行带电导线
的电场和电动势分布（截面）

用电流场模拟静电场应满足如下条件：

1）静电场中的带电体与电流场中的电极的形状和相互位置相同。

2）电极的电导率远大于导电纸的电导率。

3）导电纸的电导率各处均匀。

【实验内容】

1. 测绘长同轴圆柱面电荷的电场

（1）取带有一个圆柱形电极和一个圆环电极的电极板，接入电源。

（2）取两极间的电动势差为 10V，分别记录 2V、4V、6V、8V 的等势线各点的坐标。每条等势线至少取 8～12 个等电动势点。

（3）将电动势相等的点连成光滑的曲线即为等势线。

（4）根据电场线与等势线正交的关系画出相应的电场线分布图。

2. 测绘两根无限长平行带电直圆柱的电场和电动势分布

（1）取带有两个圆柱形电极的电极板，接入电源。

（2）取两极间的电势差为 10V，分别记录 3V、5V、7V 的等势线各点的坐标。每条等势线至少取 8～12 个等电势点。

（3）将电动势相等的点连成光滑的曲线即为等势线。

（4）根据电场线与等势线正交的关系画出相应的电场线分布图。

3. 测绘无限大带电平行板间的电场和电动势分布（选做）

取带有两根长条形平行电极的电极板，步骤同 1。

【注意事项】

（1）测量探针头部的导电胶不能取下来，否则容易划坏玻璃上的导电膜。

（2）当测量电压时，应保证探针与玻璃有良好的软接触，同时应避免重压，否则容易造成导电橡胶探头破裂。

【数据处理】

1. 测绘长同轴圆柱面电荷的电场

（1）取下描图纸，用圆规画出测定的等势线，量出各等势线的半径 r，按表中要求将数据填入表 4.9-1 中进行数据处理。

$r_A = 1\text{cm}$，$r_B = 5\text{cm}$

表　4.9-1

$U_实/V$	2	4	6	8
r/cm				
r_B/r				
$\ln[r_B/r]$				
$U_理/V$				
$\dfrac{U_理 - U_实}{U_理}$（%）				

（2）根据电场线与等势线的正交关系画出电场线（对称画 8 条）。

2. 测绘两根无限长平行带电直圆柱（$l=8\text{cm}$）的电场和电动势分布

用曲线板画出等势线，取 O_1 与 O_2 连线上 3V、5V、7V 的 3 个点，量出半径 r，按表中要求将数据填入表 4.9-2 中进行数据处理。

$a = 1\text{cm}$，$l = 8\text{cm}$

表 4.9-2

$U_实/\text{V}$	3	5	7
r/cm			
$\ln[(l-a)(l-r)/ar]$			
$U_理/\text{V}$			
$\dfrac{U_理 - U_实}{U_理}$（%）			

【思考题】

（1）为何可用稳恒电流场模拟静电场？

（2）用电流场模拟静电场应满足什么样的实验条件？

实验 4.10 用霍尔元件测磁场

测量磁场的方法很多，主要有冲击电流计法、霍尔元件法、铁磁探针法、核磁共振法、磁天平法、磁电阻元件法等。特斯拉计就是利用霍尔元件测量磁场的仪器，现在仍然被广泛用于工业、国防和科学研究中。

【实验目的】

（1）了解霍尔效应及霍尔元件的工作特性。

（2）掌握霍尔元件测量磁场的方法。

（3）了解圆线圈及亥姆霍兹线圈轴向磁场分布规律。

【实验仪器】

DH4501A 型亥姆霍兹线圈磁场实验仪。

【仪器介绍】

DH4501A 型亥姆霍兹线圈磁场实验仪由亥姆霍兹线圈磁场架和测量仪两部分组成。

亥姆霍兹线圈磁场架由亥姆霍兹线圈、集成霍尔传感器、位置调节机构等组成，如图 4.10-1 所示。两个励磁线圈的有效半径 110mm，单个线圈匝数 500 匝，两线圈中心间距 110mm。移动装置轴向可移动距离 230mm，径向可移动距离 75mm。集成霍尔传感器（SS495A）装在亥姆霍兹线圈中心的可轴向或径向移动的平台上。左右线圈和集成霍尔传感器的引线均接在磁场架面板接线柱上。

测量仪面板如图 4.10-2 所示。

DH4501A 型亥姆霍兹磁场实验仪由可调恒流源和测量磁场的特斯拉计两部分组成。内置恒流源部分输出电流：0～0.5A，最大电压 24V。配置 3 位半数显表，最小分辨率 1mA。内置磁场测量部分（特斯拉计）当与亥姆霍兹线圈架内的集成霍尔传感器相配套工作时，测量磁场范围 0～2.2mT，最小分辨率 0.001mT。

DH4501A 型亥姆霍兹线圈磁场实验仪接线如图 4.10-3 所示。用随机携带的两头都是同轴插头的连接线将实验仪的偏置电压端与测试架的偏置电压端相连．将实验仪的霍尔电压端

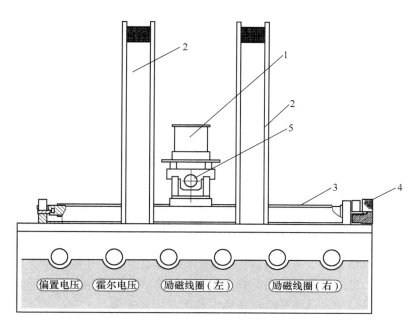

图 4.10-1　亥姆霍兹线圈磁场架

1—集成霍尔传感器　2—亥姆霍兹线圈　3—轴向移动装置　4—轴向调节 X 旋钮　5—径向调节 Y 旋钮

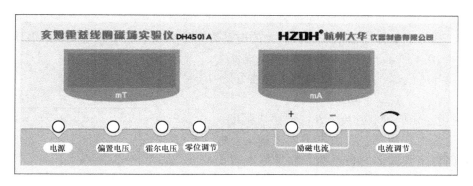

图 4.10-2　亥姆霍兹线圈磁场测量仪面板

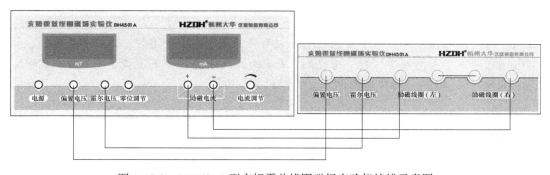

图 4.10-3　DH4501A 型亥姆霍兹线圈磁场实验仪接线示意图

与测试架的霍尔电压端相连。

如果只是用两个线圈中的某一个产生磁场时，可选择左边或者右边的线圈，从实验仪的励磁电流两接线端用两头都是插片的连接线接至测试架的励磁线圈两接线端，红接线柱与红接线柱相连，黑接线柱与黑接线柱相连。

用亥姆霍兹线圈（双个线圈）产生磁场时，将励磁线圈（左）的黑色端子与励磁线圈（右）的红色端子用短接片短接。

亥姆霍兹线圈的中心设有二维移动装置，其中长的一个移动装置用于测量轴向的磁场分布；短的一个移动装置用于测量径向磁场分布，如图4.10-1所示。慢慢转动手轮，移动装置上的集成霍尔传感器盒随之移动，通过转动两个移动架的手轮，可将集成霍尔传感器移动到需要的位置上。磁传感器的位置，也就是磁场的位置由相应的指示标尺确定。

仪器内置的磁场测量部分（特斯拉计），它的测量范围为 0～2.2mT，采用4位数码管显示。

由于有地磁场和大楼建筑等的影响，当亥姆霍兹线圈没有电流流过时，显示值也不为零。因此在进行亥姆霍兹线圈磁场测量实验时，需要对这个固定偏差值进行修正，即在数据处理中扣除这个初始偏差值，否则的话，测量出的值是在线圈产生的磁场上面叠加上了一个偏差值，会引起较大的测量误差。为此测量仪内设计有一个零位偏差值自动修正电路，能将这个偏差值记忆在仪器中，自动补偿地磁场引起的固定偏差值。

【实验原理】

1. 霍尔效应

1879年霍尔（Edwin H. Hall）在研究磁场中金属导体的导电特性时发现：把一载流导体薄板放在磁场中，如果磁场方向垂直于薄板平面，则在薄板的上、下两侧面之间出现微弱电动势差，这一现象称为霍尔效应，产生的电动势差称为霍尔电动势差或霍尔电压。

如图4.10-4所示，当金属导体中通以电流 I_s 时，在金属导体内部，载流子受到的洛伦兹力

$$F_L = -ev \times B$$

式中，v 为电子定向漂移速度；B 为磁感应强度。

在洛伦兹力作用下，自由电子向下运动，在导体下表面将聚集较多的负电荷，在导体上表面出现等量的正电荷，在导体内部产生向下的电场。随着导体下表面负电荷积累得越来越多，这个电场也逐渐增强。电子受到的电场力

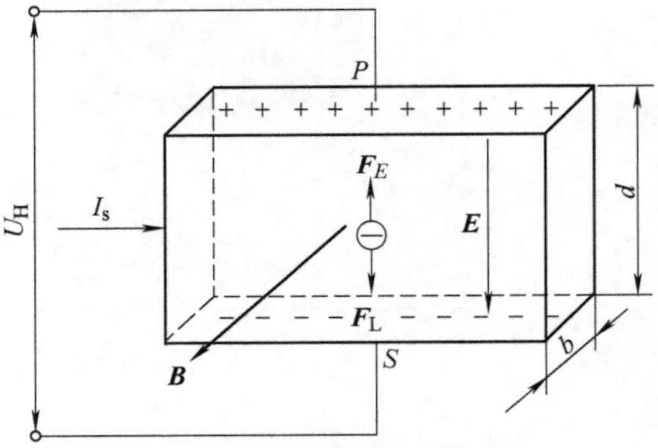

$$F_E = -eE$$

图 4.10-4 霍尔效应示意图

其方向与洛伦兹力相反。当电子受到的电场力与洛伦兹力大小相等时，达到动态平衡，导体内的电场强度大小不再发生变化。平衡时，$E = vB$。而通过导体的电流 $I_s = neSv$，式中 n 为载流子浓度，$S = bd$ 为导体横截面面积。所以，霍尔电压

$$U_H = Ed = \frac{1}{ne}\frac{I_s B}{b} \tag{4.10-1}$$

若导体中载流子带电荷量为 q，则霍尔电压

$$U_H = \frac{1}{nq}\frac{I_s B}{b} = K_H I_s B \tag{4.10-2}$$

可见，霍尔电压的大小与载流子浓度、外磁场大小和通过的电流有关。由于金属导体中载流子浓度 n 太大，霍尔效应不明显，因此通常用于制作霍尔元件的材料多为半导体，其载流子浓度比金属导体的小得多，霍尔效应显著。

$K_H = \dfrac{1}{nqb}$ 称为霍尔元件的灵敏度（霍尔系数），由材料载流子浓度及霍尔片的厚度决定。根据载流子的类型，可以分为 N 型（载流子为带负电的电子）和 P 型（载流子为带正电的空穴）半导体。根据霍尔电压的正负可判断半导体的类型，测定 K_H 可求得半导体内载流子的浓度。对于给定的霍尔元件，K_H 为常数，一般标在仪器面板或霍尔探头上。

由式（4.10-2），得：

$$B = \frac{U_H}{K_H I_S} \tag{4.10-3}$$

如果知道霍尔元件的灵敏度，并且测得通过霍尔元件的电流和霍尔电压，可利用式（4.10-3）计算出霍尔元件所在处磁感应强度的大小。

2. 集成霍尔传感器

一般霍尔元件的灵敏度较低，测量弱磁场时霍尔电压值较低。为此将霍尔元件和放大电路集成化，从而提高霍尔电压的输出值，这样就扩大了霍尔法测磁场的应用范围。

本实验使用的 SS495A 型集成霍尔传感器，集成有霍尔元件、放大器和薄膜电阻剩余电压补偿器，体积小，灵敏度达到 31.25mV/mT。

3. 亥姆霍兹线圈轴线的磁场

一半径为 R，通以电流 I 的圆线圈，轴线上磁场的公式为

$$B = \frac{\mu_0 N_0 I R^2}{2(R^2 + X^2)^{3/2}} \tag{4.10-4}$$

式中，N_0 为圆线圈的匝数；X 为轴上某一点到圆心 O 的距离。它的分布如图 4.10-5 所示。

本实验取 $N_0 = 500$ 匝，$I = 500$mA，$R = 110$mm，圆心 O 处 $X = 0$，可算得圆线圈圆心处磁感应强度 $B = 1.43$mT。

亥姆霍兹线圈由两个完全相同的线圈彼此平行且共轴组成，使线圈上通以同方向电流 I，理论计算证明：线圈间距 a 等于线圈半径 R 时，两线圈合磁场在轴上（两线圈圆心连线）附近较大范围内是均匀的，如图 4.10-6 所示。这种均匀磁场在工程和科学实验中应用十分广泛。

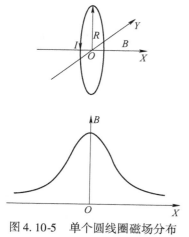

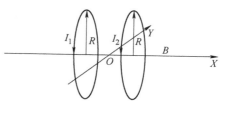

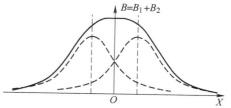

图 4.10-5　单个圆线圈磁场分布　　　图 4.10-6　亥姆霍兹线圈磁场分布

线圈间距 a 等于线圈半径 R 时，亥姆霍兹线圈轴线上左右线圈中心点的磁感应强度为

$$B = 2 \times \frac{\mu_0 N_0 I R^2}{2\left(R^2 + \left(\frac{R}{2}\right)^2\right)^{3/2}} = \frac{\mu_0 N_0 I}{\left(\frac{5}{4}\right)^{3/2} R} \tag{4.10-5}$$

【实验内容】

1. 测量圆电流线圈轴线上磁场的分布

（1）假定选择励磁线圈（左）为实验对象。将实验仪面板上的偏置电压接线端与测试架的偏置电压接线端相连，霍尔电压接线端与霍尔电压接线端相连。将测试架励磁线圈（左）的两端与测量仪上的励磁电流两端相连。红接线柱与红接线柱相连，黑接线柱与黑接线柱相连。

（2）特斯拉计调零：将励磁电流调为零，然后按下实验仪面板上的"零位调节"按钮，直到数码管上的显示从1111变到3333再放开按钮。此时毫特表头应显示0，如果没有到零，请重复上述过程。

（3）调节磁场实验仪的励磁电流调节电位器，使表头显示值为500mA，此时毫特计表头应显示一对应的磁感应强度 B 值。

以圆电流线圈中心为坐标原点，X 坐标从 0cm 至 +17.00cm，每隔 1.00cm 测一次磁感应强度 B 的值，测量过程中注意保持励磁电流值不变。

2. 测量亥姆霍兹线圈轴向磁场分布

（1）按图 4.10-3 接好线路，检查无误后，再打开实验仪电源。仪器使用前，先开机预热 10min。

（2）利用前述方法进行特斯拉计调零。

（3）调节磁场实验仪的励磁电流调节电位器，使表头显示值为500mA，此时毫特计表头应显示一对应的磁感应强度 B 值。以亥姆霍兹线圈轴线上左右线圈正中间位置为坐标原点，x 坐标从 0cm 至 +11.00cm，每隔 0.50cm 测一次磁感应强度 B 的值，测量过程中注意保持励磁电流值不变。

3. 测量亥姆霍兹线圈中心的磁场与线圈励磁电流的关系

（1）转动手轮，将集成霍尔传感器置于亥姆霍兹线圈轴线上左右线圈正中间位置（此时轴向位置读数为0cm），利用前述方法进行特斯拉计调零。

（2）调节磁场实验仪的励磁电流调节电位器，使表头显示值为50mA。调节励磁电流调节电位器，每增加50mA记下一磁感应强度 B 的值，直到励磁电流显示为500mA 为止。

【注意事项】

（1）接线必须准确，磁场架面板和实验仪面板对应接线柱不能接反，否则容易损坏集成霍尔传感器。

（2）仪器长期放置不用后再次使用时，需要先加电预热30min 后使用。

【数据处理】

1. 测量圆线圈轴向磁场分布曲线

将圆电流线圈轴线上磁场分布的测量数据记录于表 4.10-1（注意坐标原点设在圆心处），在坐标纸上画出 $B-X$ 的实验曲线，并利用对称性画出另外半支曲线。

表　4.10-1

轴向位置读数/cm	−5.50	−4.50	−3.50	−2.50	−1.50	−0.50	0.50	1.50	…
坐标 x/cm	0	1.00	2.00	3.00	4.00	5.00	6.00	7.00	…
实验值 B/10^{-3}T									

2. 测量亥姆霍兹线圈轴向磁场分布

将亥姆霍兹线圈轴线上的磁场分布的测量数据记录于表 4.10-2（注意坐标原点设在两个线圈圆心连线的中点处），在坐标纸上画出实验曲线，并利用对称性画出另外半支曲线。

表　4.10-2

轴向位置读数/cm	0	0.50	1.00	1.50	2.00	2.50	3.00	3.50	…
坐标 x/cm	0	0.50	1.00	1.50	2.00	2.50	3.00	3.50	…
实验值 B/10^{-3}T									

3. 测量亥姆霍兹线圈励磁电流大小对磁感应强度的影响（数据填入表 4.10-3 中）

表　4.10-3

励磁电流 I/mA	50	100	150	200	250	300	350	400	450	500
B/mT										

画出 B-I 曲线，并根据式（4.10-5），利用作图法求出线圈的匝数 N_0，并与标称值（$N_0 = 500$）进行比较，求出测量的百分误差（其中 $R = 0.11$m，$\mu_0 = 4\pi \times 10^{-7}$T·m/A）。

【思考题】

1. 什么叫霍尔效应？如何利用霍尔效应测磁场？

2. 如果沿磁场方向有一恒定的附加磁场存在，如何消除它的影响，使能准确地测出被测磁场？

实验 4.11　示波器的使用

示波器是一种电子图示测量仪器，它能把电参数变化的过程转换成在屏幕上看得见的图像。示波器的使用范围非常广泛，它可以测量表征电信号特征的所有参数，如电压、电流、频率和相位差等。示波器具有工作频率范围宽、灵敏度高、输入阻抗高等特点，各种可转化为电压的电学量和非电学量都可以用示波器进行测量。

【实验目的】

（1）了解示波器的工作原理和使用方法。

（2）学会用示波器观察电信号的波形。

（3）学习用示波器测定正弦信号的电压和频率。

（4）学会用示波器观察李萨如图形。

【实验仪器】

示波器、数字合成函数信号发生器等。

【仪器介绍】

1. YB3020DDS 数字合成函数信号发生器

YB3020DDS 数字合成函数信号发生器的频率范围为 $1\mu Hz \sim 2MHz$，输出幅度为 $0 \sim 20V$，连续可调。面板如图 4.11-1 所示。

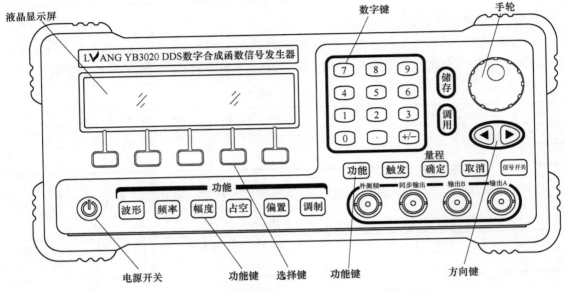

图 4.11-1　YB3020 DDS 数字合成函数信号发生器面板图

面板上的按键分为功能键、数字键、选择键以及方向键等。下面对一些常用按键的功能分别做介绍：

（1）波形键：按下波形键，然后可以通过转动手轮选择 10 种函数波形。波形依次为：正弦、方波、三角波、升斜波、降斜波、随机噪声、SINX/X、升指数、降指数、脉冲波。

（2）频率键：设置输出信号的频率。可以用手轮调节频率数值中闪烁的数位，用方向键"←""→"可左右移动闪烁的位置，从而实现粗调或微调。也可以用数字键对频率进行快速设置。

（3）"幅度"键：设置输出信号电压幅度的峰－峰值，设置方法同频率。

（4）"确定"键：确认数字键盘输入的参数。当用数字键直接输入参数时，按"确定"键完成设置。其他时间按"确定"键可以进入"量程"调节状态：单位部分（例如"kHz"）会闪烁，然后顺时针或逆时针旋转旋钮，数值会以每次乘以 10 或除以 10 的倍率变化。当"量程"调节状态结束时，再次按"确定"键时，重新进入手轮步进调节方式。

（5）"取消"键：取消数字键盘输入的参数。

（6）"功能"键：调用仪器的一些辅助功能。按"功能"键，仪器进入"－－多功能菜单－－"，液晶显示器显示"通道 B　测频　RS232"，分别对应输出 B、频率计、RS-232 三种功能。按下方对应的选择键可进入不同功能的设置菜单。例如输出 B：

－ － 通道 B　设置 － －				
关闭	波形	频率	幅度	确定

按下"关闭"下方的选择键可以实现通道 B 的开/关切换。"波形""频率"和"幅度"的设置方法同前，并按"确定"下方的选择键确认新的设置。输出 B 是一个辅助的低频 DDS 信号发生器，可与输出 A 同时输入示波器，完成李萨如图形的实验。

（7）"储存"和"调用"键：储存功能是保存仪器当前的所有状态，调用功能是调出并恢复以前存储的仪器状态。诸如仪器的波形、频率、幅度、占空比、偏置比以及调制和输出 B 的状态和参数都可以一次性整体存储、一次性整体调用。

信号发生器的使用要点：

（1）打开电源开关，注意本机使用 220V、50Hz 交流电源。

（2）利用"波形"按键选择 A 通道的输出波形为正弦波。

（3）利用"频率"按键选择并设置 A 通道的输出频率。

（4）利用"幅度"按键设置 A 通道信号的幅值（峰-峰电压）。

（5）做李萨如图形实验时要利用"功能"按键，调用 B 通道，利用屏幕文字下方对应的选择键（空白键），设置波形、频率和幅度。注意要按"确定"键使设置生效。

2. 阴极射线示波器

本次实验用的是岩歧 20M 通用双通道示波器，仪器面板如图 4.11-2 所示。

示波器主要由示波管、垂直放大器、水平放大器、触发同步电路、扫描发生器与直流电源组成，如图 4.11-3 所示。

1）示波管由电子枪、偏转系统和荧光屏组成，如图 4.11-4 所示。

电子枪由灯丝、阴极、控制栅极、第一阳极和第二阳极组成，其作用是将电子束聚焦。

偏转系统由两对互相垂直的偏转板组成，其作用是控制电子束的运动轨迹。

荧光屏的内表面涂有一层荧光物质，在高速电子束轰击后，荧光物质发出可见光。

2）垂直放大器将被测信号放大后，加到垂直偏转板上，控制电子束垂直方向的偏转。

3）水平放大器将 X 轴输入信号放大后，加在水平偏转板上，控制电子束水平方向的偏转。

4）扫描发生器产生锯齿波扫描电压，经水平放大器后，加到水平偏转板上，使电子束按时间沿水平方向展开。

5）触发同步电路利用被测信号或外接信号实现同步作用。

6）直流电源为示波器各组成部分提供工作电源。

示波器的使用注意事项：

1）机壳必须接地，但不得与交流电源线相连。

2）开机前应检查电源电压与示波器的工作电压是否相符。

3）开机后一般应预热 3～5min。光点不宜过亮，且不应长时间停留在同一位置，以免损坏荧光屏。

4）在示波器切断电源后，如需继续使用，应等待数分钟后再开启电源，以免损坏仪器。

5）人体感应的 50Hz 交流电压的数量级可能远大于被测信号电压，故在测试过程中应避免手指或人体其他部位触及输入端或探针。

6）示波器长期不用时，应罩上仪器罩。长期不用的示波器也要定期通电。

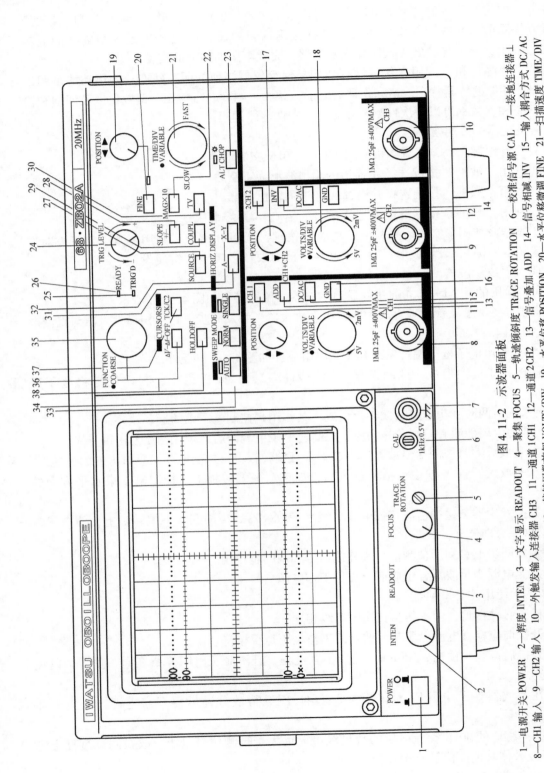

图4.11-2　示波器面板

1—电源开关 POWER　2—辉度 INTEN　3—文字显示 READOUT　4—聚集 FOCUS　5—轨迹倾斜度 TRACE ROTATION　6—校准信号源 CAL.　7—接地连接器⊥
8—CH1 输入　9—CH2 输入　10—外触发输入连接器 CH3　11—通道 1CH1　12—通道 2CH2　13—信号叠加 ADD　14—信号相减 INV　15—输入耦合方式 DC/AC
16—输入接地 GND　17—垂直位移旋钮 POSITION　18—偏转因数旋钮 VOLTS/DIV　19—水平位移 POSITION　20—水平位移微调 FINE　21—扫描速度 TIME/DIV
22—波形水平放大 MAG×10　23—交替和断续 ALT CHOP　24—触发电平 TRIG LEVEL　25—触发指示灯 TRIG'D　26—等待触发指示灯 READY　27—触发信号源 SOURCE
28—触发沿 SLOPE　29—触发耦合模式 COUPL.　30—视频信号触发 TV　31—扫描显示模式 A　32—X-Y 显示模式 X-Y　33—扫描模式 AUTO,常态 NORM,
单次 SINGLE　34—扫描模式指示灯　35—功能旋钮 FUNCTION　36—光标测量 ΔV-Δt-OFF　37—光标移动 TCK/C2　38—释抑时间 HOLDOFF

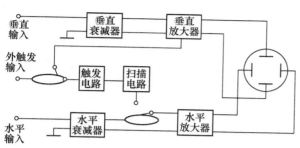

图 4.11-3　通用示波器示意图

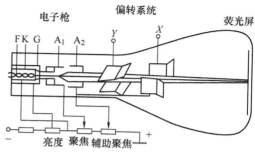

图 4.11-4　示波管示意图

F—灯丝　K—阴极　G—控制栅极　A_1—第一阳极

A_2—第二阳极　Y—垂直偏转板　X—水平偏转板

示波器操作参考表 4.11-1。

表 4.11-1　示波器操作参考表

项目	编号	开机前	测正弦波的幅度和频率 （测量信号接入 CH1 通道）	观测李萨如图形 （信号 1 接入 CH1 通道， 信号 2 接入 CH2 通道）
电源开关 POWER	1	关	开	开
辉度 INTEN	2	适中	适中	适中
文字显示 READOUT	3	适中	清晰	清晰
聚焦 FOCUS	4	适中	清晰	清晰
输入接地	16	任意	不选择	不选择
垂直输入通道选择	11	任意	按下 CH1	按下 CH1 按下 CH2（编号 12）
垂直位移 POSITION	17	适中	使图线居中	使图线居中
偏转因数旋钮 V/格	18	适中	使幅度合适	使幅度合适
按下偏转因数旋钮使用 微调 VARIABLE	18	不按下	不可使用微调功能	任意
输入耦合方式选择 DC/AC	15	任意	AC	AC
触发信号源选择按钮 SOURCE	27	任意	CH1	任意
水平显示模式	31	任意	A	X-Y
触发耦合模式选择按钮 COUPL	29	任意	AC	任意
触发沿选择按钮 SLOPE	28	任意	+	任意
触发电平 LEVEL	24	任意	使波形稳定	任意
扫描方式 SWEEP MODE	33	任意	AUTO	任意
扫描速度 t/格	21	逆时针到底	显示 1~2 个周期波形	任意
按下扫描速度旋钮选择 微调 VARIABLE	21	不按下	不可使用微调功能	任意

（续）

项目	编号	开 机 前	测正弦波的幅度和频率 （测量信号接入 CH1 通道）	观测李萨如图形 （信号 1 接入 CH1 通道， 信号 2 接入 CH2 通道）
水平位移 POSITION	19	任意	使图线居中	使图线居中
光标测量选择按钮 ΔV-Δt-OFF	36	任意	ΔV	OFF
光标移动形式选择按钮 TCK/C2	37	任意	选择需要移动的光标	任意
功能旋钮 FUNCTION	35	任意	移动光标 1 到波形顶端；移动光标 2 到波形底端。测量峰峰电压值。可以用类似方法测量信号周期，从而计算出频率	任意

【实验原理】

1. 示波器显示图形

将一随时间变化的电压信号加在示波器的垂直偏转板上，电子束在垂直方向偏转的距离正比于信号的瞬时值，在屏幕上显示出一条垂直的亮线，如图 4.11-5a 所示。

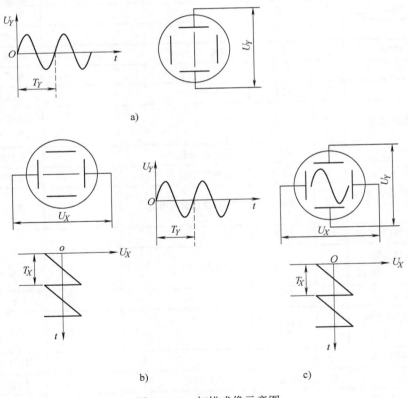

图 4.11-5　扫描成像示意图

单独在水平偏转板加上随时间线性变化的锯齿波电压，电子束水平方向偏转距离正比于时间，光点在屏幕上沿水平方向从左到右，再迅速从右到左返回起点，这个过程称为扫描。

在屏幕上显示一条水平亮线，如图 4.11-5b 所示。这条水平亮线称为扫描线或时间基线，所加锯齿波电压称为扫描电压。

将被测信号加到垂直偏转板的同时，在水平偏转板加上锯齿波电压，电子束同时受到垂直和水平偏转系统的作用，在荧光屏上显示出电子合成运动的轨迹，即输入信号的波形，如图 4.11-5c 所示。

当扫描电压的周期 T_X 严格等于输入信号的周期 T_Y 的整数倍时，即

$$T_X = nT_Y \qquad (n=1,\ 2,\ 3,\ \cdots) \tag{4.11-1}$$

每次扫描的起点都对应信号电压的相同相位点，在屏幕上显示稳定的波形。式（4.11-1）称为波形稳定条件。

实现 $T_X = nT_Y$ 的过程称为扫描同步。为了实现扫描同步，锯齿波电压的频率必须连续可调，同时必须把一个触发信号加到扫描发生器上来保证扫描同步。

2. 测量交流电压和频率

（1）测量交流电压的有效值 U_{eff}　被测量的信号为正弦电压时，屏幕上显示出图 4.11-6 所示的正弦波形。从屏幕标尺读出整个波形所占 Y 轴方向的格数 B（div），被测交流电压的峰峰值

$$U_{\mathrm{p-p}} = \alpha(\mathrm{V/div})B(\mathrm{div})$$

有效值

$$U_{\mathrm{eff}} = \frac{\sqrt{2}}{4}\alpha(\mathrm{V/div})B(\mathrm{div}) \tag{4.11-2}$$

式中，α 为偏转因数，可以从示波器荧光屏数据显示读出。另外，利用示波器光标测量功能可以直接测量信号的峰峰电压值。

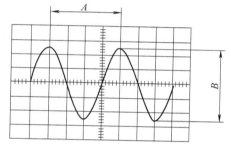

图 4.11-6　测量交流电压、频率示意图

（2）测交流电压的频率　从屏幕标尺读出一个周期波形所占 X 轴方向的格数 A（div），被测交流电压的频率

$$f = \frac{1}{\beta(\mathrm{s/div})A(\mathrm{div})} \tag{4.11-3}$$

式中，β 为扫描时间因数，可以从示波器荧光屏数据显示读出。另外，利用示波器光标测量功能可以直接测量信号的周期值。

3. 用李萨如图形测定频率的原理

如在示波器的 X 轴和 Y 轴同时输入正弦电压 U_X 和 U_Y，并且这两个正弦电压的频率相同或成简单整数比，则电子束在这两个电压作用下，合成运动的轨迹称为李萨如图形，如图 4.11-7 所示。

为了确定 U_X、U_Y 的频率比，可在李萨如图的 X 方向作一与图形相切

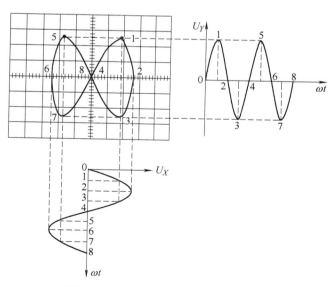

图 4.11-7　垂直简谐振动合成示意图

的直线，数出切点数 n，在 Y 方向作一与图形相切的直线，数出切点数 m，则有

$$\frac{f_Y}{f_X} = \frac{n}{m} \tag{4.11-4}$$

若已知一个信号的频率，从图像上的切点数 m 和 n，根据式（4.11-4），可求出另一个信号的频率。

【实验内容】

1. 熟悉示波器的使用

（1）开机前了解示波器各旋钮的作用（见图 4.11-2）。根据参考表 4.11-2 的提示设置各旋钮和开关的位置。

（2）打开电源开关 1，预热几分钟后，首先将输入通道 1 和通道 2 均匀接地（利用按钮 16），显示方式选择 X-Y（利用按钮 32），这时屏上出现一个亮点，调节辉度旋钮 2 和聚焦旋钮 4 使屏幕亮度合适，亮点清晰。调节文字显示旋钮，使荧光屏上的文字清晰。调节水平轴位移旋钮 19 和垂直轴位移旋钮 17（当选择 CH1 输入时，应调整水平对应的另一个 POSITION 旋钮），使亮点位于屏幕中央。

（3）观察扫描情况：显示方式置于扫描（利用按钮 31），使亮点在屏幕上移动。顺时针旋转旋钮 21 变换扫描速度，可看到扫描速度由慢变快。

（4）观察方波信号：用电压测量探极将校准信号源 6 的信号接到 CH1 输入 8 上，输入端选择按钮按下 CH1 按扭（编号 11）。调节旋钮 21，使波形稳定，如果信号不稳定，可以调节触发电平旋钮 24，使波形稳定。按下旋钮 21 可执行扫描速度微调程序。在测量信号周期时，不可使用扫描速度微调功能。按钮 22 可以使信号水平方向放大 10 倍。关闭水平放大按钮 22，测出方波的周期 T，进而求出方波的频率 f。

（5）观察正弦信号波形

1）将信号发生器的输出 A 信号接到示波器的 CH2 输入（编号 9）。

2）将信号发生器的输出 A 选择正弦信号并将频率调为 500Hz，输出幅度调为 500mV。

3）调节偏转因数旋钮 18，使波形幅度适中，如果按下旋钮 18 则执行微调程序，信号测量时不可使用微调程序。

4）调节旋钮 21，如果信号不稳定，可调节触发电平旋钮 24，使波形稳定，显示 1~2 个周期的稳定波形。

2. 测量交流电压的有效值和频率

（1）测量 500Hz 正弦信号的电压和频率：关闭偏转因数旋钮 18 和扫描速度 21 的微调程序（即荧光屏上不显示" > "号），测量正弦波形的幅度对应的格数 B 及一个周期对应的格数 A，记录荧光屏显示的偏转因数 α 和扫描时间因数 β。

另外，可以利用光标测量选择按钮（ΔV-Δt-OFF）36，选择时间变化测量（Δt）或者选择电压变化测量（ΔV）。当选择 Δt 或 ΔV 时，将显示两条测量光标。利用光标移动形式选择按钮（TCK/C2）37 可选择要移动的光标，旋转功能按钮 FUNCTION35 可以调整光标位置。将光标调整到起始端和终止端，即可从荧光屏上读出两条光标之间的数据（电压值或时间值）。

（2）将信号发生器的频率改为 1000Hz，按上述方法再测量信号发生器实际输出的电压

和频率。

3. 用李萨如图形测量正弦信号的频率

（1）将信号发生器的输出 B 选择正弦信号，并设定为 500Hz，幅度设定为 500mV 作为已知频率信号输入，将其接入示波器 CH1 输入端 8。将信号发生器的输出 A 信号接到示波器的 CH2 输入 9 上。

（2）显示模式设置在 X-Y 方式（按钮 32）。

（3）按照 $f_Y : f_X$ 分别为 1：1、1：2、3：1、3：2 的要求设定信号发生器输出 A 的频率，微调信号发生器的频率使示波器显示图形变化缓慢，记下图形最稳定时信号发生器所示的频率 f_Y，画出李萨如图。

【注意事项】

（1）开机后一直找不到亮点，可能是辉度太弱或 X、Y 位移旋钮的位置不对。为尽快找到亮点，把各旋钮置于观察正弦波形的位置，加大 X、Y 增幅或调整 X、Y 位移，可很快找到图案，再适当调整。

（2）当波形不稳定时，可能需要调整触发电平旋钮 24。

【数据处理】

1. 测量正弦信号的电压和频率（数据填入表 4.11-2 中）

表　4.11-2

信号发生器		示 波 器			
输出 A 频率 /Hz	输出 A 幅度 U/mV	交流信号的峰值 U_{P-P}/V	交流信号的周期 /ms	电压有效值 /V	信号频率 /Hz
500	500				
1000	500				

2. 用李萨如图测量正弦信号的频率（数据填入表 4.11-3 中）

表　4.11-3

$f_Y : f_X$	1：1	1：2	3：1	3：2
f_X	500Hz			
f_Y（计算值）				
f_Y（实验值）				
李萨如图形				

【思考题】

（1）用示波器观察正弦电压信号时，荧光屏上显示出一条水平直线，是什么旋钮的位置不对？应如何调节？

（2）如何用示波器观察二极管的伏安特性曲线？

（3）用示波器观察正弦电压信号时，荧光屏上显示的图形在不停地移动，应该如何调节？

【补充说明】 示波器面板旋钮功能介绍

参考图 4.11-2，以下各行序号即为图中旋钮（按钮）的编号。

（1）电源开关（POWER）：用于开启 ON（或关闭 OFF）整机电源。

（2）辉度（INTEN）：调节光点或扫线的亮度。

（3）文字显示（READOUT）：调节文字显示的亮度。

（4）聚集（FOCUS）：调节光点或扫线的粗细。

（5）轨迹倾斜度（TRACE ROTATION）：用合适的旋具调节孔内螺钉，可以调整轨迹的倾斜度。

（6）校准信号源（CAL）：该输出端提供频率为 1kHz、校准电压为 0.5V 的正方波。此信号用于本仪器的操作检查及调整探头波形。

（7）接地连接器（⊥）：测量时的接地点。

（8）输入连接器 CH1：连接输入信号（可测量的信号）。

（9）输入连接器 CH2：连接输入信号（可测量的信号）。

（10）输入连接器 CH3：连接外触发输入信号。

（11）按钮（CH1）：选择通道 CH1 显示或不显示状态。

（12）按钮（CH2）：选择通道 CH2 显示或不显示状态。

（13）按钮（ADD）：显示 CH1 和 CH2 两个通道信号的和（CH1（11）与 CH2（12）均设置为显示）。

（14）按钮（INV）：显示 CH1 和 CH2 两个通道信号的差（CH1（11）与 CH2（12）均设置为显示）。

（15）按钮（DC/AC）：选择 CH1 或 CH2 输入耦合方式，选择直流（DC）则显示输入信号的直流和交流成分。选择交流（AC）则显示去掉信号的直流成分后的输入波形的交流成分。

（16）按钮（GND）：将垂直输入信号 CH1 或 CH2 接地。

（17）垂直位移旋钮（POSITION）：将波形上下移动。

（18）偏转因数旋钮（VOLTS/DIV）：选择 CH1 或 CH2 通道的偏转因数，选择范围是 2mV/div ~ 5V/div，偏转因数显示于屏幕左下角。按下偏转因数旋钮（VARIABLE），可执行微调程序（此时屏幕出现"＞"符号），此时旋转偏转因数旋钮可连续改变偏转因数值，再次按下偏转因数旋钮，退出微调程序。测量信号电压时不可用微调模式。

（19）水平位移旋钮（POSITION）：将波形左右移动。

（20）水平位移微调选择按钮（FINE）：按下 FINE 指示灯亮，此时旋转水平位移旋钮可作微调。再次按下 FINE，指示灯灭，退出微调。

（21）扫描速度旋钮（TIME/DIV）：用于选择扫描速度（按钮 A 选择扫描），旋转扫描速度旋钮可改变扫描电压的频率，扫描速率的值显示在屏幕的左上角。按下扫描速度旋钮，可执行微调程序（此时屏幕出现"＞"符号），此时旋转扫描速度旋钮可连续改变扫描速率值，再次按下扫描速度旋钮，退出微调程序。测量信号频率时不可用微调模式。

（22）波形水平放大按钮（×10MAG）：波形将基于水平中心位置向左右放大 10 倍，屏幕右下角显示 MAG 字样。

（23）交替和断续选择按钮（ALT CHOP）：当选择多个通道时需要选择交替 ALT 或断

续 CHOP 方式。

交替（ALT）：同时显示由 CH1 和 CH2 两个通道输入的信号，它是把两个输入信号轮流地显示在屏幕上。当扫描电路第一次完整扫描时，屏幕上显示 CH1 通道输入信号的波形，第二次完整扫描时，显示 CH2 通道输入信号的波形，以后各次扫描轮流重复显示两个信号的波形，交替速度很快，当 CH1 信号的波形还没有消失时，后一次扫描已把 CH2 信号的波形显示出来了。适用于观测两个频率较高的信号。

断续（CHOP）：同时显示由 CH1 和 CH2 两个通道输入的信号。当断续显示时，两个通道的信号以 4μs（250kHz）的速度依次切换，双通道的扫线是以时间分割方式同时显示的，也就是说，扫描电压的第一瞬间显示 CH1 信号波形的某一段，在第二瞬间显示 CH2 信号波形的某一段，以后各瞬间轮流显示两个信号波形的其余各段。由于转换频率很高，显示光点靠得很近，因此，人眼看到的波形是连续的。适用于观测两个频率较低信号。

（24）触发电平旋钮（TRIG LEVEL）：用于设置触发电平，当触发信号产生时，TRIG′D 指示灯亮。一旦触发信号超过该旋钮所设置的触发电平，扫描即被触发，并在屏幕上显示稳定波形。当触发电平的位置越过触发区域时，扫描将不启动，则屏幕上不显示被测信号的波形。当使用加到 Y 轴放大器的部分输入信号作为触发信号时，适当调节扫描速度使波形基本稳定，再调触发电平可使波形稳定。

（25）指示灯 TRIG′ D：当触发脉冲产生时灯亮。

（26）指示灯 READY：等待触发信号时灯亮。

（27）触发信号源选择按钮（SOURCE）：按下 SOURCE 按钮，选择触发来源（CH1，CH2，LINE，EXT，VERT）。在屏幕上方显示行的第 2 项显示的字样就是所选择的触发来源，如 CH1 表示以 CH1 通道输入信号为触发源，CH2 表示以 CH2 通道输入信号为触发源，LINE 表示以电源频率为触发源，便于观察电源频率触发的信号，EXT 表示以前面板 EXT INPUT 输入的信号为触发源，VERT 表示用小序号通道的信号做触发源，如两个通道相加 ADD 显示时，总是采用 CH1 通道为触发源。

（28）触发沿选择按钮（SLOPE）：选择扫描开始的位置，如果触发沿设置" ＋"，则扫描在波形上升沿开始，如果触发沿设置" － "，则扫描在波形下降沿开始。在屏幕上方显示行的第 3 项显示的字样就是所选择的触发沿。

（29）触发耦合模式选择按钮（COUPL）：按下 COUPL 按钮，选择触发耦合模式（AC，DC，HF REJ，LF REJ）。AC 隔离触发信号中的直流成分；DC 通过触发信号中的所有成分；HR REJ 衰减高频（10kHz 以上）成分，该模式适用于触发信号中含有高频噪声，使触发不稳定时。LF REJ 衰减信号中的低频（10kHz 以下）成分；该模式适用于触发信号中含有低频噪声，使触发不稳定时。在屏幕上方显示行的第 4 项显示的字样就是所选择的触发耦合模式。

（30）视频信号触发选择按钮：按下 TV 按钮，选择 TV 触发模式（BOTH，ODD，EVEN，TV-H）。选择 TV-H 时，此时屏幕上功能显示 f：TV-MODE，旋转"FUNCTION"旋钮，选择电视信号的 NTSC，PAL（SECAM）或 HDTV 制式。选择 TV-H 时，触发设置在水平同步脉冲上。选择 BOTH，ODD，EVEN 时，此时屏幕上功能显示 f：TV-LINE，旋转"FUNC-TION"旋钮，选择线的序号。当"FUNCTION"旋钮被按下或连续按下时，是对位置方向的粗调。ODD：当选择水平同步信号显示模式和垂直同步信号显示模式的奇数号时，触发被设置。EVEN：当选择水平同步信号显示模式和垂直同步信号显示模式的偶数号时，触发被设置。BOTH：当选择水平同步信号显示模式和垂直同步信号显示模式的奇数号或偶数号时，触发被设置。

（31）扫描显示模式（A）：按下 A 选择扫描模式。

（32）水平显示模式（X-Y）：按下 X-Y，将 CH1 信号作为 X 轴输入信号，而（CH1，CH2，ADD）中的一个作为 Y 轴输入信号，该模式适用于观察磁滞回线或李萨如图形。

（33）扫描模式选择按钮：自动（AUTO）、常态（NORM）、单次（SINGLE）。自动扫描适用于 50Hz 以上的触发信号，常态模式下，触发信号不受限制，但尤其适用于低频信号和低重复信号。选择单次扫描模式时，READY 指示灯亮，表示等待触发信号，当触发信号产生时，将进行一次单扫描。此时，READY 指示灯灭。如果再按一次 SINGLE，将选择另一次单次触发。

（34）扫描模式指示灯：当选择某种扫描模式时，该扫描模式上方的指示灯亮。

（35）功能旋钮（FUNCTION）：可用此旋钮设定延迟时间、光标位置等。旋转时作为微调使用。如需粗调时，可单次或连续按下此钮，而光标移动方向为之前此钮旋转的方向。

（36）光标测量选择按钮（ΔV-Δt-OFF）：选择时间变化测量（Δt），选择电压变化测量（ΔV），选择关闭光标测量（OFF）。当选择 Δt 或 ΔV 时，将显示两条测量光标。旋转 FUNCTION 可以调整光标位置。

（37）光标移动形式选择按钮（TCK/C2）：每按一次 TCK/C2，光标及其序号按如下顺序改变：C1（光标 1）→C2（光标 2）→TCK（跟踪）→C1…，选择要移动的光标后，用 FUNCTION 移动光标位置，将两条光标移动到测量位置后，屏幕左下角显示测量结果。选择 TCK 时，两条光标间的距离不变，同时移动。

（38）选择释抑时间按钮（HOLDOFF）：有时观测复杂的复合脉冲串时触发会出现不稳定。此时调节释抑时间（扫描暂停）可以获得稳定的波形。按下 HOLDOFF，功能显示变为：f：HOLDOFF。旋转 FUNCTION 调整释抑时间。

实验 4.12　利用等厚干涉测量透镜的曲率半径

光的干涉现象是两束或多束相干光相遇而叠加的结果。1675 年牛顿在制作天文望远镜时，偶然将一个望远镜的物镜放在平板玻璃上，发现了"牛顿环"，"牛顿环"是典型的等厚干涉。

【实验目的】

（1）了解等厚干涉现象及特点。

（2）熟悉读数显微镜及钠光灯的使用。

（3）掌握用干涉法测量透镜曲率半径的方法。

【实验仪器】

读数显微镜、钠光灯（$\lambda = 589.3 \text{nm}$）、牛顿环装置。

【实验原理】

将一块曲率半径 R 较大的平凸透镜的凸面置于一光学平玻璃上，在透镜凸面和平玻璃之间形成一层空气膜，其厚度从中心接触点到边缘逐渐增加。当平行单色光垂直照射牛顿环装置时，入射光将在空气薄膜上下两表面上反射，产生具有一定光程差的两束相干光，这两束相干光干涉，形成以接触点为圆心的明暗相间的同心圆环——"牛顿环"。

如图 4.12-1 所示，第 k 级条纹对应的两相干光的光程差为

$$\delta_k = 2e_k + \frac{\lambda}{2} \tag{4.12-1}$$

式中，e_k 为与第 k 级条纹相应的空气薄膜的厚度；λ 为入射光的波长；$\frac{\lambda}{2}$ 为由于光线从光疏介质射向光密介质，在界面反射时产生的半波损失所引起的附加光程差。

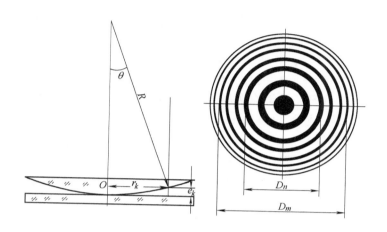

图 4.12-1 牛顿环及其形成光路示意图

由图 4.12-1 得

$$R^2 = r_k^2 + (R - e_k)^2$$

因为 $R \gg e_k$，所以可略去上式展开后的二级小量 e_k^2，于是有

$$r_k^2 = 2Re_k \tag{4.12-2}$$

利用干涉出现暗纹的条件

$$\delta_k = 2e_k + \frac{\lambda}{2} = (2k + 1)\frac{\lambda}{2} \qquad (k = 0, 1, 2, \cdots) \tag{4.12-3}$$

得

$$r_k^2 = kR\lambda \tag{4.12-4}$$

可见，干涉条纹的半径越大，相应的级数越高。随着条纹半径的增大，空气膜上下两面间的夹角也增大，因而条纹变密。分别测出第 m、n 级暗纹的半径 r_m 和 r_n，代入式（4.12-4）得

$$r_m^2 = mR\lambda$$

$$r_n^2 = nR\lambda$$

两式相减，得

$$r_m^2 - r_n^2 = (m - n)R\lambda$$

又因暗环的圆心不好确定，所以用直径替换，得

$$D_m^2 - D_n^2 = 4(m - n)R\lambda$$

故平凸透镜的曲率半径为

$$R = \frac{D_m^2 - D_n^2}{4(m-n)\lambda} \tag{4.12-5}$$

【实验内容】

（1）轻轻调节牛顿环装置的三个螺钉，使牛顿环处于中间部位，将牛顿环装置放在读数显微镜的工作台上，并对准物镜（见图 4.12-2 及第 2 章 2.1 节）。

（2）开启钠光灯，调节 45°玻璃镜，使视场中亮度最大。

（3）调节目镜看清叉丝，并使横丝平行于标尺。转动调焦手轮，使目镜自下而上移动，看到清晰的牛顿环，并消除视差。

（4）转动测微鼓轮，使标尺读数准线对准标尺中央。移动牛顿环，使叉丝交点对准牛顿环中心。转动测微鼓轮，检查左右两侧牛顿环是否清楚，并观察条纹粗细和条纹间距的变化规律。

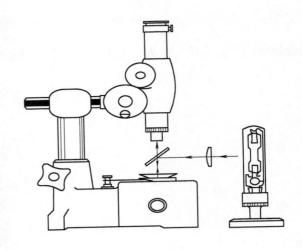

图 4.12-2　测量牛顿环装置图

（5）朝一个方向转动测微鼓轮，分别测出表 4.12-1 所示的 10 个暗环位置。

【注意事项】

（1）为了避免螺旋空程引入的误差，在整个测量过程中，测量鼓轮只能朝一个方向转动，不准中途倒转。

（2）应在纵丝位于各级暗环中央时读数。

（3）钠光灯点燃后等待一段时间（约 10min）才能正常使用。故点燃后不要轻易熄灭。

【数据处理】

（1）将测量数据填入表 4.12-1 中并进行相关计算。

表 4.12-1　测量牛顿环直径数据表

暗环序号		21	22	23	24	25	26	27	28	29	30
暗环位置 /mm	左										
	右										
直径 D/mm											
D^2/mm²											
$D_{k+5}^2 - D_k^2$/mm²											
$\overline{D_{k+5}^2 - D_k^2}$/mm²											
$u_A\left(\overline{D_{k+5}^2 - D_k^2}\right)$/mm²											

（2）计算 R 及其不确定度，写出测量结果。

【思考题】

（1）为什么牛顿环中央条纹间的距离比边缘条纹的间距大？

（2）用式（4.12-5）测量平凸透镜的曲率半径有什么优点？

（3）在测量过程中，为什么测微鼓轮要向同一个方向转动？

（4）实验测量的往往不是直径，而是弦长，用弦长代替直径，式（4.12-5）还成立吗？为什么？

实验 4.13　分光计的调整和使用

分光计是一种测量光线偏转角度的精密光学仪器，又称为分光测角仪。分光计的基本部件和调节原理与其他更复杂的光学仪器有许多相似之处，所以它是一种有代表性的基本光学仪器，学会调节和使用分光计可为使用更精密的光学仪器打下良好基础。

分光计装置较精密，结构较复杂，调节要求高，时间又紧，要认真预习，了解其基本结构和光路，明确每调一步的作用，严格按要求和步骤耐心进行调节，调好一部分，就固定相应旋钮。

【实验目的】

（1）了解分光计的构造和各部件的作用。

（2）了解分光计的基本原理，学会分光计的调整方法。

（3）学会用分光计测量三棱镜的顶角。

【实验仪器】

JJY 型分光计、三棱镜、平面反射镜、变压器、放大镜。

【仪器介绍】

分光计介绍：

1. 分光计的结构

分光计有多种型号，但都由接受平行光的自准望远镜、能产生平行光的平行光管、能承载光学元件的载物台和读数装置四部分组成。

JJY 型分光计的外形结构如图 4.13-1 所示，分光计底座坚实平稳，仪器中心有一旋转中心轴，望远镜、载物台和读数装置都可绕中心轴旋转，平行光管固定在底座上。

2. 自准望远镜

望远镜主要由目镜、分划板、物镜组成，它们分别装在三个套筒内，彼此可相对移动，如图 4.13-2 所示。

图 4.13-3 为分划板示意图，分划板上刻有"十"形叉丝，下方与小棱镜的直角面粘合在一起，直角面上有一个十字形透光孔。小灯泡发出的光经小棱镜反射，改变 90°方向后从十字形透光孔射出，经物镜后射到平面反射镜上，反射回来的光再经物镜成像。

自准原理：采用自准法，使望远镜适于观察平行光。我们知道当发光体在透镜焦平面上时，经过透镜的光为平行光，经平面反射镜反回，再经凸透镜聚焦其焦平面上。这时物和像在同一平面（焦平面）内，如图 4.13-4 所示。

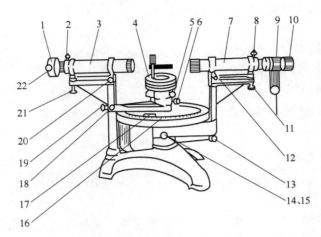

图 4.13-1　JJY 型分光计的外形结构

1—狭缝装置　2—狭缝套筒锁紧螺钉　3—平行光管　4—载物台　5—载物台调平螺钉　6—载物台锁紧螺钉　7—望远镜
8—目镜套筒锁紧螺钉　9—自准目镜　10—目镜视度调节手轮　11—望远镜光轴高低调节螺钉　12—望远镜光轴水平
调节螺钉　13—望远镜微调螺钉　14—转座与刻度盘止动螺钉　15—望远镜止动螺钉（在背面）　16—刻度盘
17—游标盘　18—游标盘微调螺钉　19—游标盘止动螺钉　20—平行光管光轴水平
调节螺钉　21—平行光管光轴高低调节螺钉　22—狭缝宽度调节螺钉

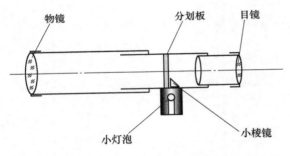

图 4.13-2　自准望远镜示意图

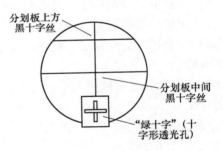

图 4.13-3　分划板示意图

　　当十字形透光孔不在物镜焦平面内时，看不到"绿十字像"或看到一个亮团，前后移动目镜，直到"绿十字像"清晰，这时目镜视场如图 4.13-5，分划板已位于物镜焦平面上，望远镜达到自准——望远镜接受的是平行光。

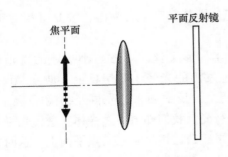

图 4.13-4　自准法原理示意图

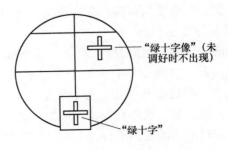

图 4.13-5　目镜视场

3. 平行光管

平行光管由狭缝和透镜组成，松开螺钉2，前后移动狭缝套筒，当狭缝位于透镜焦平面上时，从平行光管出射的是平行光。

4. 载物台

载物台用于放置待测物件，可升降，可绕分光计中心轴转动。台下面的三个螺钉5用于调节台面的倾斜度，使载物台面水平。

5. 读数装置

读数装置由刻度盘和游标盘组成，刻度盘分为360°，最小刻度为30′，JJY型分光计的分度值为1′。读数方法与游标卡尺类似，读数时应先看游标零线所指的位置，由刻度盘读出半度以上的"度"数，再看游标盘上哪条线与刻度盘某刻线对齐，从游标盘读出小于半度的"分"数。如图4.13-6所示情形，读数为$334°30′ + 17′ = 334°47′$。

为了消除刻度盘与游标盘不共轴而产生的偏心差，用相差180°的两个游标读数。

【实验原理】

如图4.13-7所示，游标两次读数之差即为望远镜转过的角度。用两个游标分别进行读数，望远镜转过的角度为

$$\varphi = \frac{1}{2}(|\theta_1' - \theta_1| + |\theta_2' - \theta_2|) \tag{4.13-1}$$

式中，θ_1、θ_2为望远镜在初始位置时，游标Ⅰ、游标Ⅱ的读数；θ_1'、θ_2'为望远镜转过φ角后，游标Ⅰ、游标Ⅱ的读数。

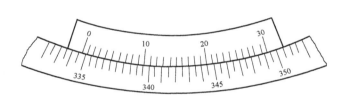

图4.13-6　游标读数示意图

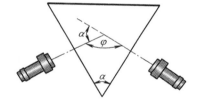

图4.13-7　测三棱镜顶角示意图

由图4.13-7知三棱镜的顶角

$$\alpha = 180° - \varphi = 180° - \frac{1}{2}(|\theta_1' - \theta_1| + |\theta_2' - \theta_2|) \tag{4.13-2}$$

【实验内容】

1. 熟悉分光计

把分光计与其示意图对照，熟悉分光计的构造、各部件的作用，明确其调节方法。

2. 调整分光计

为了测准入射光和出射光方向之间的夹角，必须调整分光计，使其满足：

1）平行光管能发出平行光；

2）望远镜适于观察平行光；

3）望远镜和平行光管的光轴垂直于分光计的中心轴，载物台面垂直于分光计的中心轴。

参见图4.13-1，按以下步骤调整分光计，调好一步，就固定相应的旋钮。

（1）目测粗调高度、倾斜度 光学仪器虽然精密，但视场小，不易调节。为了顺利、快速地调节光学仪器，必须进行目测粗调——用眼睛看！这是非常重要、最容易忽视的一步！

图4.13-8为载物台面示意图，松开载物台锁紧螺钉6，调节载物台高度合适后再锁紧。

粗调载物台面下的调平螺钉5（三个螺钉B_1、B_2、B_3），使载物台面大致水平。

粗调螺钉11，使望远镜基本水平。

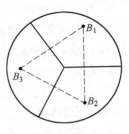

图4.13-8 载物台面示意图

（2）自准法调节望远镜能接受平行光

1）目镜调焦 转动目镜视度调节手轮10，调节目镜与分划板间的距离，直至在目镜视场中看到清晰的"十"形叉丝。调好后，一般不要再动调节手轮。

2）物镜聚焦 打开变压器电源（小灯电源），将平面镜贴在望远镜镜头上，在目镜中将看到一个亮斑，松开螺钉8，前后移动目镜套筒，直到分划板位于物镜焦平面上，看到清晰的绿十字像"☩"，如图4.13-9所示。微移目镜套筒，消除视差（眼睛左右移动时，叉丝与绿十字像之间无相对位移）后，拧紧目镜套筒锁紧螺钉8。

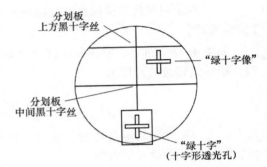

图4.13-9 目镜视场

（3）调节望远镜光轴垂直于分光计中心轴

1）将平面镜如图4.13-10放置在载物台上，正对望远镜。这样放，只需调节螺钉B_1或B_2，就可改变平面镜的倾斜度。

2）微转载物台，使平面镜偏离望远镜一小角度，让眼睛与望远镜等高，从望远镜侧面用眼睛会看到望远镜的"镜筒像"，如图4.13-11所示，若在"镜筒像"中找到"亮十字像"，则说明从望远镜射出的光能被平面镜反射回望远镜中，否则，微调载物台调平螺钉B_1（或B_2）和望远镜光轴高低调节螺钉11。再将载物台转到图4.13-10所示位置，用目镜看视场中有无"绿十字像"。反复进行目测粗调，直到在目镜中看到"绿十字"像为止，如图4.13-9所示。

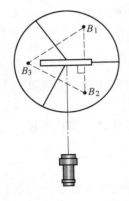

图4.13-10 平面镜放法

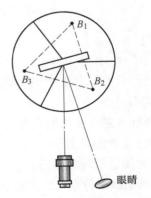

图4.13-11 观察"绿十字"像

3）将载物台转过180°，重复2）。

注意：当望远镜对准平面镜的一个面时，在目镜中看到"绿十字像"后，不要急于将"绿十字像"调到分划板上方十字丝上。只有当从平面镜两个面反射回的"绿十字像"都能进入目镜视场后，才能进行步骤4）。

4）"半调法"

①调节螺钉11，改变望远镜倾度，使"绿十字像"与分划板上方黑十字丝的距离减少一半，再调载物台调平螺钉 B_1（或 B_2），使"绿十字像"与分划板上方黑十字丝重合。

②将载物台转过180°，重复上述步骤。

反复调整，直到从平面镜两个面反射回的"绿十字像"都与分划板上方黑十字丝重合。注意：这时望远镜光轴已与分光计中心轴垂直，不允许再调望远镜光轴水平调节螺钉11。

（4）调载物台水平 将平面镜相对载物台转120°，只调第三个未调过的载物台调平螺钉 B_3，使"绿十字像"与上方黑十字丝重合。

3. 测三棱镜顶角

（1）三棱镜的调整 将三棱镜按图4.13-12置于载物台上，使载物台每两个调平螺钉的连线与三棱镜的镜面正交。转动载物台，让三棱镜的一个光学面 ab 正对望远镜，调节螺钉 B_2，使"绿十字像"与分划板上方黑十字丝重合，这样 ab 面与望远镜光轴垂直。再让另一光学面 ac 正对望远镜，调节螺钉 B_3，使"绿十字像"与分划板上方黑十字丝重合，ac 面也与望远镜光轴垂直。

（2）自准法测三棱镜顶角（5次）

让 ab 面正对望远镜，调节望远镜微调螺钉13，当"绿十字像"与分划板上方黑十字丝严格重合时，锁紧游标盘止动螺钉19，即固定载物台，记下两个游标的读数 θ_1、θ_2。转动望远镜，使从 ac 面反射回来的"绿十字像"与分划板上方黑十字丝重合，记下 θ_1'、θ_2'。将测量数据填入表4.13-1中。

利用式（4.13-2）算出三棱镜的顶角。

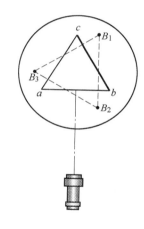

图4.13-12 三棱镜放法

【注意事项】

（1）目测粗调是关键，要特别重视。在望远镜中能看到从平面镜两个面反射回的"绿十字像"后，才能调望远镜或载物台的斜度，使"绿十字像"逐步向分划板上方黑十字丝逼近，不要急于求成。

（2）有条不紊，耐心调整，调好一步，不要再动相应螺钉，否则还要重新调整。

（3）测量时，注意哪些部件应相对不动。为准确测量，应利用微调旋钮。

（4）记录数据时，两个游标的顺序不要颠倒。

（5）当游标0线过主尺0刻线时，读数要加或减360°。

【数据处理】

分光计的仪器误差 $\Delta_{仪}$ = ＿＿＿。

表 4. 13-1　测量三棱镜顶角数据表

测量次数		1	2	3	4	5	$\bar{\theta}$	$u_A(\bar{\theta})$
游标 I	θ_1							
	θ_1'							
游标 II	θ_2							
	θ_2'							

计算下列各量，并写出测量结果：

$u_C(\theta) = $ ＿＿＿＿＿＿＿＿＿＿ ；

$u_C(\theta_1) = $ ＿＿＿＿＿＿＿＿＿＿ ；　$\overline{\theta_1} \pm u_C(\theta_1) = $ ＿＿＿＿＿＿＿＿＿＿ ；

$u_C(\theta_1') = $ ＿＿＿＿＿＿＿＿＿＿ ；　$\overline{\theta_1'} \pm u_C(\theta_1') = $ ＿＿＿＿＿＿＿＿＿＿ ；

$u_C(\theta_2) = $ ＿＿＿＿＿＿＿＿＿＿ ；　$\overline{\theta_2} \pm u_C(\theta_2) = $ ＿＿＿＿＿＿＿＿＿＿ ；

$u_C(\theta_2') = $ ＿＿＿＿＿＿＿＿＿＿ ；　$\overline{\theta_2'} \pm u_C(\theta_2') = $ ＿＿＿＿＿＿＿＿＿＿ ；

$\alpha = 180° - \varphi = 180° - \dfrac{1}{2}(|\theta_1' - \theta_1| + |\theta_2' - \theta_2|) = $ ＿＿＿＿＿＿＿＿＿＿ ；

$u_C(\alpha) = \dfrac{1}{2}\sqrt{u_C^2(\theta_1) + u_C^2(\theta_1') + u_C^2(\theta_2) + u_C^2(\theta_2')} = $ ＿＿＿＿＿＿ ；

$\alpha \pm u_C(\alpha) = $ ＿＿＿＿＿＿＿＿＿＿＿ 。

【思考题】

（1）调整分光计应达到什么要求？主要分几步？

（2）如何判定望远镜已能观察平行光？

（3）用什么方法调节望远镜光轴垂直于分光计的中心轴？

（4）调节望远镜光轴垂直于分光计中心轴时，若平面镜反射回的"绿十字像"在黑十字丝的下方，平面镜转过 180°后，"绿十字像"在黑十字丝的上方，主要原因是什么？如何快速调整？

（5）调节望远镜光轴垂直于分光计中心轴时，若观察到"绿十字像"在黑十字丝的上方，平面镜转过 180°后，"绿十字像"仍在黑十字丝的上方，主要原因是什么？如何快速调整？

（6）为什么用相差 180°的双游标读数可消除偏心差？

实验 4. 14　用透射光栅测定光波波长

光栅是由大量等宽、等间距的平行狭缝构成的分光元件，它不仅用于光谱学，还广泛用于计量、光通信、信息处理等。原刻光栅是在精密刻线机上用金刚石在玻璃表面平行、等距地刻出许多刻痕制成的，实验室中通常使用的光栅是由原刻光栅复制而成。随着激光技术的发展，又制成了全息光栅。衍射光栅分为透射式和反射式两种，实验室常用的是透射光栅。

【实验目的】

（1）进一步学习分光计的调节和使用。

（2）观察光栅衍射现象和光栅光谱的特点。

（3）掌握利用光栅测量光栅常数和光波波长的原理和方法。

【实验仪器】

JJY 型分光计、光栅、平面反射镜、汞灯、变压器、放大镜。

【实验原理】

1. 光栅方程

光栅衍射是单缝衍射和多缝干涉的综合效果，光栅产生的光谱线细亮、间距宽，分辨本领较大。光栅不仅适用于可见光，还能用于红外线和紫外线。

以单色平行光垂直入射到平面光栅上，由于各缝的衍射和多缝出射光的干涉，在透镜焦平面上出现一系列明条纹。根据光栅衍射理论，明条纹的位置满足光栅方程

$$d\sin\varphi_k = \pm k\lambda \quad (k = 0,1,2,\cdots) \tag{4.14-1}$$

式中，k 为明条纹级数；d 为光栅常数；φ_k 为第 k 级明纹的衍射角；λ 为入射光的波长。

由式（4.14-1）看出：同一级明纹，波长不同，相应的衍射角不同。若以复色光入射，经光栅衍射后不同颜色的光分开，出现一系列彩色条纹——光栅光谱，如图 4.14-1 所示。若用已知波长的光入射，用分光计测出第 k 级明纹的衍射角 φ_k，由式（4.14-1）即可计算出光栅常数；反之，若已知光栅常数，则可求出入射光的波长。

2. 测量衍射角

如图 4.14-2 所示，第 k 级明纹的衍射角

$$\varphi_k = \frac{1}{4}(|\theta_1' - \theta_1| + |\theta_2' - \theta_2|) \tag{4.14-2}$$

式中，θ_1、θ_2 为望远镜对准第 $-k$ 级明纹时，游标 I 和游标 II 的读数；θ_1'、θ_2' 为望远镜对准第 $+k$ 级明纹时，游标 I 和游标 II 的读数。

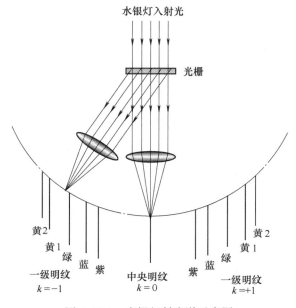

图 4.14-1　光栅衍射光谱示意图

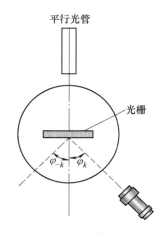

图 4.14-2　测衍射角示意图

【实验内容】

1. 调整分光计

1）调节望远镜适合观察平行光，其光轴垂直于分光计的中心轴，调节方法见实验4.13中实验内容2的"调整分光计"；

2）调节平行光管发出平行光，其光轴垂直于分光计的中心轴，并与望远镜光轴等高。

①调节平行光管发出平行光

a. 打开汞灯电源，取下平面镜。

b. 转动望远镜正对平行光管，松开狭缝套筒锁紧螺钉2（见图4.13-1，后同），前后移动狭缝装置，在望远镜中看到清晰的狭缝像，并注意消除视差（眼睛左右移动时，狭缝像与分划板十字丝竖线间无相对位移）。

c. 旋转狭缝宽度调节螺钉22，使狭缝像的宽度约为1mm。

②调节平行光管光轴垂直于分光计的中心轴

a. 转动狭缝装置，使狭缝像与分划板十字丝竖线成一角度，调节平行光管光轴高低调节螺钉21，使狭缝像的中点与分划板中心重合，如图4.14-3所示。注意：以后不能再调螺钉21。

b. 旋转狭缝装置，使狭缝像与分划板十字丝竖线重合后，拧紧螺钉2。此时平行光管和望远镜的光轴等高。

图4.14-3　目镜视场

2. 调整光栅

参见图4.13-1，调整光栅使平行光垂直入射到光栅上。

（1）调节光栅平面垂直于平行光管光轴

1）把光栅如图4.14-4所示置于载物台上。

2）用自准法调节光栅面垂直于望远镜光轴。

以光栅面为反射面，转动载物台使望远镜正对光栅，在望远镜中看到"十字像"（若出现两个"十字像"，以较暗的那个为准），调节载物台调平螺钉 B_1 或 B_2，使"十字像"与分划板上方十字丝重合；将载物台转动180°，使光栅的另一面正对望远镜，调节载物台调平螺钉 B_2 或 B_1，使"十字像"与分划板上方十字丝重合。

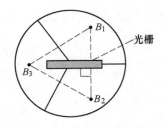

图4.14-4　光栅的放法

注意：望远镜已调好，不能再调望远镜光轴高低调节螺钉11！

3）调"三线重合"。转动望远镜，调节望远镜微调螺钉13，使分划板"十字丝竖线"与"十字像竖线"重合；调节平行光管光轴水平方向调节螺钉20，使"狭缝像"与分划板"十字丝竖线"重合。这时"狭缝像""十字像竖线"和分划板"十字丝竖线"三线重合，这样光栅平面与平行光管光轴垂直，由平行光管出射的平行光垂直入射到光栅上。然后锁紧游标盘止动螺钉19。

（2）调节光栅刻线与分光计中心轴平行

1）松开望远镜止动螺钉15，旋紧转座与刻度盘止动螺钉14，使刻度盘随望远镜一起转动。

2）左右转动望远镜，观察谱线高低的变化，如果中央明纹两侧谱线的高低有变化，说明光栅刻线与狭缝不平行，调节载物台调平螺钉 B_3（见图 4.14-4），直到各谱线高低一致。

　　3. 测量汞灯第一级光谱线的衍射角

　　1）左右转动望远镜，观察光栅光谱的特征。

　　2）从中央明纹开始，逐渐向左（或右）转动望远镜，先后看到 -1 级紫、蓝、绿、黄 1、黄 2 谱线。调节望远镜微调螺钉 13，将分化板十字丝竖线移至黄 2 线的中心，记下两个游标的读数。将望远镜右（或左）移，依次记录与黄 1、绿、紫谱线相应的两个游标的读数 θ_1 和 θ_2。继续右（或左）移望远镜，经过中央明纹，依次记下 $+1$ 级与紫、绿、黄 1、黄 2 谱线相应的两个游标的读数 θ_1' 和 θ_2'。

　　3）重复 2），共 5 次。

【注意事项】

　　（1）汞灯紫外线很强，不能直视。

　　（2）光栅是精密光学元件，严禁用手触摸其光学表面，不得擅自用纸、布等物品擦拭光栅表面。

　　（3）为了测量准确，必须使用望远镜微动螺钉，使十字丝竖线对准谱线中心。

　　（4）调"三线重合"后，不能再转动载物台或微调平行光管光轴水平方向调节螺钉。

【数据处理】

　　1. 计算各谱线的衍射角

　　将第一级绿谱线的测量值填入表 4.14-1 中，将其他谱线的测量值填入自行设计的数据表中。计算各谱线的衍射角。

　　分光计的仪器误差 $\Delta_{仪} = $ ＿＿＿。

表 4.14-1　测量第一级绿谱线衍射角数据表

测量次数		1	2	3	4	5	$\bar{\theta}$	$u_A\,(\bar{\theta})$
游标 I	θ_1							
	θ_1'							
游标 II	θ_2							
	θ_2'							

　　2. 计算光栅常数

　　已知汞灯绿谱线的波长为 546.07nm，用式（4.14-1）计算光栅常数，并计算 d 的标准不确定度。

　　3. 计算紫、黄谱线的波长

　　利用已测出的光栅常数，计算紫色和黄色谱线的波长及其标准不确定度。

【思考题】

　　（1）光栅方程（4.14-1）的适用条件是什么？为满足这些条件，对光栅的调节要求是

　　1）＿＿＿＿＿＿＿＿＿＿＿＿＿＿＿＿＿＿＿；

　　2）＿＿＿＿＿＿＿＿＿＿＿＿＿＿＿＿＿＿＿。

在测量衍射角过程中，如何保证实验条件？

（2）如何判定平行光管已发出平行光？如何判断平行光垂直入射到光栅上？

（3）按图 4.14-4 放置光栅有什么好处？

实验 4.15　迈克尔孙干涉仪

迈克尔孙（Albert A. Michelson，1852—1931）干涉仪（以下简称 M 干涉仪）是一种分振幅双光束干涉仪。由于 M 干涉仪能将两相干光束完全分开，其光程差可以根据要求作各种改变，测量精度达到波长量级，所以用 M 干涉仪可以进行光速测定、标定米尺和推断光谱精细结构等精密实验。迈克尔孙因发明 M 干涉仪和利用 M 干涉仪对以太进行测量而获得 1907 年度诺贝尔物理学奖。20 世纪 60 年代人类发明了激光，激光的高相干性和高强度大大提高了 M 干涉仪的测量精度和应用范围，使 M 干涉仪在近代物理与计量技术中得到了广泛的应用。

【实验目的】

（1）了解 M 干涉仪的原理，掌握调整、使用 M 干涉仪的方法。

（2）观察非定域干涉、等倾干涉和等厚干涉现象及变化规律。

（3）测量激光的波长。

【实验仪器】

M 干涉仪、半导体激光器、扩束透镜、小孔光栏、毛玻璃、白炽灯。

【仪器介绍】

M 干涉仪：

1. 光路系统装置说明

如图 4.15-1 所示，分束板 G_1 为半镀银玻璃板，G_2 为补偿板，G_2 的折射率和厚度与 G_1 完全相同，并且与 G_1 平行，其作用是补偿分束板厚度引起的光程差，消除分束板产生的色散。

如图 4.15-2 所示，11、13 是两个反射镜，11 可在导轨 7 上滑动。11、13 背后的三个螺钉用来调整它们的倾角，固定反射镜 13 附近的两个微调螺钉 14 可使反射镜 13 作更小的倾侧。

图 4.15-1　M 干涉仪实物照片

2. 标记反射镜面 11 移动的读数系统

导轨 7 固定在稳定的底座上，由三只调平螺钉 9 支承调平，拧紧锁紧圈 10 可保持座架稳定。转动粗动手轮 2 带动丝杆旋转，实现粗调。移动距离的毫米数在机体侧面的毫米刻尺 5 上读得。当粗动手轮 2 转动一周，即窗口内的刻度盘 3 转动一周时，反射镜 11 在导轨上移动 1mm。刻度盘分为 100 等份，每一小格代表 0.01mm。因此反射镜 11 移动距离不足 1mm 的部分，可以从窗口内的刻度盘 3 上读出。转动微动手轮 1 实现微调，微动手轮的最小读数为 0.0001mm。

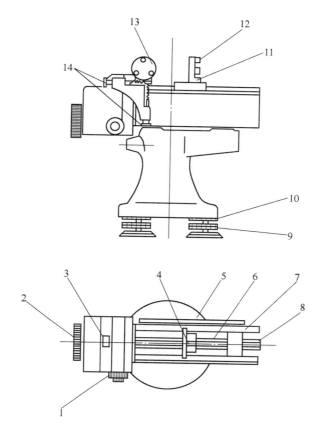

图 4.15-2　M 干涉仪结构示意图

1—微动手轮　2—粗动手轮　3—刻度盘　4—可调螺母　5—毫米刻尺　6—精密丝杠　7—导轨　8—滚花螺帽
9—调平螺钉　10—锁紧圈　11—可移动反射镜　12—滚花螺钉　13—固定反射镜　14—微调螺钉

【实验原理】

1. 光路

M 干涉仪光路如图 4.15-3 所示。从光源 S 发出的光以 45° 入射角射向分束板 G_1，被分成强度相等的两束光，分别垂直地射到平面反射镜 M_1、M_2 上。经反射后，两束光沿原光路返回到 G_1，在 E 方向两束光相遇而发生干涉。前后移动 M_1，改变两束光的光程差，可观察到干涉条纹的移动。

2. 干涉条纹

（1）点光源产生的非定域干涉条纹

在图 4.15-3 中，M_2' 是 M_2 被 G_1 反射形成的虚像。因两相干光束是从 M_1、M_2

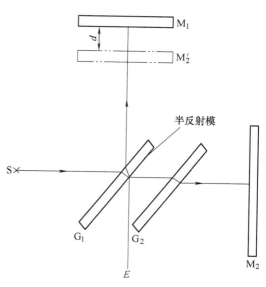

图 4.15-3　M 干涉仪光路示意图

反射而来的，故干涉等效于 M_1、M_2' 间空气膜产生的干涉。用凸透镜会聚后的光可视为点光源向空间发射的球面波（实为球锥面）。由对称性可知，在 E 方向接收到的是以球面波形式传播的两相干光束。干涉条纹是垂直于 E 方向的一组同心圆。如果 M_1、M_2' 严格平行，圆心即在轴线上。由于在 E 方向不同位置两束光均相遇，都可观察到干涉条纹，所以点光源产生的干涉称为非定域干涉。

若 M_1 和 M_2' 平行，则对圆心处，两束光的光程差 $\delta = 2d$，干涉出现明纹的条件为

$$2d = N\lambda \tag{4.15-1}$$

可以证明：干涉条纹的级次 N 以圆心处为最高。所以，移动 M_1 镜，使 d 增加，由式（4.15-1）知，圆心的干涉级次 N 增大，故能看见圆条纹一个一个地从中心"冒"出来；反之，当 d 减小时，条纹一个一个地向中心"缩"进去。每"冒"出或"缩"进一条条纹，d 就增加或减少 $\lambda/2$。由式（4.15-1）得，条纹移动的数目 ΔN 和 M_1 移动的距离 Δd 满足

$$2\Delta d = \Delta N\lambda \tag{4.15-2}$$

因此，若已知 Δd 和 ΔN，则可由式（4.15-2）求出波长 λ。

（2）等倾干涉条纹　如图 4.15-4 所示，M_1、M_2' 相互平行，光源为宽光源。对入射角 γ 相同的各光束，由空气膜上、下表面反射而形成的两束光的光程差为

$$\delta = 2d\cos\gamma \tag{4.15-3}$$

在 E 处用眼睛观察，可看到一组同心圆状条纹，每一条条纹对应于一定的入射角 γ，所以称为等倾干涉。干涉由（1）、（2）两束光线产生，这两条光线是平行的，只能在无穷远处相交，因而等倾干涉条纹定域在无穷远。干涉加强，出现明纹的条件为

$$2d\cos\gamma = N\gamma \tag{4.15-4}$$

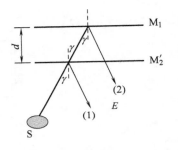

图 4.15-4　等倾干涉示意图

其中，N 为正整数。

（3）等厚干涉条纹　如图 4.15-5 所示，当 M_1、M_2' 有一个很小的夹角，且 M_1、M_2' 所形成的空气劈尖很薄时，宽光源 S 发出的光经 M_1、M_2' 反射后，其延长线在镜面 M_1 附近相交，在 E 方向用眼睛观察，可以看到干涉条纹。当夹角 θ、入射角 γ 很小时，光线（1）、（2）之间的光程差

$$\delta \approx 2d\cos\gamma \approx 2d \tag{4.15-5}$$

干涉加强，出现明纹的条件为

$$2d = N\lambda \tag{4.15-6}$$

从式（4.15-5）可见，光程差 δ 仅随 d 变化，所以把观察到的干涉条纹称为等厚干涉条纹。显然，由式（4.15-6）决定的这些条纹是平行于两镜交棱的直条纹。

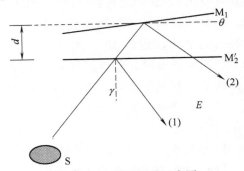

图 4.15-5　等厚干涉示意图

当以白光入射时，由式（4.15-6）可知，不同波长的干涉明纹对应不同的 d 值，这样，

不同波长的光被分开，我们能看见彩色条纹。在 M_1、M_2' 相交处，$d=0$，对不同波长的光，$N=0$ 时，式（4.15-6）均成立，即不同波长的光都出现明纹，混合的结果为一白色亮纹。由于每种波长的光都形成各自的一组干涉条纹，故各组条纹除零级外，相互均有位移。远离交棱，可见度迅速下降，视场模糊，致使观察不到干涉条纹。因而出现彩色条纹是 M_1、M_2' 重合的标志，彩色带中央的亮纹正好对应 M_1 和 M_2' 重叠的交线。

【实验内容】

1. 非定域干涉条纹的调节与观察

（1）如图 4.15-3 所示布置光路。调整激光器和 M 干涉仪的三个调平螺钉，使经 M_1、M_2 反射的激光束沿原光路返回，大致与源点重合。

（2）在光源前面放一小孔光栏，让光束通过小孔，此时在光栏屏上能看到两排光点，调节 M_2 后面的三个螺钉，使移动的一排光点中的最亮点与小孔重合；再调节 M_1 后面的三个螺钉，使另一排光点中的最亮点与小孔重合。这时 M_1 和 M_2 基本相互垂直，即 M_1 和 M_2' 大致相互平行。

（3）在光栏后面置一短焦距的透镜，使光束会聚为一点光源，并使发射光束覆盖分束板 G_1。只要 M_1 与 M_2 的发射像和小孔重合较好，则在屏 E 上就能看见干涉条纹。仔细调节 M_2 的两个微动螺钉，使 M_1 和 M_2' 严格平行，就可以观察到圆心在屏中央的同心圆形条纹了。

（4）转动微动手轮，前后移动 M_1，观察条纹的变化，请读者从条纹的"冒"出或"缩"进说明 M_1 和 M_2' 之间的距离 d 是变大还是变小。

2. 测量激光的波长

移动 M_1，改变 d，每缩进或冒出 50 环条纹，记一次读数 d，共测 250 环。

由于 M 干涉仪的机械传动部分不可避免地会出现间隙，因此，不能来回移动平面镜 M_1，应单方向转动"微动手轮"，以避免空程差。

3. 等倾干涉条纹的调节与观察

在非定域干涉的基础上，在透镜和分束板之间放一毛玻璃，使球面光波经过漫反射成为宽光源。取下干涉仪上的投影屏，用眼睛观察，可以看到圆条纹。仔细调节 M_2 的微动螺钉，使眼睛上下左右移动，观察等倾干涉条纹圆心的位置和半径的变化情况，记下观察结果。

4. 等厚干涉条纹的调节和观察

（1）取走毛玻璃，装上投影屏，在等倾干涉的基础上，移动 M_1，让条纹朝里"缩"进，这时 d 减小。继续沿原方向转动粗动手轮，使 d 减小至零再增大，可观察到条纹从弯曲变直，再向相反方向变弯的现象，我们看到的直条纹就是等厚干涉条纹。

（2）在干涉条纹变直的附近，关闭激光，换上白炽灯，取下投影屏。用眼睛观察，这时视场中没有干涉条纹。缓慢转动微动手轮，使 M_1 继续沿原方向移动，直到视场中出现彩色条纹为止。彩色带中的中央亮纹对应着 M_1 和 M_2' 的交线，记下此时 M_1 镜的位置 d_0。

【注意事项】

（1）M 干涉仪系精密光学仪器，光学玻璃元件如分束板、补偿板和反射镜等，绝对不许用手摸。

（2）转动蜗轮和丝杆是仪器的重要部件，应当加倍爱护。转动微动手轮时务必轻轻地、慢慢地转动，不得频频来回旋转，否则影响读数精度。

（3）调整一切激光光路，都应避免眼睛正对光束观察，否则会伤害眼睛。

【数据处理】

对实验内容2，自拟数据记录表。用逐差法求出 Δd，再计算 λ 值及 λ 的百分误差。半导体激光的标准波长 $\lambda_0 = 635\text{nm}$。

【思考题】

（1）M干涉仪中为什么要用补偿板？对补偿板有什么要求？

（2）如果没有激光，能否直接用汞灯调出干涉条纹？

（3）能否用M干涉仪测量钠灯黄双线的波长差（此波长差约为0.6nm）？能否用M干涉仪测量玻璃片的折射率？如能，对此玻璃片有何要求？请设计相应的实验装置。

实验 4.16　空气热机实验

【实验目的】

（1）理解热机原理及循环过程。

（2）测量不同冷热端温度时的热功转换值，验证卡诺定理。

（3）测量热机输出功率随负载及转速的变化关系，计算热机实际效率。

【实验仪器】

空气热机实验仪，空气热机测试仪，双踪示波器

【实验原理】

空气热机的结构及工作原理可用图4.16-1说明。热机主机由高温区、低温区、工作活塞及气缸、位移活塞及气缸、飞轮、连杆、热源等部分组成。

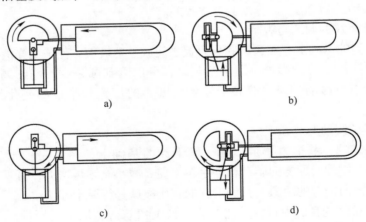

图 4.16-1　空气热机工作原理

热机中部为飞轮与连杆机构，工作活塞与位移活塞通过连杆与飞轮连接。飞轮的下方为工作活塞与工作气缸，飞轮的右方为位移活塞与位移气缸，工作气缸与位移气缸之间用通气管连接。位移气缸的右边是高温区，可用电热方式或酒精灯加热，位移气缸左边有散热片，构成低温区。

工作活塞使气缸内气体封闭，并在气体的推动下对外做功。位移活塞是非封闭的占位活

塞，其作用是在循环过程中使气体在高温区与低温区间不断交换，气体可通过位移活塞与位移气缸间的间隙流动。工作活塞与位移活塞的运动是不同步的，当某一活塞处于位置极值时，它本身的速度最小，而另一个活塞的速度最大。

当工作活塞处于最底端时，位移活塞迅速左移，使气缸内气体向高温区流动，如图 4.16-1a 所示；进入高温区的气体温度升高，使气缸内压强增大并推动工作活塞向上运动，如图 4.16-1b 所示，在此过程中热能转换为飞轮转动的机械能；工作活塞在最顶端时，位移活塞迅速右移，使气缸内气体向低温区流动，如图 4.16-1c 所示；进入低温区的气体温度降低，使气缸内压强减小，同时工作活塞在飞轮惯性力的作用下向下运动，完成循环，如图 4.16-1d 所示。在一次循环过程中气体对外所做净功等于 $p-V$ 图所围的面积。

根据卡诺对热机效率的研究而得出的卡诺定理，对于循环过程可逆的理想热机，热功转换效率：

$$\eta = A/Q_1 = (Q_1 - Q_2)/Q_1 = (T_1 - T_2)/T_1 = \Delta T/T_1$$

式中，A 为每一循环中热机做的功；Q_1 为热机每一循环从热源吸收的热量；Q_2 为热机每一循环向冷源放出的热量；T_1 为热源的热力学温度；T_2 为冷源的热力学温度。

实际的热机都不可能是理想热机，由热力学第二定律可以证明，循环过程不可逆的实际热机，其效率不可能高于理想热机，此时热机效率为

$$\eta \leqslant \Delta T/T_1$$

卡诺定理指出了提高热机效率的途径：就过程而言，应当使实际的不可逆机尽量接近可逆机；就温度而言，应尽量地提高冷热源的温度差。

热机每一循环从热源吸收的热量 Q_1 正比于 $\Delta T/n$，n 为热机转速，η 正比于 $nA/\Delta T$。n、A、T_1 及 ΔT 均可测量，测量不同冷热端温度时的 $nA/\Delta T$，观察它与 $\Delta T/T_1$ 的关系，可验证卡诺定理。

当热机带负载时，热机向负载输出的功率可由力矩计测量计算而得，且热机实际输出功率的大小随负载的变化而变化。在这种情况下，可测量计算出不同负载大小时热机实际输出功率。

【仪器介绍】

图 4.16-2 所示为电加热型热机实验仪装置图。飞轮下部装有双光电门，上边的一个用以定位工作活塞的最低位置，下边一个用以测量飞轮转动角度。热机实验仪以光电门信号为采样触发信号。

气缸的体积随工作活塞的位移而变化，而工作活塞的位移与飞轮的位置有对应关系，在飞轮边缘均匀排列 45 个挡光片，采用光电门信号上下沿均触发方式，飞轮每转 4°给出一个触发信号，由光电门信号可确定飞轮位置，进而计算气缸体积。

压力传感器通过管道在工作气缸底部与气缸连通，测量气缸内的压力。在高温区和低温区都装有温度传感器，测量高低温区的温度。底座上的三个插座分别输出转速/转角信号、压力信号和高低端温度信号，使用专门的线和实验仪相连，传送实时的测量信号。电加热器上的输入电压接线柱分别使用黄、黑两种线连接到电加热器电源的电压输出正负极上。

热机实验仪采集光电门信号、压力信号和温度信号，经微处理器处理后，在仪器显示窗口显示热机转速和高低温区的温度。在仪器前面板上提供压力和体积的模拟信号，供连接示波器显示 $p-V$ 图。所有信号均可经仪器前面板上的串行接口连接到计算机。

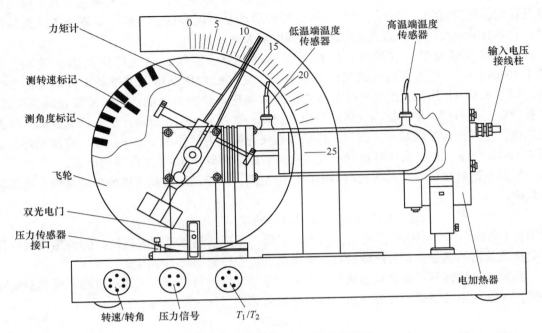

图 4.16-2　电加热型热机实验装置图

加热器电源为加热电阻提供能量，输出电压 24～36V 连续可调，可以根据实验的实际需要调节加热电压。

力矩计悬挂在飞轮轴上，调节螺钉可调节力矩计与轮轴之间的摩擦力，由力矩计可读出摩擦力矩 M，并进而算出摩擦力和热机克服摩擦力所做的功。经简单推导可得热机输出功率 $P = 2\pi nM$，式中 n 为热机的转速，即输出功率为单位时间内的角位移与力矩的乘积。

【实验内容】

顺时针拨动飞轮，结合图 4.16-1 仔细观察热机循环过程中位移活塞与工作活塞的运动情况，理解空气热机的工作原理。

开始实验。取下力矩计，将加热电压调到第 11 个档位（36V 左右）。等待约 10min，当加热电阻丝发红以后，用手顺时针拨动飞轮，使热机运转起来（若无法运转，可查看热机测试仪显示的温度，当冷热端温度差在 100℃ 以上时易于热机起动）。

将加热电压减小至第 1 个档位（24V 左右），调节示波器，观察热机的压力和容积信号，以及压力和容积信号之间的相位关系等，并把 $p-V$ 图调节到示波器最适合观察的位置。当温度和转速平衡后（约 10min），记录当前的加热电压，并从热机实验仪上读取当前温度和转速，从双踪示波器显示的 $p-V$ 图估算 $p-V$ 图面积，记入表 4.16-1 中。

随后逐步调节增加加热功率档位，每次等待约 10min，在温度和转速平衡后，重复以上测量 4 次以上，将数据记入表 4.16-1。

以 $\Delta T/T_1$ 为横坐标，$nA/\Delta T$ 为纵坐标，在坐标纸上作 $nA/\Delta T$ 与 $\Delta T/T_1$ 的关系图，验证卡诺定理。

表 4.16-1 测量不同冷热端温度时的热功转换值

加热电压 V/V	热端温度 $T_1/℃$	温度差 $\Delta T/℃$	$\Delta T/T_1/℃$	功 A ($p-V$ 图面积) $/J$	热机转速 n $/(r/min)$	$nA/$ $\Delta T/℃$

在最大加热功率档位下，用手触碰飞轮让热机停止运转，然后将力矩计装在飞轮轴上，随后拨动飞轮，让热机继续运转。调节力矩计的摩擦力（不要停机），待输出力矩、转速、温度稳定后，读取并记录各项参数于表 4.16-2 中。

保持输入功率不变，逐步增大输出力矩，重复以上测量 5 次以上。

以 n 为横坐标，p_o 为纵坐标，在坐标纸上作 p_o 与 n 的关系图，表示同一输入功率下，输出偶合不同时输出功率或效率随偶合的变化关系。

表 4.16-2 测量热机输出功率随负载及转速的变化关系

输入功率 $P_i = VI =$

热端温度 T_1	温度差 ΔT	输出力矩 M	热机转速 n	输出功率 $P_o = 2\pi nM$	输出效率 $\eta_{o/i} = P_o/P_i$

表 4.16-1 及表 4.16-2 中的热端温度 T_1、温差 ΔT、转速 n、加热电压 V、加热电流 I、输出力矩 M 可以直接从仪器上读出来，$p-V$ 图面积 A 可以根据示波器上的图形估算得到，其单位为 J（焦耳）；其他的数值可以根据前面的读数计算得到。

示波器 $p-V$ 图面积的估算方法：用线将仪器上的示波器输出信号和双踪示波器的 X、Y 通道相连。将 X 通道的调幅旋钮旋到 "0.1V" 档，将 Y 通道的调幅旋钮旋到 "0.2V" 档，然后将两个通道都转到交流档位，并在 "$X-Y$" 档观测 $p-V$ 图，再调节左右和上下移动旋钮，可以观测到比较理想的 $p-V$ 图。再根据示波器上的刻度，在坐标纸上描绘出 $p-V$ 图，如图 4.16-3 所示。以图中椭圆所围部分每个小格为单位，采用割补法、近似法（如近似三角形、近似梯形、近似平行四边形等）等方法估算出每小格的面积，再将所有小格的面积加起来，得到 $p-V$ 图的近似面积，单位为 "V^2"。根据容积 V，压强 p 与输出电压的关系，可以换算为焦耳。

如：容积（X 通道）：$1V = 1.333 \times 10^{-5} m^3$，压力（$Y$ 通道）：$1V = 2.164 \times 10^4 Pa$

则：$1V^2 = 0.288J$

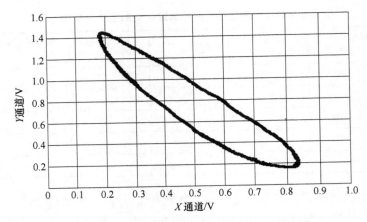

图 4.16-3 示波器观测的热机实验 $p - V$ 曲线图

【注意事项】

（1）加热端工作时温度很高，在停止加热后 1h 内仍然会有很高的温度，小心操作，避免烫伤。

（2）热机在没有运转状态下，严禁长时间大功率加热，若热机运转过程中因各种原因停止转动，必须拨动飞轮帮助其重新运转或立即关闭电源，否则会损坏仪器。

（3）热机气缸等部位为玻璃制造，容易损坏，请谨慎操作。

（4）记录测量数据前须保证已基本达到热平衡，避免出现较大误差。等待热机稳定读数的时间一般在 10min。

（5）在读力矩的时候，力矩计可能会摇摆。这时可以用手轻托力矩计底部，缓慢放手后可以稳定力矩计。如还有轻微摇摆，读取中间值。

（6）飞轮在运转时，应谨慎操作，避免被飞轮边缘割伤。

【思考题】

为什么 $p - V$ 图的面积即等于热机在一次循环过程中将热能转换为机械能的数值？

实验 4.17　偏振光的观测与研究

【实验目的】

（1）观察光的偏振现象，认识偏振现象的基本规律。

（2）了解偏振光的产生和检验方法。

（3）验证马吕斯定律。

（4）利用布儒斯特角测定玻璃的折射率。

（5）观测椭圆偏振光和圆偏振光，了解 1/4 波片和 1/2 波片的作用。

【实验仪器】

光具座、半导体激光器、光功率计、偏振片、1/4 波片、1/2 波片、滑块、连杆、360°旋转杆、双面介质样品、介质压块、白屏。

【实验原理】

1. 光的偏振状态

光的电磁理论指出，光是电磁波，电磁波是横波，所以光波也是横波。在大多数情况下，电磁辐射同物质相互作用时，起主要作用的是电场，因此常以电矢量 E 作为光波的振动矢量，称为光矢量。光矢量 E 的振动方向相对于传播方向的一种空间取向称为偏振。只有横波才有偏振现象，这是横波区别于纵波的一个最明显标志。

如果光矢量 E 始终沿某一方向振动，这种光称为线偏振光；若光矢量 E 的分布各向均匀且各方向光振动的振幅相同（即光振动无优势方向），则称为自然光；如果光矢量 E 随时间做有规律的变化，其末端在垂直于传播方向的平面上的轨迹呈椭圆（或圆），则称为椭圆偏振光（或圆偏振光）；自然光和线偏振光、圆偏振光、椭圆偏振光的任意一个组合，就称为部分偏振光。光的振动方向和传播方向组成的平面称为振动面，如图 4.17-1 所示。由于线偏振光的光矢量 E 保持在固定的振动面内，所以线偏振光也称为平面偏振光或完全偏振光。

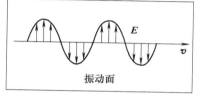

图 4.17-1　光振动方向与振动面示意图

2. 起偏与检偏，马吕斯定律

从自然光获得偏振光的过程称为起偏，产生起偏作用的光学元件称为起偏器，当其用于检验光的偏振状态时就称为检偏器。偏振片是一种常用的起偏器，它有一个特定的方向，只让平行于该方向的光振动通过，此方向称为偏振片的偏振化方向或透振方向，而垂直这个方向的光振动被偏振片强烈吸收。因此自然光通过偏振片后成为线偏振光。

马吕斯定律指出，强度为 I_0 的线偏振光通过检偏器后，透射光的强度（不考虑偏振片对透射光的吸收）为

$$I = I_0 \cos^2\theta \tag{4.17-1}$$

式中　θ 为入射线偏振光的振动方向与检偏器偏振化方向之间的夹角。当以光线传播方向为轴旋转检偏器时，透射光强度 I 发生周期性变化。当 $\theta = 0°$ 时，透过检偏器的光强最强，如图 4.17-2a 所示；当 $\theta = 90°$ 时，透射光强为零，称为消光，如图 4.17-2b 所示；当 $0° < \theta < 90°$ 时，透射光强介于最大和最小之间。

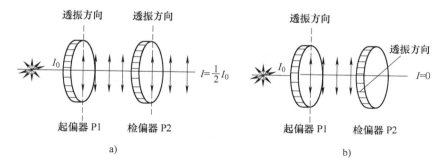

a) 　　　　　　　　　　　　　　　　b)

图 4.17-2　起偏与检偏

3. 反射与折射时光的偏振

当自然光从折射率为 n_1 的介质（如空气，$n_1 \approx 1$）入射到折射率为 n_2 的非金属镜面（如玻璃、水等）上时，反射光与折射光都将成为部分偏振光。若入射角满足：

$$\theta_B = \arctan\frac{n_2}{n_1} \tag{4.17-2}$$

时，反射光为完全偏振光，其振动方向垂直于入射面，此时入射角 θ_B 称为布儒斯特角，如图 4.17-3 所示。

4. 双折射与波片

（1）双折射 光线射入各向异性透明晶体（除立方晶系外，例如岩盐）时，折射光分成两束的现象称为双折射。其中遵从折射定律的一束光称为寻常光（o 光）；不遵从折射定律的另一束光，称为非常光（e 光）。在晶体中，o 光的传播速率在各个方向上相同，而 e 光在不同方向上的传播速率不同。两束光传播速率相等的方向，称为晶体的光轴，光沿此方向传播不产生双折射现象。

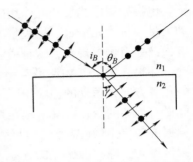

图 4.17-3 布儒斯特定律图示

（2）波片 如图 4.17-4a 所示，波片是将单轴晶体沿其光轴方向切制而成的具有一定厚度的平行平面板（即晶体的光轴与薄片表面平行）。正入射（即垂直入射）的一束平行光在晶片 C 内分解为传播方向不变但振动方向相互垂直的 o 光和 e 光，如图 4.17-4b 所示。由于介质折射率 $n = \dfrac{c}{v}$（v 是光在介质中的传播速率），所以两束光在晶体内的折射率是不同的，出射晶片后，两束光的相位差 φ 为

$$\varphi = \frac{2\pi}{\lambda_0}(n_o - n_e)d \qquad (4.17\text{-}3)$$

式中，λ_0 为光在真空中的波长；n_o 和 n_e 分别为晶片对 o 光和 e 光的折射率；d 为晶片厚度。

波片也称相位延迟片，相位差为 $\varphi = (2k+1)\dfrac{\pi}{2}$ 的波片叫 1/4 波片，$\varphi = (2k+1)\pi$ 的波片称 1/2 波片，$\varphi = 2k\pi$ 的波片为全波片。

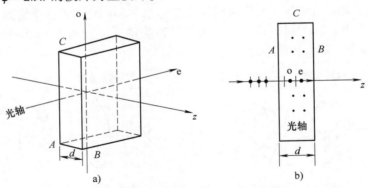

a)   b)

图 4.17-4 波片对正入射平行光的分解

（3）波片对正入射线偏振光性质的影响 设正入射线偏振光的振幅为 A，振动方向与波片光轴夹角为 θ，则 o 光和 e 光的振幅分别为 $A_o = A\sin\theta$ 和 $A_e = A\cos\theta$。出射波片后，o 光和 e 光的振动可以用两个互相垂直、同频率、有固定相位差的简谐振动方程表示：

$$x = A_e\cos\omega t$$
$$y = A_o\cos(\omega t + \varphi)$$

二者的合振动方程为椭圆方程：

$$\frac{x^2}{A_e^2} + \frac{y^2}{A_o^2} - \frac{2xy}{A_e A_o}\cos\phi = \sin^2\phi \qquad (4.17\text{-}4)$$

线偏振光透过波片后，光的偏振性质决定于 θ 和 φ，由上式可知：

1）$\theta = 0$ 或 $\theta = \pi/2$ 时：

任何波片对入射光都不起作用，出射光仍然是线偏振光。

2）$\theta \neq 0$ 或 $\theta \neq \pi/2$，且线偏振光通过 1/2 波片（$\varphi = \pi$）：

出射光仍然是线偏振光，但角度旋转 2θ，此方法常用于改变光的传播方向。

3）$\theta \neq 0$ 或 $\theta \neq \pi/2$，且线偏振光通过 1/4 波片（$\varphi = \pi/2$）：

当 $\theta \neq 45°$ 时，出射光是椭圆偏振光；当 $\theta = 45°$ 时，出射光为圆偏振光。

5. 偏振光的鉴别

（1）线偏振光 按图 4.17-2 布置光路，旋转检偏器一周，光强出现两次最大，两次消光（即光强为 0），且光强最大及消光时检偏器角度位置差为 90°。

（2）圆偏振光、部分圆偏振光与自然光 转动检偏器，如果光强始终不发生变化，则是自然光、圆偏振光或它们的混合光。分辨方法是：在检偏器前插入 1/4 波片，若是圆偏振光，通过 1/4 波片成为线偏振光；若是自然光，经过 1/4 波片后仍是自然光；若是部分圆偏振光，在经过 1/4 波片后会变成部分线偏振光，然后可以按各类光的特性进行鉴别。

（3）椭圆偏振光、部分椭圆偏振光与部分线偏振光 转动检偏器均可以发现光强有时亮时暗的变化，但无消光。要鉴别这三种光可以在偏振光与检偏器中间插入 1/4 波片，并且先使波片的光轴取向与单独用检偏器时产生最亮的通光方向一致。

1）如果是椭圆偏振光，变成线偏振光。

2）如果是部分偏振光，经过 1/4 波片，不会变成线偏振光，需要进一步鉴别是部分椭圆偏振光还是部分线偏振光，可以进行下一步。

3）如果是部分线偏振光，将 1/4 波片通光方向转过 $\pi/4$，其中的线偏振光将变成圆偏振光，则转动检偏器，光强不会变化。如果是部分椭圆偏振光，其中的椭圆偏振光将变成线偏振光，转动检偏器，光强会有变化。当然还可以再加上一片 1/4 波片，使其变成部分圆偏振光。

【实验内容】

1. 马吕斯定律的验证

（1）光学元件的等高共轴调节 参照图 4.17-5，拿掉波片，从后向前依次调节白屏、检偏器和起偏器：

1）调光源架上的两个螺钉，将白色观察屏前后移动，使屏上光斑位置不动。

2）调整检偏器方位和高低，大致使光束射在起偏器中心位置，并使反射光斑与光源小孔重合。

3）同 2）调整起偏器。

（2）马吕斯定律的验证

1）在起偏器和检偏器之间插入光电接收头，调节其高低和方位，使光斑正入射受光孔中心。

2）将光功率计调零，若不能调零，记录本底信号强度。

3）调节起偏器使光强到 μW 档[⊖]，最大值在 $190\mu W$ 左右，并使起偏器的方位角置于整刻度。将此光强值定为入射检偏器的线偏振光的强度 I。

⊖ 光电接收管在强光下要产生饱和现象，因此实验中的光强不能太强。激光器出射光是偏振光，所以可以先用起偏器调节光强。

4）光电接收头移到检偏器之后，旋转检偏器至光强最小位置，然后反向转动检偏器90°，定为 θ 角零位。

5）转动检偏器360°，步长 $\Delta\theta = 15°$，记录出射检偏器光强 I，将数据填入表4.17-1（表格不够自行增补）。

2. 椭圆偏振光和圆偏振光的产生及检测

（1）1/4波片光轴的确定 光路布局如图4.17-5所示，白屏换为光电接收头。旋转检偏器，使光强最小，之后插入1/4波片，光强会发生变化。调节波片角度使光强重新最小，这时1/4波片光轴与起偏器偏振化方向相同，即二者夹角 $\theta = 0°$。波片光轴的位置确定。

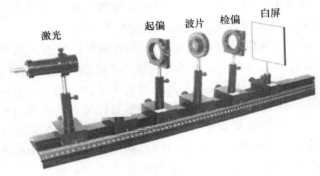

图4.17-5 椭圆偏振光和圆偏振光的产生及检测

（2）椭圆偏振光的产生 旋转起偏器，任取入射波片的线偏振光与光轴夹角为某一 θ 值，将检偏器转动一周，观察接收器上光强的变化，判断从1/4波片出射的光的偏振性质，观察有无消光位置。

（3）光的偏振态的分析 按表4.17-2要求改变 θ 值，对应每一确定 θ 值时，将检偏器转动一周，记录光强的最大值与最小值（特别关注45°角位置时的光强值），根据光强变化，确定通过1/4波片后光的偏振态。

3. 1/2波片作用的研究

图4.17-5中用1/2波片替换1/4波片，进行下列步骤，并将测量值填入表4.17-3。

1）不加1/2波片，调节起偏器与检偏器正交，出现消光，然后插入1/2波片，旋转检偏器再次出现消光。

2）旋转1/2波片一周，观察出现几次消光、长光。

3）保持1/2波片方位角不变，旋转检偏器一周，观察出现几次消光、长光。

4）从开始的位置旋转起偏器角度 θ，1/2波片方位角不变，反向转动检偏器，测量出现消光的角位置。

4. 布儒斯特角的测量

1）如图4.17-6所示，让激光束被立在测角台直径上的介质反射，微调光源架上的两个螺钉，使入射光斑与反射光斑重合，读出测角台读数，确定为0°入射角。

2）转动测角台90°，使入射光斑一半打在介质的竖棱上，一半在介质表面上划过，确定此状态入射角为90°。

3）调整反射介质的方位，使测角台转动时，光斑位置保持不动。

4）旋转测角台及转动臂，使入射角在 54°~60° 之间，使反射光到达白屏。

5）转动检偏器，使观察屏上光强最弱。

6）转动测角台，使观察屏上光强最弱。

7）重复 5）、6）操作，使观察屏上光强最弱，读出测角台读数。

8）1）、7）两次测量的数值相减得到布儒斯特角。

9）将白屏换成硅光电接收器，从入射角 20° 开始，转动测角台圆度盘（相应转动接收臂），每隔 10° 记录一次光电流读数，直到接近 180°，测量数据填入表 4.17-4（表格不够自行补充）。

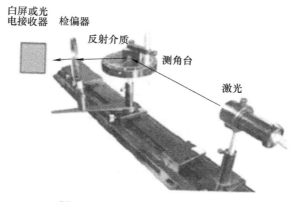

图 4.17-6　布儒斯特角测量光路

【注意事项】

（1）消光只是理想状态，实验中会有微弱的光线通过，注意记录本底信号。

（2）由于偏振片装配上的偏差，当两个偏振片的偏振化方向相同时，两个偏振片的指针刻度值并不一定相同，故偏振化方向夹角 $\theta = 0°$，不一定是偏振片刻度相减。

（3）仪器轻拿轻放，防止碰撞和振动，以防止镜面擦伤。

（4）禁止用手触及光学零件的透光表面。

（5）调节过程中应避免激光直射人眼。

【数据处理】

1. 马吕斯定律的验证

表 4.17-1　验证马吕斯定律的测量数据表

$I_0 = $ _____ μW；检偏器方位角 $\alpha_0 = $ _____ ° 为 θ 角零位

检偏器方位角 $\alpha/(°)$	$\theta = \alpha - \alpha_0/(°)$	$\cos^2\theta$	$I/\mu W$	归一化强度 I/I_0

1）在坐标纸上做 $I\text{-}\cos^2\theta$ 曲线，并分析结果及误差原因。

2）在坐标纸上作归一化强度 $I/I_0\text{-}\theta$（θ 角取 0°~90°）曲线，并分析结果及误差原因。

2. 椭圆偏振光和圆偏振光的产生及检测

表 4.17-2　椭圆偏振光和圆偏振光的测量数据

1/4 波片旋转角度 $\theta/(°)$	检偏器旋转一周现象		偏振光性质
	$I_{max}/\mu W$	$I_{min}/\mu W$	
0			
15			
30			
45			
⋮			
90			

3. 定性研究 1/2 波片的作用

表 4.17-3　1/2 波片作用的检测数据

测量项目	起偏器方位角/(°)	消光时检偏器方位角/(°)	1/2 波片方位角/(°)	结　　论
实验内容 3-1)			✕	
实验内容 3-1)				
实验内容 3-4) 起偏器转 20°				
实验内容 3-4) 起偏器转 40°				

1）对实验内容 3-2) 和 3-3) 的观测现象进行分析。

2）对实验内容 3-1) 和 3-4) 现象的分析填在表 4.17-3 中。

4. 布儒斯特角的测量

表 4.17-4　布儒斯特角测量数据表

测角台角度 $\alpha_0 =$ _____°为 0°入射角

测角台读数/(°)	入射角 $\theta/(°)$	反射光强度 $I/\mu W$
	20	
	30	
	⋮	

1）以反射偏振光光强 I 为纵坐标，入射角为横坐标作图，由曲线图确定布儒斯特角值。

2）利用式（4.17-2）计算待测介质样品的折射率。

【思考题】

（1）偏振光的获得方法有哪几种？

（2）如何检测 7 种偏振光？

（3）如何测定非透明介质的折射率？

实验 4.18 比旋光度的测定

【实验目的】

（1）理解旋光度的测定原理。

（2）熟悉旋光仪的结构，学会测量旋光度的方法。

【实验仪器】

WZX-1 型光学度盘旋光仪、50ml 烧杯、10% 蔗糖溶液、5% 葡萄糖溶液、5% 果糖溶液、蒸馏水、吸水纸、擦镜纸。若自制溶液，还应准备溶质（如蔗糖）、天平。

【仪器介绍】

测定物质旋光度的仪器称为旋光仪（又称为量糖计），实验室常用 WZX-1 型旋光仪，其外形如图 4.18-1 所示。

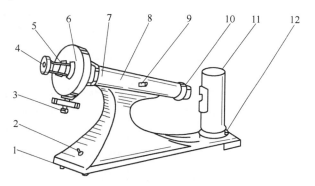

图 4.18-1 WZX-1 旋光仪外形图

1—底座 2—电源开关 3—度盘转动手轮 4—放大镜座 5—视度调节螺旋 6—度盘游标 7—镜筒
8—镜筒盖 9—镜盖手柄 10—镜盖连接筒 11—灯罩 12—灯座

工作原理：

本仪器采用三分视界法来确定光学零位，仪器的光学系统如图 4.18-2 所示，其主要部件是两块偏振片，位于测量管的两端，第一块固定，起起偏作用，第二块随光学度盘一起旋

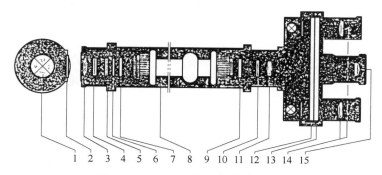

图 4.18-2 WZX-1 旋光仪光学系统图

1—钠光灯 2—毛玻璃 3—聚光镜 4—滤色片 5—起偏振片 6—半波片 7—保护玻璃1 8—试管
9—保护玻璃2 10—检偏振片 11—物镜 12—度盘 13—游标 14—放大镜 15—目镜

转，做检偏器。从光源发出的光线经毛玻璃、聚光镜、滤色片射到起偏振片，成为平面偏振光，在半波片处产生三分视场，通过检偏振片及物镜、目镜可观察到如图 4.18-3 所示的三种情况。当整个视场的三部分有同等最大限度的偏振光通过时，整个视场亮度一致，即为零点视场，如图 4.18-3b 所示，否则整个视场显出亮度不同的三部分，如图 4.18-3a、c 所示。

 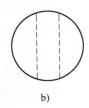 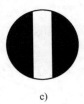

a)   b)   c)

图 4.18-3 三分视场变化示意图

a) 大于（或小于）零点的视场 b) 零点视场 c) 小于（或大于）零点的视场

当放进装有被测溶液的试管后，由于溶液具有旋光性，使平面偏振光旋转了一个角度，原零点视场图像发生变化。旋转检偏器，直到再次出现零点视场图像，检偏器旋转的角度就是溶液的旋光度，其数值可通过放大镜，从度盘和游标上读出。

【实验原理】

当偏振光通过具有旋光性的物质时，光的偏振面发生偏转的现象称为旋光，偏振面旋转的角度 α 称为旋光度。旋光度就像物质的熔点、密度等一样，是物质本身所固有的一个物理常数。所以，通过测定旋光度，不仅可以鉴定旋光性物质，而且能检测其纯度和含量。

旋光性物质的旋光度有正有负，其大小与溶质的性质、溶液的浓度、旋光管的长度、测量时的温度及光的波长等因素有关。因此，为了能比较物质的旋光性能，通常用比旋光度来表示物质的旋光性。在一定温度下，含 1g/ml 旋光性物质的溶液在 1dm 长的旋光管中测得的旋光度称为比旋光度，用符号 $[\alpha]_\lambda^t$ 表示，即

$$[\alpha]_\lambda^t = \frac{\alpha}{cL} \tag{4.18-1}$$

式中，α 为用旋光仪测得的旋光度；L 为旋光管的长度，单位为 dm；λ 为所用光源的波长，实验用钠灯，λ = 589.3nm；t 为实验时的温度；c 为溶液的浓度，单位为 g/ml。

如果被测物质本身是液体，可直接倒入旋光管中进行测量，纯液体的比旋光度

$$[\alpha]_\lambda^t = \frac{\alpha}{L\rho} \tag{4.18-2}$$

式中，ρ 为纯液体的密度，单位为 g/cm³。利用式（4.18-1）或式（4.18-2）可测量物质的比旋光度，若已知物质的比旋光度，还可以测定物质的浓度或纯度。

【实验内容】

1. 熟悉仪器

熟悉仪器各部件的作用。

结合游标卡尺的原理，确定旋光仪的分度值，练习用游标万能角度尺进行读数。

接通电源，预热 5min，使钠光灯稳定。

2. 零点的校正

（1）用蒸馏水冲洗烧杯、旋光管数次。

（2）在旋光管中装满蒸馏水，使液面刚刚凸出管口，用玻璃盖轻轻平推盖好，保证管中无气泡。再旋上螺纹帽盖，不使其漏液（但也不能过紧，否则因盖子产生扭力而使管内有空隙，影响旋光度）。擦干旋光管外的液体，将其放入旋光仪。

（3）旋转目镜，使视场清楚。转动检偏器，在视场中找出如图 4.18-3a、c 所示的两种不同视场，在图 4.18-3a 和图 4.18-3c 两种视场之间转动旋钮，使视场达到亮度一致，即零点视场（图 4.18-3b）。

（4）记下左右两个游标的零点读数 θ_{10}、θ_{20}。

3. 样品旋光度的测定

（1）取出旋光管，将蒸馏水倒出，用待测溶液冲洗旋光管 2～3 次，然后加满待测溶液，重复步骤 2（2）。

（2）测定样品的旋光度。

按步骤 2（3）找出零点视场，即图 4.18-3b 所示状态，记下左右两个游标的读数 θ'_1、θ'_2。

化合物的旋光度：$\alpha = \dfrac{1}{2}\left[(\theta'_1 - \theta_{10}) + (\theta'_2 - \theta_{20})\right]$

判断物质右旋（左旋）的方法：

找出样品的零点视场，记下两个游标的读数 θ'_1、θ'_2 后，取出旋光管，用一只小旋光管（或降低待测溶液的浓度），用相同的方法测得读数，比较两次读数的大小。若第二次读数降低，则这个化合物为右旋，若第二次读数增大，则该化合物为左旋。

用上述方法分别测定 5% 葡萄糖、5% 的果糖或自制溶液的旋光度。

4. 实验结束后，切断电源，取出旋光管，倒出溶液。用蒸馏水冲洗旋光管，再用吸水纸或软布擦干，然后放入样品盒中。

【注意事项】

（1）钠光灯连续使用时间不宜过长（不超过 4h），在连续使用时，中间最好关灯 15～20min。

（2）在旋光仪视场中，有一明亮且亮度一致的视场，但不灵敏，这不是零点视场，不要与零点视场混淆。

（3）对未知旋光度的化合物，必须用两次测定法测定其旋光方向。

（4）旋光管洗涤后不可烘干，旋光管两端的圆玻璃片为光学玻璃，必须小心用软纸擦，以免磨损。

【数据处理】

计算样品的比旋光度：

实验条件：温度 $t = $ _____，光的波长 $\lambda = $ _____，试管的长度 $L = 2.00\text{dm}$，度盘的最小分度值：_____，游标的分度值：_____，旋光仪的分度值：_____。

自拟数据表，判定样品的旋光方向，计算它们的旋光度 α，再算出它们的比旋光度。

【思考题】

（1）测定物质的旋光度有何意义？

（2）如何判断样品的旋光方向？

第5章　综合性实验

实验 5.1　弗兰克-赫兹实验

1914 年，德国物理学家弗兰克和赫兹用加速电子与稀薄气体原子碰撞的方法，使原子从低能级激发到高能级，观察并测量了汞原子的激发电动势和电离电动势，直接证明了原子内部能级的存在，为玻尔提出的原子理论提供了直接的、独立于光谱研究方法的实验证据。1920 年弗兰克改进了装置，测得了亚稳能级和较高的激发能级，进一步证实了原子内部能量是量子化的。为此，他们获得了 1925 年度的诺贝尔物理学奖。

【实验目的】

测量氩原子的第一激发电位，证明原子能级的存在。

【实验仪器】

弗兰克-赫兹实验仪、示波器等。

【仪器介绍】

F-H-I 型弗兰克-赫兹实验仪

实验仪采用的 F-H 管是一个具有双栅极结构的柱面形充氩四极管。管的性能好，可获得的谱峰数多，谱峰明显，收集电流大，管工作寿命长。F-H 管直接插在实验仪中，工作时不需要加热，操作较为方便。

F-H-I 型弗兰克-赫兹实验仪面板如图 5.1-1 所示。

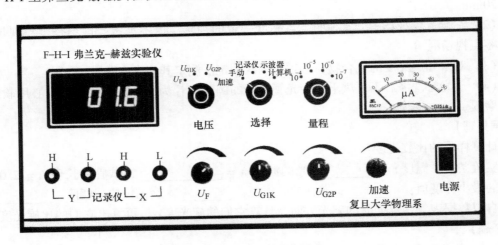

图 5.1-1　弗兰克-赫兹实验仪

1. 仪器的技术性能

（1）提供 F-H 管的各组电压：

U_{G1K}：第一栅极与阴极之间的电压，0~5V 连续可调。

U_{G2P}：第二栅极与阳极之间的电压（即反向电压），0~15V 连续可调。

U_F：灯丝电压，1~6V 连续可调。

U_a：加速电压，0~90V（手动连续可调或自动扫描）。

（2）微电流测量范围：10^{-4}~10^{-7}A。

（3）谱峰数≥5 个。

（4）测量精度≤5%。

（5）环境温度：0~40℃。

（6）工作电压：交流 220V，50Hz。

2. 仪器的面板介绍

前面板：见图 5.1-1

（1）电源开关：电源开关接通时，指示灯亮。

（2）加速旋钮：手动调节加速电压，采用多圈电位器，调节幅度为 0~90V。

（3）U_{G1K}旋钮：第一栅极与阴极之间的电压，调节幅度为 0~5V。

（4）U_{G2P}旋钮：第二栅极与阳极之间的电压（即反向电压），调节幅度为 0~15V。

（5）U_F旋钮：控制 F-H 管的灯丝电压，幅度为 1~6V。

（6）记录仪接口：用于连接记录仪 X、Y 输入端。

（7）数字显示电流表：微电流计各档电流指示。

（8）量程旋钮：微电流计换档开关。分四档：10^{-4}A、10^{-5}A、10^{-6}A、10^{-7}A。

（9）选择旋钮：工作方式选择开关。分别对应手动、记录仪、示波器、计算机四个功能。

（10）电压开关：电压指示换档开关。结合数字面板表的指示，可分别显示加在 F-H 管上的四个电压。

（11）数字显示电压表：用于电压指示。

后面板：后面板如图 5.1-2 所示。

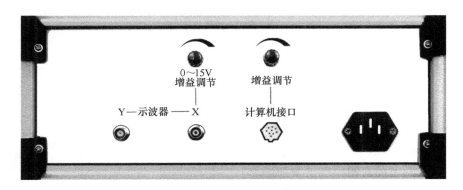

图 5.1-2　弗兰克-赫兹实验仪后面板

（1）连接示波器

Y：用于示波器观察，接示波器 Y 输入。

X：用于示波器观察，接示波器 X 输入。

增益调节 0～15V：调节输入到示波器 X 轴的电压幅度。

（2）连接计算机。

计算机接口：连接计算机。

增益调节：用于调节输入计算机的"F-H 管电流信号"幅度大小。

3. 仪器的功能

（1）能用手动方式逐点进行测量，从仪器的电流表和数字面板表上读出数据，然后绘制出谱峰曲线。

（2）能连接函数记录仪，直接绘出谱峰曲线。

（3）能连接示波器，直接观察谱峰曲线。

（4）能连接计算机，进行实验控制。

【实验原理】

量子理论认为原子只能处于一系列分立而稳定的能量状态，称为定态。定态具有确定的能量值。当原子吸收或辐射一定频率的电磁波时，它就从一个能级（设能量为 E_n）跃迁到另一个能级（设能量为 E_m）。电磁波的频率 ν 取决于发生跃迁时两能级之间的能量差，它们之间的关系为

$$h\nu = |E_n - E_m|$$

式中，h 为普朗克常量，$h = 6.63 \times 10^{-34} \text{J} \cdot \text{s}$。

原子状态的改变通常在两种情况下发生：一是当原子本身吸收或辐射电磁波时；二是当原子与其他粒子碰撞而交换能量时。处于基态的原子发生状态改变时，所需的能量至少应该等于该原子的第一激发态与基态的能量差，这个能量称作临界能量。若能量小于临界能量的电子与原子发生碰撞，则电子与原子之间发生弹性碰撞，电子的能量基本不变，原子也不会被激发到更高的能态上；若与原子发生碰撞的电子具有的能量大于临界能量，则电子与原子发生非弹性碰撞。这时，电子将给予原子由基态跃迁到第一激发态所需的能量，而保留剩余的能量。一般情况下，原子在激发态停留的时间不会很长，它很快会向下跃迁回到基态，同时以电磁辐射的形式释放所获得的能量，这一电磁辐射对应的频率 ν 满足下式

$$h\nu = eU_g \tag{5.1-1}$$

式中，U_g 为原子的第一激发电势。

本实验就是利用具有一定能量的电子与氩原子相碰撞而发生能量交换来实现氩原子状态的改变。图 5.1-3 为实验原理图，其中弗兰克-赫兹管是一个具有双栅极结构的柱面形充氩四极管。电子由热阴极 K 发射，FF 为灯丝，U_F 是加热灯丝的电源。第一栅极 G_1 的作用是消除空间电荷对阴极电子发射的影响，提高发射效率。第一栅极 G_1 与热阴极 K 之间的电压由电源 U_{G1K} 提供。第二栅极 G_2 的作用是在第二栅极与热阴极之间建立一个加速电场，使从阴极发射出的电子被加速。第二栅极 G_2 与热阴极 K 之间的加速电

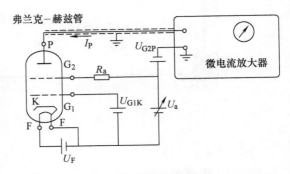

图 5.1-3 弗兰克-赫兹实验原理图

压由电源 U_a 提供，电源 U_a 的电压连续可调。

在第二栅极 G_2 和板极 P 之间有一个反向拒斥电场，其电压由电源 U_{G2P} 提供，该电场的作用是阻止电子向板极 P 运动。如果电子能够克服拒斥电场的作用而到达板极，则会形成板极电流 I_p，板极电流 I_p 由微电流放大器监测。通过观测板极电流 I_p 的变化，可以知道到达 P 的电子数的变化情况。

从阴极发射出的电子被加速电场加速，能量增加。电子朝栅极 G_2 运动时，与管内氩原子发生碰撞。开始时，加速场的加速电压 U_a 比较低，电子的能量小于氩原子的临界能量，电子与氩原子的碰撞是弹性碰撞，电子并未损失太多的能量，因此它可以有足够的能量克服拒斥电场的作用而到达极板 P 形成板极电流 I_p。随着加速电压 U_a 的增加，阴极 K 与栅极 G_2 之间的电场强度增大，在加速场中运动的电子的能量也逐渐增大。当电子的能量等于氩原子的临界能量时，电子与氩原子之间发生非弹性碰撞，将自身的能量交给氩原子，使氩原子从基态跃迁到第一激发态。电子由于损失了能量，不能克服拒斥电场的作用到达板极 P，所以板极电流 I_p 减少。继续增大加速电压 U_a，电子在与氩原子碰撞后还能在到达栅极 G_2 之前被加速到具有足够能量，克服拒斥电场的作用而到达板极 P，这时板极电流 I_p 又开始上升，直到加速电压 U_a 增加到二倍于氩原子的第一激发电势（$2U_g$）时，电子在栅极 G_2 附近又会因为第二次与氩原子发生非弹性碰撞而失去能量。经过与基态氩原子两次碰撞而失去能量的电子，不再有足够的能量克服拒斥电场的作用而到达板极 P，板极电流 I_p 再度下降。同样的道理，随着加速电压 U_a 的增加，电子会在栅极 G_2 附近与氩原子发生第三次、第四次，…，第 n 次非弹性碰撞，因而板极电流 I_p 会相应下跌，形成有规则起伏的 I_p-U_a 曲线。

需要指出的是，实验中板极电流 I_p 的上升和下降都不是完全突然的，其峰值总有一定的宽度，这主要有两个原因：一是从阴极发出的电子能量并不完全一样，而是服从一定的统计分布规律；二是电子与原子碰撞有一定的几率，当大部分电子恰好在栅极 G_2 前使氩原子激发而损失能量时，总会有一些电子逃避碰撞而直接到达板极 P，因此板极电流 I_p 并不降到零。

图 5.1-4 为氩的弗兰克-赫兹实验曲线，图中两峰之间的电势差就等于氩原子的第一激发电势。

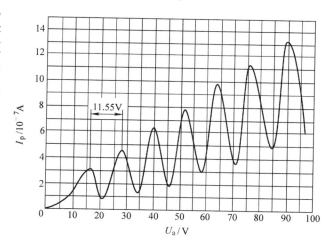

图 5.1-4 氩的弗兰克-赫兹实验曲线

【实验内容】

本实验用示波器观测弗兰克-赫兹实验曲线并测量氩原子的第一激发电势。

（1）将弗兰克-赫兹实验仪的示波器输出端口（位于后面板）的 Y 输出端接到示波器的 Y 输入 CH1 端口，X 输出端接到示波器的外触发源输入端口。

（2）开机前将微电流"量程"置于 10^{-7} A 档，稳压电源各档电压调节旋钮逆时针旋到最小。

（3）接通弗兰克-赫兹实验仪电源，预热 3min。记录仪器所提供的参考电压值 U_F、

U_{G1K}、U_{G2P}。

（4）按照 F-H 管所提供的各极电压参考数据设置电压（参考数据见实验仪器的侧面板）。

1）先将"电压"开关置于 U_F 位置，调节 U_F 旋钮使数字面板表指示的电压达到参考电压的数值，并记录下来。

2）将"电压"开关置于 U_{G1K} 位置，调节 U_{G1K} 旋钮，使数字面板表指示的电压达到参考电压的数值，并记录下来。

3）将"电压"开关置于 U_{G2P} 位置，调节 U_{G2P} 旋钮，使数字面板表指示的电压达到参考电压的数值，并记录下来。

（5）将弗兰克-赫兹实验仪"选择"开关置于"示波器"位置。

（6）接通示波器电源，对 X 轴定标。

1）将示波器的"Y_1 连接方式"置于"GND"，"触发源选择开关"放在"EXT"位置，"触发耦合方式选择开关"放在直流耦合"DC"方式。

2）此时应在屏上观察到一水平扫描线，调节弗兰克-赫兹实验仪后面板"0～15V 增益调节"电位器，使水平扫描线长度为 9 格。

定标后的示波器 X 轴为 10V/cm，根据谱峰的位置可在屏上读出对应的电势值，此测量值作为精确测量实验的参考数据。

（7）示波器的"Y_1 连接方式"置于"DC"，将"Y 轴输入方式"选为 CH1，适当调节"Y 轴衰减"旋钮和"Y_1 位移"旋钮，使图形幅度和位置便于观察，此时在示波器的屏幕上可以观察到完整的谱峰曲线。

（8）将弗兰克-赫兹实验仪"选择"开关置于"手动"位置，然后将"电压"开关置于"加速"位置。调节"加速"旋钮，缓慢加大加速场的加速电压 U_a，从 0V 开始记录每次电压值和相应的电流值，直至加速电压 $U_a = 80V$ 左右。

注意：根据示波器显示的图形，在靠近电流的峰和谷的位置处取几个密集点进行测量。用面板表读出峰信号所对应的电压值，并逐点记录数据。

（9）在坐标纸上画图 I_p-U_a 曲线，并用逐差法求出氩原子的第一激发电势 U_g。

【注意事项】

（1）在测量过程中，当慢慢加大加速电压时，如果板极电流 I_p 迅速增大，则表明氩原子已明显电离，此时应立即减小加速电压 U_a，然后改变 F-H 管的工作电压（如减少灯丝电压 U_F）。长时间处于电离状态会损坏 F-H 管。

（2）灯丝电压 U_F 对 F-H 管的工作状态影响最大。实验仪使用了一段时间后，F-H 管的工作条件可能与原先提供的参考数据有偏离，可以调节灯丝电压 U_F，使电流信号增大。

若需要改变灯丝电压 U_F，调节时以每次改变 0.1V 为宜。

刚开机测量时的信号电流大小与连续工作后的信号电流大小也有差别，若发现信号电流增大许多，可切换电流量程或适当减少灯丝电压 U_F。

（3）用示波器观察波形时，可以适当增加灯丝电压 U_F，微电流的量程则放在 $10^{-6}A$ 档。在屏上可观察到 6～7 个峰，若在显示的谱峰曲线最后部分有明显电流直线上升现象，可减小灯丝电压 U_F，消除电离。

【数据处理】

将所测数据填入表 5.1-1～表 5.1-3 中。

表 5.1-1　实验仪器实验参数记录

	仪器给定参考值	实　验　值
灯丝电压 U_F/V		
第一栅极与阴极的电压 U_{G1K}/V		
第二栅极与阳极的电压 U_{G2P}/V		
谱峰数		

表 5.1-2　实验数据记录

序　　号	1	2	3	4	5	6	7	8	9	10
U_a/V										
$I_p/10^{-7}$mA										
序　　号	11	12	13	14	15	16	17	18	19	20
U_a/V										
$I_p/10^{-7}$mA										

由 I_p-U_a 曲线图得板极电流 I_p 峰对应的加速电压 U_a 的值

表 5.1-3　峰值对应的加速电压 U_a 的值

顺　　序	1	2	3	4	5	6
峰位 U_a/V						

测量结果：$U_g = \dfrac{(U_4 - U_1) + (U_5 - U_2) + (U_6 - U_3)}{3 \times 3} = \underline{\hspace{3cm}}$ V。

$$E = \frac{U_g - U_{标准}}{U_{标准}} = \underline{\hspace{3cm}} \%$$

【思考题】

1. 为什么 I_p-U_a 曲线呈周期性变化？
2. 灯丝电压 U_F 的高低直接影响什么参量？

实验 5.2　用光电效应测普朗克常量

光电效应是指一定频率的光照射在金属表面时会有电子从金属表面逸出的现象。光电效应实验对于认识光的本质及早期量子理论的发展，具有里程碑式的意义。

光电效应的实验规律与经典的电磁理论是矛盾的，按经典理论，电磁波的能量是连续的，电子接受光的能量获得动能，应该是光强越大，能量越大，所以电子的初动能越大；而实验结果是电子的初动能与光强无关。按经典理论，只要有足够的光强和照射时间，电子就应该获得足够的能量而逸出金属表面，与光的频率无关。但实验事实是，对于一定的金属，当光的频率高于某一值时，金属一经照射，立即有光电子产生，当光的频率低于该值时，无论光强多大，照射时间多长，都不会有光电子产生。爱因斯坦由光子假设得出了著名的光电效应方程，解释了光电效应的实验结果。

【实验目的】

（1）了解光电效应的规律，加深对光的量子性的理解。

（2）学会一种测量普朗克常量 h 的方法。

【实验仪器】

ZKY—GD—3 型光电效应仪。

【仪器介绍】

ZKY—GD—3 型光电效应实验仪，包括汞灯与电源、滤色片、光阑、光电管、测试仪（含光电管电源和微电流放大器）等，仪器结构如图 5.2-1 所示，测试仪的调节面板如图 5.2-2 所示。

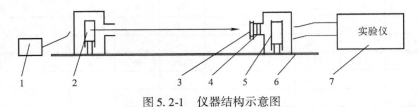

图 5.2-1　仪器结构示意图

1—汞灯电源　2—汞灯　3—滤色片　4—光阑　5—光电管　6—基座　7—实验仪

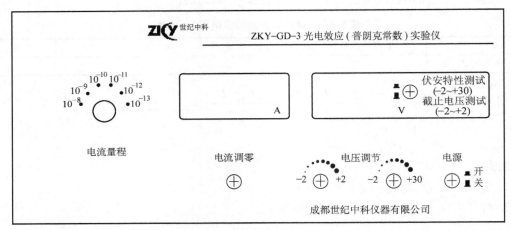

图 5.2-2　测试仪器的调节面板

仪器的各项技术指标汇总在表 5.2-1 中。

表 5.2-1　ZKY—GD—3 型光电效应仪技术指标

名　称	型　号	技 术 规 格
光电效应仪	ZKY—GD—3	
组件 微电流放大器	电流测量范围	$10^{-8} \sim 10^{-13}$ A，分 6 档，三位半数显
光电管工作电源	电压调节范围	$-2 \sim +2$V，$-2 \sim +30$V，分 2 档，三位半数显
光电管	光谱响应范围	300 ~ 700nm 最小阴极灵敏度≥1μA/Lm 阳极：镍圈 暗电流：$I \leq 2 \times 10^{-12}$ A（-2V$\leq U_{AK} \leq 0$V）
滤光片 5 片	中心波长/nm	365.0，404.7，435.8，546.1，578.0
汞灯	可用谱线/nm	365.0，404.7，435.8，546.1，578.0

【实验原理】

光电效应的实验原理如图 5.2-3 所示。入射光照射到光电管阴极 K 上，产生的光电子在电场力的作用下向阳极 A 迁移而构成光电流，改变外加电压 U_{AK}，测量出光电流 I 的大小，即可得出光电管的伏安特性曲线。

光电效应的基本实验事实如下：

（1）对应于某一频率，光电效应的 I-U_{AK} 关系如图 5.2-4 所示。从图中可见，对一定的频率，有一电压 U_0，当 $U_{AK} \leqslant U_0$ 时，电流为零，这个相对于阴极为负值的阳极电压 U_0，被称为截止电压。当 $U_{AK} \geqslant U_0$ 后，I 迅速增加，然后趋于饱和，饱和光电流的大小与入射光的强度 p 成正比。

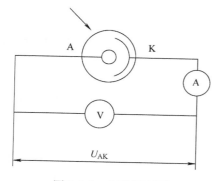

图 5.2-3 实验原理图

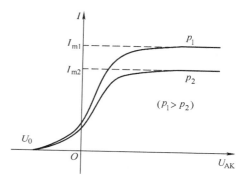

图 5.2-4 光电管的伏安特性曲线

（2）截止电压 U_0 与入射光的频率 ν 成正比，如图 5.2-5 所示。当 ν 低于某极限值 ν_0（ν_0 随不同金属而异）时，不论光的强度多强，照射时间多长，都没有光电流产生。

（3）光电效应是瞬时效应。即使入射光的强度非常微弱，只要频率大于 ν_0，在开始照射后立即有光电子产生，所经过的时间至多为 10^{-9} s 的数量级。按照爱因斯坦的光量子理论，频率为 ν 的光子具有能量 $E = h\nu$，h 为普朗克常量。当光子照射到金属表面上时，一次性被金属中的电子全部吸收，而无需积累能量的时间。电子把这一能量的一部分用来克服金属表面对它的束缚，余下的就变为电子离开金属表面后的动能。按照能量守恒原理，爱因斯坦提出了著名的光电效应方程

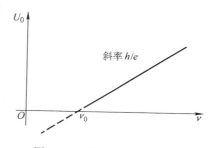

图 5.2-5 截止电压 U_0 与入射光频率 ν 的关系图

$$h\nu = \frac{1}{2}mv_0^2 + A \tag{5.2-1}$$

式中，A 为金属的逸出功；$\frac{1}{2}mv_0^2$ 为光电子获得的初始动能。

由上式可见，入射到金属表面的光频率越高，逸出的电子动能越大，所以，即使阳极电动势比阴极电动势低，也会有电子落入阳极形成光电流，直至阳极的电动势降低到与阴极的电动势差等于截止电压时，光电流才为零，此时有如下关系

$$eU_0 = \frac{1}{2}mv_0^2 \tag{5.2-2}$$

随着阳极电动势的升高，阳极对阴极发射的电子的收集作用增强，光电流随之上升；当阳极与阴极的电动势差高到一定程度，以至于把阴极发射的光电子几乎全部收集到阳极时，再增加 U_{AK}，光电流 I 也不再变化，达到饱和，饱和光电流 I_m 与入射光的强度 p 成正比。

当光子的能量 $h\nu < A$ 时，电子不能脱离金属，因而没有光电流产生。产生光电效应的最低频率是 $\nu_0 = A/h$，称 ν_0 为该种金属的红限频率。将式（5.2-2）代入式（5.2-1）式得

$$U_0 = \frac{h}{e}\nu - \frac{A}{e} \tag{5.2-3}$$

此式表明，截止电压 U_0 是频率 ν 的线性函数，而直线斜率 $k = h/e$。于是，只要由实验测出不同的频率对应的截止电压，求出直线斜率，就可算出普朗克常量 h。

【实验内容】

1. 测试前的准备

用专用连接线将光电管暗盒电压输入端与测试仪电压输出端（后面板上）连接起来（红—红，蓝—蓝）。

将测试仪及汞灯电源接通，预热 10min。

把汞灯及光电管暗盒遮光盖盖上，将汞灯暗盒光输出口对准光电管暗盒光输入口，调整光电管与汞灯距离为约 40cm，并保持不变。

2. 测普朗克常量

将电压选择按键置于 $-2 \sim +2V$ 档；将"电流量程"选择开关置于 $10^{-13}A$ 档，将测试仪电流输入电缆断开，旋转"调零"旋钮，使电流指示为 000.0。调零后重新接上；将直径 4mm 的光阑及 365.0nm 的滤色片装在光电管暗盒光输入口上。

从低到高调节电压，测量该波长对应的 U_0。依次换上 404.7nm、435.8nm、546.1nm、577.0nm 的滤色片，重复以上测量步骤，并将数据记于表 5.2-2 中。用表 5.2-2 中的数据作出截止电压 U_0 与入射光频率 ν 的关系图，进而求出普朗克常量。

注：本仪器在测量各谱线的截止电压 U_0 时，用"零电流法"或"补偿法"。

（1）零电流法 零电流法是直接将测得的、电流为零时对应的电压 U_{AK} 的绝对值作为截止电压 U_0。

（2）补偿法 调节电压 U_{AK} 使电流为零后，保持 U_{AK} 不变，遮挡汞灯光源，此时测得的电流 I_1 为电压接近截止电压时的暗电流和本底电流。重新让汞灯照射光电管，调节电压 U_{AK} 使电流值至 I_1，将此时对应的电压 U_{AK} 的绝对值作为截止电压 U_0。

3. 测光电管的伏安特性曲线

将电压选择按键置于 $-2 \sim +30V$ 档；将"电流量程"选择开关置于 $10^{-11}A$ 档；将测试仪电流输入电缆断开，调零后重新接上，将直径 2mm 的光阑及 435.8nm 的滤色片装在光电管暗盒光输入口上。

从低到高调节电压，记录电流从零到非零点所对应的电压值，并作为第一组数据，改变电压，记录相应的光电流数值到表 5.2-3 中。

换上直径 4mm 的光阑及 546.1nm 的滤色片，重复以上测量。

用表 5.2-3 数据作两条光电管的伏安特性曲线。

4.（选作）光电管的饱和光电流与入射光强成正比

提示：光电管接收的光强与光阑面积成正比。

【注意事项】

（1）实验中将 $\phi 5\text{mm}$ 的光阑孔安放在暗盒窗口，尽量防止散射光照到光电管上。

（2）认真阅读"测试前准备"，接线一定要正确无误。

（3）换滤色片时，注意把汞灯用遮光盖盖上，防止强光照射光电管。

【思考题】

（1）利用表 5.2-2 的数据如何求普朗克常量？

（2）如何设计实验，以验证"光电管的饱和光电流与入射光强成正比"？

【数据处理】

表 5.2-2　$U_0\text{-}\nu$ 关系数据记录表　　　　　　　　　　光阑孔 $\phi =$ 　 mm

波长 λ /nm	365.0	404.7	435.8	546.1	577.0
频率 ν /(10^{14}Hz)	8.214	7.408	6.879	5.490	5.196
截止电压 U_0 /V					

表 5.2-3　$I\text{-}U_{AK}$ 关系数据表　　　　　　　　$L =$ 　 mm

$\lambda = 435.8\text{nm}$	U_{AK}/V					
光阑 2mm	I/(10^{-11}A)					
$\lambda = 546.1\text{nm}$	U_{AK}/V					
光阑 4mm	I/(10^{-11}A)					

根据以上数据作出相应的曲线，并说明结果。

实验 5.3　密立根油滴实验

电子电荷是一个重要的基本物理常数，准确测定电子电荷量具有重要的意义。1883 年由法拉第电解定律发现了电荷的不连续性；1897 年，汤姆逊通过对阴极射线的研究，测量了电子的荷质比，从实验上发现了电子的存在；而用个别粒子所带电荷的方法直接证明电荷的分立性并首先准确测定电子电荷的数值则是由密立根（Millikan）在 1913 年完成的。密立根因此荣获 1923 年诺贝尔物理学奖。

密立根油滴实验设计巧妙，原理清楚，设备简单，结果准确，是一个著名而有启发性的物理实验。密立根油滴仪可用于工业上测量粉尘的电荷量，也可用于静电除尘、静电分选、静电复印、静电喷雾等领域，从而显示出密立根油滴实验广泛的应用前景。

【实验目的】

（1）了解密立根油滴实验的设计思想；掌握其实验方法和实验技巧。

（2）验证电荷的"量子化"，测量基本电荷的电荷量。

（3）通过测量油滴的电荷量，培养学生严谨的科学态度。

【实验仪器】

MOD-5 型密立根油滴仪、监视器、喷雾器、实验用油。

【仪器介绍】

1. 油滴盒

如图 5.3-1 所示，上下电极板是经过精密加工的平行极板，垫在胶木圆环上。油滴盒置于有机玻璃防风罩内，防止外界空气扰动对油滴的影响。用喷雾器从喷雾口将油喷入油雾室，经油雾孔落入上电极板中央直径为0.4mm的小孔，进入上、下电极之间。上极板上装有一弹簧压舌，是上极板的电源。关闭油雾孔挡板可防止油滴的不断进入。仪器的底部装有调平螺钉，用来调节平行板的水平位置。油雾室上加一上盖板。

2. 监视器分划板

监视器分划板面板如图5.3-2所示，上下6格，中间4格每小格0.5mm，用来观察油滴匀速运动的距离，横向格子用来测量布朗运动。

3. MOD型密立根油滴仪面板

MOD-5型密立根油滴仪面板如图5.3-3所示，"直流工作电压"有平衡、提升、下落三档。"平衡"档给极板提供平衡电压，使被测油滴处于平衡状态；"提升"档是在平衡电压的基础上自动增加200~333V提升电压，将油滴从视场的下端提升上来，为下次测量做准备；"下落"档是去除极板间电压，使油滴自由下落。

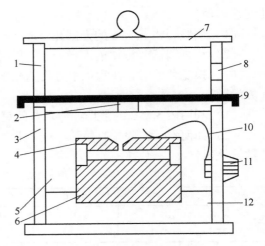

图5.3-1　油滴盒结构示意图

1—油雾室　2—油雾孔　3—防风罩　4—上极板
5—胶木圆环　6—下极板　7—上盖板　8—油雾口
9—油雾孔挡板　10—上极板压簧　11—上极板
电源接头　12—基座

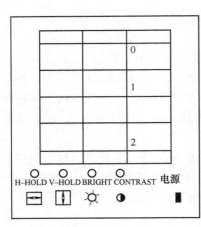

图5.3-2　监视器分划板面板图

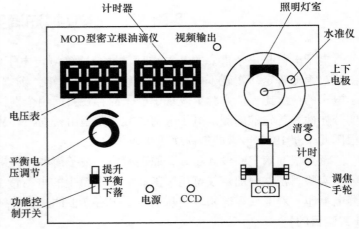

图5.3-3　MOD-5型密立根油滴仪面板图

【实验原理】

用油滴法测量电子的电荷量，分为静态（平衡）测量法和动态（非平衡）测量法，通过改变油滴所带的电荷量，还可以用静态法或动态法测量油滴所带电荷量的改变量。

1. 静态测量法

（1）基本原理　油滴在平行极板间同时受到重力和静电力的作用，设油滴的质量为m，带电荷量为q，两极板间电压U，调节极板间电压U，使二力达到平衡，则

$$q = \frac{mg}{E} = mg\frac{d}{U} \tag{5.3-1}$$

式中，E 为两极板间的电场强度；d 为极板间距。可见，测定了 m、U 和 d 即可计算出油滴的电荷量 q。

（2）油滴质量的测定　因 m 很小，需用如下特殊方法测量。当平行板间不加电压时，油滴受重力作用而加速下降，由于空气阻力的作用，下降一段距离达到某一速度 v_g 后，阻力 F_r 与重力 mg 平衡（忽略不计空气浮力），油滴将匀速下降。根据斯托克斯定律有

$$F_r = 6\pi a\eta v_g = mg \tag{5.3-2}$$

式中，η 为空气黏度；a 为油滴半径（表面张力的作用使油滴呈小球状）。设油滴的密度为 ρ，则 $m = \frac{4}{3}\pi a^3 \rho$，代入式（5.3-2）得

$$a = \sqrt{\frac{9\eta v_g}{2\rho g}} \tag{5.3-3}$$

但油滴并非刚性小球，线度可与室温下气体分子的平均自由程（$7 \times 10^{-8}\,\mathrm{m}$）相比，故斯托克斯定律不严格成立，将 η 修正为

$$\eta' = \frac{\eta}{1 + \dfrac{b}{pa}}$$

式中，b 为修正常数；p 为大气压强。代入式（5.3-3）得

$$a = \sqrt{\frac{9\eta v_g}{2\rho g\left(1 + \dfrac{b}{pa}\right)}} \tag{5.3-4}$$

所以

$$m = \frac{4\pi}{3}\left(\frac{9\eta v_g}{2\rho g}\,\frac{1}{1 + \dfrac{b}{pa}}\right)^{\frac{3}{2}}\rho \tag{5.3-5}$$

式（5.3-4）中根号下还包含油滴的半径 a，因处于修正项中，不需十分精确，所以式（5.3-3）仍成立。

（3）v_g 的测定　两极板间不加电压时，设油滴匀速下降的距离为 l，时间为 t_g，则 $v_g = \dfrac{l}{t_g}$，代入式（5.3-5）后再代入式（5.3-1），得

$$q = \frac{18\pi}{\sqrt{2\rho g}}\left(\frac{\eta l}{t_g\left(1 + \dfrac{b}{pa}\right)}\right)^{\frac{3}{2}}\frac{d}{U} \tag{5.3-6}$$

实验发现，对同一油滴，如果改变其所带的电荷量，则能够使油滴达到平衡的电压 U 必须是某些特定值 U_n（不连续），这表明油滴所带电荷量 q 是不连续的，即

$$q = ne = mg\frac{d}{U_n} \qquad (n = \pm 1,\ \pm 2,\ \cdots)$$

对不同油滴，发现有同样的规律，而且 e 值是 q_1，q_2，q_3，$\cdots$，q_n 的最大公约数。这就

证明了电荷的不连续性，且存在最小电荷单位 e，使

$$ne = \frac{18\pi}{\sqrt{2\rho g}} \left(\frac{\eta l}{t_g \left(1 + \dfrac{b}{pa} \right)} \right)^{\frac{3}{2}} \frac{d}{U} \tag{5.3-7}$$

式（5.3-7）就是用静态法测定油滴所带电荷量的理论公式。从油滴仪的电压表上直接读出平衡电压 U；用观察屏测出油滴匀速下降距离 l；所用时间 t_g 可由油滴仪上的秒表测定。ρ、g、η、p、b、d、l 都是与实验条件和仪器有关的或设定的参数。数值如下：

油滴密度　　　　　　　　$\rho = 981 \text{kg/m}^3$
重力加速度　　　　　　　$g = 9.80 \text{m/s}^2$
空气的黏度　　　　　　　$\eta = 1.83 \times 10^{-5} \text{kg/(m·s)}$
油滴匀速下降的距离　　　$l = 2.00 \times 10^{-3} \text{m}$
修正常数　　　　　　　　$b = 8.226 \times 10^{-3} \text{m·Pa}$
大气压强　　　　　　　　$p = 1.013 \times 10^5 \text{Pa}$
平行极板间距离　　　　　$d = 5.00 \times 10^{-3} \text{m}$

油滴的半径　　　　　　　$a = \sqrt{\dfrac{9\eta l}{2\rho g t_g}}$

将以上参数代入式（5.3-7），得油滴所带电荷量的测量公式

$$q = \frac{1.43 \times 10^{-14}}{U \left[t_g \left(1 + 0.02 \sqrt{t_g} \right) \right]^{3/2}} \tag{5.3-8}$$

由于油滴的密度 ρ、空气的黏度 η 都是温度的函数，大气压强 p 又随实验条件和地点的变化而变化，因此，上式的计算是近似的。一般情况下，由这些因素引起的误差仅 1% 左右。

2. 动态测量法

（1）油滴带电荷量的测量　非平衡测量法是在平行极板上加上适当的电压 U，使油滴受静电力作用加速上升。由于空气阻力的作用，上升一段距离达到某一速度 v_e 后，空气阻力、重力与静电力达到平衡（空气浮力忽略不计），油滴将以 v_e 匀速上升，此时

$$6\pi a \eta v_e = q \frac{U}{d} - mg$$

当去掉平行极板上所加的电压 U 后，油滴受重力作用而加速下降。当空气阻力和重力平衡时，

$$6\pi a \eta v_g = mg$$

$$\frac{v_e}{v_g} = \frac{q \dfrac{U}{d} - mg}{mg}$$

所以，

$$q = mg \frac{U}{d} \left(\frac{v_e + v_g}{v_g} \right) \tag{5.3-9}$$

实验时取油滴匀速下降和匀速上升的距离相等，设为 l，油滴匀速下降和匀速上升的时间分别为 t_g、t_e，则 $v_g = \dfrac{l}{t_g}$，$v_e = \dfrac{l}{t_e}$，代入式（5.3-9），得

$$q = K\left(\frac{1}{t_e} + \frac{1}{t_g}\right)\left(\frac{1}{t_g}\right)^{\frac{1}{2}}\frac{1}{U} \tag{5.3-10}$$

式中

$$K = \frac{18\pi}{\sqrt{2\rho g}}\left(\frac{\eta l}{1 + \frac{b}{pa}}\right)^{\frac{3}{2}} \quad d = \frac{1.43 \times 10^{-14}}{(1 + 0.02\sqrt{t_g})^{\frac{3}{2}}} \tag{5.3-11}$$

采用动态法，当调节电压 U 使油滴受力达到平衡时，油滴匀速上升的时间 $t_e \to \infty$，式（5.3-7）和式（5.3-10）相一致。可见平衡测量法是非平衡测量法的一种特例。

（2）油滴带电荷量改变量的测量　　如果油滴所带的电荷量从 q 变到 q'，油滴在电场中匀速上升的速度（电压 U 不变）将由 v_e 变成 v_e'，而匀速下降的速度 v_g 不变，设上升距离仍为 l，则

$$q' = K\left(\frac{1}{t_e'} + \frac{1}{t_g}\right)\left(\frac{1}{t_g}\right)^{\frac{1}{2}}\frac{1}{U}$$

所以，油滴带电荷量的变化量为

$$\Delta q = q' - q = K\left(\frac{1}{t_e'} - \frac{1}{t_g}\right)\left(\frac{1}{t_g}\right)^{\frac{1}{2}}\frac{1}{U} \tag{5.3-12}$$

电荷量为

$$e = \frac{\Delta q}{\Delta n} \tag{5.3-13}$$

式中，Δn 为油滴所带电子数的改变量。

两种方法各有利弊，用平衡法测量，原理简单直观，且油滴有平衡不动的状态，但需仔细调节平衡电压，实验较慢；用动态法测量，不需调节平衡电压，只需测量上升和下降时间，操作简便，但其原理和数据处理相对复杂，且油滴不处于平衡状态，实验中容易丢失。

【实验内容】

1. 用平衡法测量电子的电荷量

（1）调整仪器

1）调节仪器底部调平螺钉，使水准仪气泡处于中央位置，这时平行板处于水平，保证电场和重力场平行，然后接通电源，预热 10min。

2）调节监视器上亮度（BRIGHT）和对比度（CONTRAST）旋钮，使亮度和对比度适中，不要太亮。

3）将工作电压选择开关置于"平衡"档，极板上加 250V 左右的电压，用喷雾器将油从喷雾口喷入油雾室（喷一次即可），推上油雾孔挡板，以免空气流动使油滴乱漂移。调节显微镜的调焦手轮，看清监视器上出现的大量清晰的油滴。

（2）练习测量

1）练习控制油滴：在显示屏上剩下几颗缓慢运动的油滴时，选中其中的某一颗并跟踪，当工作电压选择开关置于"下落"档时，该油滴向下运动；置于"提升"档时又能向上运动。然后仔细调节平衡电压，使这颗油滴静止。如此反复练习，以掌握控制油滴的方法。

2）练习测量油滴运动的时间：任意选择几颗运动快慢不同的油滴，用计时器测出它们

下降一段距离所需要的时间，反复练习。

3）练习选择油滴：通常选择平衡电压在 150 ~ 300V、20 ~ 30s 时间内匀速下降 2mm 的油滴，其大小和带电荷量都比较合适。

（3）测量电子电荷量

1）电压开关置"平衡"档。将选定的一颗油滴置于分划板上某条横线附近，仔细调节平衡电压旋钮，使油滴平衡，记下平衡电压 U。

2）保持平衡电压 U 不变，电压开关置"提升"档，将油滴移至略高出分划板最高横刻线。再将开关扳向"下落"档，测出其通过分划板中间 4 格（$L = 2.00\text{mm}$）的匀速运动时间 t_g。

3）迅速将电压开关置"平衡"档（以免油滴因继续下降而丢失）。

4）重复步骤 1）、2）、3），对同一颗油滴测量 6 次。

5）用同样方法对不同油滴（至少 5 个）进行测量。

6）将测量数据填入表 1（格数不够自行补上）。

2. 动态测量法测电子电荷量

1）适当调整平衡电压，向油雾室喷油。选择合适的一颗油滴，利用提升电压将油滴送到分划板最高水平刻线上方，去掉极板间电压，用秒表测出该油滴通过分划板中间 4 格（$L = 2.00\text{mm}$）的匀速运动时间 t_g。

2）将电压换到"平衡"档，让油滴向上运动，同时记下油滴向上运动相同 4 格的时间 t_e。（无论油滴是上升还是下降，测完时间后，都要迅速改变电压档位，以免油滴丢失）。同一油滴重复测量 5 次 t_g、t_e。

3）选择不同油滴 5 滴，重复 1）~ 3）步。

4）将测量数据填入表 2（格数不够自行补上），求 t_g、t_e 的平均值代入式（5.3-10）求电子电荷量 e。

【注意事项】

（1）学生一般不要打开油雾室，如要打开，应先将工作电压选择开关置"下落"档，即油滴仪二极板绝对不允许加电压，否则会因短路造成仪器损坏。而且有高压，不安全。

（2）喷油次数不能太多，喷油量不能过大，否则将堵塞油孔，还会使进入视场油滴太多，造成跟踪困难。若打开仪器电源开关并喷入油雾后，仍看不到油滴，可能的原因有：显微镜调焦不准，微调调焦手轮；极板上的小孔被堵塞，应请老师处理。

（3）做好本实验的关键是选择大小适当、带电荷量适中的油滴。太大的油滴虽然比较亮，但自由降落速度快，不易测准确时间，且油滴需带较多电荷才能平衡，电荷量不易测准；油滴太小，会因热扰动和布朗运动使测量时涨落太大。实验证明油滴所带电荷量以小为好，但在多次选择时，又应当使各油滴带电荷量尽量不同。具体做法是，先设定平衡电压，然后将工作电压选择开关放在"下落"档，之后喷油，在刚出现"繁星"时将平衡电压加上，选定几个上升较慢又不过分缓慢的油滴，设法留住其中一个。

（4）每次测量都要重新调整平衡电压！

【数据处理】

为了证明电荷的不连续性和所有电荷 q 都是基本电荷的整数倍 ne，应对实验测得的各个电量 q 求最大公约数。但由于实验所带来的误差，求 q 的最大公约数比较困难，通常用"倒过来验证"的办法进行数据处理，即用公认的电子电荷量 $e = 1.6021892 \times 10^{-19}\text{C}$ 去除实

测得的电荷量 q，得到一个接近某一整数的数值，这个整数就是油滴所带的基本电荷的数目 n，再用这个 n 去除实验测得的电荷量，即得电子的电荷值 e。将实验数据填入表 5.3-1 和表 5.3-2 中。

1. 静态测量法

天气：　　　　　　　　　　　室温：

表　5.3-1

油滴编号	测量次数	电压/V	t_g/s	q/C	n	e/C
1	1					
	2					
	3					
	4					
	5					
	6					

计算电子电荷 e 的平均值，并与 $e = 1.6021892 \times 10^{-19} C$ 比较，求出百分差。

2. 动态测量法

天气：　　　　　　　　　　　室温：

表　5.3-2

油滴编号	测量次数	电压/V	t_g/s	t_e/s	q/C	e/C
1	1					
	2					
	3					
	4					
	5					
	6					

【思考题】

（1）喷射出的油滴为什么会带电？如何判断油滴带电的正负和油滴所带电荷量的多少？

（2）用静态法测量时，为什么必须使油滴作匀速运动？试验中怎样保证油滴匀速运动？

（3）在对一个油滴测量过程中，发现平衡电压在不大的范围内逐渐变小，说明什么？

（4）若油滴平衡未调好，对实验结果有何影响？

实验 5.4　金属电子逸出功的测量

给真空二极管的阴极（用金属丝做成）通以电流，使金属丝加热，从金属丝表面逸出电子的现象称为热电子发射。热电子发射的基本物理参量之一是电子的逸出功。通常情况下，电子在金属内部所具有的能量低于在外部的能量，所以，要使电子逸出金属表面，必须给电子提供一定的能量，这份能量称为电子的逸出功。

金属电子逸出功的测量实验综合应用了直线测量法、外延测量法和补偿测量法等多种实验方法，通过数据处理得到较好的技巧性训练。

【实验目的】

(1) 了解热电子发射的基本规律。

(2) 学习用里查逊直线法测量钨的逸出功。

(3) 学习外延测量法和补偿测量法等基本实验方法。

(4) 进一步学习数据处理的方法。

【实验仪器】

WF—3 型逸出功测定仪，包括：主机、理想二极管及座架、WF—3 型组合数字电表。

【仪器介绍】

1. 理想（标准）二极管

为了测定钨的逸出功，将钨做成理想二极管的阴极（灯丝）。"理想"的含义一是把电极设计成能够进行分析的几何形状，本仪器设计成同轴圆柱形系统；二是把阴极发射面限制在温度均匀的一定长度内，且能近似地把电极看成无限长的。为了避免阴极的冷端效应（两端温度较低）和电场不均匀等边缘效应，在阳极两端各装一个保护（补偿）电极，它们与阳极在管内相连后引出管外。虽然保护电极与阳极加相同的电压，但由于它们与阳极绝缘，所以在被测热电子发射电流中，并不包括保护电极中的电流。在阳极上开有一个小孔（辐射孔），以便用光测高温计测量阴极温度。理想二极管的结构如图 5.4-1 所示。

2. WF—3 型金属电子逸出功测定仪

WF—3 型逸出功测定仪的面板如图 5.4-2 所示，下面的一排接线柱是为二极管提供电源的，从右至左依次接"阳极电压 U_a""灯丝电压 U_f"和励磁螺线管电压。

待测的各电压、电流用 WF—3 型组合数字电表来测量。"灯丝电流"调节旋钮用于调节二极管的灯丝电流，电流值由"灯丝电流"电流表显示；"阳极电压"调节旋钮用于调节二极管的阳极电压，分"粗调"和"细调"两档，电压值由"阳极电压"电压表显示。电压表量程分"×1""×10"两档，"×1"档满度值为 19.9V，"×10"档满度值为 199.9V。"阳极电压"表显示的是实际测量的电压，"×1""×10"并非倍率。

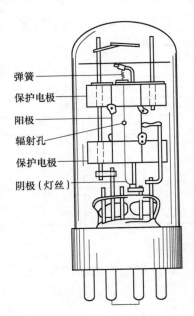

弹簧

保护电极

阳极

辐射孔

保护电极

阴极（灯丝）

图 5.4-1　理想二极管示意图

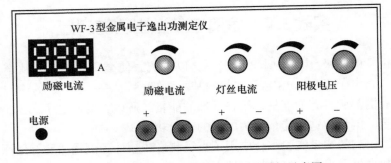

图 5.4-2　WF—3 型逸出功测定仪的面板示意图

【实验原理】

1. 电子的逸出功

固体物理学理论指出：金属中电子的能量是量子化的，电子的分布服从泡利不相容原理，即一个状态只能被一个电子所占据；电子是全同粒子，即电子之间不可区分；电子的自旋量子数为 1/2。所以，金属中传导电子的分布遵循费米-狄拉克能量分布，热平衡时，能量在 $E \sim E + dE$ 之间、单位体积内的电子数为

$$dN = \frac{4\pi}{h^3}(2m_e)^{\frac{3}{2}} E^{\frac{1}{2}} \left[\exp\left(\frac{E - E_F}{kT}\right) + 1 \right]^{-1} dE$$

所以电子的能量分布函数为

$$f(E) = \frac{dN}{dE} = \frac{4\pi}{h^3}(2m_e)^{\frac{3}{2}} E^{\frac{1}{2}} \left[\exp\left(\frac{E - E_F}{kT}\right) + 1 \right]^{-1} \tag{5.4-1}$$

式中，h 为普朗克常量；k 为玻尔兹曼常数；m_e 为电子质量；E_F 为费米能级。

电子的能量分布曲线 $f(E) \sim E$ 如图 5.4-3（左侧）所示。图中曲线 1 表示绝对零度时电子随能量的分布情况，当 $T > 0$ 时，电子的能量分布曲线如曲线 2 和曲线 3 所示。由图看出：在 $T = 0K$ 时，电子所具有的最大能量为 E_F；曲线 2、曲线 3 表明，当 $T > 0K$ 时，少数电子的能量大于 E_F，但这种状态的电子数随能量的增加而指数衰减。

由电学知识可知，当金属表面附近有电子时，金属表面上会出现感应正电荷，正电荷对电子的吸引力阻止电子从金属表面逃逸。所以，一般电子不能从金属中逸出。从能量角度看，金属

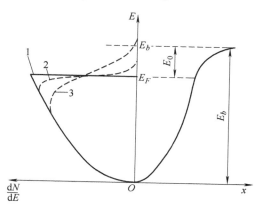

图 5.4-3　金属中电子能量的分布

中的电子在一个势阱中运动，势阱的深度 $E_b > E_F$，图 5.4-3（右侧）给出金属-真空界面的势垒曲线（将金属中电子的能量分布曲线画于左侧，以便比较）。横坐标 x 为电子到金属表面的距离，纵坐标为能量。由图看出，要使处于绝对零度的电子从金属中逸出，必须具有大于 E_b 的动能。在绝对零度时，使电子从金属中逸出所需要的最小能量

$$E_0 = E_b - E_F = e\phi$$

就是金属电子的逸出功（或功函数），常用电子伏特 eV 为单位，ϕ 为电子的逸出电位，单位为伏 V，e 为电子电荷量。给金属通电加热，提高其温度，以改变电子的能量分布，使动能大于 E_F 的电子增多，如图 5.4-3 中虚线所示，从而使动能大于 E_b 的电子越过势垒，从金属中逸出，形成热电子发射。不同金属有不同的逸出功，因此，逸出功的大小对热电子发射的强弱有重要影响。

2. 热电子发射公式

根据费米-狄拉克统计分布公式（5.4-1），可以导出热电子发射的里查逊-杜西曼公式

$$I = AST^2 \exp\left(-\frac{e\phi}{kT}\right) \tag{5.4-2}$$

式中，I 为热电子发射的电流；S 为阴极的有效发射面积；T 为阴极的热力学温度；A 为与阴

极材料表面化学纯度有关的系数；k 为玻尔兹曼常数，$k = 1.38 \times 10^{-23} \text{J} \cdot \text{K}^{-1}$。

原则上只要测出 I、A、S、T，根据式（5.4-2）即可计算出阴极材料的逸出功 $e\phi$。但由于 A、S 这两个量难以直接测定以及肖脱基效应，用式（5.4-2）还不能求出逸出功。在实际测量中，常用以下测量和数据处理方法：

3. 用里查逊直线法测逸出功

将式（5.4-2）两边除以 T^2，再取对数得

$$\lg \frac{I}{T^2} = \lg(AS) - 5.039 \times 10^3 \frac{\phi}{T} \tag{5.4-3}$$

可见，$\lg \dfrac{I}{T^2}$ 与 $\dfrac{1}{T}$ 成线性关系。因为对某一固定材料的阴极，A、S 是常数，所以 $\lg(AS)$ 只改变直线的截距，而不影响直线的斜率。故由直线 $\lg \dfrac{I}{T^2} \sim \dfrac{1}{T}$ 的斜率可得出金属的逸出电位 ϕ。这种方法称为里查逊直线法。采用里查逊直线法避免了 A 和 S 不能准确测定造成的困难。

4. 零场电流的测量

加速电场为零时阴极的发射电流称为零场电流 I。为了使阴极发射的热电子连续不断地飞向阳极，必须在阴极和阳极之间加一加速电场，但加速电场的存在导致阴极表面的势垒 E_b 降低，逸出功减小，助长阴极的电子发射。外加电场使发射电流增大的现象称为肖脱基效应。

可以证明，阴极热电子发射电流与加速电场的关系为

$$I_a = I \exp\left(\frac{0.439 \sqrt{E_a}}{T}\right) \tag{5.4-4}$$

式中，E_a 为阴极表面加速电场的电场强度；I_a 为阴极加速场强为 E_a 时的阴极发射电流；I 为零场电流。

因为理想二极管的阴极和阳极做成了同轴圆柱形，忽略接触电位差和边缘效应等，所以阳极电压

$$U_a = \int_{\text{阳极}}^{\text{阴极}} \boldsymbol{E} \cdot \mathrm{d}\boldsymbol{l} = \int_{r_1}^{r_2} \frac{\lambda}{2\pi\varepsilon_0 r} \mathrm{d}r = \frac{\lambda}{2\pi\varepsilon_0} \ln \frac{r_2}{r_1} = E_a r_1 \ln \frac{r_2}{r_1}$$

即

$$E_a = \frac{U_a}{r_1 \ln \dfrac{r_2}{r_1}}$$

式中，r_1 和 r_2 分别为阳极和阴极的半径。将上式代入式（5.4-4），并取对数得

$$\lg I_a = \lg I + \frac{0.439}{2.30T} \frac{1}{\sqrt{r_1 \ln \dfrac{r_2}{r_1}}} \sqrt{U_a} \tag{5.4-5}$$

可见，对一定几何尺寸的管子，当阴极的温度 T 一定时，$\lg I_a$ 与 $\sqrt{U_a}$ 成线性关系。以 $\sqrt{U_a}$ 为横坐标，$\lg I_a$ 为纵坐标，作出如图 5.4-4 所示的直线，这些直线的延长线与纵坐标的交点为不同温度时的 $\lg I$。这样从加

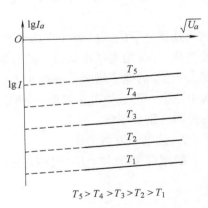

$$T_5 > T_4 > T_3 > T_2 > T_1$$

图 5.4-4　确定零场电流示意图

速电场外延就能求出一定温度下的零场电流 I。

5. 灯丝温度 T 的测定

式（5.4-4）给出了热电子发射电流 I_a 与阴极（灯丝）温度 T 的关系，温度测量的误差对结果的影响很大。在热电子发射的实验研究中，准确地测定温度是一个很重要的问题。本实验通过测阴极电流 I_f 来确定其温度 T。理想二极管的灯丝（纯钨丝）电流已经标定，只要准确测定灯丝电流，查表5.4-1就能得到阴极温度。这种方法的实验结果比较稳定，但要求灯丝电压 U_f 必须稳定，用高级别（如0.5级）的安培表测定灯丝电流。

总之，将被测材料做成二极管的阴极，测定阳极电压 U_a、阴极发射电流 I_a、阴极温度 T 或电流 I_f 后，将用加速电场外延法求出的零场电流 I 代入式（5.4-3），即可求出逸出功 $e\phi$（或逸出电位）。

表5.4-1 灯丝电流与其温度关系表（WF—3型）

灯丝电流 I_f/A	0.50	0.55	0.60	0.65	0.70	0.75	0.80
灯丝温度 $T/10^3$K	1.72	1.80	1.88	1.96	2.04	2.12	2.20

【实验内容】

用 WF—3 型逸出功测定仪测钨的逸出功

（1）结合仪器熟悉逸出功测定仪各接线柱和旋钮的功能。

（2）将理想二极管对准定位键插在座架的八脚插座内，按图5.4-5连接线路，接通电源预热10min。

（3）调节灯丝电流，使 $I_f = 0.55$A，再调节阳极电压，依次使 $U_a = 25$V、36V、49V、64V、81V、100V、121V、144V，分别测出相应的阳极电流 I_a。

（4）改变灯丝电流，使 $I_f = 0.60$A、0.65A、0.70A、0.75A，对应每一灯丝电流，重复步骤（3）。

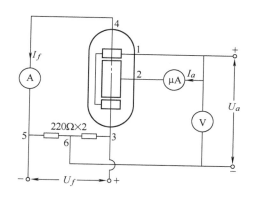

图5.4-5 测量电路图

【注意事项】

（1）使用二极管时应轻拿轻放；要手持二极管下部的金属管座，对准定位键，将二极管插在座架上的八脚插座内；除收藏外，一般不要将管子任意拔下。

（2）特别提醒：图5.4-2所示的 WF—3 型逸出功测定仪面板上各接线柱都是提供电压的，切勿接错阳极电压 U_a 和灯丝电压 U_f，以免烧坏管子。

（3）使用 WF—3 型组合数字电表时要注意各表的量程，接线时注意电位的高低，不要接错正负极。

（4）测量时，每改变一次灯丝电流，要预热几分钟再测。

【数据处理】

按以下要求计算钨的逸出功

（1）将测量数据填入表5.4-2中。

表 5.4-2

$I_a/(10^{-6}\,\mathrm{A})$ I_f/A / U_a/V	25	36	49	64	81	100	121	144
0.55								
0.60								
0.65								
0.70								
0.75								

（2）根据记录数据换算至表 5.4-3 中。

表 5.4-3

$\lg I_a$ $T/(10^3\,\mathrm{K})$ / $\sqrt{U_a}$	5.0	6.0	7.0	8.0	9.0	10.0	11.0	12.0

（3）作 $\lg I_a$-$\sqrt{U_a}$图

根据表 5.4-3 数据，作出 $\lg I_a$-$\sqrt{U_a}$图，定出截距 $\lg I$，再求出在不同阴极温度时的零场热电子发射电流 I，并换算成表 5.4-4。

说明：可将测量数据录入计算机，用实验室提供的相关软件进行计算，将计算结果填入表 5.4-3 中。

表 5.4-4

$T/(10^3\,\mathrm{K})$				
$\lg I$				
$\lg \dfrac{I}{T^2}$				
$\dfrac{1}{T}/(10^{-4}\,\mathrm{K}^{-1})$				

（4）作 $\lg \dfrac{I}{T^2}$-$\dfrac{1}{T}$图，求逸出功

根据表 5.4-4 数据，作出 $\lg \dfrac{I}{T^2}$-$\dfrac{1}{T}$图，并由图求出：

直线斜率：

逸出功：

逸出功的百分误差：

（注：钨逸出功的公认值 $e\phi = 4.54\mathrm{eV}$）

【思考题】

（1）测量金属的逸出功有什么意义？

（2）用里查逊直线法处理数据的优点是什么？

（3）灯丝电压为什么要稳定？为什么每改变一次灯丝电流要预热几分钟后再测量？

（4）想一想用 WF—3 型金属电子逸出功测定仪还能测什么量？试设计实验方案，拟写出实验步骤。

实验 5.5　用超声波测量固体的弹性模量

超声波是频率高于 2000Hz 的机械波。由于超声波具有频率高、波长短、方向性好、能量集中、穿透力强等特点，使得它被广泛用于生产、科研等领域。在无损检测、医学诊断等领域发挥着不可取代的作用。例如，可利用超声波检验固体材料内部的缺陷；在医学中，可以利用超声波进行人体内部器官的组织结构扫描（B 超诊断）和血流速度的测量（彩超诊断）等。

机械波在媒质中传播的时候，它的传播特性和媒质的性质有关。如果媒质发生变化，机械波的传播就会受到扰动，根据这个扰动，就可了解媒质的弹性或弹性变化的特征。利用超声波的传播特性与媒质物理特性之间的关系，通过测量超声波的传播特性参量，可以测量媒质的弹性模量。

【实验目的】

（1）了解超声波产生和接收的方法。

（2）掌握超声波声速的测量方法。

（3）了解超声波声速与固体弹性模量的关系。

【实验仪器】

JDUT—2 型超声波实验仪、示波器、CSK—IB 型铝试块、钢板尺、水（耦合剂）等。

【仪器介绍】

1. JDUT—2 型超声波实验仪

JDUT—2 型超声波实验仪面板如图 5.5-1 所示。

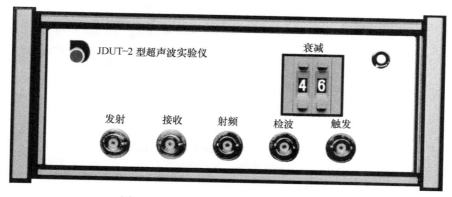

图 5.5-1　JDUT—2 型超声波实验仪面板

（1）仪器的连接

1）单探头工作方式：用三通线把超声波实验仪的发射接口、接收接口及超声波探头相连接。

2）示波器采用外触发工作方式，超声波实验仪的"触发"接口与示波器的外触发输入口连接。

3）超声波实验仪的"射频"输出口与示波器的第一通道 CH1 输入口相连。

（2）仪器的使用 JDUT—2 型超声波实验仪能够调节放大电路的衰减倍数。衰减读数的单位是分贝，用 dB 表示，定义如下

$$分贝值 = 20\lg A \quad (dB)$$

其中，A 是放大倍数。衰减器读数与放大器的放大倍数成对数关系。

超声仪衰减范围是 0 ~ 95dB；调节步长为 1dB 和 10dB 两档。

（3）主要性能指标

脉冲形式：负脉冲

发射强度：400V　　　　发射阻抗：1000Ω

输入阻抗：500Ω　　　　频带宽度：50Hz ~ 7MHz（−3dB）、50Hz ~ 10MHz（−6dB）

放大增益：50dB　　　　动态范围：0 ~ 95 dB，步长 1 dB

输出阻抗：50Ω（射频）、1000Ω（检波）

触发模式：内触发　　　触发输出：TTL 电平

重复频率　125 Hz、250Hz、500Hz、1000Hz

输出限幅：±5V　　　　有效电压：±2V（射频）、0 ~ 2V（检波）

使用电源：~ 220V　　　使用功率：10W

2. 超声波换能器（超声波探头）

我们经常把超声波换能器称为超声波探头。常用的超声波探头有直探头和斜探头两种，其结构如图 5.5-2 所示。如果晶片内部质点的振动方向垂直于晶片平面，那么晶片向外发射的就是超声纵波。探头通过保护膜或斜楔向外发射超声波；吸收背衬的作用是吸收晶片向背面发射的声波，以减少杂波。

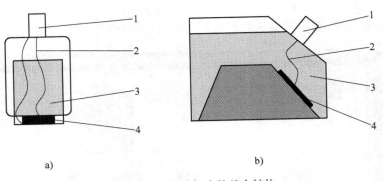

a)　　　　　　　　　　　　　　　　b)

图 5.5-2　超声波探头的基本结构

a）直探头　b）斜探头

1—接插头　2—电极接线　3—吸收背衬　4—晶片

一般情况下，采用直探头产生纵波，斜探头产生横波或表面波。对于斜探头，晶片受激发产生超声波，声波首先在探头内部传播一段距离后，才到达试块的表面，这段时间我们称为探头的延迟。直探头的延迟一般较小，在测量精度要求不高的情况下，可以忽略不计。

【实验原理】

超声波换能器中的压电晶片是被加工成平面状的压电陶瓷，在压电陶瓷片的正反两面分别镀上银层作为电极。当给压电晶片两极施加一个电压短脉冲时，由于逆压效应，晶片将发生弹性形变而产生弹性振荡，适当选择晶片的厚度可以产生超声频率范围的弹性波，即超声波。当电压短脉冲很窄时，它发射出的是一个超声波波包，通常称为脉冲波，如图 5.5-3 所示。

超声波在媒质中传播可以有三种波型，它取决于媒质的性质和激发超声波的振动源。

纵波：媒质中质点振动方向与超声波的传播方向一致的波。

横波：媒质中质点的振动方向与超声波的传播方向相垂直的波型。横波只能在固体媒质中传播。

表面波：沿着固体表面传播的波。这种波可看成纵波与横波的合成，在距表面四分之一波长处振幅最强，随着深度的增加振幅很快衰减。

能够实现超声能量与其他形式能量相互转换的器件称为超声波换能器。超声波在媒质中传播时，

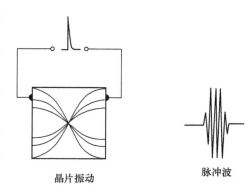

晶片振动　　　　　脉冲波

图 5.5-3　脉冲波的产生

被超声波换能器接收到后，由于压电晶体的正压效应，振荡的晶片在两极产生振荡的电压，电压被放大后可以用示波器显示。一般情况下，超声波换能器既能用于发射又能用于接收。

在各向同性的均匀媒质中机械波的波动方程为

$$\frac{\partial^2 \xi}{\partial x^2} + \frac{\partial^2 \xi}{\partial y^2} + \frac{\partial^2 \xi}{\partial z^2} = \frac{1}{u^2} \frac{\partial^2 \xi}{\partial t^2} \tag{5.5-1}$$

式中，ξ 为质点振动位移；u 为波的传播速度。

当媒质中质点振动方向与超声波的传播方向一致时，称为纵波；当媒质中质点的振动方向与超声波的传播方向相垂直时，称为横波。在气体媒质中，声波只是纵波。在固体媒质内部，超声波可以纵波或横波两种方式传播。无论是纵波还是横波，其速度均可表示为

$$u = \frac{d}{t} \tag{5.5-2}$$

式中，d 为声波传播的距离；t 为声波传播距离 d 所需要的时间。

对于同一种媒质，其纵波波速和横波波速的大小一般不一样，但是它们都由媒质的密度、弹性模量和泊松比等弹性参数决定，即这些物理参数的变化都对波速有影响。

固体在外力作用下，其长度沿力的方向发生形变。形变时的应力与应变之比定义为弹性模量，用 E 表示。

固体在应力作用下，沿纵向有一正应变（伸长），沿横向就将有一个负应变（缩短），横向应变与纵向应变之比被定义为泊松比，记作 μ，它也是表示材料弹性性质的一个物理量。

在各向同性固体媒质中声速为

纵波声速：
$$u_L = \sqrt{\frac{E(1-\mu)}{\rho(1+\mu)(1-2\mu)}}$$ (5.5-3)

横波声速：
$$u_S = \sqrt{\frac{E}{2\rho(1+\mu)}}$$ (5.5-4)

式中，ρ 为媒质的密度。

通过测量媒质中的纵波声速和横波声速，利用以上公式可以计算材料的弹性模量和泊松比。计算公式如下：

弹性模量：
$$E = \frac{\rho u_S^2(3T^2-4)}{T^2-1}$$ (5.5-5)

泊松比：
$$\mu = \frac{T^2-2}{2(T^2-1)}$$ (5.5-6)

式中，$T = \dfrac{u_L}{u_S}$。

超声波在两种固体界面上发生折射和反射时，纵波可以折射或反射为横波，横波也可以折射或反射为纵波。超声波的这种现象称为波型转换。在同一种媒质中纵波的波速大于横波的波速。实验中利用这一性质，用斜探头测量横波的速度。

【实验内容】

（1）按图5.5-4连接超声波实验仪。

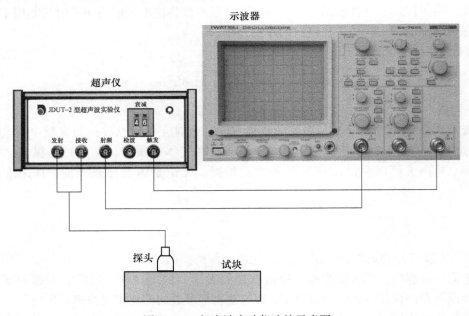

图5.5-4　超声波实验仪连接示意图

（2）用直探头测量超声波纵波速度，如图5.5-5所示。将直探头与超声波实验仪连接，把探头放在试块的上面，仪器的射频输出与示波器第1通道相连，触发与示波器外触发相连，示波器采用外触发方式，适当设置超声波实验仪衰减器的数值和示波器的电压范围与时间范围，从示波器上就可以看到如图5.5-6所示的波形。

在图 5.5-6 中，S 称为始波，t_0 对应于发射超声波的初始时刻；B_1 称为试块的 1 次底面回波，t_1 对应于超声波传播到试块底面反射回来后，被超声波探头接收到的时刻。B_2 称为试块的 2 次底面回波，它对应于超声波在试块内往复传播到试块的上表面后，部分超声波被上表面反射，并被试块底面再次反射，即在试块内部往复传播两次后被接收到的超声波。依此类推，有 3 次、4 次和多次底面反射回波。设 2 次回波被超声波探头接收到的时刻为 t_2，测量出超声波在试块中传播的距离，就可以得到超声波纵波的速度。

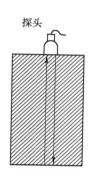

图 5.5-5　用直探头测量超声波纵波速度

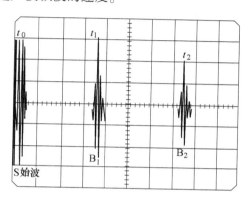

图 5.5-6　用直探头测量时示波器的图像

当试块的厚度为 L 时，超声波纵波的速度为

$$u_L = \frac{2L}{t_2 - t_1} \tag{5.5-7}$$

（3）用斜探头测量超声波横波速度。参照图 5.5-7 把斜探头放在试块上，并使探头靠近试块正面，使探头的斜射声束能够同时入射在 R_1 和 R_2 两个圆弧面上（$R_2 = 2R_1$）。适当设置超声波实验仪衰减器的数值和示波器的电压范围与时间范围。在示波器上同时观测到两个弧面的回波 B_1 和 B_2，如图 5.5-8 所示。左右移动探头，使回波幅度最大。测量它们对应的时间 t_1 和 t_2。

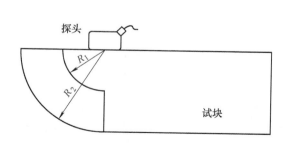

图 5.5-7　用斜探头测量超声波横波速度

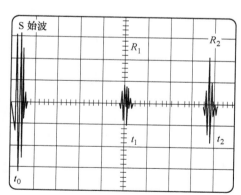

图 5.5-8　用斜探头测量时示波器的图像

超声波横波的速度为

$$u_S = \frac{2(R_2 - R_1)}{t_2 - t_1} \tag{5.5-8}$$

【数据处理】

（1）自拟表格记录数据。

（2）根据式（5.5-7）计算纵波波速 u_L。

（3）根据式（5.5-8）计算横波波速 u_S。

（4）计算铝试块材料的弹性模量 E 和泊松比 μ。

【注意事项】

（1）超声波实验仪的发射接口向外发射 400V 的高压脉冲，因此它只能与接收接口或探头相连，而不能够与超声仪的射频接口、检波接口、触发接口相连，也不能与示波器的 CH1、CH2、TRG 相连，否则会损坏仪器！

（2）超声波实验仪的输出信号被限幅在 5V 左右，因此在测量过程中，一般要求被测信号幅度不超过 2V。

（3）利用 CSK—IB 铝试块时，可以用水或机油作为耦合剂。实验完成后必须擦干净试块上残余的耦合剂，否则会损坏试块。

实验 5.6　热泵热电综合实验

【实验目的】

（1）了解半导体热电效应原理和应用。

（2）测量热泵的实际效率和卡诺效率。

（3）了解什么是热泵的性能系数？通过实验方法测定热泵的性能系数。

【实验仪器】

FB2060 型热泵热电效应综合实验仪。

【实验原理】

把热能转换为电能的所谓热电效应的发展已有一个半世纪的历史，这是与温度梯度的存在有关的现象，其中重要的是温差电现象。但是，由于金属的温差电动势很小，只是在用作测量温度的温差电偶方面得到了应用。半导体出现后，发现它能得到比金属大得多的温差电动势，在热能与电能的转换上，可以有较高的效率。因此，在温差发电、温差制冷方面获得了发展。

1821 年，德国物理学家塞贝克发现不同金属的接触点被加热时，产生电流，这个现象被称之为塞贝克效应，这就是热电偶的工作原理。

然后在 1834 帕尔帖发现了塞贝克效应的逆效应，即当电流流过不同金属的接点时，有吸热和放热现象，吸热或放热的关键取决于电流流入接点的方向。

当使用 PN 结实现塞贝克效应时，不同半导体器件的布局如图 5.6-1 所示。假设半导体器件左边的温度维持

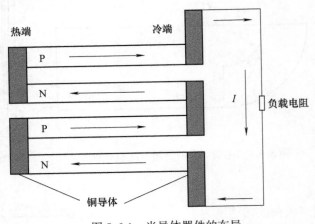

图 5.6-1　半导体器件的布局

比右边的温度高。在器件左边的接点附近产生的空穴漂移穿过接点进入 P 区，而电子则漂移穿过接点进入 N 区；在器件右边的冷端，发生相同的过程，但是与热端比较，空穴与电子的漂移速度较慢，所以 N 区电子从热端（左边）流向冷端（右边），即电流从冷端（右边）流向热端（左边）。

热泵是热机运行的逆过程。通常，热量是从高温处流向低温处，但是热泵通过外界做功可以从冷池吸取热量泵浦到热池，正如冰箱从低温内部吸取热量泵浦到较热的房间或者在冬天里从较冷的室外吸取热量泵浦到较热的室内。

图 5.6-2 是热泵的工作原理的示意图。根据能量守恒定律有

$$W + Q_C = Q_H \qquad (5.6\text{-}1)$$

式中　Q_H 和 Q_C 分别为进入热机的热量和排入冷池的热量；W 为热泵所做的功。式（5.6-1）也可以功率形式表示。对于热泵，需要定义一个性能系数 COP：（Coefficient Of Perpormance），COP 定义为单位时间从冷池泵取的热量 P_C 与单位时间热泵所做热泵的功 P_W 的比值，即有

$$K_{COP} = \frac{P_C}{P_W} \qquad (5.6\text{-}2)$$

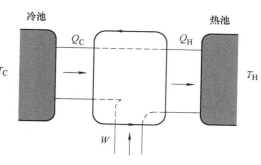

冷池　　热池

图 5.6-2　热泵工作原理

尽管热机效率总是小于 1，但 K_{COP} 总是大于 1。正如与热机的最大效率一样，热泵的最大性能系数仅取决于热池和冷池的温度，即

$$K_{max} = \frac{T_C}{T_H - T_C} \qquad (5.6\text{-}3)$$

如果考虑由于摩擦、热传导、热辐射和器件内阻焦耳加热等引起的能量损失，实际 K_{COP} 逼近最大性能系数 K_{max}。

【仪器介绍】

热效应实验仪器

图 5.6-3 所示为 FB2060 型热泵热电效应综合实验仪，实验仪直接测量的物理量有温度、热池加热功率和负载电阻消耗的功率。冷池和热池的温度通过单独的温度传感器测量并用数字表显示。通过改变加热功率（即调节恒流源加热电流），可以保持热池在某个温度不变。利用安装在仪器面板上的电流表和电压表分别测量流入加热器的电流 I_H 和其两端的电压 V_H，电流和电压大小均以数字形式显示，那么可以得到加热功率 $P_H = V_H \times I_H$。通过测量接入负载电阻上的电压降 V_W，负载电阻消耗的功率计算如下：

$$P_W = \frac{V_W^2}{R} \qquad (5.6\text{-}4)$$

式中，R 为负载电阻，容许电阻误差小于 1%。

热效应实验仪间接测量有：①帕尔帖元件的内阻；②热传导和热辐射通过帕尔帖元件的热量；③从冷池泵取的热量。

假设热效应实验仪运行时负载电阻为 R_L，等效电路如图 5.6-4 所示，根据电路回路定律得到：

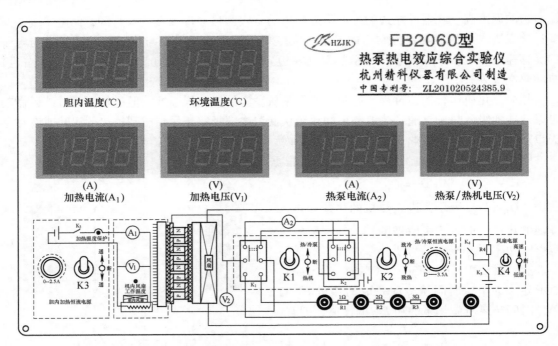

图 5.6-3 FB2060 型热泵热电效应综合实验仪功能分布及简要说明

K1：中间位置"断开"；向上为半导体"制冷、制热"功能；向下切换为"热机"功能。

K2：中间位置"断开"；当 K1 向上时，K2 向上为半导体"制冷"功能；向下为半导体"制热"功能。当 K1 向下或"断开"时，K2 功能失效。

K3：中间位置"断开"；向下仅有"胆内"风扇工作，向上"胆内"风扇和加热器同时工作，工作电流由电位器调节（0 ~ 2.5A），加热温度到 55℃ 左右自动保护动作，报警并切断加热电路。

K4：中间位置"断开"；向上为主风扇"高速旋转"，向下为主风扇"低速旋转"。

$$V_S - I_r - I \times R_L = 0 \qquad (5.6\text{-}5)$$

式中，I 为流过负载电阻的电流，在热机模式实验中测量的量是负载电压降 V_W，电流 $I = \dfrac{V_W}{R_L}$，如果没有负载，这时没有电流流过帕尔帖元件内阻，即在内阻上的电压降为零，测量电压刚好为 V_S，于是得到

$$V_S - \left(\frac{V_W}{R_L}\right) r - V_W = 0 \qquad (5.6\text{-}6)$$

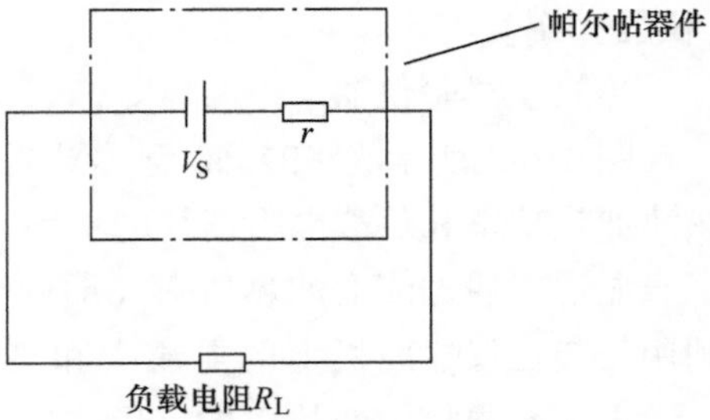

图 5.6-4 热效应实验装置热机等效电路

由式（5.6-6）得到帕尔帖器件内阻 $r = \left(\dfrac{V_S - V_w}{V_w}\right) \times R_L$。此外，可利用两个不同的负载电阻，通过测量负载电阻的电压，求联立方程得到内阻值 r。

来自热池热量的一部分被热机用来做功，而另一部分为热辐射和热传导旁路的热量；不管帕尔帖器件是否连接负载和热机是否做功，这部分热量以相同的方式转换。当热机分别接负载和不接负载时，保持热池的温度不变，通过测量热池加热电源的电流和电压，得到热池的加热功率。当热机不接负载时，由于热机没有做功，在热池保持平衡温度的条件下，通过

热辐射和热传导旁路的热量等于对热池的加热热量。

当热效应实验仪以热泵方式运行时，由能量守恒定律得到单位时间从冷池泵取的热量等于单位时间输入热池的热量与单位时间做功之差。单位时间所做功可以直接测量，而单位时间输入热池的热量只能间接测量。以热泵方式运行时，热池的温度保持恒定，热池保持平衡状态，因此输入热池的热量等于通过热辐射和热传导的热量。这样保持热端温度不变，通过测量没有负载时需要输入热端的热量就可以确定热辐射和热传导的热量。

【实验内容】

卡诺效率和热效率测量

（1）将热泵热电效应综合实验仪与金属保温胆之间用线连接好（注意插头缺口向上）。

（2）开启热泵热电效应综合实验仪电源。

（3）将温度传感器插入保温胆温度测量孔中，其另一端接入对应插座。

（4）将功能转换开关 K_1 转向下方切换到"热机"工作状态。

（5）如图 5.6-5 所示，用短导线把 2Ω 负载电阻接入线路，电压表 V_2 并联在负载电阻两端（注意：本实验装置的负载电阻阻值可以在 1Ω、2Ω、3Ω、4Ω、5Ω、6Ω 中自由组合，若需要使用有效数位更多的负载电阻，可接入一个自备电阻箱作为 R_L）。

（6）将功能转换开关 K_3 转向上方，使"电流源对保温胆内电热器加热和胆内循环风扇同时工作的状态"。

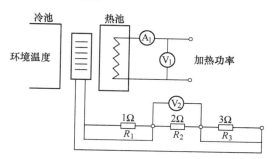

图 5.6-5　卡诺效率与热效率测量实验示意图

（7）把加热电流调节到适当位置，使系统达到平衡，热端（保温胆内）和冷端（环境）的温度保持平衡，这时加热电流和加热电压基本保持稳定，大约需要 10min 左右。

（8）从数字式温度计读取热端（保温胆内）和冷端（环境）的温度。

（9）待系统稳定，分别记录加热电流和加热电压，以及温差电动机负载电阻 R_L 两端的电压。

（10）调节加热电流，使热端温度分别为 30℃、35℃、40℃、45℃、50℃。中途略有变化，可微调加热电流，使显示的温度符合要求。把测量的数据逐一记录。

* 根据不同季节的环境温度，可选择实验时加热温度（20～50℃），或者加热温度为 30～55℃。

热泵性能系数测量（图 5.6-6）

（11）热泵性能系数测量电路如图 5.6-6 所示，把功能开关 K_1 向上转到"冷、热泵"位置。

（12）把功能开关 K_2 向下转到"致热"位置。

（13）热泵的温度调节到 50℃。

（14）当系统稳定时，分别记录帕尔帖器件上的致热电流 I_R 和致热电压 V_R。

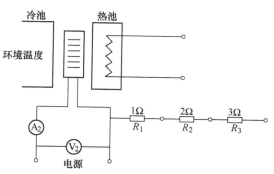

图 5.6-6　热泵（半导体制热）实验线路示意图

（15）测定并记录冷端温度（环境温度）和热端温度（胆内温度）。

【数据处理】

计算加在电热器上的功率 P_H 和负载电阻产生的功率 P_W，实际效率定义为

$$\varepsilon = \frac{P_W}{P_H} \tag{5.6-7}$$

卡诺效率定义为

$$\eta = \frac{T_H - T_C}{T_H} \tag{5.6-8}$$

式中，温度单位是 K（热力学温度）。

比较实际效率和卡诺效率并绘曲线图（卡诺效率与温度 ΔT、实际效率与温度 ΔT）。

实际性能系数：$K_{实际} = \dfrac{P_C}{P_R} = \dfrac{P_{H开路} - P_R}{P_R}$

最大性能系数：$K_{最大} = \dfrac{T_C}{T_H - T_C}$

调整性能系数：部分功率是用在帕尔帖器件内阻上，因此，需调整，$I_r^2 r$ 必须从输入帕尔帖器件的功率中扣除。$K_{调整} = \dfrac{P_{H开路} - P_R}{P_R - I_r^2 r}$

计算调整性能系数与最大性能系数的百分误差 E：$E = \dfrac{K_{最大} - K_{调整}}{K_{最大}} \times 100\%$

【思考题】

（1）卡诺效率随温度的变化关系？

（2）如果热端与冷端的温差减少，那么最大 COP 是增大还是减少？

（3）计算系统熵的变化率包括热源和冷源。由于源的温度保持不变，熵的变化率对每个源为：$\dfrac{\Delta s}{\Delta t} = \dfrac{\Delta Q / \Delta t}{T} = \dfrac{P}{T}$。总的熵变化率是正的，还是负的？为什么？

实验 5.7　波尔共振实验

在声学、光学、电学、原子核物理及各种工程技术领域中，会有各种各样的共振现象。共振现象既有破坏作用，也有许多实用价值。众多电声器件是运用共振原理设计制作的，如超声发生器、无线电接收机、交流电的频率计等。此外，在微观科学研究中，"共振"也是一种重要的研究手段，如利用核磁共振和顺磁共振研究物质结构等。

因受迫振动而导致的共振现象具有相当的普遍性和重要性。表征受迫振动的性质通常采用受迫振动的振幅频率特性和相位频率特性（简称幅频特性和相频特性）曲线。在本实验中，用波尔共振仪定量测定机械受迫振动的幅频特性和相频特性，并利用频闪方法来测定动态物理量——相位差。

【实验目的】

（1）研究弹性摆轮受迫振动的幅频特性和相频特性。

（2）研究不同阻尼力矩对受迫振动的影响，观察共振现象。

（3）学习用频闪法测定相位差。

（4）学习系统误差的修正。

【实验仪器】

ZKY—BG 型波尔共振仪，它由振动仪与电器控制箱两部分组成。

振动仪部分如图 5.7-1 所示，铜质摆轮 4 安装在机架上，蜗卷弹簧 6 的一端与铜质摆轮 4 的轴相连，另一端固定在机架支柱上，在弹簧弹性力的作用下，铜质摆轮可绕轴自由往复摆动。在铜质摆轮的外围有一圈槽形缺口，其中一个长凹槽 2 比其他凹槽长出许多。机架上对准长形缺口处有一个光电门 1，它与电器控制箱连接，用来测量铜质摆轮的振幅角度值及其振动周期。在机架下方有一对带有铁心的阻尼线圈，铜质摆轮 4 恰巧嵌在铁心的空隙，当线圈中通过直流电流时，铜质摆轮 4 受到一个电磁阻尼力的作用。改变电流的大小即可使阻尼大小相应地变化。为使铜质摆轮 4 作受迫振动，在电动机轴上装有偏心轮，通过连杆 9 带动铜质摆轮 4。同时，在电动机轴上还装有带白色刻线的有机玻璃转盘 13，由刻线在角度盘 12 的位置读出相位差。调节控制箱上"强迫力周期"旋钮，可以精确地改变加于电动机上的电压，使电动机的转速在实验范围（30～45r/min）内连续可调。电动机的有机玻璃转盘 13 上装有两个挡光片，在角度盘 12 上方有一个与控制箱相连的光电门 11，用于测量强迫力矩的周期。

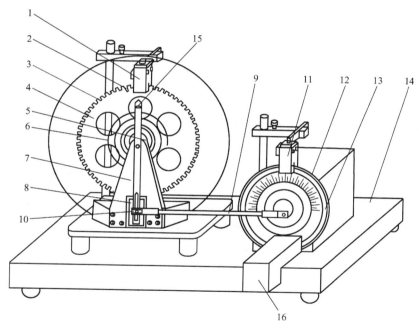

图 5.7-1 波尔振动仪

1—光电门 2—长凹槽 3—短凹槽 4—铜质摆轮 5—摇杆 6—蜗卷弹簧 7—支承架 8—阻尼线圈 9—连杆
10—摇杆调节螺钉 11—光电门 1 12—角度盘 13—有机玻璃转盘 14—底座 15—弹簧夹持螺钉 16—闪光灯

受迫振动时铜质摆轮与外力矩的相位差是利用小型闪光灯来测量的。闪光灯受铜质摆轮信号光电门控制，当铜质摆轮上的长凹槽 2 通过平衡位置时，光电门 1 接收到光信号，引起闪光，这一现象称为频闪现象。在稳定情况下，由闪光灯照射可以看到有机玻璃转盘 13 上的刻度线好像一直"停在"某一刻度处（实际有机玻璃转盘 13 上的刻度线一直在匀速转动），所以此数值可方便地直接读出。为使闪光灯管不易损坏，采用按钮开关，仅在测量相位差时才按下按钮。

铜质摆轮振幅 θ 由测出铜质摆轮 4 通过光电门 1 的凹形缺口的个数得到，并在控制箱液晶显示器上直接显示出此值，精度为 1°。波尔共振仪电器控制箱的前面板如图 5.7-2 所示。

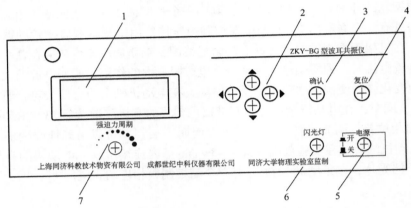

图 5.7-2　波尔共振仪前面板示意图
1—液晶显示屏幕　2—方向控制键　3—确认按键　4—复位按键
5—电源开关　6—闪光灯开关　7—强迫力周期调节电位器

强迫力周期旋钮系带有刻度的十圈电位器，如图 5.7-3 所示。调节此旋钮可以精确地改变电动机转速。锁定开关处于图中位置时，电位器刻度锁定，要调节大小须将其置于该位置的另一边。×0.1 档旋转一圈，×1 档变化一个数字。一般调节刻度仅供实验时参考，以便大致确定强迫力矩周期值在多圈电位器上的相应位置。

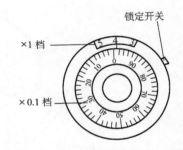

图 5.7-3　电动机转速调节电位器

【实验原理】

物体在周期外力的持续作用下发生的振动称为受迫振动，这种周期性的外力称为强迫力。如果外力是按简谐振动规律变化，那么稳定状态时的受迫振动也是简谐振动，此时，振幅保持恒定，振幅的大小与强迫力的频率和原振动系统无阻尼时的固有振动频率以及阻尼系数有关。在受迫振动状态下，系统除了受到强迫力的作用外，同时还受到回复力和阻尼力的作用。所以，在稳定状态时物体的位移、速度变化与强迫力变化不是同相位的，存在一个相位差。当强迫力的频率与系统的固有频率相同时产生共振，此时速度有最大的幅值。

当铜质摆轮受到周期性强迫外力矩 $M = M_0 \cos\omega t$ 的作用，并在有空气阻尼和电磁阻尼的媒质中运动时（阻尼力矩为 $-b\dfrac{\mathrm{d}\theta}{\mathrm{d}t}$），其运动方程为

$$J\frac{\mathrm{d}^2\theta}{\mathrm{d}t^2} = -k\theta - b\frac{\mathrm{d}\theta}{\mathrm{d}t} + M_0\cos\omega t \tag{5.7-1}$$

式中，J 为铜质摆轮的转动惯量；$-k\theta$ 为弹性力矩；M_0 为强迫力矩的幅值；ω 为强迫力的角频率。令

$$\omega_0^2 = \frac{k}{J}, \quad 2\beta = \frac{b}{J}, \quad m = \frac{M_0}{J}$$

则式（5.7-1）变为

$$\frac{\mathrm{d}^2\theta}{\mathrm{d}t^2} + 2\beta\frac{\mathrm{d}\theta}{\mathrm{d}t} + \omega_0^2\theta = m\cos\omega t \tag{5.7-2}$$

式（5.7-2）的通解为

$$\theta = \theta_1 e^{-\beta t}\cos(\omega_f t + \alpha) + \theta_2\cos(\omega t + \varphi) \tag{5.7-3}$$

由式（5.7-3）可见，受迫振动可分成两部分：第一部分为 $\theta_1 e^{-\beta t}\cos(\omega_f t + \alpha)$，和初始条件有关，经过一定时间后衰减消失。第二部分说明强迫力矩对铜质摆轮做功，向振动体传送能量，最后达到一个稳定的振动状态。振幅为

$$\theta_2 = \frac{m}{\sqrt{(\omega_0^2 - \omega^2)^2 + 4\beta^2\omega^2}} \tag{5.7-4}$$

位移与强迫力矩之间的相位差大小为

$$\varphi = \tan^{-1}\frac{2\beta\omega}{\omega_0^2 - \omega^2} = \tan^{-1}\frac{\beta T_0^2 T}{\pi(T^2 - T_0^2)} \tag{5.7-5}$$

式（5.7-4）和式（5.7-5）是受迫振动稳定时，振幅和相位差随强迫力矩的角频率变化的关系，分别称为受迫振动的幅频特性和相频特性。可以看出，振幅 θ_2 与相位差 φ 的数值取决于 m、ω、ω_0 和 β 四个因素，而与振动初始状态无关。

由 $\dfrac{\partial}{\partial\omega}\left[(\omega_0^2 - \omega^2)^2 + 4\beta^2\omega^2\right] = 0$ 的极值条件可得出，当强迫力的角频率 $\omega = \sqrt{\omega_0^2 - 2\beta^2}$ 时，产生共振，θ 有极大值。若共振时角频率和振幅分别用 ω_r、θ_r 表示，则

$$\omega_r = \sqrt{\omega_0^2 - 2\beta^2} \tag{5.7-6}$$

$$\theta_r = \frac{m}{2\beta\sqrt{\omega_0^2 - 2\beta^2}} \tag{5.7-7}$$

式（5.7-6）、式（5.7-7）表明，阻尼系数 β 越小，共振时角频率越接近于系统固有频率，振幅 θ_r 也越大。图 5.7-4 和图 5.7-5 是在不同 β 时受迫振动的幅频特性和相频特性示意图。

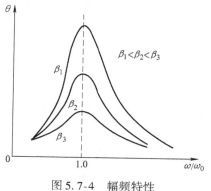

图 5.7-4　幅频特性

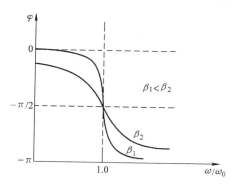

图 5.7-5　相频特性

实验采用铜质摆轮在弹性力矩作用下摆动、在电磁阻尼力矩作用下作受迫振动来研究受

迫振动的特性。

【实验内容】

1. 实验准备

按下电源开关，选择"单机模式"，按前面板"确认"键，待屏幕上显示如图5.7-6a所示"按键说明"字样。其中，符号"◄"为向左移动；"►"为向右移动；"▲"为向上移动；"▼"向下移动，以下文中符号含义相同。按确认键显示图5.7-6b。

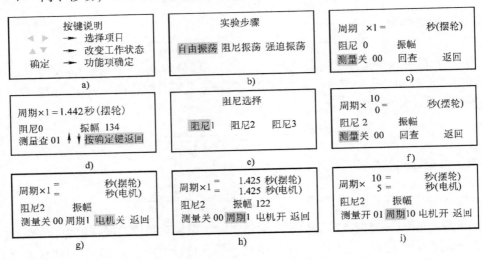

图 5.7-6　液晶显示屏幕图

2. 测量自由振荡情况下摆轮振幅 θ 与系统固有周期 T_0 的关系

（1）在图5.7-6b所示的实验类型中，默认选为"自由振荡"，字体反白为选中。再按确认键显示如图5.7-6c。

（2）用手转动摆轮160°左右，放开手后按"▲"或"▼"键，测量状态由"关"变为"开"，控制箱开始记录实验数据，振幅的有效数值范围为：160°～50°（振幅小于160°测量开，小于50°测量自动关闭）。测量显示为关时，此时数据已保存。

（3）查询实验数据，按"◄"或"►"键，选中"回查"，再按确认键显示如图5.7-6d所示，表示第一次记录的振幅 $\theta = 134°$，对应的周期 $T = 1.442\text{s}$。再按"▲"或"▼"键，记录所有已保存的 θ 与 T 的对应数据。回查完毕，按确认键，返回到如图5.7-6c的状态。

（4）选中"返回"，按确认键回到如图5.7-6b所示，进行其他实验。

3. 测量阻尼系数 β

在图5.7-6b状态下，选中"阻尼振荡"，按确认键显示如图5.7-6e所示。阻尼分三个档次，阻尼1最小，根据实验要求选择阻尼档，例如选择"阻尼2"档，按确认键显示如图5.7-6f所示。

首先将有机玻璃转盘13的白色刻度线放在0°位置，用手转动摆轮160°左右，选取 θ_0 在150°左右，按"▲"或"▼"键，测量由"关"变为"开"并记录数据，仪器记录十组数据后，测量自动关闭，此时振幅大小还在变化，但仪器已经停止记数。

阻尼振荡的回查同自由振荡类似，请参照上面操作。在液显窗口可回查出摆轮作阻尼振动的 10 次振幅数值 θ_1、θ_2、θ_3、$\cdots$、θ_n，及 10 倍的周期平均值 $10\overline{T}$。利用公式

$$\ln \frac{\theta_0 \mathrm{e}^{-\beta t}}{\theta_0 \mathrm{e}^{-\beta(t+nT)}} = n\beta T = \ln \frac{\theta_1}{\theta_n} \tag{5.7-8}$$

将测量数据按逐差法处理，可得到 β 满足下式

$$5\beta\overline{T} = \overline{\ln \frac{\theta_i}{\theta_{i+5}}} \tag{5.7-9}$$

式中，i 为阻尼振动的周期次数；θ_i 为第 i 次振动时的振幅。一般阻尼系数需测量 2~3 次，然后取平均值。

4. 测量受迫振动的幅频特性和相频特性

在进行强迫振荡前必须先作阻尼振荡，否则无法实验。

如图 5.7-6b 所示的状态，选中"强迫振荡"，按确认键显示图 5.7-6g，默认状态选中"电动机"。

按"▲"或"▼"键，让电动机启动。此时保持周期为 1，待摆轮和电动机的周期相同，特别是振幅已稳定，变化不大于 1，表明两者已经稳定了，如图 5.7-6h 所示，此时准备开始测量。

测量前应先选中"周期"，按"▲"或"▼"键把周期由 1（见图 5.7-6g）改为 10（见图 5.7-6i），（目的是为了减少误差，若不改周期，测量无法打开）。再选中"测量"，按下"▲"或"▼"键，测量打开并记录数据（见图 5.7-6i）。

待一次测量完成，显示"测量"关后，读取摆轮的振幅值，并利用闪光灯测定受迫振动位移与强迫力间的相位差 φ。

调节强迫力矩周期电位器，改变电动机的转速，即改变强迫外力矩频率 ω。电动机转速的改变可按照 φ 控制在 10° 左右来定。按"◄"或"►"键，选中"返回"，按确定键，重新回到图 5.7-6b 所示的状态。再次选中"强迫振荡"，进行多次测量。

5. 关机

在图 5.7-6b 所示的状态下，按住复位按钮保持不动，几秒钟后仪器自动复位，此时所做实验数据全部清除，然后按下电源按钮，结束实验。

【注意事项】

（1）在做强迫振荡实验时，调节仪器面板"强迫力周期"旋钮，从而改变电动机的转动周期，该实验必须做 1 次以上，其中必须包括电动机转动周期与自由振荡实验时的自由振荡周期相同的数值。

（2）在做强迫振荡实验时，必须待电动机与摆轮的周期相同（末位数差异不大于 2），即系统稳定后，方可记录实验数据。且每次改变了强迫力矩的周期，都需要重新等待系统稳定。

（3）因为闪光灯的高压电路及强光会干扰光电门采集数据，因此，必须待一次测量完成，显示测量关后，才可使用闪光灯读取相位差。测量相位时应把闪光灯放在电动机转盘前下方，按下闪光灯按钮，根据频闪现象来测量，仔细观察相位位置。不读相位差时，切勿按闪光灯开关，以免闪光灯管损坏。

（4）由于受迫振动位移落后于强迫力，所以作相频特性曲线时 φ 取负值。

（5）在共振点附近由于曲线变化较大，因此测量数据相对密集些，此时电动机转速的极小变化会引起 φ 的很大改变。电动机转速旋钮上的读数是一参考数值，建议在不同 ω 时

记下此值，以便实验中快速寻找，待要重新测量时参考。

【数据记录和处理】

1. 摆轮振幅 θ 与系统固有周期 T_0 的关系（见表 5.7-1）

表 5.7-1 振幅 θ 与 T_0 关系

振幅 θ	固有周期 T_0/s	振幅 θ	固有周期 T_0/s	振幅 θ	固有周期 T_0/s

注：约 40 个数据。

2. 阻尼系数 β 的计算（见表 5.7-2）

表 5.7-2 阻尼振荡数据表 阻尼档位_____

序　号	振幅 $\theta(°)$	序　号	振幅 $\theta(°)$	$\ln\dfrac{\theta_i}{\theta_{i+5}}$
θ_1		θ_6		
θ_2		θ_7		
θ_3		θ_8		
θ_4		θ_9		
θ_5		θ_{10}		
$\ln\theta_i/\theta_{i+5}$ 平均值				$\beta =$

$10T = \underline{\hspace{3cm}}$ s $\overline{T} = \underline{\hspace{3cm}}$ s

利用式（5.7-9）对所测数据按逐差法处理，求出 β 值。

3. 幅频特性和相频特性测量

（1）将实验数据填入表 5.7-3，并查表 5.7-1，找出与振幅 θ 对应的固有周期 T_0，也填入表 5.7-3 中。表中的 $\varphi_{计算}$，可利用式（5.7-5）求得。

表 5.7-3 幅频特性和相频特性数据表 阻尼档位_____

强迫力矩周期刻盘度值	强迫力矩周期 T	相位差 $\varphi_{测}$	角度振幅 $\theta_{测}$	与振幅 θ 对应的 T_0	$\dfrac{\omega}{\omega_0}$	$\varphi_{计算}$

注：约 12 行数据。

（2）以 (ω/ω_0) 为横轴，θ 为纵轴，作幅频特性曲线 $\theta - (\omega/\omega_0)$；以 (ω/ω_0) 为横轴，相位差 φ 为纵轴，作相频特性曲线 $\varphi - (\omega/\omega_0)$。

实验 5.8　半导体热电特性综合实验

本实验利用半导体综合测量仪测量半导体材料的热电特性，并学习智能化的综合测量和数据处理方法。实验中所采用的制冷、温控和测量半导体材料电输运参量的方法可用于生产和科学研究实践。本实验体现了电学、半导体物理和热学知识的综合作用。

【实验目的】

（1）了解半导体热敏电阻、PN结电输运的微观机制及其与温度的关系。

（2）了解半导体制冷电堆的制冷原理和半导体热电偶的测温原理。

（3）测量半导体热敏电阻在恒定电流下的电压-温度曲线和PN结的正向压降和温度的关系曲线。

（4）掌握线性回归方法，利用实验曲线拟合得到热敏电阻的温度系数（热敏指数）和PN结的禁带宽度。

【实验仪器】

半导体热电特性综合实验仪。

【仪器介绍】

半导体热电特性综合实验仪由主控仪器箱（包括恒流源、电压电流测量及显示系统、制冷加热控制系统和计算机接口系统）和样品架（内装样品及制冷元件、加热元件、测温二极管）两部分组成。

样品架如图5.8-1所示。

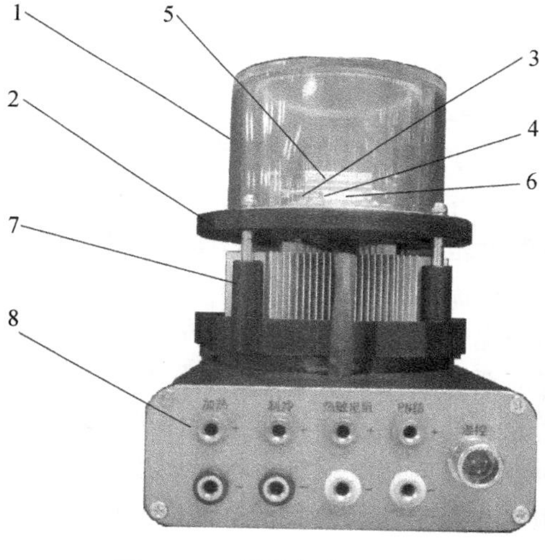

其中样品室采用双层隔温罩密封，升温由黄铜载体内发热体提供热量，降温采用两级：一级为风冷，二级为BiTe系半导体制冷。这样，当需要低于室温时，两级同时工作，而当由高温回到室温时，则由风冷使其快速冷却。采用黄铜作载体是因为其热导率高、热容适中。加热和冷却功率均可调节，在设定测温区间后机器自动调节、启动加热或制冷单元。测温元件、待测样品PN结和热敏电阻均固定在黄铜载体上，保证测量温度与样品温度一致，测温采用半导体热电偶集成组件，方便准确。

主控仪器箱面板如图5.8-2所示。

主控仪器箱电源在机箱后面，用通信接口1将仪器与计算机连接，通过计算机控制给样品通

图5.8-1 样品架装置图
1—样品室 2—样品座 3—待测半导体元件
4—测温元件 5—加热器 6—制冷片堆
7—散热器 8—接线盒

以恒定电流，并实时观测样品电压随温度的变化，在实时显示过程中，采用时间小区间积分取值消除样品由于热噪声和热惯性带来的示值跳跃。可存储或打印当次实验所有原始数据，并作数据分析。在脱机状态下也可进行实验，利用手动设置按钮4、启动按钮5和停止按钮6来控制仪器，进行实验，并从面板LED读取温度、电压、电流值，数据保存于控制器中。

本机通过样品的恒定电流已经调整为20μA。主控仪器箱的测量转换开关3选为V时电压窗口显示样品（硅热敏电阻）两端电压值；选为ΔV时电压窗口显示样品（PN结）两端的电压值与背底电压的差值，背底电压已经调整为390mV，比如：窗口显示90mV，则样品（PN结）两端的实际电压值是480mV。

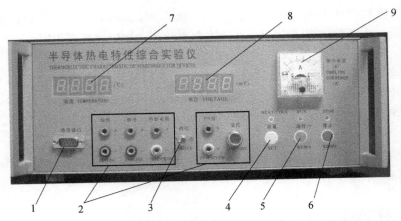

图 5.8-2　主控仪器箱面板图

1—通信接口　2—控制及测量接线口（加热电流，制冷电流，热敏电阻测量，PN 结测量，温控）
3—测量转换开关（V：热敏电阻；ΔV：PN 结）　4—手动设置按钮　5—启动（增调整）按钮
6—停止（减调整）按钮　7—温度显示　8—电压显示　9—制冷电流显示

实验仪器可采用手动控制或计算机控制，数据可导出到 Excel 表格或纯文本文件中，以便用 Excel 直接处理或用 Matlab、Oringe 等工具处理。

【实验原理】

1. 热敏电阻的热电特性

半导体材料的热电特性最为显著，因此，也最常被用作温度传感器。一般而言，在较大的温度范围内，半导体都具有负的电阻温度系数。半导体的导电机制比较复杂，起电输运作用的载流子为电子或空穴。载流子的浓度受温度的影响很大，因此，半导体的电阻率受温度影响也很大。随着温度的升高，热激发的载流子数量增加，导致电阻率减小，因而呈现负的温度系数的关系。但是，实际应用的半导体往往通过掺杂工艺来提高半导体的性质，这些杂质原子的激发，同样对半导体的电输运性能产生很大的影响。同时在半导体中还存在晶格散射、电离杂质散射等多种散射机制，因此，半导体具有非常复杂的电阻温度关系，往往不能用一些简单的函数概括，但在某些温度区间，其电阻温度关系可以用经验公式来概括，如本实验中用的半导体热敏电阻，它的阻值与温度关系近似满足下式

$$R = R_0 e^{B\left(\frac{1}{T} - \frac{1}{T_0}\right)} \tag{5.8-1}$$

式中，R_0 为 T_0 时的电阻；R 是温度为 T 时的电阻；T 为热力学温度；B 为温度系数（热敏指数）。B 在工作温度范围内并不是一个严格的常数，但在我们的测量范围内，它的变化不大。将上式变形得到

$$\ln R = B \cdot \frac{1}{T} + C \tag{5.8-2}$$

以 $\ln R$ 为纵轴，$\frac{1}{T}$ 为横轴作图，直线的斜率即为 B 值。

2. PN 结的热电特性

由 PN 结构成的二极管和晶体管的伏安特性对温度有很大的依赖性，利用这一点可以制造 PN 结温度传感器和晶体管温度传感器。本实验用的测温元件为二极管温度传感器。二极管的正向电流 I、电压 U 满足下式

$$I = I_{s}(e^{qU/kT} - 1) \tag{5.8-3}$$

式中，q 为电子电荷；k 为玻尔兹曼常数；T 为热力学温度；I_{s} 为反向饱和电流（和 PN 结材料的禁带宽度以及温度等有关），可以证明（见参考材料）

$$I_{s} = CT^{r}\exp\left(-\frac{qU_{0}}{kT}\right) \tag{5.8-4}$$

式中，C 是与结面积、杂质浓度等有关的常数；r 也是常数；U_{0} 为绝对零度时 PN 结材料的导带底和价带顶间的电动势差，以下各式中 I 均指二极管的正向电流。

将式（5.8-4）代入式（5.8-3），由于 $e^{qU/kT} >> 1$，两边取对数可得

$$U = U_{0} - \left(\frac{kT}{q}\ln\frac{c}{I}\right) - \frac{kT}{q}\ln T^{r} \tag{5.8-5}$$

其中，非线性项 $\frac{kT}{q}\ln T^{r}$ 相对甚小，可以忽略。

因此，式（5.8-5）可写为

其中

$$U = U_{0} + \alpha T \tag{5.8-6}$$

$$\alpha = -\frac{k}{q}\ln\frac{c}{I} \tag{5.8-7}$$

α 为负值，如 $\alpha = -2.3\text{mV}/℃$ 即温度每升高 $1℃$，电压减小 2.3mV。这样，通过测量不同温度时二极管两端的正向电压可以测得温度，这正是 PN 结传感器的测温原理。通过实验可以测量 α 值，并利用其他温度计给它定标，从而制作一个二极管温度计。由电压温度曲线外推，还可求得 0K 时半导体材料的禁带宽度

$$E_{g0} = qU_{0} \tag{5.8-8}$$

禁带宽度是半导体材料的一个重要参数，本实验所用的 Si 二极管半导体在 0K 时禁带宽度的公认值为 1.21eV。

3. 半导体的制冷原理

本实验用的制冷元件为半导体制冷电堆，材料的热电效应是半导体制冷的最基本依据，其中最主要为塞贝尔效应和帕尔帖效应。1821 年塞贝尔发现，在用两种不同导体组成的闭合回路中，当两个连接点温度不同时（$T_{1} < T_{2}$），导体回路就会产生电动势，形成电流，这就是塞贝尔效应（图 5.8-3）。利用塞贝尔效应可以制作测量温度用的热电偶，热电偶温度计已经广泛用于生产实践中。1834 年，法国科学家帕尔帖做了一个与塞贝尔效应相反的实验：用两种不同导体组成闭合回路，并通直流电，连接处出现了一端冷、一端热的现象，这就是帕尔帖效应。显然，帕尔帖效应就是塞贝尔效应的逆效应（图 5.8-4）。半导体制冷就是通过帕尔帖效应实现的。

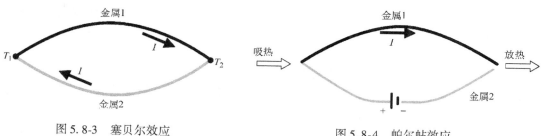

图 5.8-3　塞贝尔效应　　　　　　　　　图 5.8-4　帕尔帖效应

　　普通金属的帕尔贴效应非常微弱，制冷效果不理想。直到帕尔贴效应发现 130 多年后，即 20 世纪 60 年代，随着半导体技术的发展，科学家发现某些半导体的帕尔贴效应远强于普通金属，从此半导体制冷真正走向应用。

　　由三块金属板和一对电偶臂（由一块 P 型半导体和一块 N 型半导体构成），在通过图 5.8-5 所示的电流时，金属板 1 会从周围空间吸收热量，而金属板 2 和 3 会向周围空间放出热量。如果将金属板 1 作为工作端，就可以达到制冷的目的。如果将通过的电流反向，则金属板 1 会向周围空间放热，如果仍将金属板 1 作为工作端，就是制热器。制冷效率较好的半导体并不是我们在电子元件中常用的 Si 或 Ge 等为基的掺杂半导体，而是相对复杂的化合物半导体，如 P 型的 Bi_2Te_3-Sb_2Te_3、AgTiTe、AgCuTiTe 及 N 型的 Bi-Sb 合金等。衡量半导体材料的热电性能用优值系数 Z 来表示，Z 是一个与材料的温差电动势、电导率、热导率等相关的参数。上述几种材料的 Z 值在 $3 \times 10^{-3} K^{-1}$ 左右，材料的 Z 值越大，则用其制作制冷器的制冷效率就越高。

　　一对半导体热电偶制冷量非常有限，为获得较大的制冷量，将多对半导体热电偶通过串、并联的方式组合起来，形成半导体制冷电堆（图 5.8-6），使前一级的冷端是后一级的散热器，依次类推形成多级半导体制冷器，最后封装在两个绝缘但导热良好的陶瓷片之间，形成实用的半导体制冷器。本实验采用的就是 BiTe 系半导体制冷电堆，用它来实现对样品室的制冷。

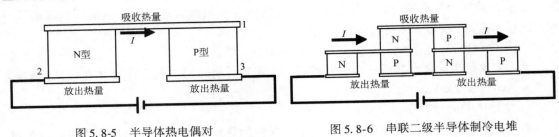

图 5.8-5　半导体热电偶对　　　　　　图 5.8-6　串联二级半导体制冷电堆

　　半导体制冷电堆的制冷系数定义为

$$\eta = Q_0/A \tag{5.8-9}$$

式中，Q_0 为单位时间制冷电堆吸收的总热量；A 为单位时间内制冷电流做的总功。目前半导体制冷器的制冷系数已经达到 2.0 左右，低于普通压缩式空调的制冷系数，使其在家用空调冰箱方面的应用受到了限制。但半导体制冷器具有不使用制冷剂、不污染环境、体积小、重量轻、结构简单、容易操作、无机械噪声、无摩损、运行可靠等有优点，因此，广泛用于各行业（如计算机 CPU 降温，各种发热电子元器件降温，运动黏度测试仪，凝固点测试仪，医用手术冷切刀，冷热饮水机，以及用于潜水艇、飞机机舱、高速列车车厢的半导体空调、冰箱等）中。

【实验内容】

　　1. 测量通过恒定电流的热敏电阻的电压-温度曲线

　　（1）在仪器未通电的情况下，连接仪器和样品室的连接线，注意连接线的标志不能接错。连接仪器和计算机的通信线，将测量选择开关置"V"档。

　　（2）检查接线连接无误后，再打开仪器的电源开关，面板应显示当前样品室的温度和样品的电压值，启动计算机程序。

（3）单击"设置"按钮，设置"开始温度"和"结束温度"，默认温度为 10 ~ 70℃，一般低温不要低于 0℃，高温不要高于 80℃。

（4）单击"开始"按钮，仪器进入测量工作状态，自动调整温度到"开始温度"，再加温，测量时每增加 1℃，机器的"运行"灯闪动一下并伴一声蜂鸣。

（5）到达所设"结束温度"，测量结束并自动停止加热。

（6）导出数据，利用计算机 Excel 等软件处理数据并画图打印。

（7）待样品温度冷却到 40℃ 以下，可以进行后面的实验内容。

2. 测量通过恒定电流时 PN 结的电压-温度曲线

（1）将测量选择开关置"ΔV"档。

（2）面板显示的当前样品室的温度若低于 40℃，则启动计算机程序，重复实验内容 1 中的（3）~（6）步。

（3）关闭仪器电源和计算机。

如果实验室未提供计算机，本实验也可以通过手动完成。实验操作的主要步骤为：

（1）在仪器未通电的情况下，连接仪器和样品室的连接线，注意连接线的标志不能接错。连接仪器和计算机的通信线，将测量选择开关置"V"档。

（2）检查连接线无误后打开仪器的电源开关。

（3）按"设置"按钮显示屏显示 0010 STAR，代表设置开始温度，通过"＋""－"按钮修改成要设定的初始温度。再按"设置"按钮，显示屏显示 0080 END，代表设置结束温度，通过"＋""－"按钮修改成要设定的结束温度。再按"设置"按钮，显示屏显示 0000 SET，代表设置模式，可不作设置。再按"设置"按钮，显示屏显示当前样品室的温度和样品的电压值，退出设置状态。

（4）按"开始"按钮，仪器进入测量状态，自动调整温度到初始温度，再加热、测量，到结束温度自动停机。在测量时，温度每到一整度时"运行"灯闪动一下，并伴一声蜂鸣，这时，应手动记录温度和电压值作为测量数据，进行手动计算和分析。

（5）手动测量完毕，测量的结果也保存在仪器中，可通过计算机专用软件一次读出进行计算、分析和打印。

（6）关闭仪器电源，整理实验结果。

【注意事项】

（1）主控实验箱和样品架的接线盒必须连接准确，开机前要仔细检查对应接口连线是否正确。

（2）中途故障或在进行新的实验项目前，注意样品室的温度要冷却到 40℃ 以下才可以进行，否则，容易损坏制冷电堆。

【数据处理】

1. 测量通过恒定电流的热敏电阻的电压-温度曲线

（1）画出热敏电阻的电压-温度曲线（打印或用坐标纸作图）。

（2）通过热敏电阻的恒定电流为 $20\mu A$，将测量得到的电压值转化为热敏电阻的阻值，并取自然对数，作出 $\ln R$-$1/T$ 曲线（打印或用坐标纸作图），根据式（5.8-2），利用最小二乘法拟合直线的斜率，从而测得热敏电阻的温度系数 B。

2. 测量通过恒定电流时 PN 结的电压-温度曲线

（1）利用背底电压（390mV）换算 PN 结两端的实际电压 $U = 390\text{mV} + \Delta U$（测量值）。

（2）作出 V-T 图，利用式（5.8-6），通过计算机线性拟合得到直线的斜率（α）和截距（U_0）。

（3）根据式（5.8-8）计算半导体的禁带宽度。

【思考题】

（1）举例说明几种测量温度的方法。

（2）半导体制冷的原理是什么，如何测量半导体制冷电堆的制冷系数？

【参考材料】

对于 P*N 结（P* 指 P 区为重掺质），在杂质导电范围内，I_s 的表达式为

$$I_s = AqP_N \ (D_P / L_P)$$

式中，A 为表面积；P_N 为 N 区的少数载流子（空穴）的平均浓度；L_P 为空穴扩散长度；D_P 为扩散系数。P_N、L_P 和 D_P 均随温度变化。根据热平衡公式 $np = n_i^2$（其中，p 为半导体空穴的平均浓度；n 为半导体电子的平均浓度；n_i 为本征载流子浓度），把 N 区施主浓度用 N_D 来表示，当温度足够高时，有 $n \approx N_D$，$p = P_N$，则

$$P_N = n_i / N_D \propto \left[\frac{1}{N_D} \right] T^3 \exp(E_g(0) / KT)$$

式中，$E_g(0)$ 为绝对零度时的禁带宽度。

利用 $L_P = \sqrt{D_P \tau}$（τ 为少数载流子的寿命）和爱因斯坦关系 $D_P = (KT/q) \cdot \mu_P$（μ_P 为空穴转移率），将 D_P / L_P 化为 T 的函数，则 I_s 可改写为如下形式

$$I_s = CT^r \exp(-qU_0(0)/KT)$$

其中，r 的数值取决于少数载流子迁移率对温度的关系，通常取 $r = 3.4$；U_0 为绝对零度时 PN 结材料的导带底和价带顶之间的电势差。

实验 5.9　金属薄膜磁电阻特性实验

1988 年，法国物理学家阿尔贝·费尔（Albert Fert）报道了 Fe/Cr 多层膜在磁场中电阻大幅下降，并称这种效应为巨磁电阻效应（GMR），很快利用 GMR 效应制造的计算机硬盘读出磁头问世，使计算机硬盘存储密度得到大幅提高。因为各自独立的发现了 GMR 效应，费尔和德国科学家彼得·格林贝格尔共同荣获了 2007 年诺贝尔物理学奖。本实验利用四探针方法，测量各种金属薄膜的磁电阻效应，研究在磁场中金属薄膜的电阻变化、各向异性磁电阻效应和隧道结巨磁电阻效应。

【实验目的】

（1）了解薄膜材料科学和磁电子学的一些基本概念和知识。

（2）了解各向异性磁电阻产生的原理和应用。

（3）掌握四探针法测量薄膜磁电阻的方法和原理。

【实验仪器】

亥姆霍兹磁场线圈、四探针组件、HY1791-10S 直流磁场电源、SB118 精密直流电压电流源、PZ158A 直流数字电压表、薄膜样品。

如图 5.9-1 所示，薄膜样品所加磁场由亥姆霍兹线圈提供，磁场可从零开始线性地增加到 1800e，磁场灵敏度可达到 0.50e；样品放在线圈中心的可调样品台上，线圈可在 360°范围内绕样品旋转；四探针组件是由具有引线的四根探针组成，这四根探针被固定在一个架子上，相邻两探针的间距为 3mm，探针针尖的直径约为 200μm。

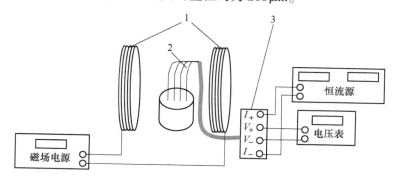

图 5.9-1　磁电阻测量装置图

1—亥姆霍兹线圈　2—四探针装置　3—接线盒

SB118 精密直流电流源是精密恒流源，它的输出电流在 1μA ~ 200mA 范围内可调，其精度为 ±0.03%。PZ158A 直流数字电压表是具有 6 位半字长、0.1μV 电压分辨率的带单片微计算机处理技术的高精度电子测量仪器，分别具有 200mV、2V、20V、200V、1000V 的量程，其精度为 ±0.006%。HY1791-10S 直流磁场电源的输出电流在 0 ~ 10A，其精度为 ±0.1%。

【实验原理】

磁电阻效应 MR 是指物质在磁场的作用下电阻发生变化的物理现象。表征磁电阻效应大小的物理量为 MR，其定义为

$$MR = \frac{\Delta\rho}{\rho} = \frac{\rho - \rho_0}{\rho_0} \times 100\% \tag{5.9-1}$$

式中，ρ 和 ρ_0 分别为物质在某一不为零的磁场中和磁场为零时的电阻率。磁电阻效应按磁电阻值的大小和产生机理的不同可分为：正常磁电阻效应（OMR）、各向异性磁电阻效应（AMR）、巨磁电阻效应（GMR）和庞磁电阻效应（CMR）等。

本实验主要测量单层磁性 NiFe 薄膜的各向异性磁电阻。

1. 各向异性磁电阻效应

在居里点以下，铁磁金属的电阻率随电流 I 与磁化强度 M 的相对取向而异，称之为各向异性磁电阻效应。即 $\rho_\perp \neq \rho_\parallel$。各向异性磁电阻值通常定义为

$$AMR = \Delta\rho/\rho = (\rho_\parallel - \rho_\perp)/\rho_0 \tag{5.9-2}$$

式中，ρ_0 为铁磁材料在理想退磁状态下的电阻率。不过由于理想的退磁状态很难实现，通常取

$$\rho_0 \approx \rho_{av} = (\rho_\parallel + 2\rho_\perp)/3 \tag{5.9-3}$$

则有

$$AMR = \frac{\Delta\rho}{\rho_{av}} = \frac{\rho_\parallel - \rho_\perp}{\rho_{av}} \tag{5.9-4}$$

式中，ρ_{av} 为物质在饱和磁场 H 中和磁场为零时的平均电阻率。

低温 5K 时，铁、钴的各向异性磁电阻值约为 1%，而坡莫合金（$Ni_{81}Fe_{19}$）为 15%，室温下坡莫合金的各向异性磁电阻值仍有 2% ~ 3%。

2. 金属多层磁性薄膜中的巨磁电阻效应

金属多层磁性薄膜是人为生长的、由金属磁性材料（铁、钴、镍及其合金等）和金属非磁性材料（铜、铬、银和金等）构成的金属超晶格材料。

磁性多层膜巨磁电阻具有如下特点：

1）数值比 AMR 大得多。

2）随磁场增加呈现负电阻值变化。

3）磁电阻效应各向同性，只与铁磁层间磁矩的相对取向有关。

4）磁电阻效应的大小随非磁性层厚度而发生周期性的振荡变化。

5）GMR 出现的必要条件是：电子自旋要"识别"铁磁层间磁矩是平行排列还是反平行排列，这就要求多层膜的"周期"厚度远远小于电子平均自由程。如果非磁层厚度过大，影响到上述条件，则 GMR 衰减。

磁性多层膜巨磁电阻的理论解释：Mott 提出二流体模型对巨磁电阻给予简单的且有说服力的解释，也是最为广泛应用的模型。图 5.9-2 和图 5.9-3 所示分别为零场及较大外磁场作用下传导电子的运动情况。图 5.9-2 对应着零场时传导电子的运动状态，此时多层膜中同一磁性层中原子的磁矩排列方向一致，但相邻磁层原子的磁矩反平行排列。按照 Mott 的二流体模型，传导电子分为自旋向上和自旋向下的电子，多层膜中非磁性层对这两种状态的传导电子的影响是相同的，而磁层的影响却完全不同。当两磁层的磁矩方向相反时，两种自旋状态的传导电子在穿过磁矩与其自旋方向相同的磁层后，必然在下一个磁层处遇到与其方向相反的磁矩，并受到强烈的散射作用，宏观上表现为高电阻状态；当外场足够大时，使得磁层的磁矩都沿外场方向排列（图 5.9-3），则自旋与其磁矩方向相同的电子受到的散射小，而

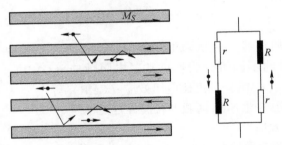

图 5.9-2　零场时传导电子的运动状态（小箭头代表电子自旋方向）

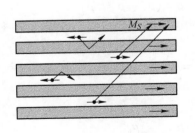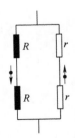

图 5.9-3　强场时传导电子的运动状态（小箭头代表电子自旋方向）

方向相反的电子受到的散射作用强，宏观上表现出低电阻状态。图 5.9-2 和图 5.9-3 右侧的图表示对应高阻态和低阻态的等效电路图。

　　铁磁金属薄膜磁的电阻很低，所以，它的电阻率测量需要采用四端接线法。但是，为了满足实际的需要，在生产、科研、开发中测量金属薄膜电阻率的四端接线法已经发展成四探针法，图 5.9-4 所示为四探针法测量铁磁金属薄膜磁电阻的原理图。

　　如图 5.9-4 所示，让四探针的针尖同时接触到薄膜表面上，四探针的外侧两个探针同恒流源相连接，四探针的内侧两个探针连接到电压表上。当电流从恒流源流出流经四探针的外侧两个探针时，流经薄膜产生的电压将可从电压表中读出。根据测出的电压值计算出金属薄膜两个电压探针之间的电阻值。

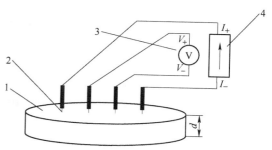

图 5.9-4　四探针法测量铁磁金属薄膜电阻原理图
1—金属薄膜　2—探针　3—电压表　4—恒流源

　　在薄膜的面积为无限大或远远大于四探针中相邻探针间距离的时候，金属薄膜的电阻率 ρ 可以由式（5.9-5）给出：

$$\rho = \frac{\pi}{\ln 2} \frac{V}{I} d \tag{5.9-5}$$

式中，d 为薄膜的膜厚；I 为流经薄膜的电流；V 为电流流经薄膜时在两个电压探针之间产生的电压。

【实验内容】

　　（1）打开 HY1791-10S 直流磁场电源、SB118 精密直流电压电流源和 PZ158A 直流数字电压表的开关，使仪器预热 15min。

　　（2）认真观察镀有金薄膜的玻璃衬底（样品），确定具有金薄膜的一面。

　　（3）调整样品台的高低，使样品台表面恰在两个亥姆霍兹线圈的中心，以保证样品处于均匀磁场中。

　　（4）把样品放在样品台上，使具有金薄膜的一面向上。让四探针的针尖轻轻接触到金属薄膜的表面，然后拧动四探针架上的螺钉把四探针架固定在样品台上，使四探针的所有针尖同金薄膜有良好的接触。

　　注意：①在拧动四探针架上的螺钉时，用手扶住四探针架，不要让四探针在样品表面滑动，以免探针的针尖滑伤薄膜；②在拧动四探针架上的螺钉时，不要拧得过紧，以免四探针的针尖严重划伤薄膜，只要四探针的所有针尖同薄膜有良好的接触即可。

　　（5）把四探针引线的端子分别正确地插入相应的 SB118 精密直流电流源的"电流输出"孔和 PZ158A 直流数字电压表的"输入"孔中。注意电流的方向和电位的高低关系。

　　（6）使用 SB118 精密直流电压电流源中的电流源部分，适当选择"量程选择"的按键以及适当调节"电流调节"的"粗调"和"细调"旋钮。

　　（7）分别在电流与磁场平行和垂直方向加一恒定的电流，并使磁场从零慢慢增大到磁电阻不再增加（即达到饱和）为止，测量不同磁场下对应的电压值，再将磁场慢慢降为零，测量不同磁场下对应的电压值，然后让电流反向，重复以上操作。注意：在选择电流值时，最大的电流值对应的电压值不能超过 5mV，以免流过薄膜的电流太大导致样品发热，从而影响测量的准确性。

（8）分别测量三种不同厚度的 NiFe 薄膜。

【数据处理】

（1）将测量时所用的亥姆霍兹线圈磁场的电流值换算为相应的磁场数值。

（2）分别计算并整理测得的磁场与电流平行时的电压随磁场的变化值和磁场与电流垂直时的电压随磁场的变化值，根据测出的电压值计算出所测薄膜样品在不同磁场下的电阻，同时根据式（5.9-5）算出所测薄膜的电阻率。

（3）分别整理磁场与电流平行时的电阻随磁场的变化值和磁场与电流垂直时的电阻随磁场的变化值，应用式（5.9-1）和式（5.9-4）计算出所测薄膜样品的磁电阻（MR），画出磁电阻（MR）随磁场的变化曲线。

【注意事项】

（1）换测量样品时，一定要把恒流源的电流调为零。

（2）更换样品要小心，避免划伤薄膜和弄坏针尖。

【思考题】

（1）分析磁电阻随磁场变化的规律。

（2）分析平行磁电阻与垂直磁电阻随磁场变化的特点。

（3）本实验中测量电压时为什么要求测量同一电流状况下的正反向电压？如果不这样做结果会如何？

实验 5.10　混沌原理及应用实验

混沌现象是指发生在确定性系统中的貌似随机的不规则运动，一个确定性理论描述的系统，其行为却表现为不确定性、不可重复、不可预测，这就是混沌现象。进一步研究表明，混沌是非线性动力系统的固有特性，是非线性系统普遍存在的现象。牛顿确定性理论能够充分处理的多为线性系统，而线性系统大多是由非线性系统简化来的。因此，在现实生活和实际工程技术问题中，混沌是无处不在的。在现代信息学中，可以利用混沌现象对信息进行加密和解密。

【实验目的】

（1）观察非线性电路的混沌现象。

（2）学习用混沌电路方式实现传输信号的掩盖与解密。

【实验仪器】

ZKY-HD 混沌原理及应用试验仪。

【实验原理】

1990 年，Pecora 和 Carroll 首次提出了混沌同步的概念，从此研究混沌系统的完全同步以及广义同步、相同步、部分同步等问题成为混沌领域中非常活跃的课题，利用混沌同步进行保密通信也成为混沌理论研究的一个大有希望的应用方向。

我们可以对混沌同步进行如下描述：两个或多个混沌动力学系统，如果除了自身随时间的演化外，还有相互耦合作用，这种作用既可以是单向的，也可以是双向的，当满足一定条件时，在耦合的影响下，这些系统的状态输出就会逐渐趋于相近进而完全相等，称之为混沌同步。实现混沌同步的方法很多，本实验介绍利用驱动-响应方法实现混沌同步。

混沌同步实验电路如图 5.10-1 所示。电路由三部分组成，第 I 部分为驱动系统（蔡氏电路1），第 II 部分为响应系统（蔡氏电路2），第 III 部分为单向耦合电路，由运算放大器组成的隔离器和耦合电阻实现单向耦合和耦合强度的控制。当耦合电阻无穷大（即电路1和电路2断开）时，驱动和响应系统为独立的两个蔡氏电路，用示波器分别观察电容 C_1 和电容 C_2 上的电压信号组成的相图 $V_{C_1} - V_{C_2}$，调节电阻 R，使系统处于混沌态。调节耦合电阻，当混沌同步实现时，即 $V_{C_1(1)} = V_{C_1(2)}$，两者组成的相图为一条通过原点的 45°直线。影响这两个混沌系统同步的主要因素是两个混沌电路中元件的选择和耦合电阻的大小。在实验中当两个系统的各元件参数基本相同时，同步态实现较容易。

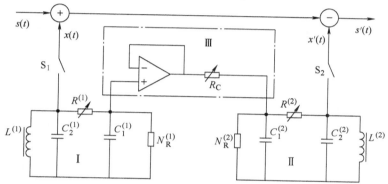

图 5.10-1　用蔡氏电路实现混沌同步和加密通信实验的参考图

由于混沌信号具有非周期性、类噪声、宽频带和长期不可预测等特点，所以适用于加密通信、扩频通信等领域。混沌掩盖是较早提出的一种混沌加密通信方式，又称混沌遮掩或混沌隐藏。其基本思想是在发送端利用混沌信号作为载体来隐藏信号或遮掩所要传送的信息，使得消息信号难以从混合信号中提取出来，从而实现加密通信。在接收端则利用与发送端同步的混沌信号解密，恢复出发送端发送的信息。混沌信号和消息信号结合的主要方法有相乘、相加或加乘结合。这里仅介绍将消息信号和混沌信号直接相加的掩盖方法。

在混沌同步的基础上，接通图 5.10-1 中的开关 S_1、S_2，可以进行加密通信实验。

假设 $x(t)$ 是发送端产生的混沌信号，$s(t)$ 是要传送的消息信号，实验中消息信号由信号发生器输出，为方波或正弦信号。经过混沌掩盖后，传输信号为 $c(t) = x(t) + s(t)$。接收端产生的混沌信号为 $x'(t)$，当接收端和发送端同步时，有 $x'(t) = x(t)$，由 $c(t) - x'(t) = s(t)$，即可恢复出消息信号。用示波器观察传输信号，并比较要传送的消息信号和恢复的消息信号。实验中，信号的加法运算及减法运算可以通过运算放大器来实现。

需要指出的是，在实验中采用的是信号直接相加进行混沌掩盖，当消息信号幅度比较大，而混沌信号相对比较小时，消息信号不能被掩蔽在混沌信号中，传输信号中就能看出消息信号的波形，因此，实验中要求信号发生器输出的消息信号比较小。

实验1　非线性电阻的伏安特性实验

1. 实验目的

测量非线性电阻的伏安特性曲线。

2. 实验装置

混沌原理及应用实验仪。

3. 实验原理图（图 5.10-2）

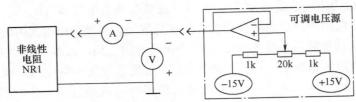

图 5.10-2　非线性电阻伏安特性原理框图

4. 实验方法

1）在混沌原理及应用实验仪面板上插上跨接线 J1、J2，并将可调电压源处电位器旋钮逆时针旋转到头，在混沌单元 1 中插上非线性电阻 NR1。

2）连接混沌原理及应用实验仪电源，打开机箱后侧的电源开关。面板上的电流表应有电流显示，电压表也应有显示值。

3）按顺时针方向慢慢旋转可调电压源上电位器，并观察混沌面板上的电压表上的读数，每隔 0.2V 记录面板上电压表和电流表上的读数，直到旋钮顺时针旋转到头，将数据记录于表 5.10-1 中。

4）以电压为横坐标、电流为纵坐标用第三步所记录的数据绘制非线性电阻的伏安特性曲线。找出曲线拐点，分别计算五个区间的等效电阻值。

表 5.10-1　非线性电阻的伏安特性测量

电压/V	…	0	0.2	0.4	0.6	0.8	1	1.2	1.4	…
电流/mA										

实验 2　混沌波形发生实验

1. 实验目的

调节并观察非线性电路振荡周期分岔现象和混沌现象。

2. 实验装置

混沌原理及应用实验仪、双通道数字示波器 1 台、电缆连接线 2 根。

3. 实验原理图如图 5.10-3 所示。

4. 实验方法

1）拔除跨接线 J1、J2（本次和接下来的实验内容均不需要用跨接线 J1、J2），在混沌原理及应用实验仪面板的混沌单元 1 中插上电位器 W_1、电感 L_1、电容 C_1、电容 C_2、非线性电阻 NR_1，并将电位器 W_1 上的旋钮顺时针旋转到头。

2）用两根 Q9 线分别连接示波器的 CH1

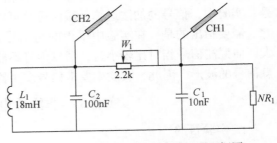

图 5.10-3　混沌波形发生实验原理框图

和 CH2 端口到混沌原理及应用实验仪面板上标号 Q8 和 Q7 处。打开机箱后侧的电源开关。

3）把示波器的时基档切换到 X–Y。调节示波器通道 CH1 和 CH2 的电压档位使示波器显示屏上能显示整个波形，逆时针旋转电位器 W_1 直到示波器上的混沌波形变为一个点，然后慢慢顺时针旋转电位器 W_1 并观察示波器，示波器上应该逐次出现单周期分岔（图 5.10-4）、双周期分岔（图 5.10-5）、四周期分岔（图 5.10-6）、多周期分岔（图 5.10-7）、单吸引子（图 5.10-8）、双吸引子（图 5.10-9）现象。

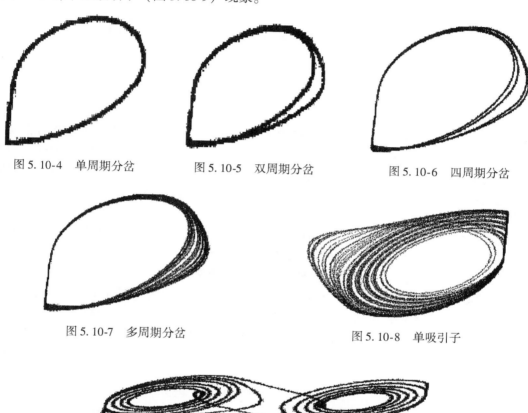

图 5.10-4　单周期分岔　　　　图 5.10-5　双周期分岔　　　　图 5.10-6　四周期分岔

图 5.10-7　多周期分岔　　　　　　　　　图 5.10-8　单吸引子

图 5.10-9　双吸引子

注：在调试出双吸引子图形时，注意感觉调节电位器的可变范围，即在某一范围内变化，双吸引子都会存在。最终应该将调节电位器调节到这一范围的中间点，这时双吸引子最为稳定，并易于观察清楚。

实验 3　混沌电路的同步实验

1. 实验目的

调试并观察混沌同步波形。

2. 实验装置

混沌原理及应用实验仪、双通道数字示波器 1 台、电缆连接线 2 根。

3. 实验原理图（图 5.10-10）。

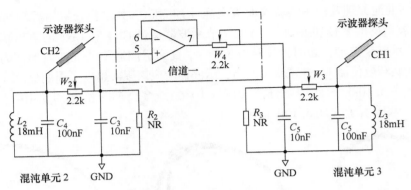

图 5.10-10　混沌同步原理框图

4. 工作原理

由于混沌单元 2 与混沌单元 3 的电路参数基本一致，它们自身的振荡周期也具有很大的相似性，只是因为它们的相位不一致，所以看起来都杂乱无章，看不出它们的相似性。如果能让它们的相位同步，将会发现它们的振荡周期非常相似。特别是将 W_2 和 W_3 做适当调整，会发现它们的振荡波形不仅周期非常相似，幅度也基本一致，整个波形具有相当大的等同性。

让它们相位同步的方法之一，就是让其中一个单元接受另一个单元的影响，受影响大，则能较快同步，受影响小，则同步较慢，或不能同步。为此，在两个混沌单元之间加入了信道一。信道一由一个射随器和一只电位器及一个信号观测口组成。射随器的作用是单向隔离，它让前级（混沌单元 2）的信号通过，再经 W_4 后去影响后级（混沌单元 3）的工作状态，而后级的信号却不能影响前级的工作状态。混沌单元 2 的信号经射随器后，其信号特性基本可认为没发生改变，等于原来混沌单元 2 的信号。即 W_4 左方的信号为混沌单元 2 的信号。右方的为混沌单元 3 的信号。电位器的作用：调整它的阻值可以改变混沌单元 2 对混沌单元 3 的影响程度。

5. 实验方法

1）插上面板上混沌单元 1、混沌单元 2 和混沌单元 3 的所有电路模块，即在混沌原理及应用实验仪面板的 3 个混沌单元中对应插上电位器 W_1、W_2、W_3，电感 L_1、L_2、L_3，电容 C_1、C_2、C_3、C_4、C_5、C_6，非线性电阻 NR_1、NR_2、NR_3。按照实验二的方法将混沌单元 1、混沌单元 2 和混沌单元 3 分别调节到混沌状态，即双吸引子状态。电位器调到保持双吸引子状态的中点。调试混沌单元 2 时示波器接到 Q5、Q6 座处。调试混沌单元 3 时示波器接到 Q3、Q4 座处。

2）插上信道一和键控单元，键控单元上的开关置"1"。用电缆线连接面板上的 Q3 和 Q5 到示波器上的 CH1 和 CH2，调节示波器 CH1 和 CH2 的电压档位到 0.5V。

3）细心微调混沌单元 2 的 W_2 和混沌单元 3 的 W_3 直到示波器上显示的波形成为过中点约 45° 的细斜线。

4）若两路波形完全相等，这条线将是一条 45° 的非常干净的直线。45° 表示两路波形的幅度基本一致。线的长度表达了波形的振幅，线的粗细代表两路波形的幅度和相位在细节上的差异。所以这条线的优劣表达出了两路波形的同步程度。所以，应尽可能地将这条线调细，但同时必须保证混沌单元 2 和混沌单元 3 处于混沌状态。

5）用电缆线将示波器的 CH1 和 CH2 分别连接 Q6 和 Q5，观察示波器上是否存在混沌波形，如不存在混沌波形，调节 W_2 使混沌单元 2 处于混沌状态。再用同样的方法检查混沌单元 3，确保混沌单元 3 也处于混沌状态，显示出双吸引子。

6）用电缆线连接面板上的 Q3 和 Q5 到示波器上的 CH1 和 CH2，检查示波器上显示的波形为过中点约 45°的细斜线。将示波器的 CH1 和 CH2 分别接 Q3 和 Q6，也应显示混沌状态的双吸引子。

7）在使 W_4 尽可能大的情况下调节 W_2、W_3，使示波器上显示的斜线尽可能最细。

实验 4 混沌掩盖与解密实验

1. 实验目的

用混沌电路方式实现传输信号的掩盖与解密。

2. 实验装置

混沌原理及应用实验仪、双通道数字示波器 1 台、信号发生器 1 台、电缆连接线 2 根。

3. 实验原理图

如图 5.10-1 所示。

4. 实验方法

1）在混沌原理及应用实验仪的面板上插上混沌单元 1、混沌单元 2 和混沌单元 3 的所有电路模块，即在混沌原理及应用实验仪面板的 3 个混沌单元中对应插上电位器 W_1、W_2、W_3，电感 L_1、L_2、L_3，电容 C_1、C_2、C_3、C_4、C_5、C_6，非线性电阻 NR_1、NR_2、NR_3。按照实验 2 的方法将混沌单元 2 和 3 调节到混沌状态。

2）插上键控单元模块、信号处理模块、信道一模块，按照实验 3 的步骤将混沌单元 2 和混沌单元 3 调节到混沌同步状态。

3）插上减法器模块、信道二模块、加法器模块，将示波器 CH1 端口连接到 Q2 处。

4）把示波器的时基切换到 Y-T 并将电压档旋转到 500mV 位置、时间档旋转到 10ms 位置、耦合档切换到交流位置，Q10 处连接信号发生器的输出口，调节信号发生器的输出信号的频率为 100～200Hz、输出幅度为 50mV 左右的正弦信号。

5）逆时针调节电位器 W_4 上的旋钮，直到示波器上出现频率为输入频率、幅度约为 0.7V 左右叠加有一定噪声的正弦信号。细心调节 W_2 和 W_3，使噪声最小。

6）用示波器探头测量信道二上面的测试口"TEST2"的输出波形，观察外输入信号被混沌信号掩盖的效果，并比较输入信号波形与解密后的波形（第五步中输出的波形）的差别。

实验 5.11 电子荷质比的测定

19 世纪 80 年代英国物理学家 J. J 汤姆孙做了一个著名的实验：使阴极射线受磁场的作用发生偏转，显示射线的运行轨迹，并采用静电偏转力与磁场偏转力平衡的方法求得粒子的速度，结果发现了"电子"，并测定出了电子的电荷量与质量之比 e/m，为人类科学的发展做出了重大的贡献。

电子荷质比 e/m 是一个常用的物理常数，它的定义是电子的电荷量与其质量的比值，经现代科学研究的测定，电子荷质比的标准值是：1.759×10^{11} C/kg。测量电子荷质比的方法在物理实验中有许多种，本次实验是按照当年英国物理学家汤姆孙的思路，利用电子束在磁场中运动轨迹发生偏转的方法来测量。通过该实验的操作不仅可以测量出电子荷质比，还能加深对洛伦兹力的认识。

【实验目的】

（1）通过实验加深对电子在磁场中运动规律的认识。

（2）学习利用电子在磁场中的圆周运动测量电子的荷质比。

【实验仪器】

FB710 型电子荷质比测定仪。

【仪器介绍】

电子荷质比测试仪整机外形如图 5.11-1 所示。

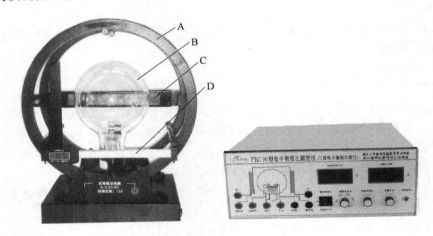

图 5.11-1　电子荷质比测试仪

A—亥姆霍兹线圈　B—电子束发射威尔尼氏管　C—反射镜　D—滑动标尺

亥姆霍兹线圈的作用是产生磁场，在电流 I 的作用下，线圈产生的磁场大小为：$B = KI$，K 为磁电变换系数，可表达为

$$K = \mu_0 \left(\frac{4}{5} \right)^{\frac{3}{2}} \times \frac{N}{R} \qquad (5.11\text{-}1)$$

式中，真空导磁率 $\mu_0 = 4\pi \times 10^{-7}$ NA^{-2}；R 为亥姆霍兹线圈的平均半径；N 为单个线圈的匝数。由厂家提供的参数可知 $K = 7.86 \times 10^{-4}$ T/A。

电子荷质比测试仪的中心器件是三维立体的威尔尼氏管，通过它可以生动形象地显示出电子束的运行轨迹。将威尔尼氏管放于由亥姆霍兹线圈产生的磁场中，用电压激发它的电子枪发射出电子束，进行实验操作。加速电压 0～200V，聚焦电压 0～20V 都有各自的控制调节旋钮。电源还备有可以提供最大 3A 电流的恒流电源，通入亥姆霍兹线圈产生磁场。因为实验工作在光线较暗的环境中，所以电源还提供一组照明电压，方便读取滑动标尺上的刻度。具体调节旋钮、接线端子分布见图 5.11-1。

仪器主要参数

（1）威尔尼氏管：

真空气压 10^{-1}Pa；灯丝电压 6.3V；调制电压 0 ~ – 15V；最大加速电压 250V。

（2）亥姆霍兹线圈：单线圈匝数 $N = 130$；最大励磁电流 $I_{max} = 3.5$A。

（3）电源：加速电压 0 ~ 250V；调制电压 0 ~ – 15V（内置）；照明电压 2.5V。

【实验原理】

众所周知当一个电子以速度 v 垂直进入均匀磁场时，电子要受到洛伦兹力的作用，它的大小和方向可由式（5.11-2）决定：

$$F = -ev \times B \qquad (5.11-2)$$

由于力的方向时刻都垂直于速度方向，所以电子的运动轨迹是一个圆，如图 5.11-2 所示。

又由圆周运动的动力学规律可知

$$F = \frac{mv^2}{r} \qquad (5.11-3)$$

式中，r 是电子运动轨迹圆周的半径，由于洛伦兹力就是使电子做圆周运动的向心力，因此

$$evB = \frac{mv^2}{r} \qquad (5.11-4)$$

由式（5.11-4）转换可得

$$\frac{e}{m} = \frac{v}{rB} \qquad (5.11-5)$$

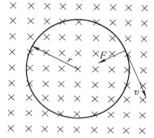

图 5.11-2 电子在匀强磁场
中的圆周运动轨迹图

这即是我们所需要测量的电子的荷质比。

实验装置是用一个电子枪，在加速电压 U 的驱使下，射出电子流，因此 eU 全部转变成电子的输出动能，因此又有：

$$eU = \frac{1}{2}mv^2 \qquad (5.11-6)$$

通过式（5.11-5）和式（5.11-6）可得

$$\frac{e}{m} = \frac{2U}{r^2B^2} = \frac{2U}{r^2K^2I^2} \qquad (5.11-7)$$

通过式（5.11-7）即可计算得到电子的荷质比 e/m。

按本实验的要求，必须仔细调整管子的电子枪，使电子流与磁场严格保持垂直，产生完全封闭的圆形电子轨迹。

本次实验的电流和电压值可以直接由电流表和电压表读出，所以实验的关键点是准确测量电子圆周运动的轨迹半径 r。实验中分别使标尺与轨迹圆的左侧和右侧相切，其读数分别为 $S_左$ 和 $S_右$，则 $r = \dfrac{S_右 - S_左}{2}$。

【实验内容】

1. 利用公式法计算电子的荷质比

固定加速电压 U，调节电流 I，直到出现清晰闭合的圆周运动轨迹，分别使标尺与轨迹圆的左侧和右侧相切，记录切点坐标 $S_左$ 和 $S_右$，数据记入表 5.11-1 中。利用式（5.11-7）计算电子荷质比。

表　5.11-1

测 量 次 数	电压 U/V	电流 I/A	$S_左$/mm	$S_右$/mm	$r_{平均}$/mm	e/m/(C/kg)
1						
2						
3						
4						
5						

将计算得到的电子荷质比与标准值 1.759×10^{11} C/kg 进行比较，并计算百分误差。选择另外一个加速电压，进行第二次测量，实验步骤和计算过程与第一次相同。

2. 利用作图法计算电子的荷质比

将式（5.11-7）做变形可得

$$U = \left(\frac{1}{2} \frac{e}{m} r^2 K^2 \right) I^2 \qquad (5.11-8)$$

可以看到如果固定电子旋转半径 r 不变，则 U 和 I^2 成线性关系，斜率为 $\frac{1}{2} \frac{e}{m} r^2 K^2$。在坐标纸上以 I^2 为横坐标，以 U 为纵坐标作图，求出直线的斜率即可计算得到电子的荷质比 e/m，如图 5.11-3 所示。

本步实验应首先观察到清晰的电子轨迹圆，并准确测量其半径，测量半径亦应采取多次测量取平均值的方法以减小测量误差（表 5.11-2）。然后在保持轨迹圆半径不变的前提下改变电压和电流值并记录其读数（表 5.11-3）。

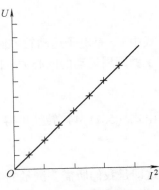

图 5.11-3　U-I^2 关系曲线

表 5.11-2　轨迹圆半径记录表格

测 量 次 数	$S_左$/mm	$S_右$/mm	$r_{平均}$/mm
1			
2			
3			
4			
5			

表 5.11-3　电流-电压记录表格

测 量 次 数	电压 U/V	电流 I/A	电流 I^2/A^2
1			
2			
3			
4			
5			
6			
7			
8			

作出 U-I^2 关系曲线，计算曲线的斜率从而得到电子的荷质比值，与标准值进行比较并计算百分差。

【注意事项】

（1）实验开始时首先应细心调节电子束与磁场方向垂直，形成一个不带重影的圆环。

（2）电子束的激发加速电压不要调得过高，否则容易引起电子束散焦。电子束刚激发时的加速电压需要偏高一些，大约是 130V 左右，但一旦激发后，电子束在 90 ~ 100V 即能维持发射，此时就可以适当降低加速电压。

（3）威尔尼氏管电子束刚激发时的加速电压，需略偏高一些，大约是 130V 左右，一旦激发后加速电压会自动降到正常电压范围内。假如不小心把加速电压调得太高，为了保护威尔尼氏管，电路自动做保护动作，使加速电压限制在一定数值，不能再升高。

（4）亥姆霍兹线圈的励磁电流短时间最大可以调节到 3.5A，但不允许长时间大电流工作，否则线圈将会发热，本仪器也设计了自动保护电路，线圈温度升高，励磁电流会自动切断，这时候，只要关掉电源，重新开机，仪器即可自动恢复功能。

（5）仪器关机前应首先将励磁电流调节到零，防止线圈因自感而产生较大电流，从而烧毁仪器。

（6）实验中，电子圆的轨迹大小要适当，太小的话测量相对误差较大，而太大的电子圆会因为轨迹模糊而不容易读出切点读数。

【思考题】

（1）除了使用本实验介绍的方法来确定圆环的大小，还有其他更好更简捷的方法吗？

（2）当磁场与电子速度不垂直时，电子将做何种运动？

（3）测量电子荷质比还有哪些不同的实验方法？

实验 5.12　磁滞回线的测量

【实验目的】

（1）认识铁磁物质的磁化规律，比较两种典型的铁磁物质动态磁化特性。

（2）测定样品的基本磁化曲线，作 μ-H 曲线。

（3）计算样品的 H_C、B_r、B_m 等参数。

（4）测绘样品的磁滞回线，了解其磁滞损耗。

【实验仪器】

DH4516 型磁滞回线实验仪。

【实验原理】

1. 铁磁材料的磁滞现象

铁磁物质是一种性能特异、用途广泛的材料。铁、钴、镍及其众多合金以及含铁的氧化物（铁氧体）均属铁磁物质。其特征是在外磁场作用下能被强烈磁化，故磁导率 μ 很高。另一特征是磁滞，即磁化场作用停止后，铁磁物质仍保留磁化状态，图 5.12-1 所示为铁磁物质磁感应强度 B 与磁场强度 H 之间的关系曲线。

图 5.12-1 中的原点 O 表示磁化之前铁磁物质处于磁中性状态，即 $B = H = 0$，当磁场 H 从零开始增加时，磁感应强度 B 随之缓慢上升，如曲线 0a 所示，继之 B 随 H 迅速增长，如

ab 所示，其后 B 的增长又趋缓慢，并当 H 增至 H_m 时，B 到达饱和值，$0abS$ 称为起始磁化曲线。图 5.12-1 表明，当磁场从 H_m 逐渐减小至零，磁感应强度 B 并不沿起始磁化曲线恢复到 "0" 点，而是沿另一条新曲线 SR 下降，比较 $0S$ 和 SR 可知，H 减小 B 相应也减小，但 B 的变化滞后于 H 的变化，这种现象称为磁滞，磁滞的明显特征是当 $H = 0$ 时，B 不为零，而保留剩磁 B_r。

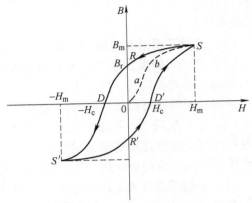

图 5.12-1　铁磁材料的起始磁化曲线和磁滞回线

当磁场反向从 0 逐渐变至 $-H_c$ 时，磁感应强度 B 消失，说明要消除剩磁，必须施加反向磁场，H_c 称为矫顽力，它的大小反映铁磁材料保持剩磁状态的能力，RD 称为退磁曲线。

图 5.12-1 还表明，当磁场按 $H_m \rightarrow 0 \rightarrow -H_c \rightarrow -H_m \rightarrow 0 \rightarrow H_c \rightarrow H_m$ 次序变化时，相应的磁感应强度 B 则沿闭合曲线 $SRDS'R'D'S$ 变化，这条闭合曲线称为磁滞回线。所以，当铁磁材料处于交变磁场中时（如变压器中的铁心），将沿磁滞回线反复被磁化 $\rightarrow$ 去磁 $\rightarrow$ 反向磁化 $\rightarrow$ 反向去磁。在此过程中要消耗额外的能量，并以热的形式从铁磁材料中释放，这种损耗称为磁滞损耗。可以证明，磁滞损耗与磁滞回线所围面积成正比。

应该说明，对初始态为 $H = B = 0$ 的铁磁材料，当交变磁场强度的最大值逐渐变大时，可以得到面积由小到大向外扩张的一簇磁滞回线，如图 5.12-2 所示。这些磁滞回线顶点的连线称为铁磁材料的基本磁化曲线，由此可近似确定其磁导率 $\mu = B/H$，因 B 与 H 的关系成非线性，故铁磁材料 μ 不是常数，而是随 H 而变化（图 5.12-3）。铁磁材料磁导率可高达数千 H/m 乃至数万 H/m，这一特点是它用途广泛主要原因之一。

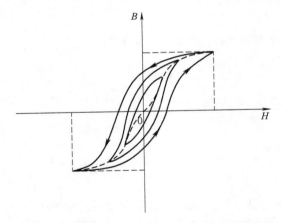

图 5.12-2　磁场变大时，同一材料的一簇磁滞回线

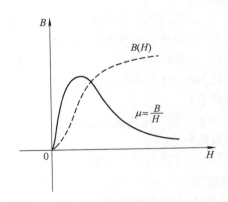

图 5.12-3　铁磁材料的 B 和 μ 与 H 的关系

可以说磁化曲线和磁滞回线是铁磁材料分类和选用的主要依据，图 5.12-4 为常见的两种典型的磁滞回线。其中软磁材料磁滞回线狭长、矫顽力、剩磁和磁滞损耗均较小，是制造变压器、电动机和交流磁铁的主要材料。而硬磁材料磁滞回线较宽，矫顽力大，剩磁强，可

用来制造永磁体。

2. 用示波器观察和测量磁滞回线的实验原理和线路图

观察和测量磁滞回线和基本磁化曲线的线路如图 5.12-5 所示。样品上有两个线圈绕组，N_1 为励磁绕组，N_2 为用来测量磁感应强度 $\boldsymbol{B}$ 而设置的绕组。R_1 为励磁电流取样电阻，设通过 N_1 的交流励磁电流为 i，根据安培环路定律，样品的磁场场强

$$H = \frac{N_1 i}{L} \qquad (5.12\text{-}1)$$

式中，L 为样品的平均磁路长度，又

$$i = \frac{U_{\mathrm{H}}}{R_1} \qquad (5.12\text{-}2)$$

所以有

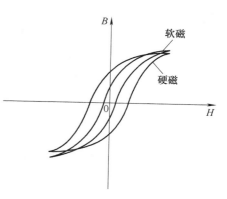

图 5.12-4　不同材料的磁滞回线

$$H = \frac{N_1}{LR_1} U_{\mathrm{H}} \qquad (5.12\text{-}3)$$

式中，N_1、L、R_1 均为已知常数，所以由 U_{H} 可确定 H。

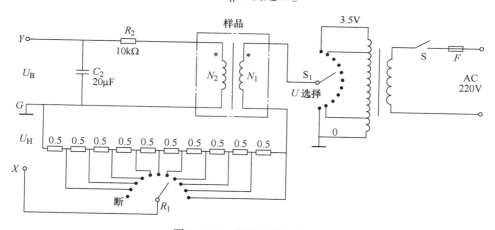

图 5.12-5　实验原理线路图

在交变磁场下，样品的磁感应强度瞬时值 B 是由测量绕组和 R_2C_2 电路给定的，设样品的截面积为 S，电容为 C_2，电阻为 R_2，绕组匝数为 N_2，则

$$B = \frac{C_2 R_2}{N_2 S} U_{\mathrm{B}} \qquad (5.12\text{-}4)$$

式中，C_2、R_2、N_2 和 S 均为已知常数，所以通过测量 U_{B} 即可确定 B。

综上所述，只要将图 5.12-5 中的 U_{H} 和 U_{B} 分别加到示波器的"X 输入"和"Y 输入"便可观察样品的 $B-H$ 曲线，并可用示波器测出 U_{H} 和 U_{B} 值，进而根据公式计算出 B 和 H；用该方法，还可求得饱和磁感应强度 B_{S}、剩磁 B_{r}、矫顽力 H_{C}、磁滞损耗 W_{BH} 以及磁导率 μ 等参数。

计算过程中用到的参数如下：$L = 75\mathrm{mm}$，$S = 120\mathrm{mm}^2$，$C_2 = 20\mu\mathrm{F}$，$R_2 = 10\mathrm{k\Omega}$，对于样品 1 硅钢片材料（左侧）磁心，$N_1 = 60$ 匝，$N_2 = 200$ 匝；对于样品 2 硅钢片材料（右侧）

磁心，$N_1 = 90$ 匝，$N_2 = 200$ 匝。

【实验内容】

1. 电路连接：按实验仪上所给的电路图连接线路，并令 $R_1 = 3$ Ω，"U 选择"置于 0 位。U_H 和 U_B 分别接示波器的"X 输入"和"Y 输入"。

2. 本步骤使用样品 2。样品退磁：开启实验仪电源，对试样进行退磁，即顺时针方向转动"U 选择"旋钮，令 U 从 0 增至 3V。然后逆时针方向转动旋钮，将 U 从最大值降为 0。其目的是消除剩磁，确保样品处于磁中性状态，即 $B = H = 0$，如图 5.12-6 所示。

3. 本步骤使用样品 2。观察磁滞回线：开启示波器电源，令光点位于坐标网格中心，令 $U = 3.0V$，并分别调节示波器 X 轴和 Y 轴的灵敏度，使显示屏上出现图形大小合适的磁滞回线。若图形顶部出现编织状的小环，如图 5.12-7 所示，这时应该检查示波器的通道输入方式，一般应选择"DC"，或者 X 通道"AC"，Y 通道"DC"，并适当选择 R_1 值，或降低励磁电压 U 予以消除。

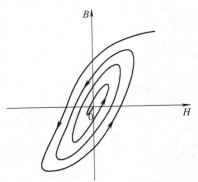

图 5.12-6 退磁示意图

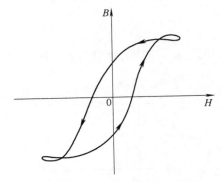

图 5.12-7 调节不当引起的畸变现象

4. 本步骤使用样品 2。观察基本磁化曲线：按步骤 2 对样品进行退磁，令 $R_1 = 3$Ω，从 $U = 0$ 开始，逐档提高励磁电压，依次使 $U = 0.5V$，$1.0V$，…，$3.5V$，这时将在显示屏上观察到面积由小到大一个套一个的一簇磁滞回线。记录下这些磁滞回线右上顶点坐标 U_H 和 U_B 值，并分别根据式（5.12-3）和式（5.12-4）计算磁场强度 H、磁感应强度 B 和磁导率 μ，将数据记入表 5.12-1 中，画出样品的基本磁化曲线和 $\mu - H$ 曲线。

表 5.12-1

U/V	U_H/mV	U_B/mV	H/(A/m)	B/T	μ/(T·m/A)
0.5					
0.9					
1.2					
1.5					
1.8					
2.1					
2.4					
2.7					
3					
3.5					

5. 调节 $U = 3.5\text{V}$，$R_1 = 3\ \Omega$，分别测定样品 1 和样品 2 的磁滞回线。每个样品至少测量 20 组 $U_H - U_B$ 值，并计算出相应的 H 和 B。测量读数过程中，充分利用示波器显示屏的网格，以准确确定所选测量点的位置。根据得到的 B 和 H 的值作 $B\text{-}H$ 曲线，根据曲线求得 B_m、B_r 和 H_C 等参数，把数据记入表 5.12-2 中。比较样品 1 和样品 2 的磁化性能。

表　5.12-2

样品 1						
U_H/mV	U_B/mV	$H/(\text{A/m})$	B/T	B_m/T	B_r/T	$H_C/(\text{A/m})$
...						

实验 5.13　巨磁电阻及应用

巨磁阻效应（Giant Magnetoresistance，GMR）是一种量子力学效应，可以在磁性材料和非磁性材料相间的薄膜层（几个纳米厚）结构中观察到。2007 年诺贝尔物理学奖被授予发现巨磁阻效应的彼得·格林贝格和艾尔伯·费尔。这种结构物质的电阻值与铁磁性材料薄膜层的磁化方向有关，两层磁性材料磁化方向相反情况下的电阻值，明显大于磁化方向相同时的电阻值，电阻在很弱的外加磁场下具有很大的变化量。巨磁阻效应被成功地运用在硬盘生产上，具有重要的商业应用价值。

【实验目的】

（1）了解 GMR 效应的原理。

（2）测量 GMR 模拟传感器的磁电转换特性曲线。

（3）测量 GMR 的磁阻特性曲线。

【实验仪器】

ZKY-JCZ 巨磁电阻效应及应用试验仪、基本特性组件。

1. 实验仪

图 5.13-1 所示为实验系统的实验仪前面板图。

区域 1——电流表部分：作为一个独立的电流表使用。

两个档位：2mA 档和 20mA 档，可通过电流量程切换选择合适的电流档位测量电流。

区域 2——电压表部分：作为一个独立的电压表使用。

两个档位：2V 档和 200mV 档，可通过电压量程切换开关选择合适的电压档位。

区域 3——恒流源部分：可变恒流源。

实验仪还提供 GMR 传感器工作所需的 4V 电源和运算放大器工作所需的 ±8V 电源。

2. 基本特性组件

基本特性组件（图 5.13-2）由 GMR 模拟传感器、螺线管线圈及比较电路、输入输出插孔组成，用以对 GMR 的磁电转换特性、磁阻特性进行测量。GMR 传感器置于螺线管的中央，螺线管用于在实验过程中产生大小可计算的磁场，由理论分析可知，无限长直螺线管内

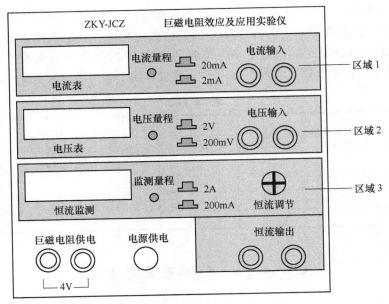

图 5.13-1　巨磁阻实验仪操作面板

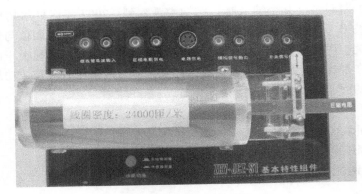

图 5.13-2　基本特性组件

部轴线上任一点的磁感应强度为：$B = \mu_0 n I$。式中，n 为线圈密度，I 为流经线圈的电流，$\mu_0 = 4\pi \times 10^{-7} \text{H/m}$，为真空中的磁导率。采用国际单位制时，由上式计算出的磁感应强度单位为特斯拉（1 特斯拉 = 10000 高斯）。

【实验原理】

　　根据导电的微观机理，电子在导电时并不是沿电场直线前进，而是不断和晶格中的原子产生碰撞（又称散射），每次散射后电子都会改变运动方向，总的运动是电场对电子的定向加速与这种无规则散射运动的叠加。称电子在两次散射之间走过的平均路程为平均自由程，电子散射概率小，则平均自由程长，电阻率低。电阻定律 $R = \rho l / S$ 中，通常把电阻率 ρ 视为常数，与材料的几何尺度无关，这是因为通常材料的几何尺度远大于电子的平均自由程（例如铜中电子的平均自由程约34nm），可以忽略边界效应。当材料的几何尺度小到纳米量级，只有几个原子的厚度时（例如，铜原子的直径约为0.3nm），电子在边界上的散射概率大大增加，可以明显观察到厚度减小，电阻率增加的现象。

电子除携带电荷外，还具有自旋特性，自旋磁矩有平行或反平行于外磁场两种可能取向。早在 1936 年，英国物理学家、诺贝尔奖获得者 N. F. Mott 指出：在过渡金属中，总电流是两类自旋电流之和；总电阻是两类自旋电子的并联电阻，这就是所谓的两电流模型。

在图 5.13-3 所示的多层膜结构中，无外磁场时，由于上下两层磁性材料是反平行（反铁磁）耦合的，磁矩反平行排列，施加足够强的外磁场后，两层铁磁膜的磁矩方向都与外磁场方向一致，外磁场使两层铁磁膜的磁矩排列方向从反平行变成了平行。

图 5.13-4 所示为图 5.13-3 结构的某种 GMR 材料的磁阻特性。由图 5.13-4 可见，随着外磁场增大，电阻逐渐减小，其间有一段线性区域。当外磁场已使两铁磁膜磁矩完全平行排列后，继续加大磁场，电阻不再减小，进入磁饱和区域。磁阻变化率 $\Delta R/R$ 达百分之十几，加反向磁场时磁阻特性是对称的。注意到图 5.13-4 中的曲线有两条，分别对应增大磁场和减小磁场时的磁阻特性，这是因为铁磁材料都具有磁滞特性。

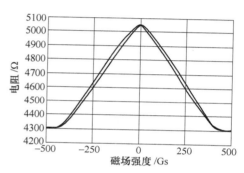

图 5.13-3　多层膜 GMR 结构图　　　　图 5.13-4　某种 GMR 材料的磁阻特性

多层膜 GMR 结构简单，工作可靠，磁阻随外磁场线性变化的范围大，在制作模拟传感器方面得到了广泛应用。实验中 GMR 材料的多层结构是基于 Ni – Fe – Co 磁性层和 Cu 间隔层。

【实验内容】

1. GMR 模拟传感器的磁电转换特性测量

在用 GMR 构成传感器时，为了消除温度变化等环境因素对输出的影响，一般采用桥式结构，图 5.13-5 所示为某型号传感器的结构。

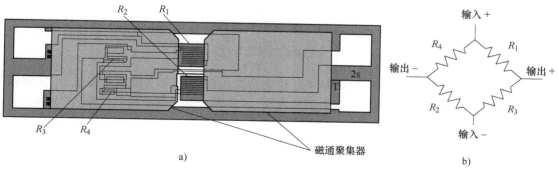

图 5.13-5　GMR 模拟传感器结构图

a）几何结构　b）电路连接

对于电桥结构，如果 4 个 GMR 电阻对磁场的响应完全同步，就不会有信号输出。图 5.13-5 中，将处在电桥对角位置的两个电阻 R_3、R_4 覆盖一层高磁导率的材料如坡莫合金，以屏蔽外磁场对它们的影响，而 R_1、R_2 阻值随外磁场改变。设无外磁场时 4 个 GMR 电阻的阻值均为 R，R_1、R_2 在外磁场作用下电阻减小 ΔR，简单分析表明，输出电压：

$$U_{\text{OUT}} = U_{\text{IN}} \Delta R / (2R - \Delta R)$$

屏蔽层同时设计为磁通聚集器，它的高磁导率将磁力线聚集在 R_1、R_2 电阻所在的空间，进一步提高了 R_1、R_2 的磁灵敏度。从图 5.13-5 的几何结构还可见，巨磁电阻被光刻成微米宽度迂回状的电阻条，以增大其电阻至 kΩ 级，使其在较小工作电流下得到合适的电压输出。

图 5.13-6 所示为某 GMR 模拟传感器的磁电转换特性曲线。图 5.13-7 所示为磁电转换特性的测量原理图。

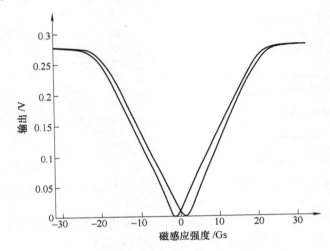

图 5.13-6　GMR 模拟传感器的磁电转换特性曲线

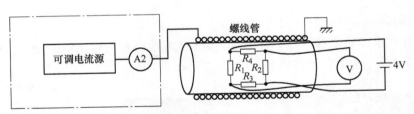

图 5.13-7　模拟传感器磁电转换特性实验原理图

将 GMR 模拟传感器置于螺线管磁场中，功能切换按钮切换为"传感器测量"。实验仪的 4V 电压源接至基本特性组件"巨磁电阻供电"，恒流源接至"螺线管电流输入"，基本特性组件"模拟信号输出"接至实验仪电压表。

按表 5.13-1 数据，调节励磁电流，逐渐减小磁场强度，记录相应的输出电压于表格"减小磁场"列中。由于恒流源本身不能提供负向电流，当电流减至 0 后，交换恒流输出接线的极性，使电流反向。再次增大电流，此时流经螺线管的电流与磁感应强度的方向为负，从上到下记录相应的输出电压。电流至 –100mA 后，逐渐减小负向电流，电流到 0 时同样需要交换恒流输出接线的极性。从下到上记录数据于"增大磁场"列中。

理论上讲，外磁场为零时，GMR 传感器的输出应为零，但由于半导体工艺的限制，4个桥臂电阻值不一定完全相同，导致外磁场为零时输出不一定为零，在有的传感器中可以观察到这一现象。

表 5.13-1 GMR 模拟传感器磁电转换特性的测量

电桥电压：4V

磁感应强度/Gs		输出电压/mV	
励磁电流/mA	磁感应强度/Gs	减小磁场	增大磁场
100			
90			
80			
70			
60			
50			
40			
30			
20			
10			
5			
0			
−5			
−10			
−20			
−30			
−40			
−50			
−60			
−70			
−80			
−90			
−100			

根据螺线管上标明的线圈密度，计算出螺线管内的磁感应强度 B。以磁感应强度 B 作横坐标，电压表的读数为纵坐标作出磁电转换特性曲线。不同外磁场强度时输出电压的变化反映了 GMR 传感器的磁电转换特性，同一外磁场强度下输出电压的差值反映了材料的磁滞特性。

2. GMR 磁阻特性测量

为加深对巨磁电阻效应的理解，我们对构成 GMR 模拟传感器的磁阻进行测量。将基本特性组件的功能切换按钮切换为"巨磁阻测量"，此时被磁屏蔽的两个电桥电阻 R_3、R_4 被短路，而 R_1、R_2 并联。将电流表串联进电路中，测量不同磁场时回路中电流的大小，就可计算磁阻。测量原理如图 5.13-8 所示。

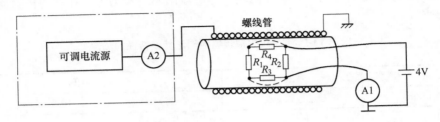

图 5.13-8　磁阻特性测量原理图

将 GMR 模拟传感器置于螺线管磁场中，功能切换按钮切换为"巨磁阻测量"，实验仪的 4 伏电压源串联电流表后接至基本特性组件"巨磁电阻供电"，恒流源接至"螺线管电流输入"。

按表 5.13-2 数据，调节励磁电流，逐渐减小磁场强度，记录相应的磁阻电流于表格"减小磁场"列中。由于恒流源本身不能提供负向电流，当电流减至 0 后，交换恒流输出接线的极性，使电流反向。再次增大电流，此时流经螺线管的电流与磁感应强度的方向为负，从上到下记录相应的输出电压。电流至 –100mA 后，逐渐减小负向电流，电流到 0 时同样需要交换恒流输出接线的极性。从下到上记录数据于"增大磁场"列中。

表 5.13-2　GMR 磁阻特性的测量

磁阻两端电压：4V

磁感应强度/Gs		磁阻/Ω			
		减 小 磁 场		增 大 磁 场	
励磁电流/mA	磁感应强度/Gs	磁阻电流/mA	磁阻/Ω	磁阻电流/mA	磁阻/Ω
100					
90					
80					
70					
60					
50					
40					
30					
20					
10					
5					
0					
–5					
–10					
–20					

（续）

磁感应强度/Gs		磁阻/Ω			
		减 小 磁 场		增 大 磁 场	
励磁电流/mA	磁感应强度/Gs	磁阻电流/mA	磁阻/Ω	磁阻电流/mA	磁阻/Ω
− 30					
− 40					
− 50					
− 60					
− 70					
− 80					
− 90					
− 100					

　　根据螺线管上标明的线圈密度，计算出螺线管内的磁感应强度 B。由欧姆定律 $R = U/I$ 计算磁阻。以磁感应强度 B 作横坐标，磁阻为纵坐标作出磁阻特性曲线。不同外磁场强度时磁阻的变化反映了 GMR 的磁阻特性，同一外磁场强度下磁阻的差值反映了材料的磁滞特性。

第 6 章　设计性实验

引言

设计性实验是对学生进行科学实验训练的提高内容，是从基础教学实验向研究性科学实验过渡的桥梁。

设计性实验的任务是进一步培养和提高学生的科学实验能力和素养，着重培养和训练学生在工程技术和科学实验方面的设计能力、动手能力、分析问题和解决问题的能力，提倡和培养敢于创新的精神。

（1）设计能力　能根据课题要求自行查阅文献资料，依据实验原理设计实验方案，确定实验参数，选择配套仪器，拟定实验程序。

（2）对实验知识的应用能力　能根据已经拟定的实验程序进行正确测量，能分析判断实验中出现的问题，并设法排除实验故障，完成预定方案。

（3）分析和解决问题的能力　能对实验现象及结果进行分析判断和解释，对实验中出现的与预想不符的现象进行解释，并能把物理实验的现象上升到理论高度来认识，找出解决问题的办法。

（4）撰写科研论文的能力　能根据实验情况写出条理清楚的报告，并对实验结果进行有一定深度的讨论。

（5）创新精神　敢于提出自己的设想，并创造条件付诸实践。

学生通过自行设计物理实验，不仅可以加深对物理学原理的理解，提高对物理规律本质的认识，而且能够初步掌握科研实验的程序。通过实验培养学生理论联系实际和实事求是的科学作风、严肃认真的工作态度、勇于克服困难的研究探索精神、团结协作的优良品德。培养与提高学生的科学实验能力和科学实验素养，使学生逐步具备科学研究的能力。

1. 设计性实验的基本环节

（1）设计实验方案　课前根据课题的任务和要求自行查阅文献资料，设计实验方案，选择合适的仪器，拟定实验程序，论证实验设计方案的可行性。

实验方案应包括：实验名称、实验要求、实验原理、选用仪器设备的规格参数及依据和实验步骤。

（2）实施实验方案　根据拟定的实验方案和程序，在实验室完成观测任务。如果实验室无法提供方案中所选仪器的型号、规格，则应更改仪器的型号、规格或修改、调整实验方案，使实验得以实施。

（3）完成实验报告　实验报告是对实验工作的全面总结，完成实验观测任务后应及时写出实验报告。实验报告应包含以下内容。

1）实验名称、实验目的、任务和要求。

2）实验原理。

3）实验选用的仪器设备及确定的规格参数。

4）实验内容和步骤。

5）实验数据记录表格及数据处理。

6）实验结果及分析，评价实验方案，提出改进意见。

7）参考资料或参考文献。

实验报告最好以小论文的形式完成。

2. 设计性实验的基本知识

为制订实验方案，首先必须根据实验任务和要求查阅有关资料。有关物理和物理实验方面的书籍和杂志都是查阅的重点。学生应充分利用图书馆、阅览室、资料室的图书资料。为制订实验方案作理论上的准备。制订方案的步骤确定实验方法，选配测量仪器、确定测量条件。

（1）确定实验方法　实验方法的确定就是根据物理原理建立被测量和可测量之间的关系。对同一实验题目，往往有多种实验方法可以完成。例如测量一个未知电阻，可以用伏安法、电桥法、电势差计法，也可以用万用电表直接测量。在实验中要根据测量要求选择最佳的实验方法。测量电阻在要求不高时可选择用万用电表直接测量或用伏安法测量。若要测量精确一些，可以用电桥法或电势差计法测量。

确定实验方法的原则是实验操作上可行，在实验室条件允许和保证实验精度要求的前提下，经济上尽量节省。降低实验成本也是设计过程中必须考虑的一个重要因素。

实验仪器选择确定后，对某一物理量的测量，如果有多种方法可以选择，则应选取测量结果不确定度最小的那种方法。

（2）选配测量仪器　主要原则是：确定不确定度分配方案；根据不确定度分配方案选择测量仪器和有关参数。

不确定度分配是根据不确定度均分原理来进行的。

1）等作用原则（参看本书第 1.2.6 节）

例 6-1　用伏安法测量金属膜电阻的阻值 R，要求 $\dfrac{u_C(R)}{R} \leqslant 1\%$，已知该电阻 R 的标称值为 1000Ω，额定功率为 $1/8\mathrm{W}$，问应该选用什么规格的电流表和电压表来测量？

【解】
$$R = \frac{U}{I}$$

$$\frac{u_C(R)}{R} = \sqrt{\left(\frac{u_C(U)}{U}\right)^2 + \left(\frac{u_C(I)}{I}\right)^2}$$

根据不确定度的等分配原则知

$$\frac{u_C(U)}{U} \leqslant \frac{E_R}{\sqrt{2}}$$

所以，
$$\frac{u_C(U)}{U} \leqslant \frac{1\%}{\sqrt{2}} = 0.7\% , u_C(U) \leqslant 0.7\% U$$

$$\frac{u_C(I)}{I} \leqslant \frac{E_R}{\sqrt{2}}$$

所以，
$$\frac{u_C(I)}{I} \leqslant \frac{1\%}{\sqrt{2}} = 0.7\% , u_C(I) \leqslant 0.7\% I$$

金属膜电阻额定功率为 1/8W，额定电流为
$$I = \sqrt{\frac{P}{R}} = 11.2\text{mA}$$

测量电流可在 $0 \sim 11\text{mA}$ 范围内取，当电流为 11mA 时，不确定度最大，为
$$u_C(I) = 0.7\% \times 11.2\text{mA} = 0.08\text{mA}$$

此时
$$\Delta_{\text{仪}} = u_C(I)\sqrt{3} = 0.08\sqrt{3}\text{mA} = 0.14\text{mA}$$

故可选取 $\Delta_{\text{仪}} \leqslant 0.14\text{mA}$ 的电流表来测量。这种选择可以有多种。

①选择量程为 $I_m = 15\text{mA}$，级别为 0.5 级的电流表。

则 $\Delta_{\text{仪}} = 15\text{mA} \times 0.5\% = 0.075\text{mA} \leqslant 0.14\text{mA}$

②选择量程为 $I_m = 5\text{mA}$，级别为 1.5 级的电流表。

则 $\Delta_{\text{仪}} = 5\text{mA} \times 1.5\% = 0.075\text{mA} \leqslant 0.14\text{mA}$

以上两个表都能满足测量不确定度的要求，但在用第二个电流表做实验时，要注意选择实验的电源电压，使得电路中的电流不能超过所选电流表的量程。

同理，电压表也可选择量程为 15V，级别为 0.5 级或量程为 5V，级别为 1.5 级的两种规格。

2）不等作用原则

等作用原则固然是一种较好的不确定度分配原则，但对不同的测量来讲，不一定都合理，因为有些物理量比较容易进行精密测量，而有些物理量则较难实现精密测量。所以，在设计实验时应根据实际情况对不确定度分配进行调整。对那些难以进行精密测量的物理量，适当分配较大的不确定度，而对那些容易实现精密测量的物理量分配较小的不确定度。

在进行实验时，选择什么规格的仪器要根据实验室的具体情况而定。值得注意的是，选择仪器并非仪器的精度越高越好，因为仪器的精度越高，对操作、环境条件等方面的要求也越高。如果使用不当，反而不能得到理想的结果。另外，精度低的仪器能满足要求而非要使用精度高的仪器，也是一种浪费。因此，在能保证测量精度要求的条件下，尽量选择和配置经济上最合理的测量仪器。

（3）选择测量条件　在测量方法、测量仪器及环境条件确定后，合理选择测量条件可以最大限度地减小测量不确定度。这个最有利的测量条件可以由不确定度函数各对自变量求导或偏导，并令其一阶导数为零即可求出相应的参数，此时若二阶导数大于零，则函数有极小值，不确定度最小，说明该条件是最有利条件。

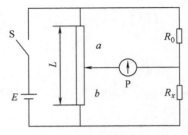

图 6-1　滑线式电桥电路

例 6-2　用滑线式电桥测电阻，线路如图 6-1 所示。问滑线电阻的滑键在什么位置时，能使得滑线式电桥的测量精度最高？

【解】　电桥平衡时有
$$R_x = \frac{b}{a}R_0 = \frac{b}{L-b}R_0$$

其中，R_0 为精度很高的标准电阻，可视为

$$u_C(R_0) = 0$$

根据标准不确定度传播公式得，$E_{R_x} = \dfrac{u_C(R_x)}{R_x} = \dfrac{L}{b(L-b)} u_C(b)$

$$\frac{dE_{R_x}}{db} = \frac{L(2b-L)}{b^2(L-b)^2} u_C(b)$$

令

$$\frac{dE_{R_x}}{db} = 0，得 2b - L = 0。$$

故 $b = \dfrac{L}{2}$，且可以证明 $\dfrac{d^2 E_{R_x}}{db^2} > 0$。

所以，当 $a = b = L/2$ 时，相对不确定度最小，此即滑线式电桥的最佳测量条件。

例 6-3 用光栅测定光波的波长时，选择什么样的光栅和测量条件，才能减小测量不确定度？

【解】 由光栅方程

$$d\sin\varphi = k\lambda$$

得

$$\lambda = \frac{d\sin\varphi}{k}$$

波长的相对不确定度公式为

$$\frac{u_C(\lambda)}{\lambda} = \cot\varphi \cdot u_C(\varphi)$$

从上式可以看出，对一定的衍射角的测量不确定度 $u_C(\varphi)$ 来说，只有增大衍射角才能减小波长的相对不确定度。从光栅方程可知，增大衍射角有两个途径。

1）提高观察衍射线的级别。如果手头只有一个光栅，即光栅常数 d 是一定的，则观测衍射线的级别 k 越高，φ 越大，$\dfrac{u_C(\lambda)}{\lambda}$ 越小。

2）减小光栅常数。如果手头有光栅常数各不相同的光栅，则选择光栅常数 d 越小的光栅，$\dfrac{u_C(\lambda)}{\lambda}$ 越小。

（4）设计实验方案举例

例 6-4 弹簧劲度系数的测定。

已知弹簧的劲度系数 k 约为 4N/m，质量可略，其最大伸长量不得超过 30cm，并要求振子的振幅限定在 5～4cm 之间，已知每次振幅衰减为前次的 90%。现提供分度值为 0.2s 的秒表和三个可独立悬挂于弹簧下端的砝码：（50.00 ± 0.02）g，（100.00 ± 0.02）g，（200.00 ± 0.05）g。要求测量的相对不确定度 $\dfrac{u_C(k)}{k} < 1\%$。

【解】 1）实验原理 由弹簧振子的周期公式

$$T = 2\pi \sqrt{\frac{m}{k}} \tag{6-1}$$

式中，m 是砝码的质量，k 是弹簧的劲度系数，得

$$k = 4\pi^2 \frac{m}{T^2} \tag{6-2}$$

选定 m，测出 T，即可由式(6-2)算出 k。

2）实验参数的选择

①砝码的选择　因为弹簧的最大伸长量不得超过 30cm，根据胡克定律，有

$$m_{max} \leqslant \frac{k\Delta l_{max}}{g} = \frac{4 \times (0.30 - 0.05)}{9.8}\text{kg} \leqslant 0.10\text{kg}$$

可初选 50g 和 100g 的砝码。

②周期测量条件的选择

由式(6-1)可知

当 $m = 50\text{g}$ 时，$T = 2\pi\sqrt{\dfrac{0.05}{4}}\text{s} \approx 0.7\text{s}$

当 $m = 100\text{g}$ 时，$T = 2\pi\sqrt{\dfrac{0.1}{4}}\text{s} \approx 1.0\text{s}$

对于单次测量　　　　　　$u_C(T) = \dfrac{0.2}{\sqrt{3}}\text{s} = 0.1\text{s}$

k 的相对不确定度为　$\dfrac{u_C(k)}{k} = \sqrt{\left[\dfrac{u_C(m)}{m}\right]^2 + \left[\dfrac{2u_C(T)}{T}\right]^2}$ $\tag{6-3}$

若用 50g 砝码，

则　　　　$\dfrac{u_C(k)}{k} = \sqrt{\left(\dfrac{0.02}{50\sqrt{3}}\right)^2 + \left(\dfrac{2 \times 0.1}{0.7}\right)^2} = 29\%$

若用 100g 砝码，

则　　　　$\dfrac{u_C(k)}{k} = \sqrt{\left(\dfrac{0.02}{100\sqrt{3}}\right)^2 + \left(\dfrac{2 \times 0.1}{1.0}\right)^2} = 20\%$

由上面的计算可见，弹簧的劲度系数 k 测量的不确定度主要来源于对弹簧振子的周期 T 的测量，要想减小 T 的测量不确定度，必须采用累计测量法。

因为砝码精度较高，所以在式(6-3)中暂将砝码的不确定度项略去，有

$$\frac{u_C(k)}{k} \approx \frac{2u_C(T)}{T}$$

根据设计要求　　　　　　$\dfrac{u_C(k)}{k} < 1\%$

所以　　　　　　　　　　$\dfrac{u_C(T)}{T} < 0.5\%$

设测 n 个周期，即 $t = nT$，代入式(6-2)得

$$k = 4\pi^2 n^2 \frac{m}{t^2} \tag{6-4}$$

显然　　　$\dfrac{u_C(k)}{k} = \sqrt{\left[\dfrac{u_C(m)}{m}\right]^2 + \left[\dfrac{2u_C(t)}{t}\right]^2} < 1\%$ $\tag{6-5}$

仍有
$$\frac{u_C(t)}{t} < 0.5\%$$
(6-6)

又 $u_C(t) = \frac{0.2}{\sqrt{3}}\text{s} = 0.1\text{s}$，代入式(6-6)得

$$t > 20\text{s}$$

当取 $m = 50\text{g}$ 时，$T \approx 0.7\text{s}$，所以要累计次数 $n \geqslant \frac{20}{0.7} = 29$ 次，

当取 $m = 100\text{g}$ 时，$T \approx 1.0\text{s}$，所以要累计次数 $n \geqslant \frac{20}{0.9} = 20$ 次。

当 $n = 29$ 次时，振幅由 5cm 衰减为 $5\text{cm} \times (99\%)^{29} \approx 3.7\text{cm} < 4\text{cm}$，

当 $n = 20$ 次时，振幅由 5cm 衰减为 $5\text{cm} \times (99\%)^{20} \approx 4.1\text{cm}$。

显然，只有取 $m = 100\text{g}$ 才能满足要求。

由振幅的最小值 4cm 可以定出 n 的最大值，

$$4 = 5 \times (99\%)^n$$

$$n = \frac{\ln 0.8}{\ln 0.99} = 22$$

故，选择 $m = 100\text{g}$ 的砝码，将其悬挂于弹簧下，构成弹簧振子，令初始振幅为 5cm，测 $20 \sim 22$ 个周期的时间，代入式(6-2)，即可算出 k，并满足设计题目所要求的 $\frac{u_C(k)}{k} < 1\%$。

物理实验的内容十分广泛，实验方法和手段也十分丰富，同时在实际工作中还要受到客观条件限制和各种因素的影响。因此，很难总结出一套完整的、普遍实用的方法，这里介绍的只是一些原则，希望能有所启发，要真正掌握这方面的内容，必须通过大量的实践，不断地总结和积累经验。

实验 6.1　测量冰的熔解热

【实验目的】

（1）学会使用量热器和温度计。

（2）了解相变的热过程。

（3）学会用混合法测量冰的熔解热。

【实验仪器】

（1）WL—05 型物理天平一台。

（2）温度计一支（分度值：1℃，测量范围：$-5 \sim 100\text{℃}$）。

（3）量热器一个。

（4）冰、水若干。

【实验提示】

物质相变时一般要吸收（或放出）热量，称为相变潜热。单位质量的物质，在熔点时，由固体状态完全熔解为同温度的液体状态所需要吸收的热量，叫作该物质的熔解热，这就是一种相变潜热。

将质量为 m、温度为 0℃ 的冰投入到质量为 m_1、温度为 t_1（℃）的水中，冰全部熔解为水

后，达到热平衡的温度为 $t_2(\text{℃})$。已知水的比热容为 $c_1 = 4.18 \times 10^3 \text{J}/(\text{kg} \cdot \text{℃})$，量热器内筒和搅拌器总质量为 m_2，铜的比热容为 $c_2 = 3.85 \times 10^2 \text{J}/(\text{kg} \cdot \text{℃})$。如果实验系统为孤立系统，并忽略温度计的热容量，设 λ 为冰的熔解热，则有

$$(c_1 m_1 + c_2 m_2)(t_1 - t_2) = m\lambda + c_1 m t_2$$

【设计要求】

（1）设计测量冰的熔解热的实验方案，并测量冰的熔解热。

（2）根据实验原理进行数据处理和不确定度分析。

【思考题】

（1）如果投冰时冰表面的水没擦干净，会使实验测得的熔解热值 λ 比实际值偏大还是偏小？

（2）如果在投放冰时，不慎将水溅出来一些，这会使实验测得的熔解热值 λ 比实际值偏大还是偏小？

实验 6.2 滑线变阻器的分压特性研究

【实验目的】

（1）研究用滑线变阻器组成分压器时电路的分压特性。

（2）测量滑线变阻器的分压特性曲线。

【实验仪器】

（1）滑线变阻器 1 个，全电阻为 420Ω，额定电流为 0.8A。

（2）ZX—21 电阻箱 1 个（详见本书 2.5.4 节）。

（3）MF9 型万用电表 1 只。

（4）低压稳压电源 1 个。

【设计要求】

（1）以电阻箱为负载电阻，设计一个用滑线变阻器组成分压器的电路，要求电路的输出电压从零开始连续可调。

（2）设负载电阻的阻值为 R_L，滑线变阻器的全电阻为 R_0，分别在 $\frac{R_L}{R_0} = 10$、1、0.1 和 0.01 四种情况下，改变滑线变阻器滑动头的位置（要求选取 8 ~ 10 个测量点），测出负载上的电压 U_L，研究电路输出电压的变化。

（3）设加在滑线变阻器上的总电压为 U，滑线变阻器的分压电阻为 R，以 $\frac{R}{R_0}$ 为横坐标，以 $\frac{U_L}{U}$ 为纵坐标，画出 $\frac{R_L}{R_0} = 10$、1、0.1 和 0.01 四种情况下的变化曲线。

（4）由实验曲线分析用滑线变阻器组成分压器时负载电压的变化规律，给出结论。

【实验提示】

（1）在实验中，根据电阻箱的额定功率，选择合适的电源电压，保证电阻箱的安全。

（2）用万用电表测量电阻 R 时，应断开电路。

【思考题】

用滑线变阻器组成分压器时，电路的分压特性是什么？

实验 6.3　用伏安法测电阻

【实验目的】

（1）掌握用伏安法测量电阻的两种接线方法及其适用条件。

（2）学会测量电子元件的伏安特性曲线。

（3）掌握电表、滑线变阻器的使用方法。

【实验仪器】

（1）1.5 级、0～5mA 电流表一块。

（2）1.5 级、0～100mA 电流表一块。

（3）1.5 级、0～5V 电压表一块。

（4）总阻值 420Ω 的滑线变阻器一个。

（5）示值 50Ω、1000Ω 的待测电阻各一个。

（6）单刀单掷开关、单刀双掷开关各一个。

【设计要求】

（1）分析电流表内接、电流表外接的误差，分别给出两种接法时待测电阻的修正公式。

（2）设计用伏安法测电阻的电路。

（3）分析两种接法的接入误差，对两个待测电阻分别确定接线方法。

（4）测量要求及数据处理。

1）选择合适接法，测一个电阻，进行误差分析。

2）测另一个电阻的伏安特性曲线，利用伏安特性曲线和最小二乘法计算电阻。

【实验提示】

测出电阻两端的电压 U 和通过电阻的电流 I，根据欧姆定律，可求得电阻 $R = \dfrac{U}{I}$。但由于电表存在内阻，用伏安法测电阻存在系统误差，要注意进行修正。

1. 电流表内接法（图 6.3-1a）

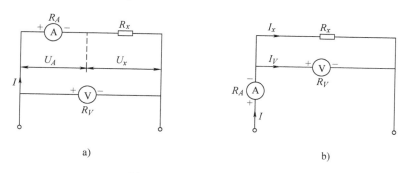

图 6.3-1　电流表的两种接法

测量结果的修正值：$R_x = \dfrac{U}{I} - R_A$，方法误差：$E_{内} = \dfrac{R - R_x}{R_x} = \dfrac{R_A}{R_x}$。

可见当 $R_x \gg R_A$ 时，误差小，内接法适合测大电阻。

2. 电流表外接法（图6.3-1b）

测量结果的修正值：$R_x = \dfrac{U}{I - \dfrac{U}{R_V}}$，方法误差：$E_{外} = \dfrac{R - R_x}{R_x} = \dfrac{-R_x}{R_x + R_V}$。

可见当 $R_x \ll R_V$ 时，误差小，外接法适合测小电阻。

若 $E_{内} = E_{外}$，则 $\dfrac{R_A}{R_x} = \dfrac{R_x}{R_x + R_V}$，即 $R_x^2 = R_A R_x + R_A R_V$。所以，当 $R_A \ll R_x$、$R_x \ll R_V$ 时，$R_x \approx$

$\sqrt{R_A R_V}$，故 $R_x > \sqrt{R_A R_V}$ 时，用内接法；$R_x < \sqrt{R_A R_V}$ 时，用外接法。

【思考题】

（1）对标称值 1000Ω 的待测电阻，用哪种接法测量较好？

（2）用伏安法的电流表内接电路测电阻时，有人认为：因为 $E_{内} = \dfrac{R_A}{R_x}$，所以，$R_x \pm u_C(R_x) = R_x \pm R_A$。你认为对吗？为什么？

（3）用伏安法测标称值 $R = 36\Omega$、功率 $P = \dfrac{1}{4}\mathrm{W}$ 的电阻，要求 $\dfrac{u_C(R)}{R} \leqslant 1.5\%$，应选哪种规格的电表？

实验6.4　电表的改装与校准

【实验目的】

（1）掌握改装电表的原理和方法。

（2）学习电表校准的基本知识。

【实验仪器】

（1）微安表（1.5级，$100\mu\mathrm{A}$）1块。

（2）直流稳压电源（$0 \sim 30\mathrm{V}$，1A）1个。

（3）滑线变阻器（420Ω，1A）1个。

（4）ZX—21型电阻箱1个。

（5）直流电流表（0.5级）1块。

（6）直流电压表（0.5级）1块。

（7）单刀开关、导线等。

【设计要求】

（1）将微安表改装为 $10\mathrm{mA}$ 的电流表。

（2）将微安表改装为 $3\mathrm{V}$ 的电压表。

（3）说明改装原理。

（4）分别对改装的电流表和电压表进行校准。画出校准电路图，作出校准曲线。

（5）确定改装表的准确度等级。

改装表的等级按下式计算

$$a_{改} = \left| \frac{\Delta X_{\max}}{X_{\mathrm{m}}} \right| \times 100 \tag{6.4-1}$$

式中，ΔX_{max} 为标准表的读数与改装表相应读数的最大差值；X_m 为改装表的量程。

确定改装表的准确度等级必须遵循如下两个原则：

1）当计算出的 $a_改$ 值在国家标准所规定的准确度等级的两个级别之间时，取较低的级别作为改装表的等级。

2）当计算出的 $a_改$ 值小于原表头的级别时，采用原表头的级别作为改装表的等级。

表 6.4-1 是磁电式仪表准确度等级的国家标准。

表 6.4-1　磁电式仪表准确度等级

国 家 标 准	准确度等级									
GB 7676.2—87	0.05	0.1	0.2	0.3	0.5	1	1.5	2	2.5	3	5

【思考题】

（1）在校准改装好的电流表时，若标准表已调到满量程，而改装表尚未达到满量程，应该如何调节分流电阻？

（2）在校准改装好的电压表时，若改装表已调到满量程，而标准表尚未达到满量程，应该如何调节分压电阻？

（3）在实验过程中，如何保护标准表和微安表？

实验 6.5　干涉测量系列实验的研究

干涉是光的特性之一，在科学研究和工业生产中有着广泛的应用，例如：测量光的波长、薄膜的厚度和介质的折射率，检验工件的平整度等。

A. 杨氏双缝干涉

【实验目的】

（1）观察双缝干涉现象。

（2）学习一种测量光波波长的方法。

【实验仪器】

光具座、钠光灯、凸透镜（$f = 50\,mm$）、可调狭缝、双缝板（间距 0.4mm）、测微目镜、白屏。

【实验原理】

杨氏双缝干涉实验原理如图 6.5-1 所示，在普通单色光源前面放置一狭缝 S，在 S 的前方再放置一个有两个平行狭缝（S_1 和 S_2）的屏。S_1 和 S_2 彼此相距很近，而且到 S 的距离相等并与 S 平行。根据惠更斯原理，从 S_1 和 S_2 出来的光波在距离狭缝为 D 的接收屏上叠加，形成干涉图样。观测时通常可以不用接收屏，而代之用目镜直接观测，这样便于测量数据用以计算。在激光出现后，利用激光的相干性好和亮度高的特点，用氦氖激光束直接照射双缝，就可以在屏幕上获得一组十分清晰的干涉条纹。

设双缝 S_1 和 S_2 的间距为 d，假定 S_1 和 S_2 到 S 的距离相等，则 S_1 和 S_2 处的光振动就具有相同的相位，接收屏幕上各点的干涉强度由光程差 δ 决定。为了确定屏幕上干涉极大和极

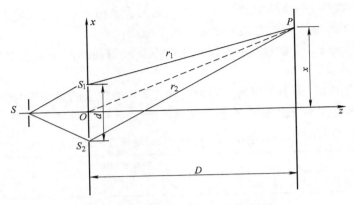

图 6.5-1　杨氏双缝干涉实验原理图

小的位置，选取直角坐标系如图 6.5-1 所示，假定屏幕上 P 点的坐标为 (x, y, D)，那么 S_1 和 S_2 到 P 点的距离 r_1 和 r_2 分别为

$$r_1 = S_1P = \sqrt{\left(x - \frac{d}{2}\right)^2 + y^2 + D^2}$$

$$r_2 = S_2P = \sqrt{\left(x + \frac{d}{2}\right)^2 + y^2 + D^2}$$

由上两式可以得到

$$r_2^2 - r_1^2 = 2xd \tag{6.5-1}$$

若整个装置放在空气中，则相干光到达 P 点的光程差为

$$\delta = r_2 - r_1 = \frac{2xd}{r_2 + r_1}$$

在实际情况中，$d \ll D$，这时，如果 x 和 y 也比 D 小得多（即在 z 轴附近观察），则有 $r_2 + r_1 \approx 2D$。在此近似条件下上式变为

$$\delta = \frac{xd}{D} \tag{6.5-2}$$

当 $\delta = k\lambda$（$k = 0, \pm 1, \pm 2, \cdots$）时，$P$ 点为光强极大处。

当 $\delta = \left(k + \frac{1}{2}\right)\lambda$（$k = 0, \pm 1, \pm 2, \cdots$）时，$P$ 点为光强极小处。

由此可知，在屏幕上各级干涉极大的位置为

$$x = \frac{kD\lambda}{d} \quad (k = 0, \pm 1, \pm 2, \cdots) \tag{6.5-3}$$

干涉极小的位置为

$$x = \left(k + \frac{1}{2}\right)\frac{D\lambda}{d} \quad (k = 0, \pm 1, \pm 2, \cdots) \tag{6.5-4}$$

由式（6.5-3）和式（6.5-4）可知，两个相邻明条纹或暗条纹的间距为 $\Delta x = \frac{D}{d}\lambda$，变换可得

$$\lambda = \frac{d}{D}\Delta x \tag{6.5-5}$$

在实验中可测得 D、d 及 Δx，然后由上式可算出 λ。

【研究内容】

1. 调节光路

（1）参照图 6.5-2，将钠光灯 W（可加圆孔光阑）摆放在光具座的一端，在光具座依次摆放凸透镜 L（$f=50\text{mm}$）和白屏 H，并使屏到狭缝的距离略大于凸透镜焦距的 4 倍。移动透镜，用两次成像法调节光具组"等高共轴"。

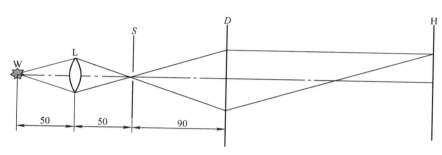

图 6.5-2　实验装置图

（2）在距离透镜 50mm 处摆放狭缝 S，使得钠光灯经透镜 L 聚焦于狭缝上，目测让光通过竖直取向的狭缝并照在白屏的中心线上。移动白屏使得屏上能得到清晰的狭缝像。

（3）在距狭缝 S 约 90mm 处，用干板架支起双缝 D，调节单缝和双缝平行，而且由单缝射出的光照射在双缝的中间。

（4）在用白屏 H 或直接用眼睛观测到干涉条纹后，以测微目镜 M 取代白屏，使相干光束在目镜视场中心。移近测微目镜 M（距离双缝约 300mm），慢慢调节狭缝的铅直微调，使狭缝与双缝平行，再从测微目镜中观测，若条纹的亮度和清晰度不理想，还可微调狭缝的宽窄。这样反复调节直至调出满意的干涉条纹。

2. 测量条纹间距 Δx

用目镜叉丝逐一对准视场中部的 6 条明条纹，记录每一明条纹在目镜测微尺上的位置 x_1，x_2，…，x_n，用逐差法求 Δx 的平均值。记录双缝和测微目镜在光具座上的位置，计算 D。

【注意事项】

（1）钠光灯点燃后等待一段时间（约 10min）才能正常使用，故点燃后不要轻易熄灭。

（2）使用光学元器件时要注意的一些问题：①不要用手触及光学器件的通光面；②光学器件在使用中要轻拿轻放；③用完后要规整地码放回原处。

（3）从测微目镜 M 中观测到干涉条纹后，若条纹的亮度和清晰度不理想，还可微调狭缝的宽窄，反复调节直至调出满意的干涉条纹。

（4）为了避免螺旋空程引入的误差，在整个测量条纹间距的过程中，测微目镜测量鼓轮只能朝一个方向转动，不准中途倒转。

（5）实验环境不宜太亮，否则很难调整和观测。

【实验要求】

（1）自行设计数据表格，记录干涉条纹间距 Δx 及双缝到测微目镜的距离 D。

（2）根据式（6.5-5）计算波长 λ，并与标准值（$\lambda_0 = 589.3\text{nm}$）比较，计算百分差，并分析误差原因。

【思考题】

（1）在杨氏双缝实验中，相邻的两条明（暗）条纹的间距 Δx 与哪些因素有关？

（2）若用不同的单色可见光进行杨氏双缝实验，哪种光的条纹间距最大？

B. 菲涅耳双棱镜干涉

【实验目的】

（1）掌握获得双光束干涉条纹的一种方法，进一步理解光的干涉本质。

（2）学习一种测量光波波长的方法。

【实验仪器】

光具座、凸透镜 1（$f = 50\text{mm}$）、可调狭缝、菲涅耳双棱镜、钠光灯、凸透镜 2（$f = 150\text{mm}$）、测微目镜、白屏。

【实验原理】

在杨氏双缝实验中，仅当缝 S、S_1 和 S_2 都很窄时，才能保证 S_1 和 S_2 处的振动有相同的相位，但这时通过狭缝的光强过弱，干涉条纹常常不够清晰。菲涅耳利用双棱镜获得两束相干光，其原理如图 6.5-3 所示，双棱镜是由两块底边相接、折射棱角 α 小于 1° 的直角棱镜组成的，从单缝 S 发出的单色光的波阵面，经双棱镜折射后形成两束重叠的光束，这两束光相当于从狭缝 S 的两个虚像 S_1 和 S_2 射出的两束相干光。于是，在两波束重叠的区域内产生干涉，将白屏插进重叠区域中的任何位置，均可看到明暗相间的干涉条纹。

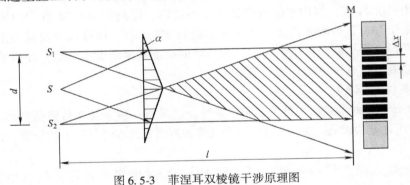

图 6.5-3　菲涅耳双棱镜干涉原理图

【研究内容】

1. 自行推导计算波长的公式

2. 调节光路

（1）参照图 6.5-4，将钠光灯 W（可加圆孔光阑）摆放在光具座的一端，在光具座上依次摆放凸透镜 L_1（$f_1 = 50\text{mm}$）和白屏 H，并使屏到狭缝的距离略大于凸透镜 L_1 焦距的 4 倍。移动透镜 L_1，用两次成像法调节光具组"等高共轴"。

（2）在距 W 约 50mm 处固定透镜 L_1，在距 L_1 约 50mm 处摆放狭缝 S，使得钠光灯经 L_1 聚焦于狭缝上，目测让光通过竖直取向的狭缝并照在白屏 H 的中心线上。移动屏使得在屏上能看到清晰的狭缝像。

（3）当狭缝像清晰时，在距狭缝 S 约 50mm 处，用二维调整架支起双棱镜 B，调节单缝和双棱镜的棱脊平行，而且由单缝射出的光对称地照在棱脊的两侧。

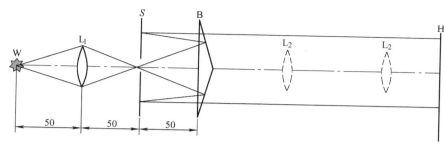

图 6.5-4 实验装置图

（4）用白屏 H 或直接用眼睛观测到干涉条纹后，以测微目镜 M 取代白屏，使相干光束在目镜视场中心。移近测微目镜 M（距离双棱镜约 280mm），慢慢调节狭缝的铅直微调，使狭缝与棱镜的棱脊平行，再从测微目镜中观测，若条纹的亮度和清晰度不理想，还可微调狭缝的宽窄。这样反复调节直至调出满意的干涉条纹。

3. 测量条纹间距 Δx

将测微目镜移到距狭缝 800～900mm 处，用目镜叉丝逐一对准视场中部的 6 条明条纹，记录每一明条纹的位置 x_1，x_2，$\cdots$，x_n，用逐差法求 Δx 的平均值。记录狭缝和测微目镜在光具座上的位置，计算 D。

4. 用共轭法测量虚光源 S_1 和 S_2 的间距 d

（1）保持狭缝与双棱镜的相对位置不改变，在双棱镜 B 与测微目镜 M 之间加上凸透镜 L_2（$f_2 = 150mm$），以白屏取代测微目镜 M，并使屏到狭缝的距离略大于凸透镜 L_2 焦距的 4 倍。移动透镜 L_2，用两次成像法调节光具组 "等高共轴"。

（2）将狭缝调至足够窄时在测微目镜中出现两条亮线，即虚光源的像 S_1 和 S_2。

（3）移动透镜 L_2，在测微目镜中两次出现虚光源的像。用测微目镜分别测出两虚光源较大像之间的距离 d' 和较小像之间的距离 d''，则两虚像之间实际的距离为

$$d = \sqrt{d'd''} \tag{6.5-6}$$

（4）重新移动透镜 L_2 寻找最佳位置（3 次），分别测出 d_i' 和 d_i''，用式（6.5-6）计算出 d_i，进而求得虚光源之间的距离 d。

【注意事项】（与前面所述的杨氏双缝实验中的注意事项相同）

【实验要求】

（1）自行设计数据表格，记录干涉条纹间距 Δx，测量虚光源之间的距离 d 以及狭缝到测微目镜的距离 D。

（2）计算波长 λ，并与标准值（$\lambda_0 = 589.6nm$）比较，计算百分差，分析误差原因。

【思考题】

（1）在本实验中，狭缝起什么作用？为什么狭缝太宽会降低干涉条纹的可见度？

（2）双棱镜的两个折射角为什么要小？

C. 利用劈尖干涉测量薄膜的厚度和细丝的直径

【实验目的】

（1）观察空气劈尖产生的干涉现象，加深对干涉原理的理解。

（2）掌握利用劈尖干涉测量薄膜厚度及细丝直径的原理和方法。

【实验仪器】

钠光灯、读数显微镜、半透膜玻璃板、待测膜厚的金薄膜样品、厚约 $25\,\mu m$ 的铝箔、细丝。

【实验原理】

杨氏干涉、菲涅耳双棱镜干涉都属于分波面干涉，除此之外，还可用分振幅的方法获得相干光。劈尖就是一种简单的分振幅干涉装置。

1. 劈尖干涉测量细丝的直径

将两块光学平玻璃板叠在一起，在一端插入一细丝，则在两玻璃板间形成一空气劈尖。当用单色光垂直照射时，在劈尖的薄膜上下表面反射的两束光发生干涉，其光程差为

$$\delta = 2e + \frac{\lambda}{2} \tag{6.5-7}$$

产生的干涉条纹是一组与两玻璃板交接线平行而且间隔相等的平行条纹，如图 6.5-5 所示。显然，当 $\delta = 2e + \frac{\lambda}{2} = (2k+1)\frac{\lambda}{2}$（$k=0$，$\pm1$，$\pm2$，…）时为干涉暗条纹。

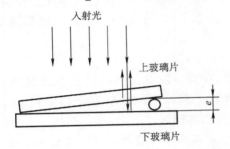
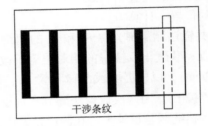

图 6.5-5　劈尖干涉

与第 k 级暗纹对应的薄膜的厚度为

$$e = k\frac{\lambda}{2} \tag{6.5-8}$$

利用此式，只要测得细丝处的条纹级次 k，即可求出细丝的直径。

2. 干涉法测量薄膜厚度

图 6.5-6 是干涉法测量薄膜厚度的原理示意图，图中下方是待测薄膜样品，上方是半透膜板，待测样品和半透膜板之间构成一个空气劈尖。图 6.5-7 是干涉法测量膜厚的光路示意图。钠光灯发出的光通过读数显微镜的分光镜垂直入射到空气劈尖上，产生等厚干涉现象，在读数显微镜中将观察到等厚干涉条纹。图 6.5-8 为等厚干涉条纹示意图，由于薄膜的膜厚 d 产生的台阶造成空气劈尖厚度的变化，使该等厚干涉条纹发生了移动。设等厚干涉条纹的间距为 a，干涉条纹移动的距离为 b，入射光

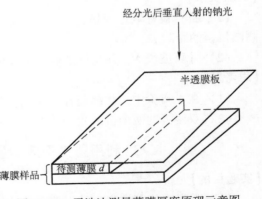

图 6.5-6　干涉法测量薄膜厚度原理示意图

的波长为 λ，则膜厚 d 可由下式给出

$$d = \frac{b}{a} \times \frac{\lambda}{2} \tag{6.5-9}$$

通常，利用波长 λ 已知的入射光波进行实验，只要从实验中测出 a 和 b 的值，就可以用式（6.5-9）计算出待测薄膜的膜厚 d。

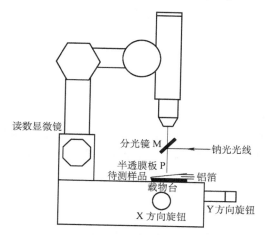

图 6.5-7　干涉法测量膜厚的光路示意图

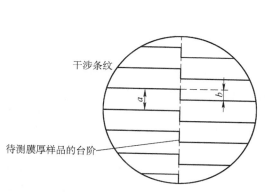

图 6.5-8　等厚干涉条纹的示意图

【研究内容】

1. 测量细丝的直径

（1）将待测细丝置于两片平玻璃之间，细丝平行于劈棱放置，将劈尖装置放在读数显微镜的工作台上，并对准物镜。

（2）开启钠光灯，调节 45°玻璃镜，使视场中亮度最大。

（3）调节目镜看清叉丝，并使横丝平行标尺。转动调焦手轮使目镜自下向上移动，看到清晰的牛顿环，消除视差。

（4）朝一个方向转动测微手轮，测量 10 个暗条纹的位置。

（5）测量劈棱到细丝间的距离。

2. 测量薄膜的厚度

（1）建立如图 6.5-7 所示的测量光路，在读数显微镜的载物台上放上待测膜厚的薄膜样品（薄膜样品的背面标有黑色圆点）和半透膜板（将半透膜板有膜的一面朝下）。

（2）仔细调节光路中各个可调节的部分（如读数显微镜、分光镜 M 的角度，半透膜板 P 和待测样品的相对位置），直到观察到如图 6.5-8 所示的清晰的干涉条纹。

（3）朝一个方向转动测微手轮，测量 10 个等厚干涉条纹的位置和 10 个移动的干涉条纹的距离。

【数据处理】

1. 测量细丝的直径

（1）自拟数据表。

（2）用逐差法求出条纹的间距。

（3）计算细丝的直径并写出测量结果表达式。

2. 测量薄膜厚度

（1）用逐差法求出条纹的间距。

（2）计算条纹移动量。

（3）算出薄膜的厚度并写出结果表达式。

【思考题】

你认为在本实验中用干涉法测量薄膜的膜厚和细丝的直径可能存在什么问题？如何改进？

【参考材料】 共轴调节

光学系统的共轴调节方法分为粗调和细调两步。

1. 粗调

将光源、物（或物屏）、透镜、像屏等光具夹固定好，先将它们靠拢，调节各自的高低、左右位置和取向，凭眼睛观察，使它们的中心处在一条和导轨平行的直线上，使透镜的主光轴与导轨平行，并且使物（或物屏）和成像平面（或像屏）与导轨垂直。这一步因单凭眼睛判断，调节效果与实验者的经验有关，故称为粗调。

2. 细调

下面讨论用透镜成像的共轭原理进行共轴的细调。

（1）放置物（或物屏）、透镜和像屏后，使物到像屏的距离大于 4 倍的透镜焦距，然后固定物屏和像屏。

（2）沿光轴移动凸透镜使能够在屏上两次成像，如图 6.5-9a 所示，一次成大像 A_1B_1，一次成小像 A_2B_2。物点 A 位于光轴上，则两次像的 A_1 和 A_2 点都在光轴上而且重合。如果物点 A 不在透镜的主光轴上，则两次像的 A_1 和 A_2 点不重合，若观察到大像的 A_1 点在小像 A_2 的下面，如图 6.5-9b 所示，则可以看出物点 A 在光轴的上方，这时应降低物屏或升高透镜，反之则应升高物屏或降低透镜。经过几次仔细调节，直至 A_1 和 A_2 重合，即说明点 A 已调到透镜的主光轴上了。

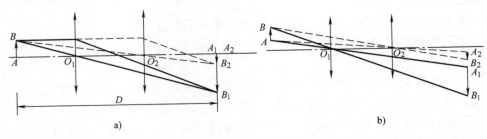

图 6.5-9 共轴调节

若要调多个透镜共轴，则应先将轴上物点调到一个凸透镜的主光轴上，然后，同样根据轴上物点的像总在轴上的道理，逐个增加待调透镜，调节它们使之逐个与第一个透镜共轴。

实验 6.6 半导体光电特性的研究

自从 1947 年贝尔实验室研制出第一个晶体管以来，人类步入了飞速发展的电子时代。

半导体技术已经广泛地应用于日常生活中，如通信、家电、照明、工业制造、航空航天等领域。通过本实验可以了解光敏电阻、发光二极管（LED）、光电池等半导体器件的光电特性，学习半导体光电器件基本特性的测量方法。

【实验目的】

（1）了解太阳电池的工作原理及其应用。

（2）了解光敏电阻的工作原理和特性。

（3）了解发光二极管的工作原理，测量发光二极管的波长。

【实验仪器】

半导体光电特性综合实验仪、数字万用表、发光二极管等。

【仪器介绍】

半导体光电特性综合实验仪如图6.6-1所示，主要由半导体光电实验组件和面包板两部分组成。光电实验组件由三部分构成：太阳电池组件、光敏电阻组件和可调电压部件。可调电压主要为光敏电阻和发光二极管的测量提供电源。光电实验组件通过与电压表、电流表在面包板的连接进行太阳电池、光敏电阻和非线性元件的光电特性研究。

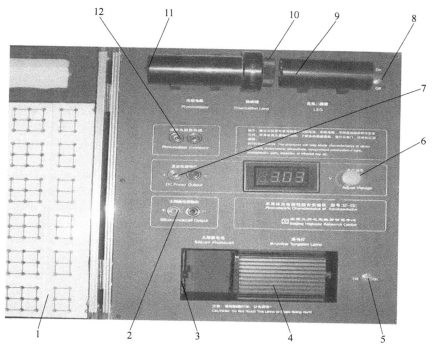

图6.6-1　半导体光电特性综合实验仪

1—面包板　2—太阳电池输出端　3—太阳电池　4—溴钨灯　5—溴钨灯开关　6—电压调节旋钮　7—可调电压输出端
8—LED开关　9—发光二极管（LED）　10—偏振片架　11—光敏电阻　12—光敏电阻接线端

【实验原理】

1. 太阳电池

太阳电池是将太阳直接转换为电能的器件。由这种器件封装成太阳电池组件，再按需要将一块以上的组件组合成一定功率的太阳电池方阵，经与储能装置、测量控制装置及直流-

交流变换装置等相配套，即构成太阳电池发电系统，也称为光伏发电系统。光伏发电系统具有不消耗常规能源、无转动部件、寿命长、维护简单、使用方便、功率大小可任意组合、无噪声、无污染等优点。

以晶体硅太阳电池为例，其结构如图 6.6-2 所示。晶体硅太阳电池用硅半导体材料制成大面积 PN 结进行工作。一般采用 N^+/P 同质结的结构，如在尺寸为 $10cm \times 10cm$ 的 P 型硅片（厚度约 $500\mu m$）上用扩散法制做出一层很薄（约 $0.3\mu m$）的经过重掺杂的 N 型层。然后在 N 型层上面制作金属栅线，作为正面接触电极。在背面也制作金属膜，作为背面欧姆接触电极。这样就形成了晶体硅太阳电池。为了减小光的反射损失，一般在整个表面上再覆盖一层减反射膜。

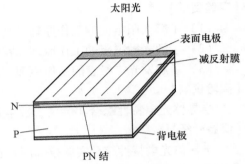

图 6.6-2 晶体硅太阳电池的结构示意图

当光照射在距太阳电池表面很近的 PN 结时，入射光子的能量大于半导体材料的禁带宽度时，会在半导体内会产生电子 - 空穴对。只要少数载流子离 PN 结的距离小于它的扩散长度，总有一定概率扩散到结界面处。扩散到结界面处的空穴和电子在 PN 结内建电场的作用下分别向 P 型区和 N 型区移动，因此 PN 结两侧形成了正负电荷的积累，产生与 PN 结内建电场方向相反的光生电场及光生电动势，这一现象称为光伏效应（Photovoltaic Effect, PV effect）。

太阳电池是基于光伏效应的半导体器件。由于 PN 结二极管的特性，存在正向二极管电流 I_D，此电流方向从 P 型区到 N 型区；当光照射太阳电池时，将产生一个由 N 型区到 P 型区的光生电流 I_{ph}。因此，实际获得的电流 I 为

$$I = I_D - I_{ph} = I_0\left[\exp\left(\frac{eU}{nkT}\right) - 1\right] - I_{ph} \tag{6.6-1}$$

式中，U 为结电压；I_0 为二极管的反向饱和电流；I_{ph} 为与入射光的光强成正比的光生电流；n 为理想因子，是表示 PN 结特性的参数，通常在 $1 \sim 2$ 之间；e 为电子电荷；k 为玻耳兹曼常数；T 为温度。

当太阳电池的输出端短路时，$U = 0$，由式（6.6-1）可得到短路电流

$$I_{sc} = I_{ph} \tag{6.6-2}$$

即太阳电池的短路电流等于光生电流，与入射光的光强成正比。短路电流是太阳电池可输出的最大电流。

当太阳电池的输出端开路时，$I = 0$，由式（6.6-1）和式（6.6-2）可得到开路电压

$$U_{OC} = \frac{nkT}{e}\ln\left(\frac{I_{sc}}{I_0} + 1\right) \tag{6.6-3}$$

当太阳电池接上负载 R 时，所得的负载伏 - 安特性曲线如图 6.6-3 所示。负载 R 可以从零到无穷大。当负载 R_m 使太阳电池的功率输出为最大时，它对应的最大功率 P_m 为

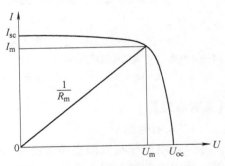

图 6.6-3 太阳电池的伏 - 安特性曲线

$$P_{\mathrm{m}} = I_{\mathrm{m}} U_{\mathrm{m}} \tag{6.6-4}$$

式中，I_{m} 和 U_{m} 分别为最佳工作电流和最佳工作电压。将 U_{oc} 与 I_{sc} 的乘积与最大功率 P_{m} 之比定义为填充因子 FF，则

$$FF = \frac{P_{\mathrm{m}}}{U_{\mathrm{OC}} I_{\mathrm{OC}}} = \frac{U_{\mathrm{m}} I_{\mathrm{m}}}{U_{\mathrm{OC}} I_{\mathrm{OC}}} \tag{6.6-5}$$

FF 为太阳电池的重要表征参数，FF 越大则输出的功率越高。

太阳电池可输出的最大功率与入射到电池的太阳辐射光功率 P_{in} 的比值，称为太阳电池的能量转换效率，用 η 来表示，即

$$\eta = \frac{P_{\mathrm{m}}}{P_{\mathrm{in}}} = \frac{U_{\mathrm{OC}} I_{\mathrm{OC}} FF}{P_{\mathrm{in}}} \tag{6.6-6}$$

太阳电池的能量转换效率是衡量电池质量的重要参数，它与电池的结构、结特性、材料性质、入射光的光谱和光强、工作温度等因素有关。

2. 光敏电阻的伏安特性

光敏电阻具有灵敏度高、光谱特性好、使用寿命长、稳定性高、体积小以及制造工艺简单等特点，被作为开关式光电信号的传感元件广泛应用在自动化技术中。

在光照作用下物体的电导率改变的现象称为内光电效应（光导效应），光敏电阻就是基于内光电效应的一种光电元件。当内光电效应发生时，固体材料吸收的能量使部分价带电子迁移到导带，同时在价带中留下空穴。这样由于材料中载流子数目增加，使得材料的电导率增加，电导率的改变量为

$$\Delta \sigma = \Delta p e \mu_{\mathrm{p}} + \Delta n e \mu_{\mathrm{n}} \tag{6.6-7}$$

式中，Δp 为空穴浓度的改变量；Δn 为电子浓度的改变量；μ_{p} 为空穴的迁移率；μ_{n} 为电子的迁移率。当光敏电阻两端加上电压 U 后，光电流为

$$I_{\mathrm{ph}} = \frac{A}{d} \Delta \sigma U \tag{6.6-8}$$

式中，A 为与电流垂直的截面积；d 为电极间的距离。由式（6.6-7）和式（6.6-8）可知，光照度一定时，光敏电阻两端所加电压与光电流之间呈线性关系，该直线经过零点，其斜率即可反映在该光照下的阻值状态。电阻性元件的特性可用其端电压 U 与通过它的电流 I 之间的函数关系来表示，这种 U 与 I 的关系称为电阻的伏安关系。

3. 非线性元件的光电特性测量

满足欧姆定律 $U = RI$ 的电阻，若加在其两端的电压 U 与通过电阻的电流 I 呈线性关系，这种电阻叫线性电阻。但是很多器件的电压与电流不满足线性关系，这种电阻叫非线性电阻。非线性元件的阻值用微分电阻表示，定义为

$$R = \frac{\mathrm{d}U}{\mathrm{d}I} \tag{6.6-9}$$

表示电压随电流的变化率，又叫动态电阻或特性电阻。这个定义是电阻的普遍定义。非线性电阻伏安特性总是与一定的物理过程相联系，如发热、发光、能级跃迁等。江崎玲於奈等人因研究与隧道二极管负电阻有关的遂穿现象而获得 1973 年的诺贝尔物理学奖。

常用的非线性元件有：检波二极管、整流二极管、稳压二极管和发光二极管等，这些二极管都具有单向导电作用，伏安特性曲线如图 6.6-4 所示。

发光二极管由半导体发光材料制成，发射的波长与材料的禁带宽度对应。对于可见光发光二极管，开启电压 U 约 $1.5 \sim 3V$。当加在发光二极管两端的电压小于开启电压时，发光二极管不会发光，也没有电流流过。电压一旦超过开启电压，电流就会急剧上升，二极管处于导通状态并发光，此时电流与电压呈线性关系，发光二极管的 $I\text{-}U$ 曲线如图 6.6-4 所示。图中，直线与电压坐标的交点可以认为是开启电压。

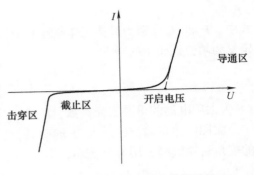

图 6.6-4　发光二极管的伏安特性

已知开启电压的情况下，根据公式

$$eU = h\frac{c}{\lambda} \tag{6.6-10}$$

可以计算发光二极管发出光的波长。式中，h 为普朗克常数；c 为光速；λ 为光的波长。

【实验内容】

1. 光电池伏安特性的测量

（1）将太阳能光伏组件、数字万用表和负载电阻通过接线板连接成回路。

（2）测量太阳电池的短路电流 I_{SC} 和开路电压 U_{OC}。

（3）改变负载电阻 R（100Ω，$1\mathrm{k}\Omega$，$10\mathrm{k}\Omega$），测量流经负载的电流 I 和负载上的电压 U，绘制伏安特性曲线。

2. 光敏电阻伏安特性的测量

（1）按图 6.6-5 连接电路。

（2）把光敏电阻的电压设置为 $5.00V$，调整起偏器的角度，使得光敏电阻输出电流达到最大。

（3）改变光敏电阻两端的电压，从 $0V$ 到 $5.00V$ 每间隔 $0.50V$ 记录一次通过光敏电阻的电流。

3. 发光二极管伏安特性的测量

（1）把电压示数调为 0，按图 6.6-6 连接电路。

（2）从 $0V$ 开始缓慢增大电源电压（电压最大值不能超过 $3V$），每隔 $0.1V$ 记下万用表的电流示数（数据点不少于 20 个）。

（3）按照上述操作步骤，分别测量三个不同颜色的发光二极管的伏安特性曲线。

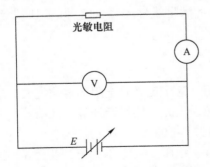

图 6.6-5　光敏电阻伏安特性测量电路

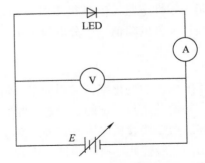

图 6.6-6　发光二极管伏安特性测量电路

【注意事项】

（1）本实验采用数字万用表作为测量仪器。因输出的光电流较小，故选用四位半数字万用表（UT56型）来测量电流。在测量过程中，不要超过量程，以免烧坏万用表。

（2）由于半导体的热电特性，太阳电池的输出电压会逐渐减小，所以不要长时间开启太阳电池电源，每一组数据的测量要在短时间内完成。

（3）溴钨灯的温度较高，应避免与灯罩接触，小心烫伤！

（4）加在元件上的电压与通过它的电流都应小于其额定数值。发光二极管最大正向电流 $I \leqslant 20\text{mA}$，电压 $U \leqslant 3\text{V}$。

【数据处理】

1. 太阳电池伏安特性的测量

（1）将测量数据填入表 6.6-1 中。

表 6.6-1　太阳电池伏安特性数据记录表

电阻 R/Ω							
电流 I/mA							
负载电压 U/V							
输出功率 P/mW							

（2）用坐标纸或计算机绘图软件画出

1）光伏组件的伏安特性曲线。

2）光伏组件的输出功率 P 随负载电压 U 的变化曲线。

（3）根据光伏组件的输出功率 P 随负载电压 U 的关系，求出最大输出功率及与其对应的最佳工作电流 I_m 和最佳工作电压 U_m，并根据式（6.6-5）求出填充因子 FF。

由 $P-U$ 曲线可得到最大的功率为＿＿＿＿＿，对应的电压即为最佳工作电压 U_m 为＿＿＿＿＿，由式（6.6-5）可求出最佳工作电流 I_m 为＿＿＿＿＿，由式（6.6-5）可求出填充因子为＿＿＿＿＿。

2. 光敏电阻伏安特性的测量

（1）列表记录实验数据（表 6.6-2）。

表 6.6-2

电压/V								
电流/mA								

（2）用最小二乘法处理数据，求出光敏电阻的阻值。

3. 发光二极管伏安特性的测量

（1）列表记录实验数据（表 6.6-3）。

表 6.6-3

电压/V								
电流/mA								

（2）根据测量的实验数据画出各元件的伏安特性曲线数（数据点不少于 20 个）。

（3）根据发光二极管的伏安特性曲线，求出开启电压。

（4）根据公式（6.6-10）求出发光二极管发出光的波长。

【思考题】

（1）进行光敏电阻伏安特性的测量时，若使偏振片位于不同的偏振角，测得的光敏电阻阻值是否相同？为什么？

（2）发光二极管和太阳电池，这两类器件有什么区别和联系？

第 7 章　研究性实验

实验 7.1　用箔式应变片测试应变梁的变形

传感器是物理实验测量的敏感元件，是自动检测和自动控制的基础单元。CSY10 传感器系统实验仪集被测体、各种传感器、信号激励源、处理电路和显示器于一体，组成了一个完整的测试系统。能完成包含光、磁、电、温度、位移、振动、转速等内容的测试实验。

【实验目的】

（1）观察了解箔式应变片的结构及粘贴方式。

（2）测试应变梁变形的应变输出。

（3）了解单臂直流电桥的原理，比较各桥路间的输出关系。

（4）研究如何用箔式应变片测试应变梁的变形。

【实验仪器】

直流稳压电源（±4V 档）、电桥、差动放大器、箔式应变片、测微头（或双孔悬臂梁、称重砝码）、电压表

【仪器介绍】

CSY10 型传感器系统实验仪是多功能教学仪器。其特点是集被测体、各种传感器、信号激励源、处理电路和显示器于一体，可以组成一个完整的测试系统。能完成包含光、磁、电、温度、位移、振动、转速等内容的测试实验。通过这些实验，可对各种不同的传感器及测量电路原理和组成有直观的感性认识。

实验仪主要由实验工作台、处理电路、信号与显示电路三部分组成。

（1）位于仪器顶部的实验工作台部分，左边是一副平行式悬臂梁，梁上装有应变式、热敏式、P-N 结温度式、热电式和压电加速度五种传感器。

平行梁上梁的上表面和下梁的下表面对应地贴有八片应变片，受力工作片分别用符号 $\uparrow$ 和 $\downarrow$ 表示。其中六片为金属箔式片（BHF-350）。横向所贴的两片为温度补偿片，用符号 $\longleftrightarrow$ 和 $\longmapsto$ 表示。片上标有"BY"字样的为半导体式应变片，灵敏系数 130。

测微头装在右边的支架上。

（2）信号及仪表显示部分：位于仪器上部面板。

直流稳压电源：±15V，提供仪器电路工作电源和温度实验时的加热电源，最大输出电流 1.5A。±2 ~ ±10V，档距 2V，分五档输出，提供直流信号源，最大输出电流为 1.5A。

数字式电压/频率表：$3\frac{1}{2}$ 位显示，分 2V、20V、2kHz、20kHz 四档，灵敏度 ≥50mV，频率显示 5Hz ~ 20kHz。

指针式直流毫伏表：测量范围 500mV、50mV、5mV 三档，精度 2.5%。

（3）处理电路：位于仪器下部面板。

电桥：用于组成应变电桥，面板上虚线所示电阻为虚设，仅为组桥提供插座。R_1、R_2、R_3 为 350Ω 标准电阻，W_D 为直流调节电位器，W_A 为交流调节电位器。

差动放大器：增益可调直流放大器，可接成同相、反相、差动结构，增益 1～100 倍。

电压放大器：增益 5 倍的高阻放大器。

使用仪器时打开电源开关，检查交、直流信号源及显示仪表是否正常。仪器下部面板左下角处的开关控制处理电路的工作电源，进行实验时请勿关掉。

指针式毫伏表工作前需将输入端对地短路调零，取掉短路线后指针有所偏转是正常现象，不影响测试。

各电路和传感器性能检查是否正常。进行单臂、半桥和全桥实验，各应变片是否正常可用万用表电阻档在应变片两端测量其阻值。各接线图两个节点间即为一实验接插线，接插线可多根迭插，并保证接触良好。

仪器工作时需良好的接地，以减小干扰信号，并尽量远离电磁干扰源。

仪器的型号不同，传感器种类不同，则检查项目也会有所不同，请自行根据仪器型号选择实验内容。

上述检查及实验能够完成，则整台仪器各部分均为正常。

实验时请非常注意实验指导书中实验内容后的"注意事项"，要在确认接线无误的情况下开启电源，尽量避免电源短路情况的发生，加热时"15V"电源不能直接接入应变片、热敏电阻和热电偶。实验工作台上各传感器部分如相对位置不太正确时可松动调节螺钉稍做调整，原则上以按下振动梁松手，周边各部分能随梁上下振动而无碰擦为宜。

本实验仪需防尘，以保证实验接触良好，仪器正常工作温度 -10～40℃。

【实验原理】

本实验研究箔式应变片及单臂直流电桥的原理和工作情况。

应变片是最常用的测力传感元件。当用应变片测试时，应变片要牢固地粘贴在测试体的表面，当测件受力发生形变，应变片的敏感栅随同变形，其电阻值也随之发生相应的变化。通过测量电路，转换成电信号输出显示。

电桥电路是最常用的非电量电测电路中的一种。当电桥平衡时，桥路对臂电阻乘积相等，电桥输出为零。在桥臂四个电阻 R_1、R_2、R_3、R_4 中，电阻的相对变化率分别为 $\Delta R_1/R_1$、$\Delta R_2/R_2$、$\Delta R_3/R_3$、$\Delta R_4/R_4$，当使用一个应变片时，灵敏度 $\sum R = \dfrac{\Delta R}{R}$；当二个应变片组成差动状态工作，则有 $\sum R = \dfrac{2\Delta R}{R}$；用四个应变片组成二个差动对工作，且 $R_1 = R_2 = R_3 = R_4 = R$，$\sum R = \dfrac{4\Delta R}{R}$。

由此可知，单臂、半桥、全桥电路的灵敏度依次增大。

【研究内容】

（1）调零。开启仪器电源，差动放大器增益置 100 倍（顺时针方向旋到底），"＋、－"输入端用实验线对地短路。输出端接数字电压表，用"调零"电位器调整差动放大器输出电压为零，然后拔掉实验线。调零后电位器位置不要改变。

如需使用毫伏表，则将毫伏表输入端对地短路，调整"调零"电位器，使指针居"零"

位。拔掉短路线，指针有偏转是有源指针式电压表输入端悬空时的正常情况。调零后关闭仪器电源。

（2）按图7.1-1将实验部件用实验线连接成测试桥路。桥路中 R_1、R_2、R_3、和 W_D 为电桥中的固定电阻和直流调平衡电位器，R 为应变片（可任选上、下梁中的一片工作片）。直流激励电源为 $\pm 4V$。

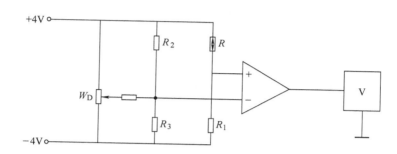

图7.1-1　实验测试的单臂电桥电路

测微头装于悬臂梁前端的永久磁钢上，并调节使应变梁处于基本水平状态。

（3）确认接线无误后开启仪器电源，并预热数分钟。

调整电桥 W_D 电位器，使测试系统输出为零。

（4）旋动测微头，带动悬臂梁分别做向上和向下的运动，以悬臂梁水平状态下电路输出电压为零为起点，向上和向下移动各 5mm，测微头每移动 0.5mm 记录一个差动放大器输出电压值，并列表（见表7.1-1）记录。（或在双孔悬臂梁称重平台上依次放上砝码，进行上述实验）。

【数据处理】

表　7.1-1

位移/mm										
电压/V										

根据表7.1-1中所测数据计算灵敏度 S，$S = \Delta X / \Delta U$，并在坐标图上作出 U-X 关系曲线。

【注意事项】

（1）实验前应检查实验接插线是否完好，连接电路时应尽量使用较短的接插线，以避免引入干扰。

（2）接插线插入插孔，以保证接触良好，切忌用力拉扯接插线尾部，以免造成线内导线断裂。

（3）稳压电源不要对地短路。

实验7.2　塞曼效应实验

1896年，塞曼（Zeeman）发现，如果把光源放在足够强的磁场中，那么原来发出的谱线将发生分裂。分裂的谱线成分是偏振的，分裂的条数随跃迁能级的类别不同而不同，后人称此现象为塞曼效应。由于历史原因，人们把一条谱线分裂成 3 条、裂距按波数计算正好等于一个洛仑兹单位（$L = eB/4\pi mc$）的现象称为正常塞曼效应；把分裂成更多条、而且裂距大于或者小于一个洛仑兹单位的现象称为反常塞曼效应。塞曼效应不仅证实了洛仑兹电子理论的正确性，而且为汤姆逊发现电子提供了证据，同时也证明了原子具有磁矩并且空间取向是量子化的。经典电子理论无法解释反常塞曼效应，对于反常塞曼效应的研究，促使朗德（Lande）于 1921 年提出 g 因子的概念，乌伦贝克和哥德斯密特于 1925 年提出了电子自旋的概念，推动了量子理论的发展。直至今日，塞曼效应仍然是研究原子能级结构的重要方法之一。

【实验目的】

（1）学习观测塞曼效应的实验方法。

（2）研究汞原子发射的 546.1nm 谱线在磁场中分裂的情况。

【实验仪器】

WPZ-Ⅱ塞曼效应仪。

【实验原理】

1. 塞曼效应

塞曼效应的产生是原子磁矩和外加磁场作用的结果。根据原子理论，原子中的电子既做轨道运动，又做自旋运动。原子的总轨道磁矩 $\boldsymbol{\mu}_L$ 与总轨道角动量 $\boldsymbol{p}_L$ 的关系为：

$$\boldsymbol{\mu}_L = \frac{e}{2m}\boldsymbol{p}_L, \qquad p_L = \sqrt{L(L+1)}\hbar \tag{7.2-1}$$

原子的总自旋磁矩 $\boldsymbol{\mu}_S$ 与总自旋角动量 p_S 的关系为

$$\boldsymbol{\mu}_S = \frac{e}{m}\boldsymbol{p}_S, \qquad p_S = \sqrt{S(S+1)}\hbar \tag{7.2-2}$$

其中：m 为电子质量；L 为轨道角动量量子数；S 为自旋量子数；$\hbar$ 等于普朗克常数 h 除以 2π。原子的轨道角动量和自旋角动量合成为原子的总角动量 $\boldsymbol{p}_J$，原子的轨道磁矩和自旋磁矩合成为原子的总磁矩 $\boldsymbol{\mu}$（见图 7.2-1）。由于 μ_S/p_S 的值不同于的 μ_L/p_L 值，总磁矩矢量 $\boldsymbol{\mu}$ 不在总角动量 $\boldsymbol{p}_J$ 的延长线上，而是绕 $\boldsymbol{p}_J$ 进动。由于总磁矩在垂直于 $\boldsymbol{p}_J$ 方向的分量 $\boldsymbol{\mu}_\perp$ 与磁场的作用对时间的平均效果为零，所以只有平行于 $\boldsymbol{p}_J$ 的分量 $\boldsymbol{\mu}_J$ 是有效的。$\boldsymbol{\mu}_J$ 称为原子的有效磁矩，大小由式（7.2-3）确定

$$\boldsymbol{\mu}_J = g\frac{e}{2m}\boldsymbol{p}_J, \qquad p_J = \sqrt{J(J+1)}\hbar \tag{7.2-3}$$

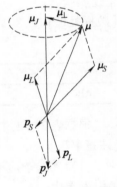

图 7.2-1　原子磁矩与角动量的矢量模型

其中，J 为总角动量量子数；g 为朗德因子。对于 LS 耦合，存在

$$g = 1 + \frac{J(J+1) - L(L+1) + S(S+1)}{2J(J+1)} \tag{7.2-4}$$

当原子处在外磁场时，在力矩 $\boldsymbol{N} = \boldsymbol{\mu} \times \boldsymbol{B}$ 的作用下，原子总角动量 $\boldsymbol{p}_J$ 和磁矩 $\boldsymbol{\mu}_J$ 绕磁场方向进动（见图 7.2-2）。原子在磁场中的附加能量 ΔE 为

$$\Delta E = -\mu_J B\cos\alpha = g\frac{e}{2m}p_J B\cos\beta \tag{7.2-5}$$

其中，β 为 p_J 与 B 的夹角。角动量在磁场中取向是量子化的，即

$$p_J \cos\beta = M\hbar, \qquad M = J, J-1, \cdots, -J \qquad (7.2\text{-}6)$$

其中，M 为磁量子数。因此，

$$\Delta E = Mg\frac{e\hbar}{2m}B \qquad (7.2\text{-}7)$$

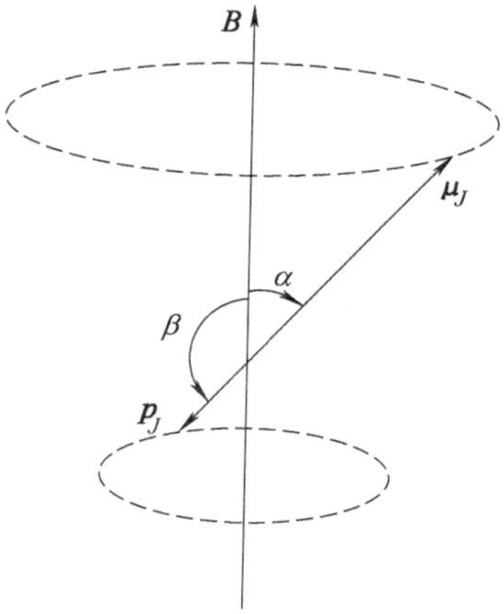

可见，附加能量不仅与外磁场 B 有关系，还与朗德因子 g 有关。磁量子数 M 共有 $2J+1$ 个值，因此原子在外磁场中的时候，原来的一个能级将分裂成 $2J+1$ 个子能级。未加磁场时，能级 E_2 和 E_1 之间的跃迁产生的光谱线频率 ν 为

$$\nu = \frac{E_2 - E_1}{h} \qquad (7.2\text{-}8)$$

在外加磁场中，分裂后的谱线频率 ν' 为

$$\nu' = \frac{(E_2 + \Delta E_2) - (E_1 + \Delta E_1)}{h} \qquad (7.2\text{-}9)$$

分裂后的谱线与原来谱线的频率差 $\Delta\nu'$ 为

$$\Delta\nu' = (\Delta E_2 - \Delta E_1)/h = (M_2 g_2 - M_1 g_1)\frac{eB}{4\pi m} \qquad (7.2\text{-}10)$$

用波数间距 $\Delta\gamma$ 表示为

$$\Delta\gamma = (M_2 g_2 - M_1 g_1)\frac{eB}{4\pi mc} = (M_2 g_2 - M_1 g_1)L_0 \qquad (7.2\text{-}11)$$

其中，$L_0 = eB/(4\pi mc) = 4.67 \times 10^{-3} Bm^{-1}$，称为洛仑兹单位。

图 7.2-2 μ_J 和 p_J 的进动

能级之间的跃迁必须满足选择定则，磁量子数 M 的选择定则为 $\Delta M = M_2 - M_1 = 0$，± 1；而且当 $J_2 = J_1$ 时，$M_2 = 0 \to M_1 = 0$ 的跃迁除外。

（1）当 $\Delta M = 0$ 时，产生 π 线，沿垂直于磁场方向观察时，π 线为光振动方向平行于磁场的线偏振光，沿平行于磁场方向观察时，光强度为零，观察不到（见图 7.2-3）。

图 7.2-3 π 线和 σ 线

（2）当 $\Delta M = \pm 1$ 时，产生 σ 线，迎着磁场方向观察时，σ 线为圆偏振光，$\Delta M = +1$ 时为左旋圆偏振光，$\Delta M = -1$ 时为右旋圆偏振光。沿垂直于磁场方向观察时，σ 线为线偏振光，其电矢量与磁场垂直（见图 7.2-3）。

早年将一条光谱线在磁场中分量为 3 条的现象称为正常塞曼效应，而将分裂为更多条的现象称为反常塞曼效应。实际上正常塞曼效应只是一个特例，就是说，仅当自旋磁矩无贡献（$S = 0$）时才产生正常塞曼效应，而且此时 $g = 1$，裂距都相等。

另外，塞曼效应是原子在弱外磁场中的效应，当外磁场足够强的时候，LS 耦合可以忽

略，自旋磁矩和轨道磁矩分别独立地与外磁场作用而产生帕邢-巴克效应。

2. 汞绿线在外磁场中的分裂

汞绿线（546.1nm）是汞原子的 6s7s $^3S_1$ 能级到 6s6p $^3P_2$ 能级跃迁产生的谱线。这两个能级的分裂情况及对应的量子数 M 和 g 见图 7.2-4。上能级 6s7s $^3S_1$ 分裂为 3 个子能级，下能级 6s6p $^3P_2$ 分裂为 5 个能级。选择定则允许的跃迁共有 9 种，即原来的 546.1nm 的谱线将分裂成 9 条谱线。分裂后的 9 条谱线等距，间距为 $L_0/2$，9 条谱线的光谱范围是 $4L_0$。

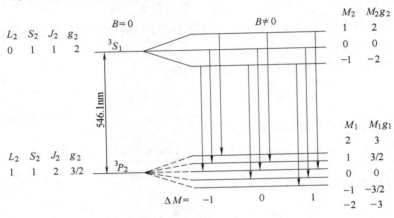

图 7.2-4　汞绿线的塞曼效应

在观察塞曼分裂时，一般光谱线最大的塞曼分裂仅有几个洛伦兹单位，塞曼分裂的波长差的数值很小，欲观察如此小的波长差，普通棱镜摄谱仪是不能胜任的，必须用高分辨的光谱仪器。因此，在实验中采用了法布里-珀罗标准具（简称 F-P 标准具）。

3. 测量塞曼分裂线的波数间距 $\Delta\gamma$

（1）基本公式

根据干涉亮条纹的公式

$$2nd\cos\theta = K\lambda \tag{7.2-12}$$

可以推知，在会聚透镜的焦平面上，波长为 λ 的第 K 级亮条纹半径的平方是

$$R_K^2(\lambda) = 2\left(1 - \frac{K\lambda}{2nd}\right)\left(f\,\frac{n}{n_0}\right)^2 \tag{7.2-13}$$

其中，n 和 d 分别为间隔层的折射率和厚度；n_0 为空气折射率；f 为物镜的焦距。

（2）分两步测得 $\Delta\gamma$ 值

1）在无磁场时，测量汞绿光的亮条纹的直径 D_k，计算出 F-P 标准具的自由光谱区的波数值 $(\Delta\gamma)_{FSR}$。

因为

$$R_K\left(\lambda = \frac{1}{\gamma}\right) = R_{K+1}\left(\left[\lambda - (\Delta\lambda)_{FSR}\right] = \frac{1}{\gamma + (\Delta\gamma)_{FSR}}\right) \tag{7.2-14}$$

因此，只有在入射光的波数区间 $\delta\gamma < (\Delta\gamma)_{FSR}$ 时，波数区间内所有波长的第 K 级干涉条纹的直径，都大于 $(K+1)$ 级干涉条纹的直径，不同级次的干涉条纹才不会交叉或重叠。使用干涉滤光片和摄谱仪就是为了消除或改善这种不同级次亮条纹的交叉或重叠现象。

已知：

$$(\Delta \gamma)_{\mathrm{FSR}} \approx 1/2nd \quad (\text{光垂直 F-P 面入射}) \tag{7.2-15}$$

由式（7.2-13）可知 D_K^2-K 曲线的斜率为

$$\frac{\Delta (D_K)^2}{\Delta K} = 4 \frac{\Delta (R_K^2)}{\Delta K} = \frac{4\lambda}{nd}\left(f\frac{n}{n_0}\right)^2 \tag{7.2-16}$$

其中，D_K 是第 K 级亮条纹的直径，因此测得 D_K^2-K 曲线的斜率，已知 n 和 f 的值，就可用式（7.2-15）和式（7.2-16）算得 $(\Delta \gamma)_{\mathrm{FSR}}$ 值。

2）测量塞曼分裂线的波数间距 $\Delta \gamma$ 的值。

在各分裂线的各级亮条纹的条件下，由式（7.2-13）和式（7.2-14）得严格的计算公式

$$\frac{\Delta \gamma}{(\Delta \gamma)_{\mathrm{FSR}}} = \frac{D_K^2\left(\dfrac{1}{\gamma_0}\right) - D_K^2\left(\dfrac{1}{\gamma_0 - \Delta \gamma}\right)}{D_K^2\left(\dfrac{1}{\gamma_0}\right) - D_{K+1}^2\left(\dfrac{1}{\gamma_0}\right)} \tag{7.2-17}$$

其中，γ_0 是加磁场后光谱线的波数。因此，测得有关亮条纹的直径即可算出 $\Delta \gamma$ 值。

【研究内容】

（1）学习观测塞曼效应的实验方法。

（2）研究汞原子的发射 546.1nm 谱线在磁场中分裂的情况。

（3）测量塞曼分裂线的波数间距。

【研究步骤】

1. 仪器调整（见图 7.2-5）

（1）将导轨放置在长工作台上，调整水平螺钉，使导轨成水平状态。

（2）将电磁铁 1（带转座 2）放在工作台上紧靠导轨尾部。连接稳流稳压电源。

（3）把笔形汞灯 3 放在电磁铁的磁极间，用漏磁变压器点燃汞灯。

（4）放置聚光透镜 4 使它的照明光斑均匀。

（5）放置干涉滤光片 5 要求汞灯光斑充满干涉滤光片孔径。

（6）放置法布里-珀罗（F-P）标准具 6，要求与干涉滤光片同轴，调整微调螺钉，使两镜片严格平行（调节方法见后）。

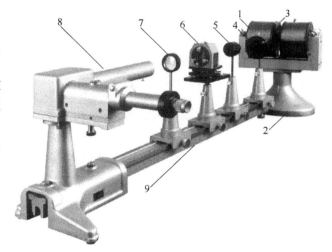

图 7.2-5　塞曼效应仪

1—电磁铁　2—转座　3—笔形汞灯　4—聚光透镜　5—干涉滤光片　6—标准具　7—物镜　8—读数显微镜　9—导轨

（7）放置物镜 7 调整高度与标准具镜片同轴。

（8）放置读数显微镜 8 调整高度与物镜同轴，然后移动物镜看到清晰的干涉图像（图 7.2-6a）。

（9）接通稳流稳压电源，逐步增强电流，看到清晰的塞曼分裂谱线 9 条（图 7.2-6b）。

（10）在聚光镜片上装偏振片，转动偏振片即可看到塞曼 π 分量和 σ 分量（图 7.2-6c、d）。

（11）用读数显微镜测量干涉条纹的直径 D_K，计算自由光谱区的波数值。

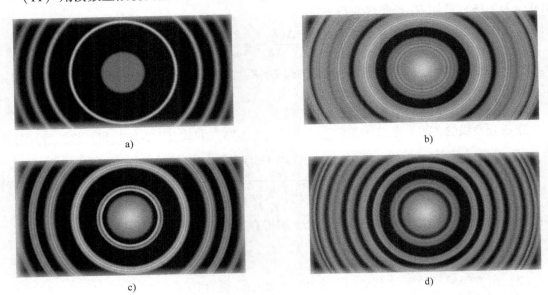

图 7.2-6　外加磁场前后谱线的变化

a）未加磁场的谱线　b）加磁场后谱线分裂　c）塞曼 π 分量　d）塞曼 σ 分量

2. 法布里-珀罗标准具的调整

塞曼效应光谱实验的成功与否关键在于法布里-珀罗标准具的调整，其调整步骤如下。

（1）将标准具置于汞灯照明之下用眼睛观察即能看到一组同心圆的干涉图像。

（2）观察者眼睛从标准具镜片中心向三个微调螺钉方向移动，此时干涉图像也发生移动，则说明标准具两个镜片还未严格平行需要进行调整，假如干涉图像是向外扩展则该微调螺钉压力太小，应增加压力即微调螺钉顺时针方向旋；若此时干涉图像向内收缩，则说明该微调螺钉压力太大，应减小压力即微调螺钉逆时针旋，按此方法反复调整压力直至干涉图像不动为止，此时已严格平行即可进行实验。

3. 用读数显微镜测量

（1）确定显微镜的物平面与物镜的相对位置。

（2）用眼睛直接看会聚透镜的出射光束时，上下左右移动头部确定看到光束最亮的视线方向。

（3）使显微镜筒靠近此视线，调节显微镜位置与轴线取向使镜筒轴线与视线在同一高度，且近乎平行，并使物平面与干涉图像所在平面接近重合。

（4）转动读数鼓轮，使显微镜筒在水平面内移动，直到在镜筒内看到亮光。

（5）转动显微镜直到镜筒内的光最亮。

（6）对物平面调焦，使干涉亮条纹最清晰。

（7）转动读数鼓轮可测亮条纹直径，如果条纹中心不对称则微调法布里-珀罗标准具的轴线取向或左右平衡显微物镜位置，以上调节完毕后应再对显微物镜调焦使条纹最细。

（8）测量各相邻条纹的直径，计算自由光谱区的波数值 $(\Delta \gamma)_{\mathrm{FSR}}$ 及法布里-珀罗标准具间距 d。

【数据处理】

自拟数据表，记录数据后由式（7.2-17）计算出分裂谱线的波数间距 $\Delta\gamma$ 的值并进行分析。

【注意事项】

（1）法布里-珀罗标准具调整时不要用力过大，以免损坏光学元件。

（2）稳流稳压电源预热 30min 后再工作以保持磁场稳定，加磁场时要逐渐升压或降压，不能长时间工作在高压状态，以少于 30min 为宜。一般工作范围：电压 20～40V，电流 1.5～2.5A。

（3）用测微目镜测量时，注意避免空程差。

（4）使用特斯拉计测磁场时，注意保护变送器探头，以免损坏霍尔元件。

【思考题】

（1）垂直磁场方向观察塞曼效应，怎样鉴别分裂谱线中的 σ 成分和 π 成分？

（2）塞曼效应分裂谱的裂矩与磁场强度有什么关系？

实验 7.3 光栅光谱仪的原理及其应用

【实验目的】

（1）了解光栅光谱仪的工作原理。

（2）掌握利用光栅光谱仪进行测量的技术。

【实验仪器】

WGD—8A 型光栅光谱仪、氢氖灯、计算机、打印机。

【实验原理】

光谱仪是利用折射或衍射产生色散的光谱测量仪器。光栅光谱仪是光谱测量中最常用的仪器，基本结构如图 7.3-1 所示。它由入射狭缝 S_1、反射镜 M_1、准直球面反射镜 M_2、平面衍射光栅 G、聚焦球面反射镜 M_3 以及输出狭缝 S_2 和 S_3 构成。

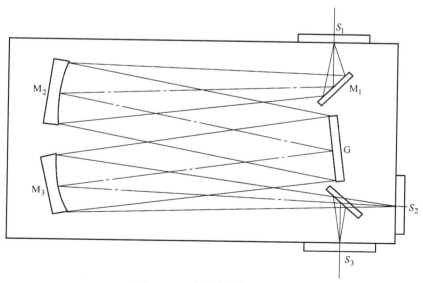

图 7.3-1 光栅光谱仪示意图

衍射光栅是光栅光谱仪的核心色散器件。它是在一块平整的玻璃或金属材料表面（可以是平面或凹面）刻画出一系列平行、等距的刻线，然后在整个表面镀上高反射的金属膜或介质膜，就构成一块反射式衍射光栅。相邻刻线的间距 d 称为光栅常数，通常刻线密度为每毫米数百至数十万条，刻线方向与光谱仪狭缝平行。入射光经光栅衍射后，相邻刻线产生的光程差 $\Delta s = d(\sin\alpha \pm \sin\beta)$（$\alpha$ 为入射角，β 为衍射角），则可导出光栅方程

$$d(\sin\alpha \pm \sin\beta) = m\lambda \tag{7.3-1}$$

光栅方程将某波长的衍射角和入射角通过光栅常数 d 联系起来，λ 为入射光波长，m 为衍射级次，取 0，±1，±2，…等整数。式中的"±"号选取规则为：入射角和衍射角在光栅法线的同侧时取正号，在法线两侧时取负号。如果入射光为正入射，即 $\alpha = 0$，则光栅方程变为 $d\sin\beta = m\lambda$。衍射角度随波长的变化关系称为光栅的角色散特性，当入射角给定时，可以由光栅方程导出

$$\frac{\mathrm{d}\beta}{\mathrm{d}\lambda} = \frac{m}{d\cos\beta} \tag{7.3-2}$$

复色入射光进入狭缝 S_1 后，通过平面镜 M_1 反射后照射到 M_2 上，经 M_2 变成复色平行光照射到光栅 G 上，经光栅色散后，形成不同波长的平行光束，并以不同的衍射角度出射。M_3 将照射到它上面的某一波长的光聚焦在出射狭缝 S_2 或 S_3 上，再由 S_2 或 S_3 后面的电光探测器记录该波长的光强。光栅 G 安装在一个转台上，当光栅旋转时，就将不同波长的光信号依次聚焦到出射狭缝上，光电探测器记录不同光栅旋转角度（不同的角度代表不同的波长）时的输出光信号强度，即记录了光谱。这种光谱仪通过输出狭缝选择特定的波长进行记录，称为光栅单色仪。

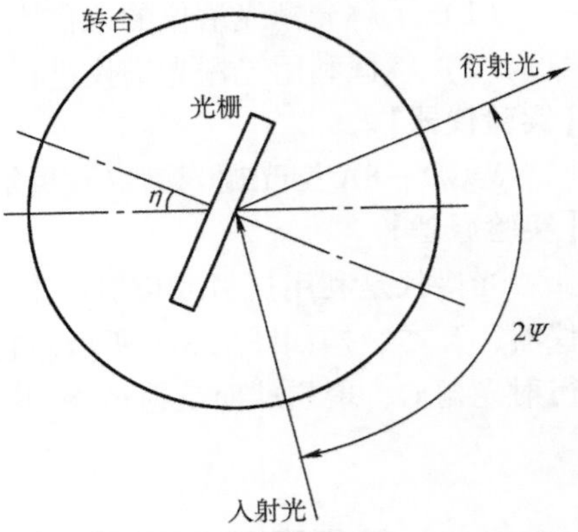

在使用单色仪时，对波长进行扫描是通过旋转光栅来实现的。通过光栅方程可以给出出射波长和光栅角度之间的关系，如图 7.3-2 所示。此时，入射角 α 变为 $\psi + \eta$，反射角变为 $\psi - \eta$，根据公式 $d(\sin\alpha - \sin\beta) = m\lambda$，经三角变换可以得到

$$\lambda = \frac{2d}{m}\cos\psi\sin\eta \tag{7.3-3}$$

图 7.3-2　光栅转动系统示意图

式中，η 为光栅的旋转角度；ψ 为入射角和衍射角之和的一半，对给定的单色仪来说 ψ 为一常数。

【仪器介绍】

WGD—8A 组合式多功能光栅光谱仪的操作由计算机和手工操作来完成。单色仪的入射狭缝宽度、出射狭缝宽度和负高压（光电倍增管接收系统）不受计算机控制而采用手工设置，其他的各项参数设置和测量均由计算机来完成。WGD—8A 组合式多功能光栅光谱仪的结构框图如图 7.3-3 所示。

1. 光学系统

光谱仪光学系统如图 7.3-1 所示：M_1 反射镜、M_2 准光镜、M_3 物镜、G 平面衍射光栅、S_1 入射狭缝，通过旋转反射镜可以选择出射狭缝 S_2 或 S_3，从而选择接收器件类型。

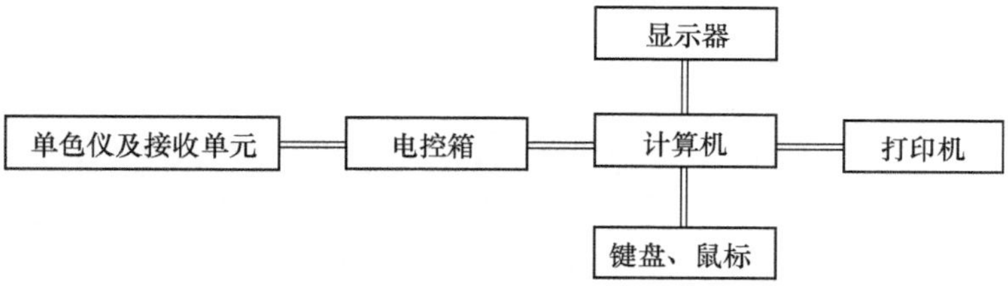

图 7.3-3　光谱仪的结构框图

若出射狭缝为 S_2，则为光电倍增管接收器件；若出射狭缝为 S_3，则为 CCD 接收器件。入射狭缝、出射狭缝均为直狭缝，宽度范围 0~2mm 连续可调，光源发出的光束进入入射狭缝 S_1，然后经反射镜 M_1 照射到 M_2 上，M_1 位于反射式准光镜 M_2 的焦面上，通过 S_1 射入的光束经 M_2 反射成平行光束投向平面光栅 G 上，衍射后的平行光束经物镜 M_3 成像在 S_2 或 S_3 上。

光源系统为仪器提供工作光源，可选氘灯、钨灯、钠灯或汞灯等。

2. 电子系统

电子系统由电源系统、接收系统、信号放大系统、A/D 转换系统和光源系统等部分组成。

电源系统为仪器提供所需的工作电压；接收系统将光信号转换成电信号；信号放大器系统包括前置放大器和主放大器两个部分；A/D 转换系统将模拟信号转换成数字信号，以便计算机进行处理。

3. 软件系统

WGD—8A 组合式多功能光栅光谱仪的控制和光谱数据的处理操作均由计算机来完成。

软件系统主要功能有：仪器系统复位、光谱扫描、各种动作控制、测量参数设置、光谱采集、光谱数据文件管理、光谱数据的计算等。

WGD—8A 组合式多功能光栅光谱仪系统操作软件根据型号的不同和接收仪器的不同，配有倍增管处理系统和 CCD 处理系统。每一系统均可采用快捷键和下拉菜单来进行仪器操作。本实验中我们只考虑倍增管处理系统，而对 CCD 处理系统不作要求。

4. 工作界面

在 Windows 操作系统中，从"开始"—"程序"—"WGD—8A"—"WGD—8A 倍增管系统"中执行相应的可执行程序，或双击桌面上的快捷方式，启动系统操作程序。

系统启动后在屏幕显示一欢迎界面，然后进入初始化过程（图 7.3-4），该过程大约需要几分钟的时间。此后进入系统操作主界面（图 7.3-5），主界面中包括各菜单栏，菜单栏包括文件、信息/视图、工作、读取数据、数据图形处理等菜单项，单击这些项可弹出下拉菜单。界面中各菜单栏及其下拉菜单和工具栏的详细信息请参考 WGD—8A 型组合式多功能光栅光谱仪使用说明书。

【实验内容】

用 WGD—8A 型组合式多功能光栅光谱仪测量氢氘灯的光谱（WGD—8A 倍增管系统）。

（1）开机之前，请认真检查光栅光谱仪的各个部分（单色仪主机、电控箱、接收单元、计算机等）连线是否正确，保证准确无误（该仪器的线路已经连接好）。

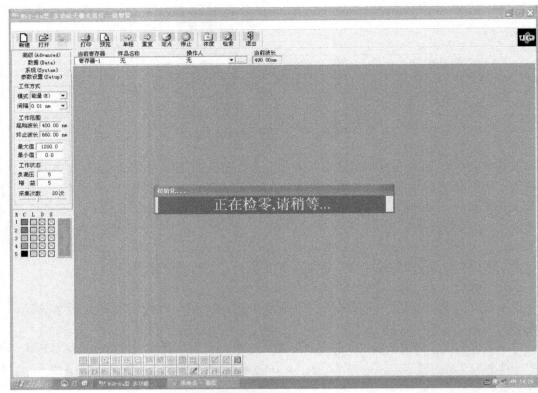

图 7.3-4 系统的初始化界面

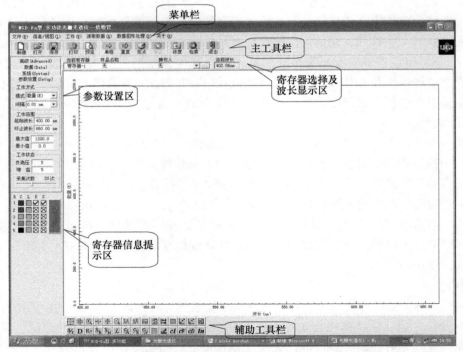

图 7.3-5 系统操作主界面

（2）打开光谱仪电源，调节负高压在 $500 \sim 1000\text{V}$ 之间（实验中一般选 700V）。打开 GY—13A 氢氖灯电源。

（3）打开计算机电源，启动程序。在 Windows 操作系统中，从"开始"—"程序"—"WGD—8A"—"WGD—8A 倍增管系统"中执行相应的可执行程序，或双击桌面上的快捷方式，启动系统操作程序。

WGD—8A 型多功能光栅光谱仪根据仪器型号的不同配有光电倍增管和 CCD 两个接收单元。在本实验中只使用光电倍增管系统。要注意：若采用光电倍增管作为接收单元，一定不要在光电倍增管加有负高压的情况下，使其暴露在强光下（包括自然光）。在使用结束后，一定要注意调节负高压旋钮使负高压归零，然后再关闭电控箱。

（4）调节狭缝。在仪器系统复位完毕后，根据测试和实验的要求分别调节入射狭缝、出射狭缝到合适的宽度。在测试过程中一般均小于 0.1mm。

仪器的入射狭缝和出射狭缝均为直狭缝，宽度范围 $0 \sim 2\text{mm}$ 连续可调，顺时针旋转为狭缝宽度加大，反之减小。每旋转一周狭缝宽度变化 0.5mm，最大调节宽度为 2mm。为延长使用寿命，调节狭缝宽度时应注意最大不要超过 2mm。仪器测量完毕或平常不使用时，狭缝最好调节到 $0.1 \sim 0.5\text{mm}$ 左右。

（5）调节光源，使氢氖灯正对入射狭缝，使其在单色仪的波长范围内有最大的输出。

（6）在参数设置区域设置实验参数。根据测量要求对系统参数进行相应的设置。参数设置包括工作范围（起始波长设置）、能量设置、工作状态及采集次数等。

（7）各参数设置完成后，单击"单程"扫描得到氢氖灯的光谱，如果光谱的质量不高（光谱的强度较低），可以在扫描完成后适当调节狭缝宽度和灯的位置或设置一下强度的最大值，再一次进行扫描。

（8）利用寻峰命令找到光谱中各峰值的位置，选定一峰值，根据已知的氢氖灯的光谱峰值对光谱仪进行修正。用寻峰命令标出每个峰值的位置（应该有 8 条线），然后打印光谱图。

（9）任选光谱中靠近的两条线，缩小波长的扫描范围，重新扫描一次，得到相邻两条谱线的图，并用寻峰命令标出峰值，打印该光谱。

（10）关机。关闭主程序，关闭计算机，把负高压值调为 0，关闭光栅光谱仪电源，然后关闭氢氖灯电源。

【注意事项】

（1）光谱仪是精密仪器，在使用过程中一定要严格按照要求操作。

（2）开机顺序：打开氢氖灯电源→打开光谱仪电控箱电源→把负高压调到 $500 \sim 1000\text{V}$ 之间（实验中一般选 700V）→打开计算机→启动程序。

（3）关机顺序：先关掉测量程序→把负高压调到零→关掉光谱仪电控箱电源→关掉氢氖灯电源。

（4）狭缝的开关方向：顺时针打开狭缝，逆时针关闭狭缝。实验完成后狭缝最好调节到 $0.1 \sim 0.5\text{mm}$ 左右。

【数据处理】

根据光谱中第 2、4、6、8 条线，计算里德伯常量的值。

【思考题】

（1）光栅光谱仪怎样将复色光分解为单色光？

（2）光谱仪入射狭缝的缝宽对光谱线的强度和谱线的线宽有何影响？

实验 7.4 太阳电池伏安特性的研究

太阳电池（也称硅光电池或光伏电池）是一种太阳能－电能的转换器件，它具有使用寿命长、操作方便、无噪声、无污染等优点。经过研究者不断地研究和设计，太阳电池被广泛使用于人们的生产和生活中。目前，太阳电池已成为空间卫星的基本电源和地面无电、少电地区及某些特殊领域（通信设备、气象台站、航标灯等）的重要电源。有专家预言，在 21 世纪中叶，太阳能光伏发电将占世界总发电量的 15% ~ 20%，成为人类的基础能源之一，在世界能源构成中占有一定的地位。因此，了解太阳电池的工作原理和基本性能非常重要。

【实验目的】

（1）了解太阳电池的工作原理。

（2）测量太阳电池的伏-安特性曲线。

【实验仪器】

太阳电池特性实验仪。

【实验原理】

太阳电池内部结构如图 7.4-1 所示，主要由两部分组成：N 型硅基片层和 P 型硅受光层。根据 PN 结原理，当光照在 P 型硅表面，且光子能量大于材料的禁带宽度时，在 PN 结内产生电子-空穴对。N 区电子密度增加，P 区空穴密度增加，如果外电路处于开路状态，那么这些光生电子和空穴积累在 PN 结附近，使 P 区获得附加正电荷，N 区获得附加负电荷，这样，在 PN 结上产生一个光生电动势，这一现象称为光伏效应。如果连接灵敏电流计 G 形成闭合电路，则在回路中产生光电流，光电流的大小与入射光强有关。

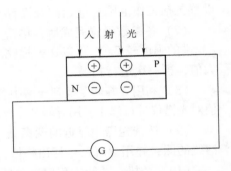

图 7.4-1 太阳电池内部结构示意图

太阳电池的工作原理是基于光伏效应。当半导体 PN 结处于零偏或反偏时，在它们的结合面耗尽区存在一内电场，当有光照时，入射光子将把处于价带中的束缚电子激发到导带，激发出的电子空穴对在内电场作用下分别漂移到 N 区和 P 区，当在 PN 结两端加负载时就有一光生电流流过负载。流过 PN 结两端的电流可由下式确定

$$I = I_s \left(e^{\frac{eV}{kT}} - 1 \right) + I_p \tag{7.4-1}$$

式中，I_s 为饱和电流；V 为 PN 结两端的电压；T 为热力学温度；I_p 为产生的光电流。从式中可以看到，当太阳电池处于零偏时，$V = 0$，流过 PN 结的电流 $I = I_p$；当太阳电池处于反偏时（在本实验中取 $V = -5V$），流过 PN 结的电流 $I = I_p - I_s$。

图 7.4-2 是太阳电池光电信号接收端的工作原理框图，太阳电池把接收到的光信号转变为与之成正比的电流信号，再经 I/V 转换器把电流信号转换成与之成正比的电压信号。比较太阳电池零偏和反偏时的信号，就可以测定太阳电池的饱和电流 I_s。

在太阳电池两端加一个负载就会有电流流过，当负载较大时，电流较小而电压较大；当负载较小时，电流较大而电压较小。实验时可改变负载电阻 R_L 的值来测定太阳电池的伏安特性曲线，如图 7.4-3 所示。

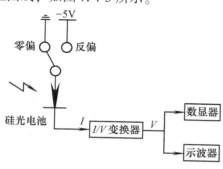

图 7.4-2　太阳电池光电信号接收框图

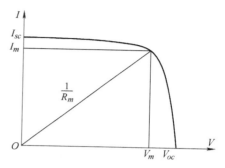

图 7.4-3　太阳电池的伏-安特性曲线

【研究内容与步骤】

1. 太阳电池零偏和反偏时，其输出电压与输入光信号关系特性测定

如图 7.4-4 所示，观察仪器左上角"发送光强指示"表，同时在 0 ~ 2000 范围内调节发光强度旋钮（相当于调节发光二极管静态驱动电流，其调节范围对应于 0 ~ 20mA 之间），将功能转换开关分别打到零偏和负（反）偏，让太阳电池输出端连接到 I/V 转换模块的输入端，将 I/V 转换模块的输出端连接到数字电压表头（仪器右上角，单位：10^{-1}mV）的输入端，分别测定太阳电池在零偏和反偏时输出电压与输入光强的关系。

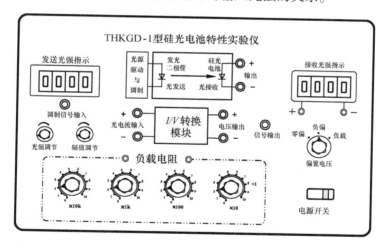

图 7.4-4　太阳电池特性实验仪

2. 太阳电池输出端连接恒定负载时，输出电压与输入光信号关系测定

将功能转换开关转到"负载"处，将太阳电池输出端连接恒定负载电阻（如取 10kΩ）和数字电压表，在 0 ~ 2000 范围内调节发送光强，实验测定太阳电池输出电压与输入光强的关系曲线。

3. 太阳电池伏安特性测定

在太阳电池输入光强不变时（如发送光强指示为 500，不能太大），测量当负载在 0 ~

100kΩ 范围内变化时太阳电池的输出电压，由太阳电池的输出电压和负载电阻值求得光电流，作出太阳电池伏-安特性曲线。

【注意事项】

注意接线的正、负极。

实验7.5　光速的测定

光速是一个基本物理常数，它与许多物理学问题密切相关，它的精确测定为光的电磁波理论的建立提供了重要的实验依据。光速的测量可分为天文学方法和实验室方法两大类。1676 年，丹麦天文学家罗默（1644—1710）通过观测木星对其卫星的掩食测定了光速，使光速测量首先在天文学上获得成功。实验室测定光速的方法有转动齿轮法、转镜法、克尔盒法、变频闪光法、激光测速法等。本实验采用光调制法来测定光速。

【实验目的】

（1）掌握一种新颖的光速测定方法。

（2）了解和掌握光调制的一般性原理和基本技术。

【实验仪器】

光速测量仪、示波器。

【仪器介绍】

LM2000A 光速仪（图 7.5-1）全长 0.8 m，调制频率 100 MHz，由电器盒、收发透镜组、棱镜小车、带标尺的导轨等组成。电器盒采用整体结构，端面安装有收发透镜组，内置收、发电子线路板。侧面有两排 Q9 插座，参见图 7.5-2。棱镜小车上有供调节棱镜左右转动和俯仰的两只调节把手。

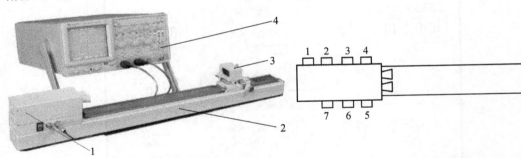

图 7.5-1　光速测量装置图
1—光学电路箱　2—带刻度尺燕尾导轨
3—小车　4—示波器/相位计

图 7.5-2　Q9 插座接线图
1—频率计插口　2—调制信号输入（模拟通信用）
3 和 4—发送基准信号（5V 方波与正弦波）
5 和 6—接收测相信号（正弦波）　7—接收信号电平

本仪器采用 GaAs 发光二极管作为光源，当发光二极管上注入一定的电流时，在 PN 结两侧的 P 区和 N 区分别有电子和空穴的注入，这些非平衡载流子在复合过程中将发射波长为 0.65 μm 的光。用机内主控振荡器产生的 100 MHz 正弦振荡电压信号控制加在发光二极管上的注入电流。当信号电压升高时，注入电流增大，电子和空穴复合的机会增加而发出较强的光；当信号电压下降时，注入电流减小，复合过程减弱，所发出的光强也相应减弱，从而实现对光强的直接调制。硅光电二极管作为光电转换元件，所产生的光电流的大小随载波的强度而变化，因此，在负载上可以得到与调制波频率相同的电压信号，即被测信号。

【实验原理】

1. 利用调制波的波长和频率测光速

光波的传播速度 c 可由波长 λ 和频率 f 的乘积求得

$$c = \lambda \times f \tag{7.5-1}$$

但直接用这种方法测光速，存在很多技术上的困难。主要是光的频率高达 $10^{14}\,\text{Hz}$，目前的光电接收器中无法响应频率如此高的光强变化，迄今仅能响应频率在 $10^8\,\text{Hz}$ 左右的光强变化并产生相应的光电流。变通的办法之一是利用调制波的波长和频率测光速。

设想假如直接测量河中水的流速有困难，可以利用在单位时间内周期性地向河中投放小木块，再测出相邻两木块间的距离。单位时间内投放木块的个数对应光波频率 f，相邻两木块的间距对应光的波长 λ，则依据式（7.5-1）即可算出水流的速度。

向河中投放的小木块是在水流上做了特殊的标记，同样，也可以在光波上做一些特殊标记，称作"调制"。调制波的频率可以比光波的频率低很多，可用常规器件接收。与木块的移动速度就是水流动的速度一样，调制波的传播速度就是光波传播的速度。调制波的频率可以用频率计精确测定，所以测量光速就转化为如何测量调制波的波长。

2. 相位法测定调制波的波长

由发光二极管发出的波长为 $0.65\,\mu\text{m}$ 的载波，其强度受频率为 f 的正弦型调制波的调制（$I = I_0(1 + m\cos 2\pi ft)$），其中 m 为调制度；f 为调制波的频率；I_0 为载波原有光强）。被调制的载波经接收器光敏二极管的光/电变换后，将输出交变信号 $u = U_0 \cos 2\pi ft$（U_0 是与时间无关的常量）。

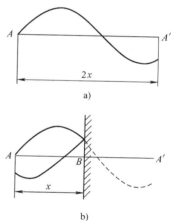

如图 7.5-3a 所示，若 t_1 时刻载波由 A 点出发，经时间 Δt 后传至距离 A 点 $2x$ 的 A' 点，此时载波光强为 $I_2 = I_0[1 + m\cos 2\pi f(t_1 + \Delta t)]$，由它在接收器上产生的交变信号 $u_2 = U_0 \cos 2\pi f(t_1 + \Delta t)$ 将比 A 点产生的交变信号 $u_1 = U_0 \cos 2\pi ft_1$ 在相位上落后 $\Delta\phi$，即

$$\Delta\phi = 2\pi f\Delta t = 4\pi f\frac{x}{c} \tag{7.5-2}$$

图 7.5-3 位相法测波长原理图

式中，c 为载波在空气中的传播速度。

在实验室中为了用同一台仪器同时接收 A、A' 两点的载波信号，在 A、A' 的中点 B 设置一个反射器（平面镜），见图 7.5-3b。由 A 点发出的载波经 B 点的平面镜反射后再回到 A 点，反射波走过的光程同样是 $2x$，在 A 点的接收器上，反射波的相位也比发射波的相位落后 $\Delta\phi$。

将发射波产生的电压信号（基准信号）和反射波产生的电压信号（被测信号）分别输入到示波器（或相位计）的两个输入端，由示波器（或相位计）可以测出基准信号和被测信号之间的相位差 $\Delta\phi$。移动棱镜小车，在导轨上任取若干个间隔点，其坐标分别为 x_0、x_1、x_2、$\cdots$、x_i；设 Δx_i 为 x_i 与 x_0 的间距，相对应的相移量如 $\Delta\phi_i$。由式（7.5-2）得到调制波的波长

$$\frac{\Delta\phi_i}{2\pi} = \frac{2\Delta x_i}{\lambda}$$

$$\lambda = \frac{2\pi}{\Delta\phi_i} \times 2\Delta x_i \tag{7.5-3}$$

利用式 (7.5-1)，由 λ 和调制频率 f 可以获得载波在空气中的传播速度 c。若 Δx_i 等间隔变化，则称为等距法测波长；若 $\Delta\phi_i$ 等间隔变化，则称为等相位法测波长。

3. 差频法测相位

在实际测相过程中，当信号频率很高时，测相系统的稳定性、工作速度以及电路分布参量造成的附加相移等因素都会直接影响测相精度，因此，高频下测相困难较大。例如，BX21 型数字式位相计中检相双稳电路的开关时间是 40ns 左右，如果所输入的被测信号频率为 100MHz，则信号周期 $T = 1/f = 10$ns，比电路的开关时间短，电路根本来不及动作。为避免高频下测相的困难，通常采用差频的方法，即把待测高频信号转化为中、低频信号来处理，这意味着拉长了与待测的相位差 ϕ 相对应的时间差。可以证明这两个差频信号之间的相位差与基准信号和待测信号之间的相位差相同。

本实验就是利用差频检相的方法，将 100MHz 的高频基准信号和高频被测信号分别与本机振荡器产生的高频振荡信号混频，得到两个频率为 1kHz、相位差不变的低频信号，然后送到示波器（或相位计）中去比相，如图 7.5-4 所示。

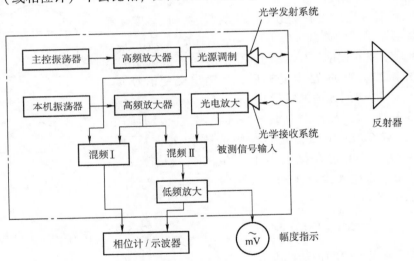

图 7.5-4　相位法测光速实验装置方框

4. 双踪显示法测量同频率正弦信号的相位差

用示波器测量两个同频率正弦信号相位差的方法有多种，下面介绍双踪示波器法。

在双踪模式下，将两个同频率正弦信号 u_1、u_2 分别输入到 CH1、CH2 两个通道，适当调节扫描时间因数和偏转因数，便可将 u_1、u_2 的信号波形同时显示在显示屏上（见图 7.5-5）。设屏上信号一个周期所对应的水平宽度为 A，两个信号同相位点间的水平距离为 ΔA（A、ΔA 可用示

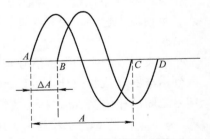

图 7.5-5　双踪法测量相位

波器屏幕标尺 X 方向的格数表示），则两信号的相位差为

$$\Delta\phi = \phi_1 - \phi_2 = 2\pi\frac{\Delta A}{A} \tag{7.5-4}$$

若为数字式示波器，则其上具有光标卡尺测量功能，移动光标，很容易进行 T 和 ΔT 的测量，然后按 $\Delta\phi = 2\pi\dfrac{\Delta T}{T}$ 求得相位变化量。

【实验内容】

（1）打开电源，预热半小时。

（2）光路调整。先把棱镜小车移近收发透镜处，用小纸片挡在接收物镜管前，观察光斑位置是否居中。调节棱镜小车的把手（主要是小车上方调节棱镜俯仰方位的把手），使光斑尽可能居中，将小车移至最远端，观察光斑位置有无变化，并作相应调整，使小车前后移动时，光斑位置变化最小。

（3）参考图 7.5-2 连接示波器与光速测量仪。将光速测量仪上的基准信号与测相信号分别接入示波器 CH1、CH2 通道。

（4）开启示波器电源，调节扫描时间因数和偏转因数，使屏幕上波形大小适合，幅度相同。测量一个周期所对应的水平宽度 A。

（5）等距法测波长

1）在导轨上任取一点 x_0，在示波器上找出被测信号波形的某一特征点，将其位置设为示波器水平方向格数的零点 A_0。

2）在导轨上等间隔地移动棱镜小车，记下小车的位置坐标 x_1、x_2、$\cdots$、x_i 及相应的特征点在示波器上的位置 A_1、A_2、$\cdots$、A_i。

3）列表记录数据，求出所测光速的平均值及其与公认值的百分差。

（6）等相位测波长

1）在导轨上任取一点 x_0，在示波器上找出被测信号波形的某一特征点，将其作为相位差 0°位。

2）移动棱镜小车，使示波器上波形等格数地改变，记下移动格数 A_1、A_2、$\cdots$、A_i 及相应的小车位置坐标 x_1、x_2、$\cdots$、x_i。

3）列表记录数据，并用逐差法处理数据。

【注意事项】

（1）为了减小由于电路系统附加相移量的变化给位相测量带来的误差，当用等距法测量时，采取 x_0—x_1—x_0 及 x_0—x_2—x_0 等顺序进行测量，移动棱镜小车要快、准，如果两次 x_0 位置时的读数值相差在 0.1 度以上，须重测。

（2）用等相位法测波长时，拉动棱镜至某格数时，要迅速读取 x_i 值，并尽快将棱镜返回至 0°处，再读取一次 x_0，两次 0°时的距离读数误差不超过 1mm，否则要重测。

【思考题】

（1）在用等距法测量时，可否用作图法求得光速 c？如何求？

（2）实验过程中比较的是两个 100MHz 调制信号的相位关系，能否把实验装置中的 100MHz 调制信号改成直接发射频率为 100MHz 的无线电波，并对它的波长进行绝对测量？为什么？

实验7.6　激光谐振腔的调节和激光输出功率的测量

激光谐振腔是激光振荡器的重要组成部分，其作用是提供轴向光波模的正反馈及保证激光器的单模振荡。通过激光谐振腔的腔长、反射镜和输出镜的形状等参数，可以调整输出激光的亮度、波长、频率间隔以及输出激光的方向等。

【实验目的】

（1）理解激光谐振腔的原理。

（2）掌握外腔 He-Ne 激光器激光谐振腔的调节方法。

（3）掌握用功率计测量激光输出功率的方法。

【实验仪器】

GCS-HNGD 外腔 He-Ne 激光器、反光十字板、HNJG-1 功率指示器、光学支架。各仪器及构件的型号及技术规格见表 7.6-1。

表 7.6-1　实验仪器简介

序号	名 称		型 号	技 术 规 格
1	内含	外腔 He-Ne 激光器	GCS-HNGD	中心波长：632.8nm
		光学谐振腔（反射镜和输出镜）	曲率半径	可调范围 $L = 290 \sim 450mm$；增益管长 270mm，布儒斯特角封装；凹腔曲率半径 $R = 0.5m$，$R = 1m$，$R = 2m$
		工作物质	工作物质类型	氦气和氖气的混合气体
		激励系统		电源安全双开关（钥匙保护开关、船形开关），带高压保护套电极插头
		导轨	长度	1200mm（L）×100mm（W），适用于 GCM 系列机械调整部件
2	反光十字板			单面抛光亮塑十字叉图案，靶心有 $\phi = 1mm$ 透光小孔
3	功率指示器		HNJG-1	标定波长 $\lambda = 632.8nm$，测量波长范围：0 ~ 10μm，功率单位分别为：100μW、1mW、10mW、100mW、1W 等可选，测量精度 0.01μW
4	光学支架		高度	角度精度 ±4′，分辨率 0.005mm，调节机构保证双轴等高，横向偏差 1′，纵向偏差 1′

【实验原理】

1. 激光谐振腔的结构及其分类

由爱因斯坦的受激辐射理论可知，产生激光必须要满足三个条件，即激光工作物质、激励能源和激光谐振腔。最简单的激光谐振腔是在激光工作物质两端恰当地放置两个高反射率的镜片构成，如图 7.6-1 所示。

激光谐振腔的作用有两个：①提供光学正反馈，以建立和维持自激振荡，提高输出光子的简并度，影响激光谐振腔光学正反馈的主要因素是两个反射镜的反射率、反射镜的几何形状及其组合形式、激光谐振腔的腔长等；②控制输出激光的光束特性：包括输出激光的纵模

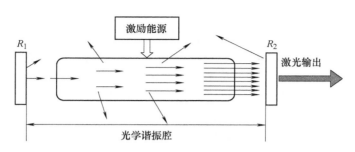

图 7.6-1　激光谐振腔结构示意图

模式、横模模式、纵模频率、纵模频率间隔、损耗以及输出功率等。

激光谐振腔按其开放程度，可以分为闭腔、开腔和气体波导腔，如图 7.6-2 所示。

固体激光器的工作物质通常具有比较高的折射率，因此在侧壁上将发生大量的全反射。如果腔的反射镜紧贴激光棒的两端，则在理论上分析这类腔时，应作为介质腔来处理。半导体激光器是一种真正的介质波导腔。这类激光谐振腔称为闭腔，如图 7.6-2a 所示。

激光技术历史上最早提出的是平行平面腔，它由两块平行平面反射镜组成，称为发布里-珀罗干涉仪，又称为 F-P 腔。随着激光技术的发展，之后又广泛采用了由两块具有公共轴线的球面镜构成的谐振腔。从理论上分析这些腔时，通常认为侧面没有光学边界，因此将这类谐振腔称为开放式激光谐振腔，简称开腔，如图 7.6-2b 所示。

对于气体激光器，经常采用气体波导激光谐振腔。其典型的结构如图 7.6-2c 所示。一段空心介质波导两端的适当位置放置反射镜。在空心介质波导管内，激光场服从波导中光的传播规律，从而在波导管与腔镜之间的空间中形成激光，激光按照与开腔类似的规律进行传播。

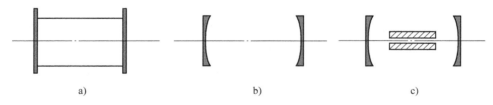

图 7.6-2　光学谐振腔结构示意图
a）闭腔　b）开腔　c）气体波导腔

开放式激光谐振腔又可以分为稳定腔和非稳定腔，主要区别在于谐振腔内是否存在稳定振荡的高斯光束。

根据反射镜的形状，激光谐振腔又可以分为球面腔与非球面腔、端面反射腔与分布式反射腔。

根据激光谐振腔所用反射镜的数目，激光谐振腔又可分为两镜腔和多镜腔。多镜腔可以是折叠腔或环形腔。在多镜腔中插入透镜等光学元件时，又可以构成复合腔。在两镜腔和折叠腔中，往返传播的两束光有固定的相位关系，会因干涉而形成驻波，故又称为驻波腔。在环形腔中，逆时针与顺时针传输的光互相独立，不能形成驻波，在插入光隔离器时，只能有单一方向的光在其中传输，故环形腔又称为行波腔。

2. 氦氖激光器及其激光谐振腔

氦氖激光器（简称 He-Ne 激光器）是最早研制成功的气体激光器。在可见光波段可以产生多条激光谱线，其中最强的是 632.8nm。放电管长数十厘米的 He-Ne 激光器输出功率约为毫瓦量级，放电管长 1 ~ 2m 的 He-Ne 激光器输出功率可以达到几十毫瓦。由于 He-Ne 激光器可以输出具有很高光束特性的连续可见光，且结构简单、价格低廉、体积较小，在准直、定位、全息照相、精密测量和精密计量等方面有着广泛应用。

He-Ne 激光器的激光谐振腔分为内腔式、外腔式和半外腔式。内腔式 He-Ne 激光器的腔镜封装在激光管两端。外腔式 He-Ne 激光器的激光管、输出镜及全反镜是安装在调节支架上的。本实验所用的是半外腔式 He-Ne 激光器。

外腔式 He-Ne 激光器由光学谐振腔（输出镜与全反镜）、工作物质（密封在玻璃管里的氦气、氖气）、激励系统（激光电源）构成，如图 7.6-3 所示。

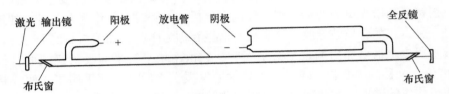

图 7.6-3　外腔式 He-Ne 激光器结构示意图

He-Ne 激光器的工作物质是毛细管中内按一定的气压充入的适当比例的氦、氖混合气体。当混合气体被电流激励时，与某些谱线对应的上、下能级的粒子数将会发生反转，使混合气体具有增益作用。混合气体的增益大小与毛细管的长度、毛细管内径的大小、氦氖混合气体的混合比例、总电压和放电电流等多种因素有关。

He-Ne 激光器的激光谐振腔属于驻波腔，腔长满足频率条件时，就能建立激光振荡。但还应要求谐振腔镜的曲率半径要满足一定的条件才能使谐振腔达到稳定条件，即腔的损耗必须小于混合气体的增益，才能建立稳定的激光振荡。

由图 7.6-3 可知，调节支架能调节输出镜与全反镜之间平行度，使激光器工作时处于输出镜与全反镜相互平行且与放电管垂直的状态。在激光管的阴极、阳极上串接着镇流电阻，防止激光管在放电时出现闪烁现象。氦氖激光器激励系统采用开关电路的直流电源，体积小、重量轻、可靠性高、可长时间运行。

外腔式 He-Ne 激光器在调整时，当输出镜与全反镜平行度偏离到一定程度，激光器无功率输出，只要将前后腔镜与放电管的管芯都居中垂直，这样激光器便可以重新恢复到最佳工作状态。这种操作过程对初学者来说是比较困难的。若采用半外腔式，即前腔镜固定无须调节，只调节后腔镜，既可以掌握谐振腔的基本调节方法，同时可以大大降低调节难度。且从后腔镜逸出的尾光很微弱，也可以减轻激光器突然出光对操作者眼睛造成的伤害，如图 7.6-4 所示。

图 7.6-4　半外腔式 He-Ne 激光器调节意图

3. 驻波腔的谐振条件

当光波在腔镜上来回反射时，入射光和反射光会发生干涉。要在腔内形成稳定的激光振荡，要求光波要因干涉而得到加强，即产生相长干涉。相长干涉的条件是光波在腔内沿轴线方向传播一周（图7.6-5中的 $A{\rightarrow}A_1{\rightarrow}B$）产生的相位差 $\Delta\phi$ 为 2π 的整数倍，若用 q 表示这个倍数，则有

$$\Delta\phi = q2\pi \qquad (7.6\text{-}1)$$

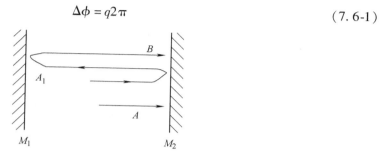

图 7.6-5　平行平面腔内光波的往返传输

由光程差与相位差的关系式可以得到

$$\Delta\phi = \frac{2\pi}{\lambda_q}2\mu L = q2\pi \qquad (7.6\text{-}2)$$

于是有

$$L = q\frac{\lambda_q}{2\mu} \qquad (7.6\text{-}3)$$

或用光波的频率 ν_q 表示为

$$\nu_q = \frac{c}{2\mu L}q \qquad (7.6\text{-}4)$$

式中，q 被称为纵模序数，μ 是驻波腔中工作物质的折射率；L 为激光谐振腔中工作物质的长度。

长度为 L 的平行平面腔只对频率满足式（7.6-4）沿轴线方向传播的光波共振，因此式（7.6-4）称为谐振条件，ν_q 称为谐振频率（或共振频率）。当光波的波长和平行平面腔的腔长满足式（7.6-3）时，将在腔内形成驻波，这时，腔长应为半波长的整数倍。式（7.6-3）称为激光谐振腔的驻波条件。

【实验内容及步骤】

1. 激光谐振腔的调节

（1）将半外腔激光器平稳固定在导轨上，后端靠近导轨及实验桌的一侧，人处于激光器后端，反光十字叉板（图7.6-6）置于半外腔激光器后端和人眼之间，与放电管垂直，十字叉面向激光器一侧，如图7.6-4所示。

（2）接通电源，激光管中荧光亮起，人眼通过十字叉板中心的小孔观察放电管的内径，首先会看到一个明显圆形亮斑，此亮斑为放电管内径中被激发的气

图 7.6-6　反光十字叉板的实物图

体。由于十字叉板中心的小孔很小，上下左右微动十字叉板，使该圆形亮斑均匀对称居中出现在视野中（如果小孔严重偏离放电管中心，则看不到圆形亮斑）。

（3）当眼睛适应放电管亮度后仔细观察，可看到圆形亮斑中心还有一个更亮的小亮点，进一步上下左右微调十字叉板，使通过小孔看到的小亮点位于圆形亮斑的正中心，此时十字叉板不再动，而且仍然保持与放电管的垂直状态。打开台灯从斜前方照亮十字叉板，可通过小孔看到由后腔镜反射出的十字叉像，如图 7.6-7 所示。

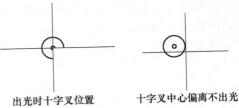

出光时十字叉位置　　　　十字叉中心偏离不出光

图 7.6-7　十字叉与管亮点关系示意图

（4）调节后腔镜的二维俯仰旋钮，十字叉像会随之移动，直到十字叉像的中心与之前观察到的小亮点重合，理论上激光器即可出光。实际操作时，如果没有出光，必然之前某一步操作存在偏差，可以重新检查一遍，或者使十字叉在小亮点周围小范围来回移动扫描，直至出光。

2. 激光输出功率的测量

用功率指示器测量激光器的输出功率。所用功率指示器如图 7.6-8 所示。

图 7.6-8　功率指示器

将功率指示器放置于半外腔激光器前出光口，监测输出功率，进一步调节后腔镜二维俯仰，使输出功率最大并记录。然后改变腔长和腔镜监测功率，完成表 7.6-2 并分析规律。

表 7.6-2　功率指示器测量输出激光的数据表

	功率监测/mW		
曲率半径 R：500mm			
曲率半径 R：1000mm			
曲率半径 R：2000mm			

【注意事项】

（1）切勿用眼睛直视激光，以防激光对眼睛造成伤害。

（2）切勿直接用手接触光学元件的光学面。

（3）如果光学元件表面出现灰尘，需要用专门的擦拭纸擦拭。

【思考题】

如何测量激光谐振腔的腔长？

实验7.7 激光纵模间隔和激光发散角的测量

激光谐振腔中沿轴线方向（即纵向）形成的驻波场是激光的纵模，不同的纵模对应着不同频率。腔内两个相邻的纵模频率之差称为纵模间隔。除纵向外，激光谐振腔内的电磁场在垂直于其传播方向的横向面内也存在着稳定的场分布，称为横模。不同的横模对应着不同的横向稳定光场分布和频率。基横模高斯光束在传播过程中会迅速发散，用高斯光束的远场发散角表征激光器的光束传播特性。

【实验目的】

（1）了解激光的纵模和纵模间隔、横模、远场发散角的基本概念。

（2）掌握激光纵模间隔的测量方法。

（3）掌握激光发散角的测量方法。

【实验仪器】

GCS-HNGD外腔He-Ne激光器、共焦球面扫描干涉仪、示波器、光学支架、透镜、CCD、光阑等。各仪器及构件的型号及技术规格见表7.7-1。

表7.7-1 实验仪器简介

序号	名　称		型　号	技　术　规　格
1	外腔He-Ne激光器		GCS-HNGD	中心波长：632.8nm
	内含	光学谐振腔（反射镜和输出镜）曲率半径		可调范围$L = 290 \sim 450$mm；增益管长270mm，布儒斯特角封装；凹腔曲率半径$R = 0.5$m、$R = 1$m、$R = 2$m
		工作物质	工作物质类型	氦气和氖气的混合气体
		激励系统		电源安全双开关（钥匙保护开关、船形开关），带高压保护套电极插头
		导轨		1200mm（L）×100mm（W），适用于GCM系列机械调整部件
2	共焦球面扫描干涉仪		DHC	工作波长$\lambda = 632.8$nm；自由光谱区$\Delta\nu = 2.5$GHz；精细常数$F > 100$；锯齿波幅度A：$0 \sim 150$V，频率f：$0 \sim 100$Hz；内含共焦腔的二维加持器件及支撑器件
3	示波器			实验室配备的示波器
4	光学支架			角度精度±4′，分辨率0.005mm，调节机构保证等双轴等高，横向偏差1′，纵向偏差1′
5	透镜			$\phi25.4$mm，$f = 50.8$mm
6	CCD			分辨率1280×1024，量化深度10bit，像素大小$5.2\mu m \times 5.2\mu m$，USB2.0接口，快门时间119us~100ms
7	光阑			$\phi2 \sim 29$mm可调

【实验原理】

1. 纵模间隔

如实验7.6所述，激光谐振腔要形成持续稳定的振荡的条件是：光在谐振腔中往返一周

的光程差应是波长的整数倍，即

$$L = q \frac{\lambda_q}{2\mu} \tag{7.7-1}$$

这正是光波相干极大条件，满足此条件的光将获得极大增强，其他则相互抵消。式中，μ 是折射率，对气体 $\mu \approx 1$；L 是腔长；q 是正整数，每一个 q 对应纵向一种稳定的电磁场分布 λ_q，叫一个纵模，q 称作纵模序数。

用纵模频率表示谐振条件时，可将式（7.7-1）改写为

$$\nu_q = \frac{c}{2\mu L} q \tag{7.7-2}$$

通常情况下，纵模序数 q 是一个很大的数值，通常不需要知道它的确切数值，人们更关心的是有几个不同的 q 值，即激光器有几个不同的纵模。从式（7.7-2）可以看出，腔内以驻波形式存在着纵模，q 值反映的恰是驻波波腹的数目。式（7.7-2）也是激光谐振腔谐振条件。通常，通过式（7.7-2）可以求出激光谐振腔中存在的纵模的频率。但人们更关心两个相邻纵模之间的频率间隔。显然，由式（7.7-2）可得纵模间隔为

$$\Delta \nu_q = \nu_{q+1} - \nu_q = \frac{c}{2\mu L} \tag{7.7-3}$$

对于 He-Ne 激光器，$\mu \approx 1$，因此式（7.7-3）可以改写为

$$\Delta \nu_q = \frac{c}{2L} \tag{7.7-4}$$

从式（7.7-3）中可以看出，对于 He-Ne 激光器，相邻纵模频率间隔和激光器的腔长成反比。即腔越长 $\Delta \nu_q$ 越小，满足振荡条件的纵模个数越多；相反，腔越短 $\Delta \nu_q$ 越大，在同样的增宽曲线范围内，纵模个数就越少。因此，可以采用缩短腔长的办法，获得激光器的单纵模运行。

以上是纵模具有的特征：相邻纵模频率间隔相等；对应同一横模的一组纵模，它们强度的顶点构成了多普勒线型的轮廓线，如图 7.7-1 所示。

光波在腔内往返振荡时，一方面有增益，使光不断增强，另一方面也存在着不可避免的多种损耗，使光量减弱。如介质的吸收损耗、散射损耗、镜面透射损耗和放电毛细管的衍射损耗等。所以不仅要满足谐振条件，还需要增益大于各种损耗的总和，才能形成持续振荡，有激光输出。如图 7.7-1 所示，图中，增益线宽内虽有五个纵模满足谐振条件，但只有三个纵模的增益大于损耗，能有激光输出。对于纵模的观测，由于 q 值很大，相邻纵模频率差异很小，眼睛不能分辨，必须借用一定的检测仪器才能观测到。

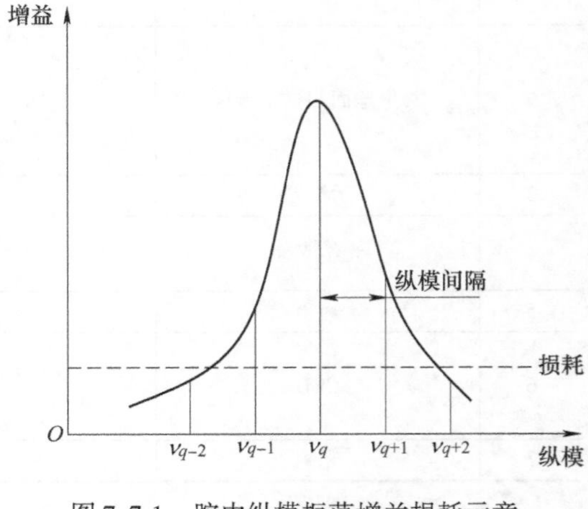

图 7.7-1 腔内纵模振荡增益损耗示意

2. 横模和横模频率间隔

在激光谐振腔内，垂直于电磁场传播的方向上也存在着稳定的光场分布，称为横模。

　　激光谐振腔对光的多次反馈，在纵向形成不同的场分布，对横模也会产生影响。这是因为光每经过放电毛细管反馈一次，就相当于一次衍射。多次反复衍射，就在横向的同一波腹处形成一个或多个稳定的衍涉光斑。每一个衍射光斑对应一种稳定的横向电磁场分布。复杂的光斑则是这些基本光斑的叠加，图7.7-2 给出了几种常见的基本横模光斑图样。

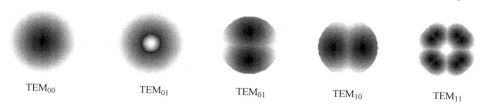

TEM$_{00}$　　　　TEM$_{01}$　　　　TEM$_{01}$　　　　TEM$_{10}$　　　　TEM$_{11}$

图 7.7-2　基本横模光斑图样示意

　　总之，任何一个模，既是纵模，又是横模，它同时有两个名称，不过是对两个不同方向的观测结果分开称呼而已。一个模由三个量子数来表示，通常写作 TEM$_{mnq}$，q 是纵模标记，m 和 n 是横模标记，m 是沿 x 轴场强为零的节点数，n 是沿 y 轴场强为零的节点数。

　　不同的纵模对应不同的频率。同样，不同的横模也对应不同的频率，横模序数越大，频率越高。通常不需要求出横模频率，关心的是具有几个不同的横模及不同的横模间的频率差，经推导得

$$\Delta v_{\Delta m + \Delta n} = \frac{c}{2\mu L}\left\{ \frac{1}{\pi}\arccos\left[\left(1 - \frac{L}{R_1}\right)\left(1 - \frac{L}{R_2}\right) \right]^{1/2} \right\} \tag{7.7-5}$$

式中，Δm、Δn 分别表示 x、y 方向上横模模序数差；R_1、R_2 为谐振腔的两个反射镜的曲率半径。相邻横模频率间隔为

$$\Delta v_{\Delta m + \Delta n = 1} = \Delta v_{\Delta q = 1}\left\{ \frac{1}{\pi}\arccos\left[\left(1 - \frac{L}{R_1}\right)\left(1 - \frac{L}{R_2}\right) \right]^{1/2} \right\} \tag{7.7-6}$$

　　由式（7.7-6）可以看出，相邻的横模频率间隔与纵模频率间隔的比值的大小由激光器的腔长和曲率半径决定，腔长与曲率半径的比值越大，这个比值的数值越大，如图7.7-3 所示。当腔长等于曲率半径时（$L = R_1 = R_2$，即共焦腔），此比值数值达到极大，即相邻两个横模的横模间隔是纵模间隔的 1/2，横模序数相差为 2 的谱线频率正好与纵模序数相差为 1 的谱线频率简并。

　　激光器中能产生的横模个数，除前述增益因素外，还与放电毛细管的粗细、内部损耗等因素有关。一般来说，放电管直径越大，可能出现的横模个数越多。横模序数越高，衍射损耗越大，形成振荡越困难。但激光器输出光中横模的强弱绝不能仅从衍射损耗一个因素考虑，而是由多种因素共同决定的，在模式分析实验中辨认

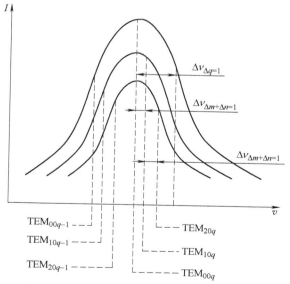

图 7.7-3　腔内高阶横模振荡分布示意

哪一个是高阶横模时，这是最易出错的地方。若仅从光的强弱来判断横模阶数的高低，认为光最强的谱线一定是基横模，这是不对的，而应根据高阶横模具有高频率来确定。

横模频率间隔的测量同纵模间隔一样，需借助频谱图进行相关计算。但阶数 m 和 n 的数值仅从频谱图上是不能确定的，因为频谱图上只能看到有几个不同的 $(m+n)$ 值，可以测出它们间的差值 $\Delta(m+n)$，然而不同的 m 或 n 可对应相同的 $(m+n)$ 值，相同的 $(m+n)$ 在频谱图上又处在相同的位置，因此要确定 m 和 n 各是多少，还需要结合激光输出的光斑图形加以分析才行。当对光斑进行观察时，看到的应是它全部横模的叠加图，即图 7.7-3 中一个或几个单一态图形的组合。当只有一个横模时，很易辨认；如果横模个数比较多，或基横模很强，掩盖了其他的横模，或某高阶模太弱，都会给分辨带来一定的难度。但由于有频谱图，知道了横模的个数及彼此强度上的大致关系，就可缩小考虑的范围，从而能准确地定位每个横模的 m 和 n 值。

3. 高斯光束的远场发散角

利用菲涅耳－基尔霍夫衍射积分，可以求解出共焦腔内任一点的场。在镜面上的场能用厄米特－高斯函数描述时，共焦腔的振幅在横截面内可以由高斯函数描述。即

$$|E_{mn}| = A_{mn}E_0 \frac{w_0}{w(z)} H_m\left(\frac{\sqrt{2}}{w(z)}x\right) H_n\left(\frac{\sqrt{2}}{w(z)}y\right) \exp\left(-\frac{x^2+y^2}{w^2(z)}\right) \tag{7.7-7}$$

对于基模

$$|E_{00}(x,y,z)| = A_{00}E_0 \frac{w_0}{w(z)} \exp\left(-\frac{x^2+y^2}{w^2(z)}\right) \tag{7.7-8}$$

定义在振幅最大值的 $1/e$ 处的基模光斑尺寸（半径）为

$$w(z) = w_0 \sqrt{1+\left(\frac{z}{f}\right)^2} \tag{7.7-9}$$

共焦腔基模高斯光束的光斑尺寸如图 7.7-4 所示。

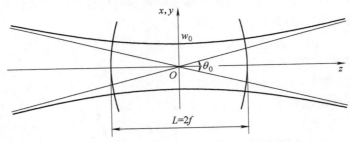

图 7.7-4　共焦腔基模高斯光束光斑半径示意图

可见，共焦腔的基模光束依双曲线规律从中心向外扩张。定义基模的远场发散角（全角）为双曲线的两根渐近线之间的夹角，如图 7.7-4 所示，则

$$\theta_0 = \lim_{z\to\infty} \frac{2w(z)}{z} \tag{7.7-10}$$

将 $w(z)$ 代入，可得

$$\theta_0 = 2\sqrt{\frac{\lambda}{f\pi}} \tag{7.7-11}$$

【实验内容及步骤】

　1. 纵模间隔的测量

（1）如图 7.7-5 所示，首先在激光器出光口前加入光阑，使激光束从光阑小孔垂直通过，将共焦腔置于光阑后，光束从共焦腔内穿过（一般情况下小口进光，大口出光），接通锯齿波电源，调节幅度调节钮居中，频率调节钮到 50Hz（示波器 1 通道显示）。此时从共焦腔入口会反射出一个光斑到光阑面上，上下左右微调共焦腔，直至光阑上的光斑以光阑孔为圆心。此时共焦腔后端会有两个光点出射，进一步微调共焦腔的四维姿态俯仰，直至共焦腔后端的两个光点合二为一。

（2）将光电探测器靠近共焦腔后端，并且使合二为一的光点进入探测器，此时示波器上会出现如图 7.7-6 所示形状的模式峰，进一步微调共焦腔和探测器，使观察到的模式峰更高。

图 7.7-5　激光器模式分析示意图

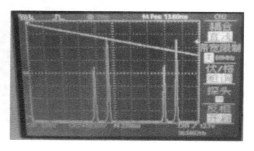

图 7.7-6　激光器模式示意图

（3）模式峰处于锯齿波的平滑线性区间内，适当调节锯齿波的幅度，会看到出现重复的多组模式峰（图 7.7-6 是重复的两组）。将示波器的时间轴调宽，进一步观察一组内，如图 7.7-7 左侧，只有两个清晰稳定的主峰，附近没有小峰，与之前光斑图样判断 TEM_{00} 模基本相吻合，这样就能够初步判断是腔内有两"序"纵模，可以命名为 q 和 $q+1$ 序，每"序"纵模中只有基横模，属于"双纵模 & 基横模"情况。

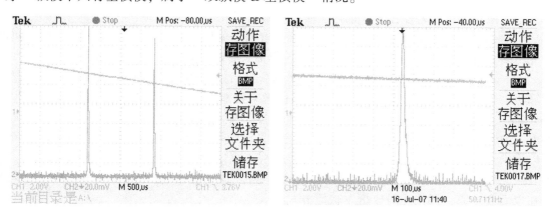

图 7.7-7　激光器扫描模式峰示意图

（4）适当调整示波器的时间旋钮，使重复的两组模式峰同时稳定的出现在屏幕上，类似图 7.7-6，示波器中显示的 q 序的两个模式峰在时间轴上的间隔，对应于自由光谱区的频率间隔为 2.5GHz，等比可以得出同一组内两峰（q 和 $q+1$ 序）之间的频率间隔。将量出的半外腔激光器腔长代入式（7.7-4）中的 L，即可理论算出该激光器纵模间隔（q 和 $q+1$ 序的频率间隔），如果与从示波器上等比推测出的相符，则完全判定了该内腔激光器的模式为"双纵模 & 基横模"。同时，也可测量出每一个模式峰的"半高宽"（也要与自由光谱区等比测出），即该模式的"频宽"，如图 7.7-7 右侧。

（5）由于腔长可变，腔镜俯仰可调，后腔镜的曲率半径可更换，因此在不同的组合状态下模式会相应有变化，甚至变化得相对复杂（会产生高阶横模）。无论怎样，分析模式的方法不变，在半外腔激光器的后端放置焦距最短的 $-50mm$ 的凹透镜放大光斑，一边看着光斑内的形状，一边看着示波器上显示的模式峰，结合式（7.7-4）、式（7.7-5）和式（7.7-6），由浅入深来分析可调半外腔激光器的模式（图 7.7-8）。

图 7.7-8　激光光斑分析测量示意图

2. 氦氖激光器发散角测量

测量发散角的关键在于保证探测接收器能在垂直光束的传播方向上扫描，这是测量光束横截面尺寸和发散角的必要条件。

由于远场发散角实际是以光斑尺寸为轨迹的两条双曲线的渐近线间的夹角，所以我们应尽量延长光路以保证其精确度。可以证明当距离大于 $\pi w_0^2/\lambda$ 时所测的远场发散角与理论上的远场发散角相比误差仅在 1% 以内。实验步骤如下：

（1）调整半外腔激光器正常出光，前端放置两个偏振片和 CCD 摄像机，CCD 摄像机的入光口装有带 632.8nm 滤光片的 CCD 光阑，保证只有激光束可以进入到靶面。

（2）在计算机 PCI 插槽上插入图像采集卡，在后端 USB 接口上插入软件密码锁，起动计算机，桌面会提示发现新硬件，首先安装图像采集卡驱动，默认安装之后会在桌面上生成"ok image products"文件夹，CCD 接电，并且与图像采集卡用信号线连接，运行文件夹中"OK DEMO"，单击"实时显示"，如果能正常显示则可以将其关闭，如果不能正常显示则可以重启计算机。其次，插入软件锁，安装加密锁驱动，即文件夹中的"微狗 Driver"。最后安装光斑分析软件，运行光盘中"光斑分析软件"文件夹中的"setup.exe"，默认安装之后在桌面会生成"激光光斑分析"快捷方式。

（3）打开光斑分析软件，单击"采集背景"，在界面上会出现一矩形框，双击即可。单击"光斑直径"，会提示输入 x、y 的像元大小，分别填写 $9\mu m$ 即可。在界面左边会显示直径大小。如需停止采集，可单击空格键；若需重新开始，继续单击空格即可。

（4）在距离激光器 L_1 处垂直放置 CCD（靶面），旋转偏振片，调节光束强度，使光斑中心的白色区域微微看到一点即可（不能过度饱和）。如果光斑不是基横模，微调后腔镜的俯仰旋钮，直到出现基横模为止。依照上述办法可以分别测量光斑在 x、y 方向的直径，单位是 μm。平均后就是该位置处的光斑直径 D_1，如图 7.7-9 所示。

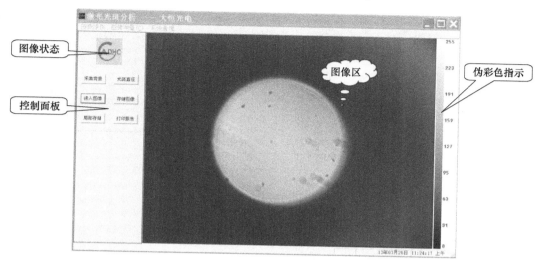

图 7.7-9　光斑分析软件界面示意图

（5）同样方法，在后方 L_2 处用同样方法测出光斑直径 D_2。

（6）由于发散角度较小，可做近似计算，通过 $\theta_0 = \dfrac{D_2 - D_1}{L_2 - L_1}$，便可以算出远场发散角 θ_0。

【数据处理】

自拟数据表格，根据两个实验的实验数据，算出该激光器的纵模间隔和发散角。

【思考题】

通过改变腔长能否改变激光的纵模间隔？能否改变激光的发散角？为什么？

实验 7.8　PN 结正向特性的研究

PN 结是构成各种半导体器件的基础，其主要特征是具有单向导电性。本实验通过测量 PN 结的正向电流和电压的关系，研究 PN 结的正向特性。

【实验目的】

（1）了解 PN 结正向电流与正向电压的关系，绘制伏安特性曲线。

（2）测绘 PN 结正向电压随温度的变化曲线，确定其灵敏度，估算被测 PN 结材料的禁带宽度。

（3）学习指数函数的曲线回归算法，计算出玻耳兹曼常数，估算反向饱和电流。

【实验仪器】

DN-PN-2 型 PN 结正向特性综合实验仪、DH-SJ 型温度传感器实验装置。

【仪器介绍】

温度传感器实验装置以 Pt100 为温度传感器，该温度传感器可以插入由金属铜块构成的温度源，配合 PID 控温仪，进行温度的测量和控制。温度控制精度： $\pm 0.2\,℃$ ，分辨率： $0.1\,℃$ 。温控仪与恒温炉如图 7.8-1 所示。

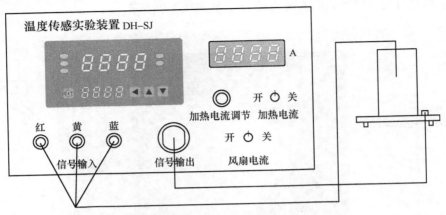

图 7.8-1　温控仪与恒温炉的连线

注意：Pt100 的插头与温控仪上的插座颜色对应相连，即红→红；黄→黄。

该实验配备两个 PN 结传感器：S9013，C1815，均由小功率 NPN 晶体管的 CB 结短路而形成 PN 结。

PN 结传感器与 PN 结实验仪的连接如图 7.8-2 所示。

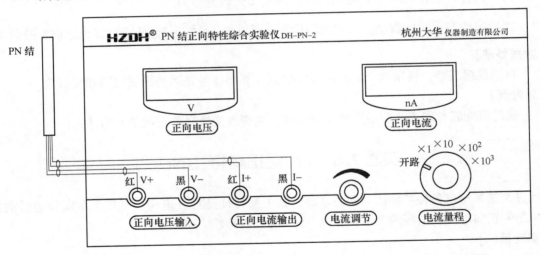

图 7.8-2　PN 结传感器与 PN 结实验仪的连接

"正向电流"数显表显示的是 PN 结的正向电流；"正向电压"数显表显示的是 PN 结的实时正向电压。

微电流源的有效量程有为 4 个档位，范围从 1nA ~ 1mA 分段可调。开路档时正向电流源流出为 0。正向电流的大小等于电流表示数×开关所处的档位值，如电流表显示 100，电流量程开关所处的档位为 ×10，那么此时的正向电流 $I = 100 \times 10 = 1000\text{nA}$ ，单位是 nA。电流表最大示数是 0 ~ 1999，电流量程档位 ×1，×10， $\times 10^2$ ， $\times 10^3$ 对应为 $1.999\mu\text{A}$ ，$19.99\mu\text{A}$ ，

199.9μA，1.999mA。

PN结正向特性综合实验仪的主要技术指标：

（1）电流输出范围 1nA～1mA 分 4 段可调，调节精细度：最小 1nA；开路电压约 5V。

（2）微电流显示范围 1nA～1999μA，分辨率 10^{-9}A；微电流精度 0.3%。

（3）正向电压测量范围 0～2V，分辨率 1mV；电压测量精度 0.3%。

（4）工作环境：温度 0～40℃，相对湿度 <85% 的无腐蚀性场合。

【实验原理】

1. PN 结的正向特性

理想情况下，PN 结的正向电流随正向电压呈指数规律变化，其正向电流 I_F 和正向电压 V_F 存在如下近似关系：

$$I_F = I_s \exp\left(\frac{qU_F}{kT}\right) \tag{7.8-1}$$

式中，q 为电子电荷；k 为玻耳兹曼常数；T 为热力学温度；I_s 为反向饱和电流，它是一个和 PN 结材料的禁带宽度以及温度有关的系数，可以证明：

$$I_s = CT^r \exp\left(-\frac{qU_{g(0)}}{kT}\right) \tag{7.8-2}$$

式中，C 为与结面积、掺杂浓度等有关的常数；r 也为常数（r 的数值取决于少数载流子迁移率与温度的关系，通常取 $r = 3.4$）；$U_{g(0)}$ 为绝对零度时 PN 结材料的导带底和价带顶的电动势差，对应的 $qU_{g(0)}$ 为禁带宽度。

将式（7.8-2）代入式（7.8-1），两边取自然对数可得：

$$U_F = U_{g(0)} - \left(\frac{k}{q} - \ln\frac{C}{I_F}\right)T - \frac{kT}{q}\ln T^r = U_1 + U_{n1} \tag{7.8-3}$$

式中，$U_1 = U_{g(0)} - \left(\frac{k}{q}\ln\frac{C}{I_F}\right)T$

$U_{n1} = -\frac{kT}{q}\ln T^r$

式（7.8-3）就是 PN 结正向电压与电流和温度的关系表达式，它是 PN 结温度传感器的基本方程。令 $I_F =$ 常数，则正向电压只随温度而变化，但是在式（7.8-3）中还包含非线性项 U_{n1}。在小电流的条件下，PN 结的 U_F 对 T 的依赖关系取决于线性项 U_1，非线性项 U_{n1} 对 U_F 的影响很小，即正向电压几乎随温度升高而线性下降，这也就是 PN 结测温的理论依据。

2. 求 PN 结温度传感器的灵敏度，测量禁带宽度

由前所述，可得到测量 PN 结的结电压 U_F 与热力学温度 T 关系的近似关系式：

$$U_F = U_1 = U_{g(0)} - \left(\frac{k}{q}\ln\frac{C}{I_F}\right)T = U_{g(0)} + ST \tag{7.8-4}$$

式中，$S(\text{mV}/℃)$ 为 PN 结温度传感器灵敏度。

用实验的方法测出 $U_F - T$ 变化关系曲线，其斜率 $\Delta U_F/\Delta T$ 即为灵敏度 S。在求得 S 后，根据式（7.8-4）可知

$$U_{g(0)} = U_F - ST \tag{7.8-5}$$

从而可求出温度 0K 时半导体材料的近似禁带宽度 $E_{g0} = qU_{g(0)}$。硅材料的 E_{g0} 约

为 1.21eV。

上述结论仅适用于杂质全部电离、本征激发可以忽略的温度区间（对于通常的硅二极管来说，温度范围为 −50～150℃）。如果温度低于或高于上述范围时，由于杂质电离因子减小或本征载流子浓度迅速增加，U_F-T 关系将产生新的非线性，这一现象说明 U_F-T 的特性还随 PN 结的材料而不同，对于宽带材料（如 GaAs，E_g 为 1.43eV）的 PN 结，其高温端的线性区则宽；而材料杂质电离能小（如 Insb）的 PN 结，则低温端的线性范围宽。对于给定的 PN 结，即使在杂质导电和非本征激发温度范围内，其线性度亦随温度的高低而有所不同，这是非线性项 U_{n1} 引起的，U_F-T 的线性度在高温端优于低温端，这是 PN 结温度传感器的普遍规律。

为了改善线性度，本实验中利用对管的两个 PN 结（将晶体管的基极与集电极短路与发射极组成一个 PN 结），分别在不同电流 I_{F1}、I_{F2} 下工作，由此获得两者之差（$I_{F1} − I_{F2}$）与温度成线性函数关系，即

$$U_{F2} − U_{F2} = \frac{kT}{q} \ln \frac{I_{F2}}{I_{F1}} \tag{7.8-6}$$

本实验所用的 PN 结也是由晶体管的 cb 极短路后构成的。尽管还存在一定的误差，但与单个 PN 结相比，本实验所用的 PN 结其线性度与精度均有所提高。

3. 求玻耳兹曼常数

由式（7.8-6）可知，在保持 T 不变的情况下，只要分别在不同电流 I_{F2}、I_{F1} 下测得相应的 U_{F1}、U_{F2} 就可求得玻耳兹曼常数 k。

$$k = \frac{q}{T \ln \frac{I_{F2}}{I_{F1}}} (U_{F2} − U_{F1}) \tag{7.8-7}$$

【实验内容】

实验前，将 DH-SJ 型温度传感器实验装置上的"加热电流"开关置于"关"的位置，将"风扇电流"开关置于"关"的位置，接上加热电源线。插好 Pt100 温度传感器和 PN 结温度传感器，两者连接均为直插式。PN 结引出线分别插入 PN 结正向特性综合试验仪上的 +V、−V 和 +I、−I。注意插头的颜色和插孔的位置。

打开电源开关，温度传感器实验装置上将显示出室温 T_R，记录下起始温度 T_R。

1. 测量同一温度下，正向电压随正向电流的变化关系，绘制伏安特性曲线

仪器通电预热 10min 后进行实验。先以室温为基准，测量整个伏安特性实验的数据。

首先将 PN 结正向特性综合试验仪上的电流量程置于 ×1 档，再调整电流调节旋钮，观察并记录对应 U_F 的电流读数。如果电流表显示值到达 1000，则改用大一档量程，将一系列电压、电流值记录进表 7.8-1。

有兴趣的同学也可以再设置一个合适的温度值，待温度稳定后，重复以上实验，测得一组其他温度点的伏安特性曲线。

2. 在同一恒定正向电流条件下，测绘 PN 结正向电压随温度的变化曲线，确定其灵敏度，估算被测 PN 结材料的禁带宽度

选择合适的正向电流 I_F，并保持不变。一般选小于 100μA 的值（如 50μA），以减小自身热效应。将 DH-SJ 型温度传感器实验装置上的"加热电流"开关置于"开"的位置，根

据目标温度（如100℃），选择合适的加热电流，在实验时间允许的情况下，加热电流可以取得小一点，如0.3～0.6A之间。这时加热炉内温度开始升高，开始记录对应的U_F和T于表7.8-2。

注意：在整个实验过程中，正向电流I_F应保持不变。设定的温度不宜过高，须控制在120℃以内。

【注意事项】

（1）在选择电流量程时，在保证测量范围的前提下尽量选择小档位，以提高精度。

（2）仪器的电压量程仅为2V，不要超量程使用或测量其他未知电压。

（3）仪器的连接线要小心使用，有插口方向的要对齐插拔，插拔时不可用力过猛。

（4）加热装置温升不应超过 +120℃，否则将造成仪器老化或故障。

【数据处理】

1. 计算玻耳兹曼常数，学习用Excel进行指数函数的曲线回归的方法

表7.8-1 同一温度下正向电压与正向电流的关系 $T =$ K

序号	1	2	3	4	...	23	24
U_F/V	0.350	0.360	0.370	0.380	0.390	0.400	0.410
$I_F/\mu A$							

（1）对表7.8-1测得的数据，用式（7.8-7），计算出玻耳兹曼常数$k =$ _____。

（2）为了提高测量的精度，也可根据式（7.8-1）指数函数的曲线回归，求得k值。方法是以公式$I_F = A\exp(BU_F)$的正向电流I_F和正向电压U_F为变量，根据测得的数据，用Excel进行指数函数的曲线回归，求得A、B值，再由$A = I_s$求出反向饱和电流，由$B = q/kT$求出波耳兹曼常数k。

2. 求被测PN结正向电压随温度变化的灵敏度S（mV/K）

表7.8-2 在同一I_F下，正向电压与温度的关系 $I_F =$ μA

序号	1	2	3	4	...	23	24
T/K							
U_F/V							

以T为横坐标，U_F为纵坐标，作U_F-T曲线，其斜率就是S。T的单位为K。用Excel对U_F-T数据按公式$U_F = AT + B$进行直线拟合可求出：

$A =$ _____，$B =$ _____，相关系数$r = \sqrt{R^2} =$ _____。

（1）斜率，即传感器灵敏度$S = A =$ _____ mV/K。

（2）截距$U_{g(0)} = B =$ _____ V（0K温度）。

3. 估算被测PN结材料的禁带宽度

（1）PN结正向电压随温度变化曲线的截距B就是U_{g0}的值。也可以根据式（7.8-5）进行单个数据的估算，将温度T和该温度下的U_F代入$U_{g(0)} = U_F - ST$即可求得U_{g0}，注意T的单位是K。

（2）将实验所得的$E_{g(0)} = qU_{g(0)} =$ _____ 电子伏，与硅的$E_{g(0)} = 1.21eV$比较，并求

其误差。

【思考题】

根据实验原理，结合实验仪器，将 PN 结制成温度传感器，用其测量未知的温度。请自行设计实验完成测试。

实验 7.9　LED 特性综合实验

LED（Light-Emitting Diode）是可以直接把电转化为光的固态半导体器件，具有体积小、耗电量低、易于控制、坚固耐用、寿命长、环保等优点，其主要应用领域包括照明、大屏幕显示、液晶显示的背光源、装饰工程等。

【实验目的】

（1）了解 LED 的发光原理。

（2）测量 LED 的伏安特性、电光转换特性。

（3）了解 LED 输出光空间分布特性。

【实验仪器】

ZKY-LED 特性实验仪。

【仪器介绍】

ZKY-LED 特性实验仪如图 7.9-1 所示，主要由激励电源、LED 特性测试仪、LED 实验装置（含照度检测探头、LED 光发射器、直线轨道）及 LED 样件盒组成。

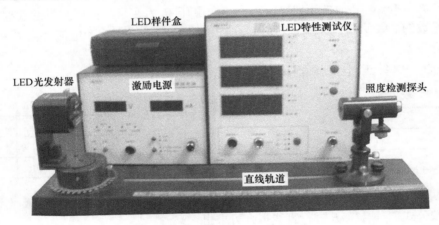

图 7.9-1　ZKY-LED 特性实验仪示意图

1. 激励电源

激励电源为 LED 提供驱动电源，具有稳压与稳流两种输出模式。其中稳压模式有 0 ～ 4V 和 0 ～ 36V 两档，稳流模式有 0 ～ 40mA 和 0 ～ 350mA 两档，可通过激励电源面板上的按键进行相应档位切换并可通过旋转编码开关实现电压、电流输出的大小调节。

稳压 0 ～ 4V 档用于 LED 正向测试；稳压 0 ～ 36V 档用于 LED 反向测试。

稳流 0 ～ 40mA 档用于高亮型 LED 的空间分布特性和正向伏安特性测试。

稳流 0 ～ 350mA 档用于功率型 LED 的空间分布特性和正向伏安特性测试。

2. LED 特性测试仪

测试仪显示部分包含电压表、电流表、照度表。

电压表显示范围：−9.99 ~ 9.999V，最小分辨力为 1mV。

电流表显示范围：正向 0 ~ 999.9mA，最小分辨力为 0.01mA；反向 −19.99 ~ 0μA，分辨力为 0.01μA。

照度表显示范围：0 ~ 19990LX，最小分辨力为 1LX。

测试仪具有电压/电流方向切换功能，用于测量 LED 的正向或反向特性。测试仪开机默认为直流驱动模式，且处于正向未测试状态。

3. LED 样件盒

装有红、绿、蓝、白色 4 种高亮型 LED 和红、绿、蓝、白色 4 种功率型 LED，各 LED 的正向最大电压、最大电流值见其外壳表面，所有 LED 反向电压均应小于 4V。

4. LED 光发射器

用于方便地安装 LED，并与 LED 结合构成 LED 光发射源。它可以正反 90° 旋转并由刻度盘指示旋转角度，用于测量 LED 输出光空间分布特性。

5. 照度检测探头

用于检测当前位置 LED 出射光的照度值，并与测试仪的照度表一起构成照度计。照度检测探头所采用的照度传感器的光谱响应接近人眼视觉的光谱灵敏度特性，峰值灵敏度波长为 560nm。

【实验原理】

1. LED 发光原理

发光二极管是由 P 型和 N 型半导体组成的二极管（图 7.9-2）。P 型半导体中多数载流子为空穴，少数载流子为电子。N 型半导体中多数载流子为电子，少数载流子为空穴。当两种半导体结合在一起形成 PN 结时，N 区的电子向 P 区扩散，P 区的空穴向 N 区扩散，在 PN 结附近形成 N 区指向 P 区的空间电荷区与势垒电场。势垒电场会使少数载流子做漂移运动，漂移电流与扩散电流方向相反，最终扩散与漂移达到平衡，使流过 PN 结的净电流为零。在空间电荷区内，P 区的空穴被来自 N 区的电子复合，N 区的电子被来自 P 区的空穴复合，使该区内几乎没有能导电的载流子，所以该区又称为结区或耗尽层。

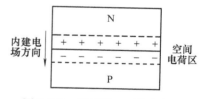

图 7.9-2　半导体 PN 结示意图

当加上与势垒电场方向相反的正向偏压时，结区变窄，在外电场作用下，P 区的空穴和 N 区的电子就向对方扩散运动，从而在 PN 结附近产生电子与空穴的复合，并以热能或光能的形式释放能量。采用适当的材料，使复合能量以发射光子的形式释放，就构成发光二极管。发光二极管发射光谱的中心波长，由组成 PN 结的半导体材料的禁带宽度所决定，采用不同的材料及材料组分，可以获得发射不同颜色的发光二极管。

白光 LED 一般采用三种方法形成：①在蓝光 LED 管芯上涂敷荧光粉，蓝光与荧光粉产生的宽带光谱合成白光；②采用几种发不同色光的管芯封装在一个组件外壳内，通过色光的混合构成白光 LED；③紫外 LED 加三基色荧光粉，三基色荧光粉的光谱合成白光。

2. LED 的伏安特性

LED 的伏安特性测量原理如图 7.9-3 所示。

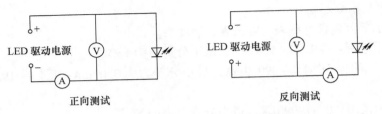

图 7.9-3　LED 伏安特性测试原理图

伏安特性反映了在 LED 两端加电压时电流与电压的关系，如图 7.9-4 所示。在 LED 两端加正向电压，当电压较小，不足以克服势垒电场时，通过 LED 的电流很小。当正向电压超过死区电压 U_{th}（图 7.9-4 中的正向拐点）后，电流随电压迅速增长。

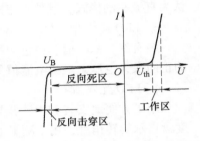

图 7.9-4　LED 的伏安特性曲线

正向工作电流指 LED 正常发光时的正向电流值，根据不同 LED 的结构和输出功率的大小，其值在几十毫安到 1 安之间。正向工作电压指 LED 正常发光时加在二极管两端的电压。允许功耗指加于 LED 的正向电压与电流乘积的最大值，超过此值，LED 会因过热而损坏。

LED 的伏安特性与一般二极管相似。在 LED 两端加反向电压，只有 μA 级反向电流。反向电压超过击穿电压 U_B 后 LED 被击穿损坏。

3. LED 的电光转换特性

LED 的电光转换特性测试原理如图 7.9-5 所示。

图 7.9-6 所示为发光二极管发出的光在某截面处的照度与驱动电流的关系，其照度值与驱动电流近似呈线性关系，这是因为驱动电流与注入 PN 结的电荷数成正比，在复合发光的量子效率一定的情况下，输出光通量与注入电荷数成正比，其照度正比于光通量。

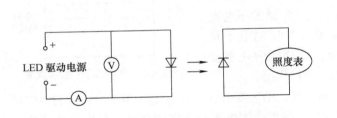

图 7.9-5　LED 电光转换特性测试原理图

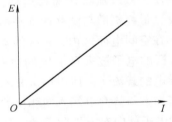

图 7.9-6　LED 电光转换特性曲线

4. LED 输出光空间分布特性

由于发光二极管的芯片结构及封装方式不同，输出光的空间分布也不一样，图 7.9-7 给出其中两种不同封装的 LED 的空间分布特性（实际 LED 的空间分布特性可能与图示存在差异）。发射强度是以最大值为基准，此时方向角定义为零度，发射强度定义为 100%。当方向角改变时，发射强度（或照度）相应改变。发射强度降为峰值的一半时，对应的角度称为方向半值角。发光二极管出光窗口附有透镜，可使其指向性更好，如图 7.9-7a 曲线所示，方向半值角大约为 ±7°左右，可用于光电检测、射灯等要求出射光束能量集中的应用环境；

图 7.9-7b 所示为未加透镜的发光二极管，方向半值角大约为 ±50°，可用于普通照明及大屏幕显示等要求视角宽广的应用环境。

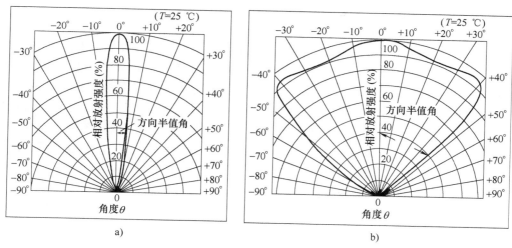

图 7.9-7　两种发光二极管输出光的空间分布特性曲线图
a）加装透镜　b）未加透镜

【实验内容】

1. 实验前准备

打开激励电源和测试仪预热 10min。

2. 测量伏安特性与电光转换特性

将 LED 样品固定在 LED 发射器上，发射器方向指示线对齐 0°。将照度检测探头移至距 LED 灯 10cm 处，调节探头的高度和角度，使其正对 LED 发射器。

（1）测量 LED 样品的反向特性

1）按测试仪上的方向按钮，点亮"反向"指示灯，激励电源输出模式选为"稳压"，电源输出选择 0 ~ 36V 档。点亮测试仪上的"测试"按钮。

2）将激励电源上"输出调节"旋钮顺时针旋转，记录 −1 ~ −4V（间隔 1V 左右）各电压下的反向电流值于表 7.9-1 和表 7.9-2（电压值以距设定值最近的实际电压值为准）。

3）数据记录完毕后，按"复位"按钮，电流归零，反向特性实验结束。

（2）测量 LED 样品的正向特性

1）按测试仪上的方向按钮，点亮"正向"指示灯。光源输出模式选为"稳压"，电源输出选择 0 ~ 4V 档。

2）旋转"输出调节"旋钮，调节电压至正向前三组设定值附近（表 7.9-1 和表 7.9-2，包括 0V），记录对应的电流和照度值（注：由于材料特性，同类型的红色 LED 与其他颜色 LED 的电学参数差异较大，绿、蓝、白色 LED 的电学参数相近，故表格中红色 LED 的正向电压设定值与其他颜色 LED 不同）。

3）按"复位"按钮，电流归零。若样品为高亮型 LED，将激励电源输出模式切换为"稳流，40mA 档"，若为功率型 LED，选择"稳流，350mA 档"。顺时针旋转"输出调节"旋钮，按表 7.9-1 和表 7.9-2 设计的电流值改变电流（接近即可），记录电压、照度值于表

7.9-1 和表 7.9-2 中。

　　4）数据记录完毕后，按"复位"按钮，电流归零。按"测试"按钮，测试状态指示灯灭。

　　5）更换样品，重复以上正反向特性测试步骤。

　　3. LED 输出光空间分布特性测试

　　仪器操作方法与实验"测量 LED 样品正向特性"相同，照度检测探头保持不动。

　　（1）将 LED 样品紧固在 LED 发射器上，在"稳流"模式下调节驱动电流至设定电流（高亮型 LED，驱动电流保持在 18mA 左右；功率型 LED，驱动电流保持在 200mA 左右）。

　　（2）松开 LED 光发射器底部的锁紧螺钉，缓慢旋转发射器，观察照度的变化，以照度最大处对应的角度为基准 0°，并记录基准 0° 与刻线 0° 的差值——零差（规定俯视时以零刻度线为准，顺时针方向为负，逆时针方向为正），以后的角度读数减去零差，才是实际转动角度。

　　（3）对高亮型 LED，每隔 2° 测量一次照度的变化，实验数据记入表 7.9-3；对功率型 LED，每隔 10° 测量一次照度的变化，实验数据记入表 7.9-4。

　　（4）数据记录完毕后，按"复位"按钮，电流归零。按"测试"按钮，测试状态指示灯灭。

　　（5）更换样品，重复以上测试步骤。

【注意事项】

　　（1）激励电源面板上显示的电压和电流值，只作为参考值，并非加载到 LED 上的参数，LED 的电压、电流值应查看测试仪上电压表和电流表的显示值。

　　（2）为保证 LED 正常工作，加载到 LED 上的电压、电流值勿超过 LED 封装外壳表面给的最大电压或最大电流值，以免损坏 LED。

　　（3）严禁在反向测试时使用电流源作为 LED 的驱动电源。

　　（4）严禁在正向电流较大时（高亮型 >2mA，功率型 >20mA），使用稳压源作为 LED 的驱动电源。

【数据处理】

表 7.9-1　高亮型 LED 伏安特性与电光转换特性的测量

	电压/V	-4	-3	-2	-1	0	0.5	1.0								
红色高亮	电流/mA								0.1	0.2	0.5	1	2	4	8	12	16	20
	照度/LX															
绿色/蓝色/白色	电压/V	-4	-3	-2	-1	0	1.0	2.0								
	电流/mA								0.1	0.2	0.5	1	2	4	8	16	20
	照度/LX															

表 7.9-2　功率型 LED 伏安特性与电光转换特性的测量

	电压/V	-4	-3	-2	-1	0	0.5	1.0								
红色	电流/mA								1	2	5	10	20	40	80	120	160	200
	照度/LX															
绿色/蓝色/白色	电压/V	-4	-3	-2	-1	0	1.0	2.0								
	电流/mA								1	2	5	10	20	40	80	120	160	200
	照度/LX															

　　注：表 7.9-1、表 7.9-2 中电流单位为 mA，在记录反向电流值时注意单位换算；表 7.9-2 中功率型 LED 在电流较大时，由于热效应，随着通电时间增加，其电压会逐渐降低，电流越大，热效应越明显。实验时，为减小热效应对伏安特性测量的影响，应尽量缩短做大电流驱动实验的时间。

根据表 7.9-1 和表 7.9-2，画出 4 只高亮型 LED、4 只功率型 LED 的伏安特性及电光转换特性曲线，并与图 7.9-4、图 7.9-6 比较，分析异同原因。普通硅二极管的死区电压 $U_{th} \approx 0.7V$，锗二极管的死区电压 $U_{th} \approx 0.2V$，试比较 LED 样品与普通二极管的异同。

根据表 7.9-3 和表 7.9-4，分别画出 4 只高亮型 LED、4 只功率型 LED 的输出光空间分布特性曲线。比较并分析高亮型和功率型 LED 输出光空间分布特性的特点。

表 7.9-3 高亮型 LED 输出光空间分布特性测量

实际转动角/(°)	−14	−12	−10	−8	−6	−4	−2	0	2	4	6	8	10	12	14
照度/LX 红色/绿色/蓝色/白色															

表 7.9-4 功率型 LED 输出光空间分布特性测量

实际转动角/(°)	−70	−60	−50	−40	−30	−20	−10	0	10	20	30	40	50	60	70
照度/LX 红色/绿色/蓝色/白色															

实验 7.10　液晶电光效应实验

1888 年，奥地利植物学家 Reinitzer 在做有机物溶解实验时，在一定的温度范围内观察到液晶。1961 年美国 RCA 公司的 Heimeier 发现了液晶的一系列电光效应，并制成了显示器件。20 世纪 70 年代，液晶已作为物质存在的第四态写入的教科书。至今液晶已成为物理学家、化学家、生物学家、工程技术人员和医药工作者共同关心与研究的领域，在物理、化学、电子、生命科学等领域有着广泛应用。

液晶是介于液体与晶体之间的一种物质状态。一般的液体内部分子排列是无序的，而液晶既具有液体的流动性，其分子又按一定规律有序排列，使它呈现晶体的各向异性。当光通过液晶时，会产生偏振面旋转、双折射等效应。液晶分子是含有极性基团的极性分子，在电场作用下，偶极子会按电场方向取向，导致分子原有的排列方式发生变化，从而液晶的光学性质也随之发生改变，这种因外电场引起的液晶光学性质的改变称为液晶的电光效应。

【实验目的】

（1）了解液晶光开关的基本工作原理。

（2）测量液晶光开关的电光特性曲线以及液晶的阈值电压和关断电压。

（3）测量液晶光开关的时间响应曲线，并由时间响应曲线计算液晶的上升时间和下降时间。

（4）测量液晶光开关在不同视角下的对比度，了解液晶光开关的工作条件。

【实验仪器】

DH0506 型液晶电光效应实验仪。

【仪器介绍】

液晶电光效应实验仪主要由信号源、光功率计、导轨、滑块、半导体激光器、起偏器、液晶样品、检偏器及光功率计探头组成，如图 7.10-1 所示。其中信号源包括静态方波发生器、静态方波有效值电压表、动态方波发生器、信号幅度调节电位器、频率计、频率调节旋钮、激光器电源。仪器的各项技术指标汇总在表 7.10-1 中。

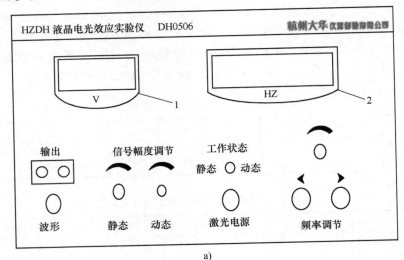

a)

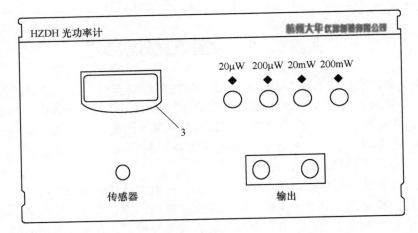

b)

c)

图 7.10-1 DH0506 型液晶电光效应实验仪

a) 液晶电光效应实验仪面板 b) 光功率计面板图 c) 测试光路示意图

1—静态模式下显示输出信号有效值 2—静态模式下显示输出信号频率 3—显示光功率

4—半导体激光器 5—起偏器 6—液晶样品及旋转盘 7—检偏器 8—光功率计探头

表7.10-1　DH0506型液晶电光效应实验仪技术指标

序号	名　称	型　号	技术规格
1	半导体激光器		DC 5V 电源 输出 650nm 红光 功率 2mW
2	信号源	方波电压（静态实验）	0～10V（有效值）连续可调；频率范围 100.000～999.999Hz
		方波电压（动态实验）	$V_{P-P} = 2～8V$；频率 2Hz
3	光功率计		量程为 0～20μW、0～200μW、0～2mW、0～20mW 四档
4	光具座		长 75.0cm
5	液晶样品		25mm×27mm（无偏振膜）；25mm×27mm（有偏振膜）

【实验原理】

1. 液晶光开关的工作原理

液晶的种类很多，下面以常用的 TN（扭曲向列）型液晶为例，说明其工作原理。

TN 型光开关的结构如图 7.10-2 所示。在两块玻璃板之间夹有正性向列相液晶，液晶分子的形状如同火柴一样，为棍状。长度在十几 Å（$1Å = 10^{-10}$m），直径为 4～6Å，液晶层厚度一般为 5～8μm。玻璃板的内表面涂有透明电极，电极的表面预先做了定向处理（可用软绒布朝一个方向摩擦，也可在电极表面涂取向剂），这样，液晶分子在透明电极表面就会躺倒在摩擦所形成的微沟槽里；电极表面的液晶分子按一定方向排列，且上下电极上的定向方向相互垂直。上下电极之间的那些液晶分子因范德瓦尔斯力的作用，趋向于平行排列。然而由于上下电极上液晶的定向方向相互垂直，所以从俯视方向看，液晶分子的排列从上电极的沿 $-45°$ 方向排列逐步地、均匀地扭曲到下电极的沿 $+45°$ 方向排列，整个扭曲了 90°，如图 7.10-2 左图所示。

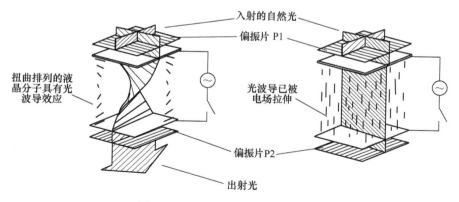

图 7.10-2　液晶光开关的工作原理

理论和实验都证明，上述均匀扭曲排列起来的结构具有光波导的性质，即偏振光从上电极表面透过扭曲排列起来的液晶传播到下电极表面时，偏振方向会旋转 90°。

取两张偏振片贴在玻璃的两面，P1 的透光轴与上电极的定向方向相同，P2 的透光轴与下电极的定向方向相同，于是 P1 和 P2 的透光轴相互正交。

在未加驱动电压的情况下，来自光源的自然光经过偏振片 P1 后只剩下平行于透光轴的线偏振光，该线偏振光到达输出面时，其偏振面旋转了 90°。这时光的偏振面与 P2 的透光轴平行，因而有光通过。

在施加足够电压情况下（一般为 1～3V），在静电场的作用下，除了基片附近的液晶分子被基片"锚定"以外，其他液晶分子趋于平行于电场方向排列。于是原来的扭曲结构被破坏，成了均匀结构，如图 7.10-2 右图所示。从 P1 透射出来的偏振光的偏振方向在液晶中传播时不再旋转，保持原来的偏振方向到达下电极。这时光的偏振方向与 P2 正交，因而光被关断。

由于上述光开关在没有电场的情况下让光透过，加上电场的时候光被关断，因此叫作常通型光开关，又叫作常白模式。若 P1 和 P2 的透光轴相互平行，则构成常黑模式。

液晶可分为热致液晶与溶致液晶。热致液晶在一定的温度范围内呈现液晶的光学各向异性，溶致液晶是溶质溶于溶剂中形成的液晶。目前用于显示器件的都是热致液晶，它的特性随温度的改变而有一定变化。

2. 液晶光开关的电光特性

图 7.10-3 所示为光线垂直液晶面入射时液晶的相对透射率（以不加电场时的透射率为 100％）与外加电压的关系。

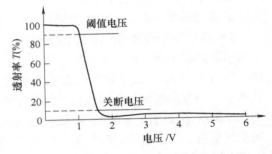

图 7.10-3 液晶光开关的电光特性曲线

由图 7.10-3 可见，对于常白模式的液晶，其透射率随外加电压的升高而逐渐降低，在一定电压下达到最低点，此后略有变化。可以根据此电光特性曲线图得出液晶的阈值电压和关断电压。

阈值电压：透过率为 90％ 时的驱动电压。

关断电压：透过率为 10％ 时的驱动电压。

液晶的电光特性曲线越陡，即阈值电压与关断电压的差值越小，由液晶开关单元构成的显示器件允许的驱动路数就越多。TN 型液晶最多允许 16 路驱动，故常用于数码显示。在计算机、电视等需要高分辨率的显示器件中，常采用 STN（超扭曲向列）型液晶，以改善电光特性曲线的陡度，增加驱动路数。

3. 液晶光开关的时间响应特性

加上（或去掉）驱动电压能使液晶的开关状态发生改变，是因为液晶的分子排序发生了改变，这种重新排序需要一定时间，反映在时间响应曲线上，用上升时间 τ_r 和下降时间 τ_d 描述。给液晶开关加上一个如图 7.10-4 上图所示的周期性变化的电压，就可以得到液晶的时间响应曲线、上升时间和下降时间。

上升时间：透过率由 10％ 升到 90％ 所需时间。

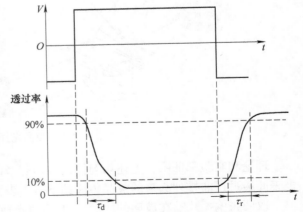

图 7.10-4 液晶驱动电压与时间的关系图

下降时间：透过率由 90% 降到 10% 所需时间。

液晶的响应时间越短，显示动态图像的效果越好，这是液晶显示器的重要指标。早期的液晶显示器在这方面逊色于其他显示器，现在通过结构方面的技术改进，已达到很好的效果。

4. 液晶光开关的视角特性

液晶光开关的视角特性表示对比度与视角的关系。对比度定义为光开关打开和关断时透射光强度之比，对比度大于 5 时，可以获得满意的图像，对比度小于 2，图像就模糊不清了。

【实验内容】

1. 绘制无偏振膜的液晶样品光开关的电光曲线图、电光响应曲线图

（1）光学导轨上依次为：半导体激光器 – 起偏器 – 液晶样品（无偏振膜）– 检偏器—光电探测器。打开半导体激光器，调节各元件高度，使激光依次穿过起偏器、液晶片、检偏器，照射到光电探头的通光孔上。

（2）光功率计选择 2mW 档，此时光功率计显示的数值为透过检偏器的光强大小。取下检偏器，旋转起偏器，使光功率计读数达到最大，把检偏器放回原位，旋转检偏器，使检偏器和起偏器相差 90°。

（3）将液晶样品（无偏振膜）用红、黑导线连接至实验仪"输出"，"工作状态"选择为"静态"，频率设为 100Hz，调节"静态信号幅度调节"电位器，从 0 开始逐渐增大电压，观察光功率计读数变化，电压调至最大值后归零。

（4）从 0 开始逐渐增加电压，0 ~ 1.6V 区间内每隔 0.2V 或 0.3V 记一次电压及透射光强值，1.6V 后每隔 0.1V 记一次数据，4V 后再每隔 0.2 或 0.3V 记一次数据（表 7.10-2）。

（5）"工作状态"选择为"动态"，实验仪"波形"连接至示波器通道 1，调节"动态信号幅度调节电位器"使得波形峰值为 5V，光功率计选择为 200μW 档，将光功率计的输出连接至示波器的通道 2，记录电光响应曲线。

2. 绘制有偏振膜的液晶样品光开关的电光曲线图、电光响应曲线图、测量液晶光电开关的垂直视角响应特性

（1）将液晶样品换为液晶片（有偏振膜），移除起偏器、检偏器，重复上述实验。

（2）"工作状态"调至"静态"，信号电压调至 5V，按表 7.10-3 所列举的角度（调节液晶屏法线与入射光线的夹角），测量每一角度下光强的最大值（断开液晶供电）I_{MAX}，测量每一角度下的最小值（接通液晶供电）I_{MIN}，计算对比度。

【数据处理】

表 7.10-2　液晶样品电光数据

U/V	0.3	0.6	0.9	1.2	1.5	1.8	…	8
I/mW								

（1）作电光曲线图，纵坐标为透射光强值，横坐标为外加电压值。

（2）根据该电光曲线，求出样品的阈值电压、关断电压。

（3）根据电光响应曲线，计算样品的上升时间和下降时间。

表 7.10-3　液晶光电开关的垂直视角响应特性

角度/(°)	-45	-40	-30	-20	-10	0	10	20	30	40	45
I_{MAX}/mW											
I_{MIN}/mW											
I_{MAX}/I_{MIN}											

根据以上数据做出相应曲线，并分析结果。

实验 7.11　光纤特性及传输实验

光纤是光导纤维的简称，是一种能够传导光波和各种光信号的纤维。高琨和 George Hockham 首先提出光纤可以用于通信传播的设想，高琨因此获得 2009 年诺贝尔物理学奖。与用电缆传输电信号相比，光纤通信具有通信容量大、传输距离长、价格低廉、重量轻、易敷设、抗干扰、保密性好等优点，已成为固定通信网的主要传输技术。

【实验目的】

（1）了解光纤通信的基本原理及特性。

（2）测量半导体激光器的伏安特性、电光转换特性。

（3）测量光电二极管的伏安特性。

（4）了解基带（幅度）调制传输特性。

（5）了解频率调制传输、音频信号传输、数字信号传输特性。

【实验仪器】

实验系统由光纤发射装置、光纤接收装置、光纤跨接线、电源线与测试连接线、示波器组成。光纤发射与接收装置面板如图 7.11-1、图 7.11-2 所示。

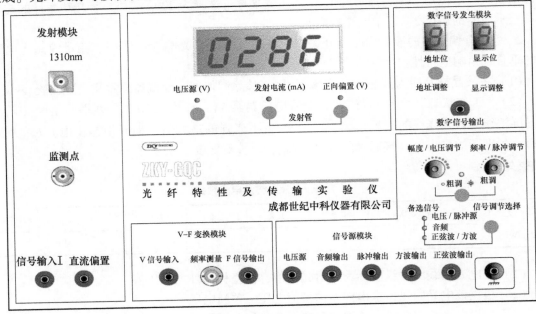

图 7.11-1　光纤发射装置面板图

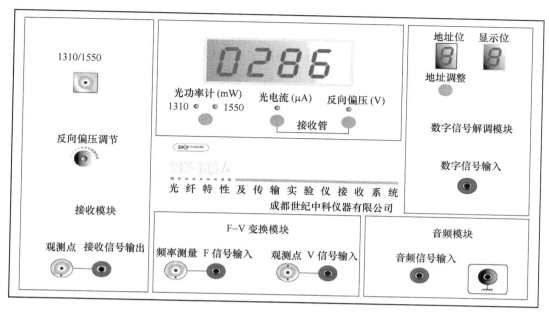

图 7.11-2　光纤接收装置面板图

光纤发射装置可产生各种实验需要的信号，通过发射管发射出去。发出的信号通过光纤传输后，由接收管完成光电转换。接收装置将信号处理后，通过仪器面板显示或者示波器观察传输后的各种信号。

发射系统中的信号源模块由电压源、音频信号、脉冲信号、方波信号、正弦波信号等组成。这些信号可以通过信号切换键来选择参数。当对应信号源的指示灯亮起时，表示可以对该信号进行幅度/电压调节和频率调节了。调节也可以根据所需步进选择"粗调"和"细调"，即当调节的指示灯亮起代表细调，不亮代表粗调。

接收系统中，显示部分的"光功率计"只能调节到"1310"，"1550"用作扩展（当前仪器中没有设置 1550nm 波长的发射装置）。

实验中使用的光纤为 FC-FC 光纤跨接线（单模光纤，外部为黄色）。示波器用于观测各种信号波形经光纤传输后是否失真等特性。

【实验原理】

1. 光纤

光纤是由纤芯、包层、防护层组成的同心圆柱体，横截面如图 7.11-3 所示。纤芯与包层材料大多为高纯度的石英玻璃，通过掺杂使纤芯折射率大于包层折射率，形成一种光波导效应，使大部分的光被束缚在纤芯中传输。若纤芯的折射率分布是均匀的，在纤芯与包层的界面处折射率突变，称为阶跃型光纤；若纤芯从中心的高折射率逐渐变到边缘与包层折射率一致，称为渐变型光纤。若纤芯直径小于 $10\mu m$，只有一种模式的光波能在光纤中传播，称为单模光纤。若纤芯直径 $50\mu m$ 左右，有多个模式的光波能在光纤中传播，称为多模光纤。防护层由缓冲涂

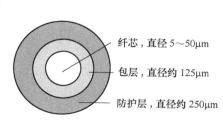

纤芯，直径 5~50μm
包层，直径约 125μm
防护层，直径约 250μm

图 7.11-3　光纤的基本结构

层、加强材料涂覆层及套塑层组成。通常将若干根光纤与其他保护材料组合起来构成光缆，便于工程上敷设和使用。

光纤与光纤之间固定连接时，用光纤熔接机进行熔接。光纤与光纤之间可拆卸、连接。光纤连接器把光纤的两个端面精密对接起来，以使发射光纤输出的光能量能最大限度地耦合到接收光纤中去。各种光纤连接器结构大同小异，比较常见的光纤连接器有 FC、SC、LC、ST等。一端装有连接器插头的光纤称为**尾纤**，两端都装上连接器插头的光纤称为**光纤跨接线**。

光在光纤中传输时，由于材料的散射、吸收，使光信号衰减，当信号衰减到一定程度时，就必须对信号进行整形放大处理，再进行传输，才能保证信号在传输过程中不失真，这段传输的距离叫中继距离。损耗越小，中继距离越长。光纤的损耗与光波长有关，通过研究发现，石英光纤在 $0.85\,\mu m$、$1.30\,\mu m$、$1.55\,\mu m$ 附近有 3 个低损耗窗口，实用的光纤通信系统光波长都在低损耗窗口区域内。

损耗用损耗系数表示。光在有损耗的介质中传播时，光强按指数规律衰减，在通信领域，损耗系数用单位长度的分贝值（dB）表示，定义为

$$\alpha = \frac{10}{L}\lg\frac{P_0}{P_1}(\text{dB/km}) \tag{7.11-1}$$

已知损耗系数，可计算光通过任意长度 L 后的强度：

$$P_1 = P_0 \, 10^{\frac{-\alpha L}{10}} \tag{7.11-2}$$

在式（7.11-1）和式（7.11-2）中，L 是传播距离；P_0 是入射光强；P_1 是损耗后的光强。

2. 半导体激光器（LD）

光通信的光源为半导体激光器（LD）或发光二极管（LED），本实验采用半导体激光器。

半导体激光器通过受激辐射发光，是一种阈值器件。由于受激辐射与自发辐射的本质不同，导致了半导体激光器不仅能产生高功率（$\geqslant 10\text{mW}$）辐射，而且输出光发散角窄（垂直发散角为 $30° \sim 50°$，水平发散角为 $0° \sim 30°$），与单模光纤的耦合效率高（$30\% \sim 50\%$），辐射光谱线窄（$\Delta\lambda = 0.1 \sim 1.0\text{nm}$），适用于高比特工作；载流子复合寿命短，能进行高速信号（$>20\text{GHz}$）直接调制，非常适合于做高速长距离光纤通信系统的光源。

LD 和 LED 都是半导体光电子器件，其核心部分都是 PN 结。因此具有与普通二极管相类似的 $I-U$ 特性，如图 7.11-4 所示。

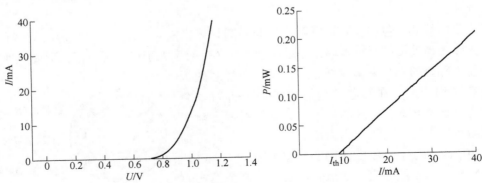

图 7.11-4　左边为半导体激光器 $I-U$ 特性示意图，右边为 $P-I$ 特性示意图

由于发光模式的不同，LD 和 LED 的 *P-I* 特性曲线则有很大的差别。LED 的 *P-I* 曲线基本上是一条过原点的直线。而 LD 的 *P-I* 曲线有一阈值电流 I_{th}，只有工作电流 $I > I_{th}$ 部分，*P-I* 曲线才近似为直线。而在 $I < I_{th}$ 部分，激光功率为零。

3. 光电二极管

光通信接收端由光电二极管完成光电转换与信号解调。光电二极管是工作在无偏压或反向偏置状态下的 PN 结，反向偏压电场方向与势垒电场方向一致，使结区变宽，无光照时只有很小的暗电流。当 PN 结受光照射时，价电子吸收光能后挣脱价键的束缚成为自由电子，在结区产生电子-空穴对，在电场作用下，电子向 N 区运动，空穴向 P 区运动，形成光电流。

光通信常用 PIN 型光电二极管做光电转换。它与普通光电二极管的区别在于在 P 型和 N 型半导体之间夹有一层没有掺入杂质的本征半导体材料，称为 I 型区。这样的结构使得结区更宽，结电容更小，可以提高光电二极管的光电转换效率和响应速度。

图 7.11-5 是反向偏置电压下光电二极管的伏安特性。无光照时的暗电流很小，它是由少数载流子的漂移形成的。有光照时，在较低反向电压下光电流随反向电压的增加有一定升高，这是因为反向偏压增加使结区变宽，结电场增强，提高了光生载流子的收集效率。当反向偏压进一步增加时，光生载流子的收集接近极限，光电流趋于饱和，此时，光电流仅取决于入射光功率。在适当的反向偏置电压下，入射光功率与饱和光电流之间呈较好的线性关系。

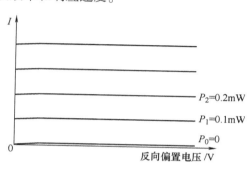

图 7.11-5　光电二极管的伏安特性

4. 光源的调制

对光源的调制可以采用内调制或外调制。内调制是用信号直接控制光源的电流，使光源的发光强度随外加信号变化，内调制易于实现，一般用于中低速传输系统。外调制时光源输出功率恒定，利用光通过介质时的电光效应、声光效应或磁光效应实现信号对光强的调制，一般用于高速传输系统。本实验采用内调制模式。

图 7.11-6 是调制电路示意图。调制信号耦合到晶体管基极，晶体管做共发射极连接，流过发光二极管的集电极电流由基极电流控制，R_1、R_2 提供直流偏置电流。图 7.11-7 是调

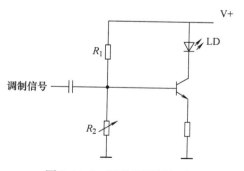

图 7.11-6　简单的调制电路

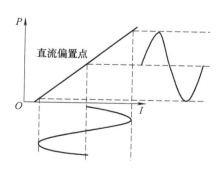

图 7.11-7　调制原理图

制原理图，由图 7.11-7 可见，由于光源的输出光功率与驱动电流是线性关系，在适当的直流偏置下，随调制信号变化的电流变化由发光二极管转换成了相应的光输出功率变化。

5. 光纤的多路复用

为充分发挥光纤通信容量大的优势，传输信号时常采用多路复用方式。复用是一种将若干个彼此独立的信号，合并为一个可在同一信道上同时传输的复合信号的方法。常用的多路复用方式有频分复用、时分复用与波分复用等。

按频率区分信号的方法叫频分复用。即把需要传输的信号用不同的载波频率调制，只要载波的频率间隔大于信号带宽，就能将它们合并在一起而不产生相互影响，并能在接收端彼此分离开来。为区别光载波，把受模拟基带信号预调制的射频电载波称为副载波。

按时间区分信号的方法叫时分复用，时分复用适用于数字信号的传输。由于信道的传输率超过每一路信号的数据传输率，因此可将信道按时间分成若干片段轮换地给多个信号使用。每一时间片由复用的一个信号单独占用，在规定的时间内，多个数字信号都可按要求传输到达，从而实现一条信道上传输多个数字信号。假设每个输入的数据比特率是 9.6kbit/s，线路的最大比特率为 76.8kbit/s，则可传输 8 路信号。

波分复用是将两种或多种不同波长的光载波信号（携带各种信息）在发送端经复用器汇合在一起，并耦合到光线路的同一根光纤中进行传输的技术。在接收端，经分波器将各种波长的光载波分离，然后由光接收机做进一步处理以恢复原信号。

6. 副载波调频调制

对副载波的调制可采用调幅、调频等不同方法。调频具有抗干扰能力强、信号失真小的优点，本实验采用调频法。

图 7.11-8 是副载波调制传输框图。

图 7.11-8　副载波调制传输框图

如果载波的瞬时频率偏移随调制信号 $m(t)$ 线性变化，即

$$\omega_d(t) = k_f m(t) \tag{7.11-3}$$

则称为调频，k_f 是调频系数，代表频率调制的灵敏度，单位为 2π Hz/V。

调频信号可写成下列一般形式：

$$u(t) = A\cos\left[\omega t + k_f \int_0^t m(\tau)\,\mathrm{d}\tau\right] \tag{7.11-4}$$

式中，ω 为载波的角频率；$k_f \int_0^t m(\tau)\,\mathrm{d}\tau$ 为调频信号的瞬时相位偏移。下面考虑两种特殊情况：

假设 $m(t)$ 为电压为 V 的直流信号，则式（7.11-4）可以写为

$$u(t) = A\cos\left[(\omega + k_f V)t\right] \tag{7.11-5}$$

式（7.11-5）表明直流信号经调制后的载波仍为余弦波，但角频率偏移了 $k_f V$。

假设 $m(t) = U\cos\Omega t$，则式（7.11-4）可以写为

$$u(t) = A\cos\left[\omega t + \frac{k_f U}{\Omega}\sin\Omega t\right] \tag{7.11-6}$$

可以证明，已调信号包括载频分量 ω 和若干个边频分量 $\omega \pm n\Omega$，边频分量的频率间隔为 Ω。

任意信号可以分解为直流分量与若干余弦信号的叠加，则式（7.11-5）和式（7.11-6）两式可以帮助理解一般情况下调频信号的特征。

7. 数字信号传输

若需传输的信号本身是数字形式，或将模拟信号数字化（模数转换）后进行传输，称为数字信号传输。数字传输具有抗干扰能力强、传输质量高、易于进行加密和解密、保密性强、可以通过时分复用提高信道利用率、便于建立综合业务数字网等优点，是今后通信业务的发展方向。

【实验内容与步骤】

1. 半导体激光器的伏安特性与输出特性测量

用 FC-FC 光纤跨接线将发射面板上的光发送口与接收面板上的光接收口相连（连接需紧凑，以后实验中一直这样连接），发射面板上发射模块的"直流偏置"接入信号源模块"电压源"信号。

设置接收显示为"光功率计"，设置发射显示为"发射电流"。先将电压调节设置为"粗调"，调节正向偏压使发射电流趋近于 0。再将电压调节设置为"细调"，寻找发射电流从 0 到大于 0 对应的旋钮位置。将发射显示切换为"正向偏压"，记录发射电流为 0 时对应的正向偏压，以及接收器显示的光功率（与发射光功率成正比）于表 7.11-1 中。

依次改变发射电流值，重复上述测量过程，将数据记录于表 7.11-1 中。

表 7.11-1 半导体激光器伏安特性与输出特性测量

正向偏压/V										
发射管电流/mA	0	0.2	0.7	2	5	10	15	20	25	30	35
光功率/mW										

以表 7.11-1 数据作所测激光二极管的伏安特性（I-U）曲线，输出特性（P-I）曲线。讨论所作曲线与图 7.11-4 所描述的规律是否符合。

2. 光电二极管伏安特性的测量

连线方式同实验 1。

调节发射装置的正向偏压，使光电二极管接收到的光功率分别如表 7.11-2 第 1 列所示。

设置接收显示为"反向偏压"，调节接收模块的"反向偏压调节"旋钮使反向偏压至设定值，切换显示状态至"光电流"，测量与反向偏置电压对应的光电流，记录于表 7.11-2 中。

改变反向偏压，重复上述测量。

在不同输入光功率时，重复上述测量。

表 7.11-2 光电二极管伏安特性的测量

反向偏置电压/V		0	1.00	2.00	3.00	4.00	5.00
$P = 0$							
$P = 0.100\text{mW}$	光电流/μA						
$P = 0.200\text{mW}$							

以表 7. 11-2 数据，作光电二极管的伏安特性曲线。

讨论所作曲线与图 7. 11-5 所描述的规律是否符合。

3. 基带（幅度）调制传输实验

发射面板上发射模块的"直流偏置"接入信号源模块的"电压源"，发射模块的"信号输入 1"接入信号源模块的"正弦波输出"。双踪示波器的 CH1 输入信号源模块的"正弦波输出"（用一端是同轴电缆接口，一端是两个插头的线连接，红插头插入正弦波输出，黑色接地），双踪示波器的 CH2 输入端口接入接收面板上接收模块的"观测点"。

设置发射显示为"电压源"，调节电压为 2. 5V。设置信号调节选择为"正弦波/方波"，观察示波器显示的输入信号波形，将输入信号幅度调至最大。

观察示波器上显示的经光纤传输后接收模块输出的波形，查看波形是否失真，频率有无变化。若信号失真，可设置信号调节选择为"电压源"，适当调节电压源电压，使正弦信号上下失真对称，此时对应的电压记为 V_b，然后设置信号调节选择为"正弦波/方波"，减小输入信号幅度使接收到的信号最大不失真。记录最大不失真对应的输入信号幅度及对应接收端输出信号幅度于表 7. 11-3 中。

设置信号调节选择为"电压源"，改变电压源电压，从示波器中可以看到，电压太大或太小时信号都会失真。结合图 7. 11-4、图 7. 11-6、图 7. 11-7，可以知道电压的变化改变了激光器与晶体管的直流偏置电压，使它们偏离了最佳工作点，在大信号时进入非线性区，产生非线性失真。在非最佳工作点时，适当调小信号幅度，也可使信号恢复正常。

表 7. 11-3 基带调制传输实验

激光二极管调制电路输入信号			光电二极管光电转换电路输出信号		
波形	频率/kHz	幅度/V	波形	频率/kHz	幅度/V
正弦波					

4. 副载波调制传输实验

（1）调频电路的电压频率关系

发射面板上 V-F 变换模块的"V 信号输入"接入"电压源"（用直流信号作调制信号）。示波器 CH1 端口接入 V-F 变换模块的"频率测量"，CH2 端口断开。

根据调频原理，直流信号调制后的载波角频率偏移 $k_f V$。观测输入电压与输出频率之间的 V-f 变换关系。调节电压源，在示波器上读出频率（数字示波器）或读出信号的周期来换算成频率（模拟示波器）。将输出频率 f_V 随电压的变化记入表 7. 11-4 中。

表 7. 11-4 调频电路的 f_V-V 关系

输入电压/V	0	0. 2	0. 4	0. 6	0. 8	1. 0	1. 2	1. 4	1. 6	1. 8	2. 0
输出频率 f_V/kHz											

以输入电压 V 作横坐标，输出角频率 $\omega_V = 2\pi f_V$ 为纵坐标在坐标纸上作图。直线与纵轴的交点为副载波的角频率 ω，直线的斜率为调频系数 k_f。求出 ω 与 k_f。

（2）副载波调制传输实验

发射面板上发射模块的"信号输入端 1"接入 V-F 变换模块的"F 信号输出"（用副载

波信号作半导体激光器调制信号），V-F 变换模块的"V 信号输入"端接入信号源模块的"正弦波输出"，发射模块的"直流偏置"接入信号源模块的"电压源"，将电压源设置为实验 3 中的 V_b。接收面板上 F-V 变换模块的"F 信号输入"接入接收模块的"接收信号输出"。示波器 CH1 端口接入信号源模块的"正弦波输出"（用一端是同轴电缆接口，一端是两个插头的线连接，红插头插入正弦波输出），CH2 端口接入接收面板上 F-V 变换模块的"观测点"。

此时示波器 CH1 通道显示的是基带信号，CH2 通道显示的是经调频-电光转换-光纤传输-光电转换-解调-还原出的基带信号。

将信号源模块的信号调节选择设置为"正弦波/方波"，调节正弦波的幅度和频率，选若干组数据，记录基带信号的参数及与之对应的解调信号的参数于表 7. 11-5 中。

表 7. 11-5　副载波调制传输实验

基 带 信 号		光纤传输后解调的基带信号		
幅度/V	频率/kHz	幅度/V	频率/kHz	信号失真程度

对表 7. 11-5 结果作定性讨论。

（3）调频传输优点的定性观测

连接方式同（2）。

将信号源模块的信号调节选择设置为"正弦波/方波"，将正弦波幅度调到最大。

将信号源模块的信号调节选择设置为"电压/脉冲源"，将发射面板显示设置为"电压源"，将接收面板显示设置为"光功率计"。

调节电压大小，观察接收到的信号有无失真。

基带传输实验中，工作电压和偏置电压不在最佳点时，信号会失真。而调频传输实验时，电压在很大范围内变化，接收到的光功率也产生了相应变化，但解调出来的信号基本不变。

事实上，直接传输基带信号，在电光转换、光纤传输、光电接收、信号放大的任何一个环节，只要出现非线性因素，都会使信号失真。采用频率调制，解调电路的输出只与接收到的瞬时频率有关，可以观察到光功率的变化对输出几乎无影响，表明调频方式抗干扰能力强，信号失真小。

5. 音频信号传输实验

（1）基带调制

发射面板上发射模块的"直流偏置"接入信号源模块的"电压源"，发射模块的"信号输入端 1"接入信号源模块的"音频输出"。接收面板上音频模块的"音频信号输入"接入接收模块的"接收信号输出"。

设置发射显示为"电压源"，设置接收显示为"光功率计"。

倾听音频模块播放出来的音乐。

调节电压（此时偏置电压和发射光功率发生变化），观察接收端接收到的光功率的变化，倾听音量、音质的变化。

将电压设置为实验 3 中的 V_b，松开光纤跨接线的连接头，将光纤连接头微微向外抽（增加连接损耗来模拟光在传输过程中产生的损耗），可看到接收光功率变小，听到声音变小，记录声音几乎听不到时对应的光功率。

（2）副载波调制

发射面板上发射模块的"直流偏置"接入信号源模块的"电压源"，发射模块的"信号输入端 1"接入 V-F 变换模块的"F 信号输出"，V-F 变换模块的"V 信号输入"接入信号源模块的"音频输出"。接收面板上 F-V 变换模块的"频率测量"接入接收模块的"观测点"（相当于 F 信号输入接入接收信号输出），音频模块的"音频信号输入"接入 F-V 变换模块的"V 信号输出"。

倾听音频模块播放出来的音乐。

调节电压（此时偏置电压和发射光功率发生变化），观察接收端接收到的光功率的变化，倾听音量、音质的变化。

在基带传输时，电压变化会使音量音质发生变化，而调频传输基本不受影响。

将电压设置为实验 3 中的 V_b，松开光纤跨接线的连接头，将光纤连接头微微向外抽（增加连接损耗来模拟光在传输过程中产生的损耗），可看到接收光功率变小，听到声音变小，记录声音几乎听不到时对应的光功率。

可以看到，在接收到的光功率更小时，调频仍能有效地传输信号。

6. 数字信号传输实验

本实验用编码器发送二进制数字信号（地址和数据），并用数码管显示地址一致时所发送的数据。

发射面板上发射模块的"信号输入端 1"接入数字信号发生模块的"数字信号输出"，接收面板上数字信号解调模块的"数字信号输入"接入接收模块的"接收信号输出"。

设置发射地址和接收地址，设置发射装置的数字显示。可以观测到，地址一致，信号正常传输时，接收数字随发射数字而改变。地址不一致或光信号不能正常传输时，数字信号不能正常接收。

【注意事项】

（1）连接和断开光纤跨接线时切忌用力过大。

（2）光纤跨接线接头应妥善保管，防止磕碰，使用后及时戴上防尘帽。

（3）不要用力拉扯光纤，光纤弯曲半径一般应不小于 30mm，否则可能导致光纤折断。

（4）实验完毕后，请立即将防尘帽盖住光纤输入、输出端口，用光纤端面防尘盖盖住光纤跨接线端面，防止灰尘进入光纤端面而影响光信号的传输。

实验 7.12　晶体声光调制实验

声光效应是指光通过受到超声波扰动的介质时发生衍射的现象，这种现象是光波与介质中声波相互作用的结果。早在 20 世纪 30 年代就开始了声光衍射的实验研究，20 世纪 60 年代激光器的问世为声光现象的研究提供了理想的光源，促进了声光效应理论和应用研究的迅速发展。声光效应为控制激光束的频率、方向和强度提供了一个有效的手段。利用声光效应制成的声光器件，如声光调制器、声光偏转器以及可调谐滤光器等，在激光技术、光信号处理和集成光通信技术等方面有着重要的应用。

【实验目的】

（1）了解声光效应的原理。

（2）了解喇曼-奈斯衍射和布拉格衍射的实验条件和特点。

（3）测量超声信号形成的光栅常数。

（4）测量声光器件的衍射效率。

（5）完成声光通信实验光路的安装及调试。

【实验仪器】

声光调制仪器。

【实验原理】

1. 声光调制的物理基础

（1）弹光效应

当超声波通过某种均匀介质时，介质材料在外力作用下发生形变，分子间因相互作用力发生改变而产生相对位移，从而引起介质内部密度的起伏或周期性变化，密度大的地方折射率大，密度小的地方折射率小，即介质折射率发生周期性改变，这种由于外力作用而引起折射率变化的现象称为弹光效应。弹光效应存在于一切物质。

（2）超声光栅

当声波通过介质传播时，介质就会产生和声波信号相应的、随时间和空间周期性变化的相位。这部分受扰动的介质等效为一个"相位光栅"，其光栅常数就是声波波长 λ_s，这种光栅称为超声光栅。声波在介质中传播时，有行波和驻波两种形式。特点是行波形成的超声光栅的栅面在空间是移动的，而驻波场形成的超声光栅栅面是驻立不动的。

当超声波传播到声光晶体时，它由一端传向另一端，到达另一端时，如果遇到吸声物质，超声波将被吸声物质吸收，而在声光晶体中形成行波。由于机械波的压缩和伸长作用，则在声光晶体中形成行波式的疏密相间的构造，也就是行波形式的光栅。

当超声波传播到声光晶体时，它由一端传向另一端，如果遇见反声物质，超声波将被反声物质反射，在返回途中和入射波叠加而在声光晶体中形成驻波。由于机械波压缩伸长作用，在声光晶体中形成驻波形式的疏密相同的构造，也就是驻波形式的光栅。

（3）声光效应

当光束通过有超声波的介质后就会产生衍射现象，这就是声光效应。当光波在介质中传播时，衍射光的强度、频率和方向等将随着超声场的变化而变化。声光调制就是基于这种效应来实现光调制以及光偏转的。

设声光介质中的超声行波是沿 y 方向传播的平面纵波，其角频率为 w_s，波长为 λ_s，波矢为 k_s。入射光是沿 x 方向传播的平面波，其角频率为 w，波长为 λ，波矢为 k_0（图 7.12-1）。介质内的弹性应变也以行波形式

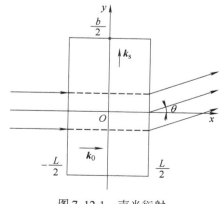

图 7.12-1　声光衍射

随声波一起传播。由于光速大约是声速的10^5倍，在光波通过的时间内介质在空间上的周期变化可看成是固定的。

由应变而引起的介质的折射率的变化由下式决定：

$$\Delta\left(\frac{1}{n^2}\right) PS \tag{7.12-1}$$

式中，n 为介质折射率；S 为应变；P 为光弹系数。通常，P 和 S 为二阶张量。当声波在各向同性介质中传播时，P 和 S 可作为标量处理。如前所述，应变也以行波形式传播，所以可写成

$$S = S_0 \sin(w_s t - k_s y) \tag{7.12-2}$$

当应变较小时，折射率作为 y 和 t 的函数可写作

$$n(y, t) = n_0 + \Delta n \sin(w_s t - k_s y) \tag{7.12-3}$$

式中，n_0 为无超声波时的介质的折射率；Δn 为声波折射率变化的幅值，由式（7.12-1）可求出：

$$\Delta n = -\frac{1}{2} n^3 P S_0$$

设光束垂直入射（$\boldsymbol{k}_0 \perp \boldsymbol{k}_s$）并通过厚度为 L 的介质，则前后两点的相位差为

$$
\begin{aligned}
\Delta\Phi &= k_0 n(y, t) L \\
&= k_0 n_0 L + k_0 \Delta n L \sin(w_s t - k_s y) \\
&= \Delta\Phi_0 + \delta\Phi \sin(w_s t - k_s y)
\end{aligned}
\tag{7.12-4}
$$

式中，k_0 为入射光在真空中的波矢的大小；右边第一项 $\Delta\Phi_0$ 为不存在超声波时光波在介质前后两点的相位差；第二项为超声波引起的附加相位差（相位调制），$\delta\Phi = k_0 \Delta n L$。可见，当平面光波入射在介质的前界面上时，超声波使出射光波的波振面变为周期变化的折皱波面，从而改变出射光的传播特性，使光产生衍射。

设入射面 $x = -\dfrac{L}{2}$ 处的光振动为 $E_i = A e^{it}$，A 为一常数，也可以是复数。考虑到在出射面 $x = \dfrac{L}{2}$ 上各点相位的改变和调制，在 xy 平面内离出射面很远一点的衍射光叠加结果为

$$E \propto A \int_{-\frac{b}{2}}^{\frac{b}{2}} e^{i[(wt - k_0 n(y, t) - k_0 y \sin\theta)]} \, \mathrm{d}y$$

写成等式时，可得

$$E = C e^{iwt} \int_{-\frac{b}{2}}^{\frac{b}{2}} e^{i\delta\Phi \sin(k_s y - w_s t)} e^{-ik_0 y \sin\theta} \, \mathrm{d}y \tag{7.12-5}$$

式中，b 为光束宽度；θ 为衍射角；C 为与 A 有关的常数，为了简单可取为实数。利用一个与贝塞尔函数有关的恒等式

$$e^{ia\sin\theta} = \sum_{m=-\infty}^{\infty} J_m(a) e^{im\theta}$$

式中，$J_m(a)$ 为（第一类）m 阶贝塞尔函数，将式（7.12-5）展开并积分得

$$E = Cb \sum_{m=-\infty}^{\infty} J_m(\delta\Phi) e^{i(w - mw_s)t} \frac{\sin[b(mk_s - k_0\sin\theta)/2]}{b(mk_s - k_0\sin\theta)/2} \tag{7.12-6}$$

上式中与第 m 级衍射有关的项为

$$E_m = E_0 e^{i(w - mw_s)t} \tag{7.12-7}$$

$$E_0 = Cb J_m(\delta\Phi) \frac{\sin\left[b(mk_s - k_0\sin\theta)/2 \right]}{b(mk_s - k_0\sin\theta)/2} \tag{7.12-8}$$

因为函数 $\sin x/x$ 在 $x = 0$ 取极大值，因此有衍射极大的方位角 θ_m 由下式决定：

$$\sin\theta_m = m\frac{k_s}{k_0} = m\frac{\lambda}{\lambda_s} \tag{7.12-9}$$

式中，λ 为真空中光的波长；λ_s 为介质中超声波的波长。与一般的光栅方程相比可知，超声波引起的有应变的介质相当于一个光栅常数为超声波长的光栅。由式（7.12-7）可知，第 m 级衍射光的频率 w_m 为

$$w_m = w - mw_s \tag{7.12-10}$$

可见，衍射光仍然是单色光，但发生了频移。由于 $w \gg w_s$，这种频移是很小的。

第 m 级衍射极大的强度 I_m 可用式（7.12-7）模数平方表示：

$$\begin{aligned} I_m &= E_0 E_0^* = C^2 b^2 J_m^2(\delta\Phi) \\ &= I_0 J_m^2(\delta\Phi) \end{aligned} \tag{7.12-11}$$

式中，E_0^* 为 E_0 的共轭复数；$I_0 = C^2 b^2$。

第 m 级衍射极大的衍射效率 η_m 定义为第 m 级衍射光的强度与入射光的强度之比。由式（7.12-11）可知，η_m 正比于 $J_m^2(\delta\Phi)$。当 m 为整数时，$J_{-m}(a) = (-1)^m J_m(a)$。由式（7.12-9）和式（7.12-11）表明，各级衍射光相对于零级对称分布。

（4）声光衍射分类

根据声波频率的高低和声光作用长度大小的不同，声光衍射可以分为喇曼-奈斯（Raman-Nath）衍射和布拉格（Bragg）衍射两种。从理论上说，喇曼-奈斯衍射和布拉格衍射是在改变声光衍射参数时出现的两种极端情况。

当超声波频率较低、声光相互作用距离较小时，即声光作用的距离满足 $L < \lambda_s^2/2\lambda$，平面光波沿 x 轴入射，就相当于通过一个相位光栅，将产生喇曼-奈斯衍射。当光束斜入射时，则各级衍射极大的方位角 θ_m 由下式决定：

$$\sin\theta_m = \sin\theta_i + m\frac{\lambda}{\lambda_s} \tag{7.12-12}$$

式中，θ_i 为入射光波矢 $\boldsymbol{k}$ 与超声波波面的夹角；$m = 0,\ \pm1,\ \pm2,\ \pm3,\ \cdots$。上述的超声衍射称为喇曼-奈斯衍射，有超声波存在的介质起到一个平面光栅的作用。各级衍射光强与入射光强之比满足式（7.12-11），所以零级极值两侧的光强是对称分布的。

当超声波频率较高，声光相互作用距离较大，满足 $L > 2\lambda_s^2/\lambda$，而且光束相对于超声波波面以某一角度斜入射时，在理想情况下除了 0 级之外，只出现 1 级或 -1 级衍射，如图 7.12-2 所示。这种衍射与晶体对 X 光的布拉格衍射很类似，故称为布拉格衍射。能产生这种衍射的光束入射角称为布拉格角。此时有超声波存在的介质起到了立体光栅的作用。

可以证明，布拉格角满足

$$\sin i_B = \frac{\lambda}{2\lambda_s} \tag{7.12-13}$$

式（7.12-13）称为布拉格条件。因为布拉格角一般都很小，故衍射光相对于入射光的偏转角等于

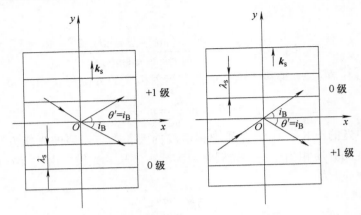

图 7.12-2　布拉格衍射

$$\theta = 2i_B \approx \frac{\lambda}{\lambda_s} = \frac{\lambda}{v_s}f_s \qquad (7.12\text{-}14)$$

式中，v_s 为超声波的波速；f_s 为超声波的频率；其他量的意义同前。由此可见，当声波频率 f_s 改变时，衍射光的方向亦将随之线性地改变，这就是声光偏转的原理。同时，由此也可求得超声波在介质中的传播速度为

$$v_s = \frac{\lambda f_s}{\theta} \qquad (7.12\text{-}15)$$

在布拉格衍射条件下，一级衍射光的效率为

$$\eta = \frac{I_1}{I_i} = \sin^2\left[\frac{\pi}{\lambda}\sqrt{\frac{M_2 L P_s}{2H}}\right] \qquad (7.12\text{-}16)$$

式中，P_s 为超声波功率；L 和 H 为超声换能器的长和宽；$M_2 = n^6 p^2/\rho v_s^3$；ρ 为介质密度；p 为光弹系数。M_2 为反映声光介质本身性质的常数，称为声光材料的品质因数（或声光优质指标），它是选择声光介质的主要指标之一。由此可见，通过改变超声波的强度可以改变衍射光的强度，这就是声光调制的原理。

在布拉格衍射下，衍射光的效率也由式（7.12-16）决定。理论上布拉格衍射的衍射效率可达 100%，喇曼-奈斯衍射中一级衍射光的最大衍射效率仅为 34%，所以使用的声光器件一般都采用布拉格衍射。

产生条件上的区别（表 7.12-1）。

表 7.12-1　喇曼-奈斯衍射和布拉格衍射产生条件上的区别

喇曼-奈斯衍射	布拉格衍射
声光作用长度较短	声光作用长度较长
超声波的频率较低	超声波的频率较高
光波垂直于声场传播的方向	光束与声波波面间以一定的角度斜入射
声光晶体相当于一个"平面光栅"	声光晶体相当于一个"立体光栅"

现象上的区别：

（1）喇曼-奈斯声光衍射

喇曼-奈斯声光衍射的结果，使光波在原场分成一组衍射光，它们分别对应于确定的衍

射角 θ_m（即传播方向）和衍射强度，这一组光是离散型的。各级衍射光对称地分布在零级衍射光两侧，且同级次衍射光的强度相等。这是喇曼-奈斯衍射的主要特征之一。另外，无吸收时衍射光各级极值光强之和等于入射光强，即光功率是守恒的。

（2）布拉格声光衍射

如果声波频率较高，且声光作用长度较大，此时的声扰动介质也不再等效于平面位相光栅，而形成了立体位相光栅。这时，相对声波方向以一定角度入射的光波，其衍射光在介质内相互干涉，使高级衍射光相互抵消，只出现 0 级和 ±1 级的衍射光，简言之，我们在屏上观察到的是 0 级光斑和 +1 级光非常亮，或者 0 级光斑和 −1 级光很亮，而其他各级的光强却非常弱。

2. 声光调制原理

无论是喇曼-奈斯衍射还是布拉格衍射，都可以通过改变超声波的强度而改变衍射光的强度。所以，可以把调制信号加在超声波功率放大级，以达到光强调制的目的。声光调制是利用声光效应将信息加载于光频载波上的一种物理过程。

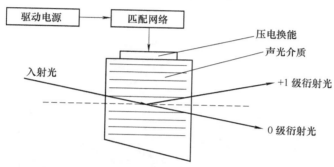

图 7.12-3　布拉格衍射装置原理图

（1）声光调制器

图 7.12-3 所示为本实验采用的布拉格衍射装置原理图。实验仪器由声光调制器及驱动电源两部分组成。调制信号是以电信号（调幅）形式作用于压电换能器上而转化为以电信号形式变化的超声场，当光波通过声光介质时，由于声光作用，使光载波受到调制而成为"携带"信息的强度调制波。驱动电源产生频率为 100MHz 的射频功率信号加入声光调制器，压电换能器将射频功率信号转变为超声信号，当激光束以布拉格角度通过变化的超声场时，由于光和超声场的作用，其出射光就具有随时间变化的各级衍射光，利用衍射光的强度随超声波强度的变化而变化的性质，就可以制成光强度调制器。外加文字和图像信号以正弦（连续波）输入驱动电源的调制接口"调制"端，衍射光的光强将随此信号变化，从而达到控制激光输出特性的目的，如图 7.12-4 所示。

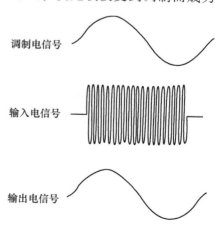

调制电信号

输入电信号

输出电信号

图 7.12-4　衍射光随调制信号的变化

（2）布拉格声光调制

如果声波频率较高，且声光作用长度较大，而且光束与声波波面间以一定的角度斜入射时，光波在介质中要穿过多个声波面，故介质具有"体光栅"的性质。当入射光与声波面间夹角满足一定条件时，介质内各级衍射光将互相抵消，只出现0级和±1级衍射光，即产生布拉格声光衍射。因此，若能合理选择参数，超声场足够强，可使入射光能量几乎全部转移到+1级和-1级衍射极值上，因而光束能量可以得到充分利用，因此，利用布拉格衍射效应制成的声光器件可以获得较高的效率。

从式（7.12-16）可见：ⓐ若在超声功率 P_s 一定的情况下，欲使衍射光强尽量大，则要求选择 M_2 大的材料，并且把换能器做成长而窄（即 L 大 H 小）的形式；ⓑ如果超声功率足够大，使 $(\pi/\lambda)\sqrt{(M_2LP_s)/2H}$ 达到 $\pi/2$ 时，衍射效率 $\eta=100\%$；ⓒ当 P_s 改变时，I_1/I_i 也随之改变，因而通过控制 P_s（即控制加在电声换能器上的电功率）就可以达到控制衍射光强的目的，实现声光调制。

【实验内容】

1. 声光晶体衍射角测量

（1）参考图7.12-5搭建声光晶体衍射测量光路。自左向右依次为激光器（激光波长650nm）、声光晶体和白屏。

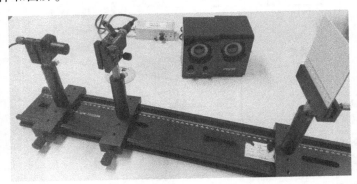

图7.12-5　声光晶体衍射角测量光路

（2）安装激光器。可以将白屏调整到合适高度，以白屏刻线作为参考高度，将白屏移到激光器近处和远处，分别调整激光器的高低和激光器夹持器的俯仰使激光均能打在刻线上，反复两次即可将激光调平。

（3）安装白屏。将白屏移动到导轨右端，并将其固定在导轨上。

（4）安装声光晶体。将声光晶体与驱动源相连，同时将MP3音源连接到驱动源Vtone上，MP3可以不工作。

（5）调节声光晶体。微调载物平台上声光调制器的转向，以改变声光晶体的光束入射角，即可出现因声光调制而出现的衍射光斑。仔细调节光束对声光调制器的角度，当+1级（或者-1级）衍射光最强时，声光调制器运转在布拉格衍射条件下。

注：布拉格衍射一级衍射达到极值的条件是：①控制电压为一特定的值；②入射激光必须以特定的角度——布拉格角入射。

（6）在距声光调制器 L 长度的接收屏幕上，读取0级与1级衍射光斑的距离 a，并测量晶体到白纸屏的距离 L。选取不同的 L_i，测量相应的 a_i。由于 $L \gg a$，即可求出声光调制的偏转角：$\theta \approx a/L$，记录实验数据到表7.12-2。

表　7.12-2

次数	声光调制器到接收屏的距离 L/mm	0 级光与 1 级光的偏转距离 a/mm	$\theta \approx a/L/\text{rad}$
1	400		
2	600		
3	800		
4	1000		

（7）根据公式 $d\sin\theta = k\lambda$ 计算光栅常数，其中 θ 为衍射角，d 为光栅常数，k 为级次，即 $k = 1$，λ 为激光波长 650nm。

2. 衍射效率的测定

衍射效率 η 定义为最大衍射光强 $I_{d\max}$ 与 0 级光强 I_0 之比，即 $\eta = I_{d\max}/I_0$，因此，分别测出 1 级衍射光功率 P_1 和 0 级衍射光功率 P_0，其比值即为衍射效率。

（1）去掉接收屏幕，以功率计取代之，使激光束的 0 级光落在功率计接收孔的中心位置上。微调功率计滑座的测微旋钮，使接收孔横向移动到一级光的位置（监视接收光强，指示达最大值）。微调电光晶体，使得衍射光亮度最强。

（2）利用小孔光阑，分别测出 0 级衍射光功率 P_0 和 1 级衍射光功率 P_1，实验的数据记录到表 7.12-3。

表　7.12-3

0 级光的功率 P_0/mW	1 级光的功率 P_1/mW	衍射效率 $\eta = P_1/P_0$

3. 超声波速度的测量

将超声波频率 f_s（100MHz）、偏转角 θ 与激光波长 λ（650nm）各值代入式（7.12-15），即可计算出超声波在介质中的传播速度 ν_s。

4. 声光晶体通信实验

（1）参考图 7.12-6 搭建声光晶体衍射光路。自左向右依次为激光器（激光波长 650nm）、声光晶体和探测器。

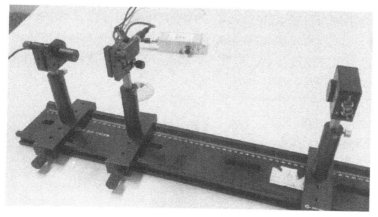

图 7.12-6　声光晶体衍射光路

（2）安装激光器。可以将白屏调整到合适高度，以白屏刻线作为参考高度，将白屏移到激光器近处和远处，分别调整激光器的高低和激光器夹持器的俯仰使激光均能打在刻线上，反复两次即可将激光调平。

（3）安装声光晶体。将声光晶体与驱动源相连，同时将MP3音源连接到声光驱动源Vtone上，MP3可以不工作，适当旋转晶体角度，可以观察到透过晶体的光在布拉格衍射角下一级衍射最强。

（4）安装探测器。调整探测器高低及左右位置，使1级衍射光斑入射到接收口中，并将光电探测器接口与音箱相连。

（5）当衍射光斑的1级或−1级入射探测器接收口，打开MP3音源，调节声光晶体角度，同时调整音箱的开关，一般可以听到播放的乐曲。调整MP3音源的音量，可以感受音箱播放的强弱变化。

（6）如果以上调试没有问题，但仍然没有听到乐曲，可以适当调整探测器位置，一般激光较强时探测器会出现饱和，影响接收质量。

【注意事项】

（1）严禁声光驱动源空载。即声光驱动源未与声光晶体连接前，严禁将声光驱动源通电。

（2）光学实验仪器娇贵，调节过程中不可操之过急，应耐心认真调节。声光器件尤为贵重，注意保护。

（3）防止强激光束长时间照射而导致光敏管疲劳或损坏。

（4）在观察和测量以前，应将整个光学系统调至共轴。

（5）实验结束后，应先关闭各仪器电源，再关闭总电源，以免损坏仪器。

【思考题】

（1）简述布拉格声光衍射及喇曼-奈斯衍射的区别及联系。

（2）简述布拉格声光调制实现的过程。

实验7.13　阿贝成像原理和空间滤波实验

1873年德国学者阿贝（E. Abbe，1840—1905）基于对显微成像的研究，提出了透镜成像的二次衍射理论，随后的阿贝-波特实验直观、明确地验证了阿贝成像原理。阿贝二次衍射成像理论用频谱语言来描述信息，启发人们用改变频谱的手段来改造信息，为光学信息处理打下了基础。

【实验目的】

（1）理解阿贝成像原理。

（2）搭建空间滤波实验光路。

（3）观察不同频谱对成像的影响，完成低频和方向滤波。

【实验仪器】

半导体激光器、透镜组、光栅字组件、滤波器组件等。

各元件技术指标汇见表7.13-1。

表　7.13-1

序号	名　称	技 术 规 格
1	半导体激光器	波长 532nm，功率 20mW，外径 $\phi16mm$
2	变换透镜	$f=200mm$，$f=80mm$，含镜座
3	扩束组件	$f=10mm$，含镜座
4	准直组件	$F=100mm$，含镜座
5	光栅字组件	外径 $\phi40mm$，栅格参数 10L/mm，"光" 尺寸 $15mm \times 12mm \times 6mm$
6	滤波器组件	方向滤波板、低通滤波、高通滤波等
7	其他	精密光学导轨、精密机械调整架等

【实验原理】

1. 空间频谱

任何一个物理真实的物平面上的空间分布函数 $g(x,y)$，都可以表示成无穷多个基元函数 $\exp[j2\pi(f_x x + f_y y)]$ 的线性叠加，即

$$g(x,y) = \iint_{-\infty}^{\infty} G(f_x,f_y)\exp[j2\pi(f_x x + f_y y)]\mathrm{d}f_x\mathrm{d}f_y \qquad (7.13\text{-}1)$$

式中，f_x、f_y 是该基元函数的空间频率；$G(f_x,f_y)$ 是 $g(x,y)$ 的空间频谱。$G(f_x,f_y)$ 可通过 $g(x,y)$ 的傅里叶变换得到，即

$$G(f_x,f_y) = \iint_{-\infty}^{\infty} g(x,y)\exp[-j2\pi(f_x x + f_y y)]\mathrm{d}x\mathrm{d}y \qquad (7.13\text{-}2)$$

式（7.13-1）实质上是傅里叶变换式（7.13-2）的逆变换。物理上可利用凸透镜实现物平面分布函数 $g(x,y)$ 与其空间频谱的变换。具体做法是把振幅透过率为 $g(x,y)$ 的图像作为物放在凸透镜的前焦面上，用波长为 λ 的单色平面波照射该物。平行光经物的衍射成为许多方向不同的平行光束，每一束平行光用空间频率 (f_x,f_y) 和权重 $G(f_x,f_y)$ 表征，衍射角越大，$G(f_x,f_y)$ 也越大。空间频率为 (f_x,f_y) 的平行光经凸透镜后汇聚在后焦面的某一点 (x_1,y_1)，形成复振幅分布，它就是 $g(x,y)$ 的空间频谱 $G(f_x,f_y)$，而且 $f_x = x_1/\lambda f$，$f_y = y_1/\lambda f$，其中 f 为透镜的焦距。

2. 阿贝成像原理和空间滤波

阿贝成像理论认为成像过程包括两次衍射：物体发出的光波经物镜，在其后焦面上产生夫琅禾费衍射的光场分布，这是第一次衍射像（这一步的衍射起"分频"作用）。这些频谱作为新的波源，由它发出次波在像面上干涉而构成物体的像，称为第二次衍射成像（这一步衍射起"合成"作用）。二次衍射的成像过程如图 7.13-1 所示。

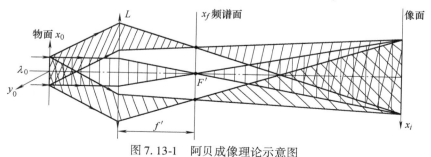

图 7.13-1　阿贝成像理论示意图

这两次衍射过程也是两次傅里叶变换过程：由物平面到焦平面，物体衍射光波分解为各种频率的角谱分量，即不同方向的平面波分量，在后焦面上得到物体的频谱，这是一次傅里叶变换过程。由后焦面到像面，各角谱分量又合成为像，这是一次傅里叶逆变换过程。

阿贝-波特实验验证了阿贝成像理论，是显示空间滤波原理的富有说服力的实验，实验装置如图 7.13-2 所示：物面采用正交光栅（网格状物），用平行单色光照明，在成像透镜后焦面得到周期性网格的频谱，由后焦面向像平面传播过程中，这些频谱分量重新合成，在像平面上重建了网格的像。若在频谱面放置不同滤波器改变物的频谱结构，则在像面上可得到物的不同的像。实验结果表明，像直接依赖于频谱，只要改变频谱的组分，便能改变像。这一实验过程即为光学信息处理的过程。

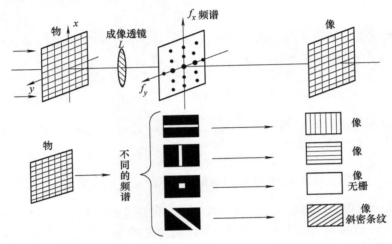

图 7.13-2   阿贝-波特实验示意图

典型的光学信息处理系统为图 7.13-3 所示的 $4f$ 傅里叶变换系统：光源 S 经扩束镜 L（如果是激光，一般需要先扩束再准直才能获得平行光）产生平行光照射物面（输入面），经傅里叶透镜 L_1 变换，在其后焦面 F 处产生物函数的傅里叶频谱，再通过透镜 L_2 的傅里叶逆变换，在输出面上将得到所成的像（像函数）。

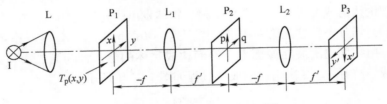

图 7.13-3 $4f$ 光学信息处理系统

【实验内容】

1. 搭建光路

按照图 7.13-4 搭建光路，自左向右依次为激光器组件（波长 650nm，功率 10mW）、扩束组件（f10mm）、准直组件（f100mm）、光阑（可不用）、目标物（光栅字）、变换透镜 1（f200mm）、滤波器、变换透镜 2（f80mm）、CCD 相机。具体调整过程如下：

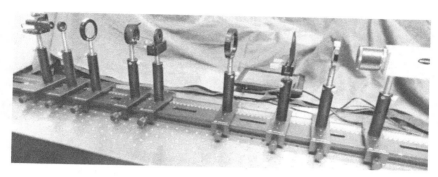

图 7.13-4　阿贝成像原理及空间滤波原理实物图

（1）调整光束水平。安装激光器，将光阑靠近激光器放置，并调整白屏高度，以白屏刻线为参考，调整激光器高低，使激光与白屏刻线中心同高；将白屏移到远处，调整激光器让光斑再次与白屏刻线中心同高，反复按此法调整激光器俯仰，使激光在近处和远处均能打在白屏刻线位置。

（2）安装扩束镜。调整支杆高低使扩束光斑中心与参考中心（白屏的中心位置）重合。

（3）安装准直镜。准直镜距扩束镜约90mm（共焦调整）即可获得平行光，调整支杆高低使平行光束与参考中心重合。

（4）安装光栅字，使光斑正入射"光"字。光栅字位置尽可能靠近准直镜。

（5）安装变换透镜1。变换透镜1距离"光"字约200mm，使入射"光"字从变换透镜中心通过，此时在变换透镜1后焦面上可以看到光栅字的点阵频谱。

（6）安装变换透镜2，使入射光中心通过透镜中心，透镜放置在频谱点后约80mm位置，即频谱点位于透镜的前焦面上。

（7）安装CCD相机，调整相机位置，在透镜2的后面上可以看到光栅字的像。调整相机采集时间、激光器强度及曝光时间，并微调相机前后位置即可获取清晰像。

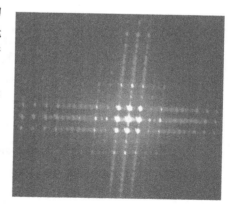

图 7.13-5　"光"栅字的频谱

（8）安装滤波器。沿导轨前后移动滤波器，选择变换透镜的频谱面即可实现滤波。

2. 结果观察及记录

（1）"光"栅字频谱

实验中使用的"光"字是用空间频率为12L/mm的正交光栅调制的，在变换透镜的频谱面上即可观察到如图7.13-5所示的频谱点。

（2）观察方向滤波实际效果

1）选择滤波器中的"缝"，在频谱面水平放置，使包括0级在内的一排点通过，可以观察到"光"的像中间充满竖向条纹，如图7.13-6a所示。

2）将"缝"旋转90°竖直放置，使包括0级在内的一排点通过，可以观察到"光"的像中间充满横向条纹，滤波效果如图7.13-6b所示。

3）将"缝"调整45°，使包括0级在内的一排倾斜点通过，可以观察到如图7.13-6c所示

图 7.13-6　滤波实际效果

a）水平滤波对应的像　b）竖直滤波的像　c）方向滤波的像

斜条纹像。

（3）观察低通滤波和高通滤波实际效果

1）将滤波器中的"孔"放置在频谱面，只让 0 级点通过，可以观察到"光"的像中间没有条纹，如图 7.13-7a 所示。

2）将滤波器中的"孔"放置在频谱面，调整孔位置，选择通过高频信号，可以看到像的中心较暗，边缘较为突出，如图 7.13-7b 所示。

图 7.13-7　低通滤波和高通滤波实际效果

a）低通滤波的像　b）高通滤波的像

实验 7.14　空间调制假彩色编码实验

一张黑白图像有相应的灰度分布。人眼对灰阶的识别能力不高，最多有 15～20 个层次。但是人眼对色度的识别能力却很高，可以分辨数十种乃至上百种色彩。若能将图像的灰度分布转化为彩色分布，势必大大提高人们对图像的分辨能力。将灰度图像转换为彩色图像的技术被称为光学图像的假彩色编码。假彩色编码已在遥感、生物医学和气象等领域的图像处理中发挥着重要作用。

假彩色编码按其性质可分为等空间频率假彩色编码和等密度假彩色编码两类。等空间频率假彩色编码是对图像的不同的空间频率赋予不同的颜色，从而使图像按空间频率的不同显示不同的色彩；等密度假彩色编码则是对图像的不同灰度赋予不同的颜色。前者用以突出图像的结构差异，后者则用来突出图像的灰度差异，以提高对黑白图像的视判读能力。本实验采用 θ 调制空间假彩色编码。

【实验目的】

（1）了解 θ 调制空间假彩色编码的原理。

（2）巩固对光栅衍射基本理论的理解。

（3）观察假彩色编码图像。

【实验仪器】

LED 光源、透镜组、三维光栅、滤波器组件等。

各元件技术指标汇总见表 7.14-1。

表　7.14-1

序号	名　　称	技 术 规 格
1	LED 光源	白光，输入电压 5V，功耗 >1W，亮度可调
2	变换透镜	$\phi50mm$，$f=200mm$，含镜座
3	准直组件	$\phi40mm$，$f=100mm$，含镜座
4	三维光栅	100L/mm，天安门图形
5	滤波器组件	θ 板
6	其他	精密光学导轨、精密机械调整架等

【实验原理】

θ 调制是指用不同方位角（θ）的光栅分别对输入图像的不同区域预先进行调制。这样制成的透明片放入 4f 系统中，若用白色点光源照明，则在其频谱面上，不同方位的频谱均呈彩虹颜色。如果在频谱面上开一些小孔，则在不同的方位角上，小孔可选取不同颜色的谱，最后在信息处理系统的输出面上便得到所需的彩色图像。由于这种编码方法是利用不同方位的光栅对图像不同空间部位进行调制来实现的，故称为 θ 调制空间假彩色编码。

本实验中，θ 调制所用的物是一个空间频率为 100L/mm 的正弦光栅，并把它剪裁拼接成如图 7.14-1a 中的天安门图案。其中，天安门用竖直条纹的光栅制作，天空用条纹左倾 45° 的光栅、地面用条纹右倾 45° 的光栅制作。因此在频谱面上得到的是三个取向不同的正弦光栅的衍射斑，如图 7.14-1b 所示。由于用白光照明和光栅的色散作用，除 0 级保持为白色外，正负 1 级衍射斑展开为彩色带，蓝色靠近中心，红色在外。在 0 级斑点位置、条纹竖直的光栅正负 1 级衍射带的红色部分、条纹左倾光栅正负 1 级衍射带的蓝色部分以及条纹右倾光栅正负 1 级衍射带的绿色部分分别打孔进行空间滤波。然后在像平面上将得到蓝色天空下，绿色草地上的红色天安门图案，如图 7.14-1c 所示。

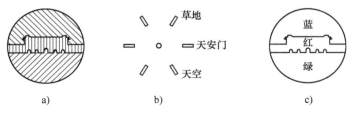

图 7.14-1　被调制物示意图

空间滤波处理光路，可以使用单透镜成像光路，如图 7.14-2 所示，图中输入面 P1、变换透镜 L1 和输出面满足成像类系，可以根据成像关系控制像的大小，频谱面在变换透镜 L1 后的焦面，通过对频谱面的处理可以获得彩色像。

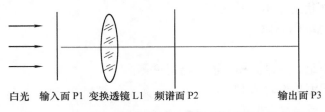

白光　输入面 P1　变换透镜 L1　频谱面 P2　　　　　　输出面 P3

图 7.14-2　θ 调制空间假彩色编码单透镜成像光路示意图

滤波过程也可以采用 4f 成像光路，如图 7.14-3 所示。图中输入面 P1 在变换透镜的前焦面上，在频谱面后方放置变换透镜 L2，变换透镜 L2 的后焦面处即可以看到输出的像，频谱位置位于变换透镜的后焦面 P2 位置，通过对频谱的处理，即可以看到彩色像。

白光　输入面 P1　变换透镜 L1　频谱面 P2　变换透镜 L2　输出面 P3

图 7.14-3　θ 调制空间假彩色编码 4f 成像光路示意图

由于物被不同取向的光栅所调制，所以在频谱面上得到的将是取向不同的带状谱（均与其光栅线垂直），物的 3 个不同区域的信息分布在 3 个不同的方向上，互不干扰，当用白光照明时，各级频谱呈现出的是色散的彩带，由中心向外按波长从短到长的顺序排列。在频谱面上选用一个带通滤波器，实际是一个被穿了孔的光屏或不透明纸。

【实验内容】

1. 光路搭建（以 4f 光路为例）

（1）根据图 7.14-3 布置光路，自左向右依次为光源组件（白光 LED）、准直镜组件（ϕ40mm，f100mm）、调制物组件（三个方向被调制的天安门光栅）、变换透镜 1 组件（ϕ50mm，f200mm）、滤波器组件、变换透镜 2 组件（ϕ50mm，f200mm）和白屏组件。实际光路如图 7.14-4 所示。

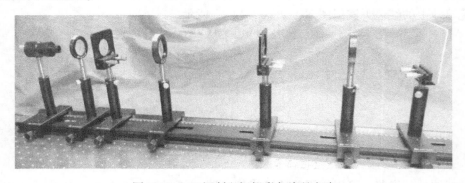

图 7.14-4　θ 调制空间假彩色编码光路

（2）安装 LED 及准直透镜，将 LED 调整到合适高度，并将 LED 出光口正对前方（后续光路偏移可以微调），然后将其固定在导轨上。

（3）将准直镜靠近 LED 出光口，调整准直镜高度，让准直镜中心基本与 LED 的出光口等高，然后调整准直镜距离 LED 出光位置约 100mm，此时可以在导轨另外一端的白屏上看到约 50mm 大小的光斑，光路基本准直。

（4）安装天安门光栅，上下调整支杆使光斑正入射，然后将其固定。

（5）安装变换透镜 L1，上下调整支杆使入射光尽可能从变换透镜中心通过，调整变换透镜 L1 距离天安门光栅距离约 200mm，然后将其固定。

（6）安装变换透镜 L2，上下调整支杆使入射光尽可能从变换透镜中心通过，调整变换透镜 L2 距离变换透镜 L1 约 300mm，然后将其固定。

（7）前后移动白屏，当白屏在变换透镜 L2 后焦面位置处可以看到天安门的像。

（8）安装滤波器，沿导轨前后移动滤波器，选择变换透镜的频谱面即可实现滤波。

2. 调制及实验结果观察

（1）使用 θ 调制滤波器，根据预想的各部分图案所需的颜色，调整滤波器上的三组光，在天安门对应的一组谱点中，让这组频谱的红色通过，在草地对应的一组谱点中让绿色通过，天空对应的频谱中让蓝色通过。则在输出平面上可以观看经编码得到的假彩色像，效果如图 7.14-5 所示。

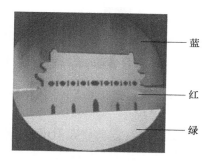

图 7.14-5　θ 调制实验效果图

（2）在实验过程中，可以使用提供的 θ 调制滤波器，也可以在实验室中找一张硬纸片，将硬纸片放在频谱面上并分别标记三个方向需要滤波的颜色，然后在标记点扎孔，重新放回频谱面，即可观察滤波效果。

实验 7.15　霍尔式传感器的电流激励特性与应用

【实验目的】

（1）了解霍尔式传感器的结构和工作原理。

（2）学会使用霍尔传感器做静态位移测试。

（3）学会使用霍尔传感器称量物体质量。

【实验仪器】

CSY10 型传感器系统实验仪、称重砝码、导线若干。

【实验原理】

本实验研究霍尔式传感器的工作原理和应用。

霍尔式传感器是由工作在两个环形磁钢组成的梯度磁场和位于磁场中的霍尔元件组成。当霍尔元件通以恒定电流时，霍尔元件就有电动势输出。霍尔元件在梯度磁场中上、下移动时，输出的霍尔电动势 V 取决于其在磁场中的位移量 X，所以测得霍尔电动势的大小便可获知霍尔元件的静位移。

【实验内容】

（1）调零。开启仪器电源，差动放大器增益置100倍（顺时针方向旋到底），差动放大器"＋、－"输入端用导线短路，输出端接数字电压表"IN"。用"调零"电位器调整差动放大器输出电压为零，然后拔掉实验线。调零后电位器位置不要变化。

（2）按图7.15-1接线，装上测微头，调节振动圆盘上、下位置，使霍尔元件位于梯度磁场中间位置。差动放大器增益适度。开启电源，调节电桥 W_D，使差放输出为零。上、下移动振动台，使差放正负电压输出对称。

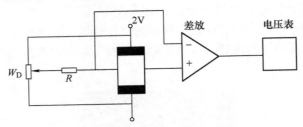

图 7.15-1　霍尔式传感器的直流激励特性测试电路

（3）上、下移动测微头各 3.5mm，每变化 0.5mm 读取相应的电压值。并记录数据，作出 V-X 曲线，求出灵敏度及线性。

（4）按图7.15-2接线组成测试系统，差动放大器增益适度。装上测微头，调整霍尔元件至梯度磁场中部。音频振荡器从180°端口输出1kHz，幅度严格限定在 V_{p-p} 值5V以下，以免损坏霍尔元件。

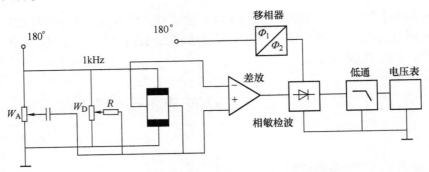

图 7.15-2　霍尔式传感器的交流激励特性测试电路

（5）调整电桥 W_D、W_A 使系统输出最小。用示波器观察相敏检波器输出端波形，调节"移相"旋钮和电桥上、下移动振动台，使输出达最大值。

（6）调节测微头使霍尔元件回到磁路中间位置，调节测微头 ±3.5mm，每隔0.5mm读出相应电压值列表并作出 V-X 曲线，求出灵敏度和线性度，并将其结果与直流激励系统相比较。

（7）按图 7.15-1 接好系统，使输出为零。系统灵敏度尽量大（输出以不饱和为标准）。

（8）以振动圆盘作为称重平台，逐步放上砝码，依次记下表头读数，记录数据，并作出 V-W 曲线。

（9）移走称重砝码，在平台上另放置一未知重量之物品，根据表头读数从 V-W 曲线中求得其重量。

【注意事项】

（1）直流激励电压须严格限定在 2V，绝对不能任意加大，以免损坏霍尔元件。

（2）交流激励信号应从音频电压 180°端口输出，幅度严格限定 5V 以下，以免损坏霍尔片。

（3）砝码应置于平台的中间部分，避免平台倾斜。

【思考题】

如何用霍尔式传感器测量振幅？

附　　录

附录 A　国际单位制（SI）

表 1　SI 的基本单位、辅助单位及部分导出单位

量 的 名 称		单 位 名 称	单 位 符 号	用其他 SI 单位表示
基本单位	长度	米	m	
	质量	千克（公斤）	kg	
	时间	秒	s	
	电流	安［培］	A	
	热力学温度	开［尔文］	K	
	物质的量	摩［尔］	mol	
	光强度	坎［德拉］	cd	
辅助单位	平面角	弧度	rad	
	立体角	球面度	sr	
导出单位	频率	赫［兹］	Hz	s^{-1}
	力、重力	牛［顿］	N	$kg \cdot m \cdot s^{-2}$
	压强、压力、应力	帕［斯卡］	Pa	$N \cdot m^{-2}$
	能量、功、热	焦［尔］	J	$N \cdot m$
	功率、辐射通量	瓦［特］	W	$J \cdot s^{-1}$
	电荷量	库［仑］	C	$A \cdot s$
	电势、电压、电动势	伏［特］	V	$W \cdot A^{-1}$
	电容	法［拉］	F	$C \cdot V^{-1}$
	电阻	欧［姆］	Ω	$V \cdot A^{-1}$
	电导	西［门子］	S	$A \cdot V^{-1}$
	电感	亨［利］	H	$Wb \cdot A^{-1}$
	磁通量	韦［伯］	Wb	$V \cdot s$
	磁感应强度、磁通量密度	特［斯拉］	T	$Wb \cdot m^{-2}$
	摄氏温度	摄氏度	℃	
	光通量	流［明］	lm	$cd \cdot sr$
	光照度	勒［克斯］	lx	$lm \cdot m^{-2}$
	面积	平方米	m^2	
	速度	米每秒	$m \cdot s^{-1}$	
	加速度	米每平方秒	$m \cdot s^{-2}$	

（续）

量 的 名 称	单 位 名 称	单 位 符 号	用其他SI单位表示
密度	千克每立方米	$kg \cdot m^{-3}$	
动力黏度	帕［斯卡］秒	$Pa \cdot s$	
表面张力	牛［顿］每米	$N \cdot m^{-1}$	
比热容	焦［尔］每千克开［尔文］	$J \cdot kg^{-1} \cdot K^{-1}$	
热导率	瓦［特］每米开［尔文］	$W \cdot m^{-1} \cdot K^{-1}$	
介电常数（电容率）	法［拉］每米	$F \cdot m^{-1}$	
磁导率	亨［利］每米	$H \cdot m^{-1}$	
磁场强度、磁化强度	安［培］每米	$A \cdot m^{-1}$	

导出单位（位于左侧合并单元格）

表 2　SI 所用的词头

数 量 级	符 号	读 法	数 量 级	符 号	读 法
10^1	da	十	10^{-1}	d	分
10^2	h	百	10^{-2}	c	厘
10^3	k	千	10^{-3}	m	毫
10^6	M	兆	10^{-6}	μ	微
10^9	G	吉［咖］	10^{-9}	n	纳［诺］
10^{12}	T	太［拉］	10^{-12}	p	皮［可］
10^{15}	P	拍［它］	10^{-15}	f	飞［母托］
10^{18}	E	艾［可萨］	10^{-18}	a	阿［托］
10^{21}	Z	泽［它］	10^{-21}	z	仄［普托］
10^{24}	Y	尧［它］	10^{-24}	y	幺［科托］

附录 B　物理实验中常用仪器的基本误差允许极限（Δ 值）

仪 器 名 称	条 件 说 明	Δ 值
钢直尺	分度值1mm，测量范围150mm	$\Delta = (0.05 + 0.00015L)$ mm 式中 L 以 mm 为单位 物理实验中取估计值 $\Delta = 0.5$mm
钢卷尺	分度值1mm，测量范围2m	I 级 $\Delta = (0.1 + 0.1L)$ mm II 级 $\Delta = (0.3 + 0.2L)$ mm 式中 L 以 m 为单位 物理实验中取估计值 $\Delta = 2 \sim 5$mm
游标卡尺	测量范围 $0 \sim 125$mm，分度值 0.02mm	$\Delta = 0.02$mm
	测量范围 $0 \sim 125$mm，分度值 0.05mm	$\Delta = 0.05$mm
外径千分尺	测量范围 $0 \sim 25$mm，分度值 0.01mm	$\Delta = 0.004$mm

（续）

仪 器 名 称	条 件 说 明	Δ 值
物理天平	WL—05，分度值0.02g，最大称量500g	$\Delta = 0.02$g
	TW—05，分度值0.05g，最大称量500g	$\Delta = 0.05$g
砝码	1~10g	$\Delta = 0.001$g
	20g	$\Delta = 0.002$g
	50g	$\Delta = 0.003$g
	100g	$\Delta = 0.005$g
	200g	$\Delta = 0.01$g
	标称值100kg磅秤秤砣 实际质量为1kg	$\Delta = 0.005$kg
机械秒表	型号505，二级，分度值0.2s	物理实验中单次计时（起动和停表各一次） 取 $\Delta = 0.2$s
数字式电子秒表	显示最小单位0.01s	物理实验中单次计时（起动和停表各一次） 取 $\Delta = 0.2$s
数字毫秒计	JSJ—Ⅲ型，显示4位，显示最小单位 0.1ms，最大量程99.99s	光电门起动和停止计时，取 $\Delta = 0.5$ms（$t < 10$s）
玻璃温度计	全浸温度计，分度值1℃，测量范围 -30 ~100℃	$\Delta = 1$℃
实验室直流多值电阻器	ZX21型，各档×10000、×1000、×100、×10、×1、×0.1 等级分别为 0.1、0.1、0.1、0.2、0.5、5 级	$\Delta = \sum a_i \% R_i \ \Omega$ 式中 a_i 为第 i 档等级指标，R_i 为第 i 档的示值
	符合部标的 ZX21 型电阻箱，准确度等级 0.1 级	$\Delta = (0.1\% R + 0.005)\ \Omega$ R 为电阻箱示值
读数显微镜	JXD 型，分度值 0.01mm，测量范围 0 ~50mm	$\Delta = \left(5 + \dfrac{L}{15}\right)\mu$m，式中 L 为被测长度（单位取 mm）的数值
磁电系电流表和电压表	量程为 U_m，等级为 a 的电压表	$\Delta = a\% U_m$
	量程为 I_m，等级为 a 的电流表	$\Delta = a\% I_m$
直流电桥	QJ23 型，所选倍率为 K	$\Delta = K\ (0.2\% R_3 + 0.2)\ \Omega$
直流电势差计	UJ36型 倍率×1	$\Delta = (0.1\% U_x + 50 \times 10^{-6})$ V
	倍率×0.2	$\Delta = (0.1\% U_x + 10 \times 10^{-6})$ V
低频信号发生器	XD—7 型	$\Delta = (2\% f + 1)$ Hz
分光计	JJY 型，分度值 1'	$\Delta = 1'$

附录 C 物理实验报告标准格式

实验1 长度的测量

【实验目的】

（1）学习游标卡尺、千分尺的测量原理和使用方法。

（2）掌握一般仪器的读数规则。

【实验仪器】

序　号	名　　称	型　号	技 术 规 格
1	游标卡尺		分度值：0.02mm
			量程：0~125mm
2	外径千分尺		分度值：0.01mm
			量程：0~25mm
其他			空心圆柱体、铜片、塑料片等

【实验原理】

游标卡尺的分度值：$\delta = \dfrac{a}{n}$，其中 a 为主尺最小刻度长度，n 为游标分度数。

读数方法：由游标零刻线左边最接近零刻线的那根主尺刻线读出毫米整数 m；若游标零刻线右边第 k 条刻线与主尺某一刻线对齐，毫米以下部分为 $k \times$ 分度值。

$$\boxed{测量结果 = m + k \times 分度值}$$

千分尺的分度值：$\delta = \dfrac{d}{n}$，其中 d 为螺距；n 为微分筒上分格数。

读数方法：先以微分筒的棱边为准线，从固定套管上读出整毫米数和半毫米数，再以固定套管的水平线为准线，从微分筒上读出半毫米以内小数部分，并估读一位。

$$\boxed{测量结果 = 固定套管上读数 + 微分筒上读数}$$

【实验内容、步骤】

（1）用游标卡尺测量空心圆柱体的外径、内径、深和高。

（2）用千分尺测量钢片和塑料片的厚度。

【数据处理】

（1）测空心圆柱体的外径、内径、深和高。

游标卡尺的零点读数：$D_0 = 0.00$mm

游标卡尺的仪器误差：$\Delta_仪 = 0.02$mm

$$u_B = \frac{\Delta_仪}{\sqrt{3}} = \frac{0.02}{\sqrt{3}}mm = 0.01mm$$

次　数 ＼ 读项数目	外径 D_1/mm	内径 D_2/mm	高 H_1/mm	深 H_2/mm
1	24.80	17.00	45.16	32.98
2	24.78	16.98	45.14	32.88
3	24.80	16.98	45.20	32.78
4	24.80	16.98	45.18	32.76
5	24.76	17.02	45.12	32.84
平均值	24.79	16.99	45.16	32.85
A 类不确定度 u_A	0.008	0.008	0.01	0.04

$$u_C(D_1) = \sqrt{u_A^2(\overline{D}_1) + u_B^2} = \sqrt{0.008^2 + 0.01^2}\,\mathrm{mm} = 0.01\,\mathrm{mm}$$

$$u_C(D_2) = \sqrt{u_A^2(\overline{D}_2) + u_B^2} = \sqrt{0.008^2 + 0.01^2}\,\mathrm{mm} = 0.01\,\mathrm{mm}$$

$$u_C(H_1) = \sqrt{u_A^2(\overline{H}_1) + u_B^2} = \sqrt{0.01^2 + 0.01^2}\,\mathrm{mm} = 0.01\,\mathrm{mm}$$

$$u_C(H_2) = \sqrt{u_A^2(\overline{H}_2) + u_B^2} = \sqrt{0.04^2 + 0.01^2}\,\mathrm{mm} = 0.04\,\mathrm{mm}$$

测量值的修正：

$$D_1 = \overline{D}_1 - D_0 = (24.79 - 0.00)\,\mathrm{mm} = 24.79\,\mathrm{mm}, \quad D_2 = \overline{D}_2 - D_0 = (16.99 - 0.00)\,\mathrm{mm} = $$
$$16.99\,\mathrm{mm}$$

$$H_1 = \overline{H}_1 - D_0 = (45.16 - 0.00)\,\mathrm{mm} = 45.16\,\mathrm{mm}, \quad H_2 = \overline{H}_2 - D_0 = (32.85 - 0.00)\,\mathrm{mm} = $$
$$32.5\,\mathrm{mm}$$

测量结果：

$$D_1 \pm u_C(D_1) = (24.79 \pm 0.01)\,\mathrm{mm}, \quad E_{D_1} = 0.040\%$$

$$D_2 \pm u_C(D_2) = (16.99 \pm 0.01)\,\mathrm{mm}, \quad E_{D_2} = 0.059\%$$

$$H_1 \pm u_C(H_1) = (45.16 \pm 0.01)\,\mathrm{mm}, \quad E_{H_1} = 0.022\%$$

$$H_2 \pm u_C(H_2) = (32.85 \pm 0.04)\,\mathrm{mm}, \quad E_{H_2} = 0.12\%$$

（2）测钢片和塑料片的厚度

千分尺的零点读数：$H_0 = -0.017\,\mathrm{mm}$

千分尺的仪器误差：$\Delta_仪 = 0.004\,\mathrm{mm}$

被 测 量	次 数					平均	A类不确定度 U_A
	1	2	3	4	5		
铜片厚度 H_1/mm	1.751	1.707	1.749	1.736	1.707	1.730	0.01
塑料片厚度 H_2/mm	0.668	0.675	0.665	0.683	0.681	0.674	0.004

$$u_B = \frac{\Delta_仪}{\sqrt{3}} = \frac{0.004}{\sqrt{3}}\,\mathrm{mm} = 0.002\,\mathrm{mm}$$

$$u_C(H_1) = \sqrt{u_A^2(\overline{H}_1) + u_B^2} = \sqrt{0.01^2 + 0.002^2}\,\mathrm{mm} = 0.01\,\mathrm{mm}$$

$$u_C(H_2) = \sqrt{u_A^2(\overline{H}_2) + u_B^2} = \sqrt{0.004^2 + 0.002^2}\,\mathrm{mm} = 0.004\,\mathrm{mm}$$

测量值的修正：

$$H_1 = \overline{H}_1 - H_0 = [1.730 - (-0.017)]\,\mathrm{mm} = 1.747\,\mathrm{mm}$$

$$H_2 = \overline{H}_2 - H_0 = [0.674 - (-0.017)]\,\mathrm{mm} = 0.691\,\mathrm{mm}$$

测量结果：

$$H_1 \pm u_C(H_1) = (1.75 \pm 0.01)\,\mathrm{mm}, \quad E_{H_1} = 0.57\%$$

$$H_2 \pm u_C(H_2) = (0.691 \pm 0.004)\,\mathrm{mm}, \quad E_{H_2} = 0.58\%$$

【分析讨论】

（1）由于被测物体本身不均匀和不规则，所以测量中要合理地分布测量点。

（2）当有零点误差时，千分尺读数有时不取决于刻线是否显露出来，而要根据主尺的估读作出合理的判断。

（3）零点读数为负值时，应"反方向"读出零点读数的绝对值。

附录 D　在不同置信概率与自由度下的 t 因子表

自由度 ν	$t_{P=68.27}$	$t_{P=95}$	$t_{P=99}$	$t_{P=99.73}$
1	1.84	12.71	63.66	235.80
2	1.32	4.30	9.92	19.21
3	1.20	3.18	5.84	9.22
4	1.14	2.78	4.60	6.62
5	1.11	2.57	4.03	5.51
6	1.09	2.45	3.71	4.90
7	1.08	2.36	3.50	4.53
8	1.07	2.31	3.36	4.28
9	1.06	2.26	3.25	4.09
10	1.05	2.23	3.17	3.96
11	1.05	2.20	3.11	3.85
12	1.04	2.18	3.05	3.76
13	1.04	2.16	3.01	3.69
14	1.04	2.14	2.98	3.64
15	1.03	2.13	2.95	3.59
16	1.03	2.12	2.92	3.54
17	1.03	2.11	2.90	3.51
18	1.03	2.10	2.88	3.48
19	1.03	2.09	2.86	3.45
20	1.03	2.09	2.85	3.42
25	1.02	2.06	2.79	3.33
30	1.02	2.04	2.75	3.27
35	1.01	2.03	2.72	3.23
40	1.01	2.02	2.70	3.20
45	1.01	2.01	2.69	3.18
50	1.01	2.01	2.68	3.16
100	1.005	1.984	2.626	3.077
∞	1.000	1.960	2.576	3.000

参 考 文 献

[1]　丁慎训，张连芳. 物理实验教程[M]. 2 版. 北京：清华大学出版社，2002.

[2]　吕斯骅. 大学物理实验[M]. 北京：北京大学出版社，2002.

[3]　沈元华，陆申龙. 基础物理实验[M]. 北京：高等教育出版社，2003.

[4]　成正维. 大学物理实验[M]. 北京：高等教育出版社，2002.

[5]　李学会. 大学物理实验[M]. 北京：高等教育出版社，2005.

[6]　金重. 大学物理实验教程[M]. 天津：南开大学出版社，2000.

[7]　陈早生，任才贵. 大学物理实验[M]. 上海：华东理工大学出版社，2003.

[8]　欧阳九令. 大学物理实验[M]. 北京：北京师范大学出版社，1996.

[9]　杨俊才，何焰蓝. 大学物理实验[M]. 北京：机械工业出版社，2004.

[10]　吴平. 大学物理实验教程[M]. 北京：机械工业出版社，2009.

[11]　任隆良，谷晋骐. 物理实验[M]. 天津：天津大学出版社，2009.